"十三五"江苏省高等学校重点教材（编号：2018-1-028）

可再生能源发电技术

第2版

程　明　张建忠　王念春　编著

机械工业出版社

本书首先介绍能源的基本知识以及可再生能源开发利用的必要性与发展概况，在此基础上，较为系统地讨论风力发电、太阳能发电、海洋能发电、生物质发电和地热发电等可再生能源发电的基本原理与基本技术，并介绍与可再生能源发电密切相关的功率变换技术与电力储能技术。本书深入浅出、理论联系实际，反映了可再生能源发电技术的最新技术成果。

本书适合作为理工科高等院校高年级本科生的教材，也可作为研究生的参考教材，还可供从事可再生能源发电技术研究开发、工程建设与管理的工程技术人员阅读参考。

图书在版编目（CIP）数据

可再生能源发电技术/程明，张建忠，王念春编著．—2版．—北京：机械工业出版社，2020.10（2024.1重印）
“十三五”江苏省高等学校重点教材
ISBN 978-7-111-66317-1

Ⅰ.①可…　Ⅱ.①程…　②张…　③王…　Ⅲ.①再生能源—发电—高等学校—教材　Ⅳ.①TM61

中国版本图书馆 CIP 数据核字（2020）第 146978 号

编号：2018-1-028

机械工业出版社（北京市百万庄大街22号　邮政编码100037）
策划编辑：王雅新　责任编辑：王雅新　陈文龙
责任校对：张　薇　封面设计：严娅萍
责任印制：李　昂
北京捷迅佳彩印刷有限公司印刷
2024年1月第2版第4次印刷
184mm×260mm · 17.25印张 · 423千字
标准书号：ISBN 978-7-111-66317-1
定价：49.00元

电话服务	网络服务
客服电话：010-88361066	机　工　官　网：www.cmpbook.com
010-88379833	机　工　官　博：weibo.com/cmp1952
010-68326294	金　　书　　网：www.golden-book.com
封底无防伪标均为盗版	机工教育服务网：www.cmpedu.com

前　言

本书第1版自2012年出版以来，深受读者好评，多次重印，国内有数十所本科院校以及高职高专院校选用本书作为教材。由于可再生能源发电技术日新月异，特别是风力发电技术和太阳能发电技术有了长足的进步，相关国家能源政策、技术发展水平等均发生了较大变化，为了更好地满足教学需要、紧跟行业技术发展趋势，现对第1版有针对性地进行再版修订。

本次修订的基本原则是，保持原有特色、总体框架结构基本不变；重点是吸收最新技术成果，结合实际工程应用，对各章内容进行更新和充实。第1章更新了可再生能源发展概况；第2章删减了定桨距风力发电机组的运行与控制等内容，扩充了变速变桨距风力发电机组相关内容，将“风力发电机组的低电压穿越”扩充为“风力发电机组的故障穿越”，增补了高电压穿越、谐振抑制以及海上风电等内容；第3章精简了离网光伏发电系统的内容，扩充了太阳能光热发电技术，增加了光伏发电相关测试标准的介绍，并补充了光伏发电系统设计的实例；第7章调整了部分内容的编排次序，补充了光伏并网高频漏电流抑制等技术内容；第8章重点补充了蓄电池能量管理和储能变流控制技术，扩充了超级电容器、液流电池和氢储能等内容；其他章进行了补充完善，本次修订还修改了第1版中个别文字和符号错误，对行文进行了润色，重新绘制了部分插图，增加并更新了部分参考文献。修订后的教材质量有了进一步提高，其内容更加充实、技术更加先进，论述和分析更加科学、严谨，图表更加准确、美观，条理更加清楚，便于教学。

本次修订被列入了“十三五”江苏省高等学校重点教材建设计划。

本次修订工作，由程明主持，第1、2、4、5、6、8章由张建忠执笔，第3、7章由王念春执笔，全书由程明统稿。东南大学电气工程学院研究生房少华、金铭等协助绘制了部分插图，谨表谢意。

本书参阅了大量国内外文献，引用了许多不同来源的资料和图片，谨在此向相关文献作者致以衷心的感谢。

限于编者水平，错误和疏漏之处在所难免，诚恳希望读者发现后及时批评指正，以利于以后的重印和再版。

作者联系方式：mcheng@ seu. edu. cn。

编　者

目 录

第1章

绪论

1.1 能源及其分类

能源是人类赖以生存的重要物质基础，人类社会的发展与人类认识及利用能源的历史密切相关，社会越发展、科技文化越进步，人类对能源的依赖程度就越高。

那么什么是“能源”呢？到目前为止，尚无统一、明确的定义。简单来讲，能源就是能量的来源，即能够提供能量的自然资源及其转化物。从物理学的观点看，能量可以简单地定义为做功的能力。广义而言，任何物质都可以转化为能量，但不同物质转化为能量的数量、转化的难易程度是不同的。人们通常所讲的能源主要是指比较集中而又比较容易转化的含能物质，如煤、石油、太阳、风、电力等。

能源的形式多种多样，可以有不同的分类方法。

1.1.1 一次能源与二次能源

按照生产方式不同，可将能源分为一次能源和二次能源。一次能源是指各种以原始形态存在于自然界而没有经过加工转换的能源，包括煤炭、石油、天然气以及水能、太阳能、风能、地热能、海洋能、生物能等。

二次能源是指直接或间接由一次能源转化加工而产生的其他形式的能源，如电能、煤气、汽油、柴油、焦炭、酒精、沼气等。除了少数情况下一次能源能够以原始形态直接使用外，更多的情况是根据不同目的对一次能源进行加工，转换成便于使用的二次能源。随着科学技术水平的不断提高和现代社会需求的增长，二次能源在整个能源消费中的比例正不断扩大。其中，电能因清洁安全、输送快速高效、分配便捷、控制精确等一系列优点，成为迄今为止人类文明史上最优质的能源，正在人类社会发展中发挥着越来越重要的作用。

1.1.2 可再生能源与非再生能源

按照是否可以再生，一次能源可以分为可再生能源和非再生能源。可再生能源是指在自然界中可以不断得到补充或能在较短周期内再产生，取之不尽、用之不竭的能源，如太阳能、风能、水能、生物质能、地热能、海洋能等。随着人类的利用而逐渐减少的能源称为非再生能源，如煤炭、石油、天然气等，它们经过亿万年形成而在短期内无法恢复再生，用掉一点便少一点。

1.1.3 常规能源与新能源

根据开发利用的广泛程度不同，能源可分为常规能源和新能源。常规能源是指开发利用时间长、技术成熟，已经大规模生产并得到广泛使用的能源，如煤炭、石油、天然气、水能和核能等，目前这五类能源几乎支撑着全世界的能源消费。所谓新能源，就是目前还没有被大规模利用、正在积极研究开发的能源，或是采用新技术和新材料，在新技术基础上系统地开发利用的能源。新能源是相对于常规能源而言的，在不同的历史时期和科技水平下，新能源的含义也不相同。当今社会新能源主要指太阳能、风能、地热能、海洋能、生物质能等。其中，核能利用技术十分复杂，核裂变发电技术已经被广泛使用，而可控核聚变反应至今未能实现，因此，目前主流的观点是将核裂变能看成常规能源，而将核聚变能视为新能源。

表1-1给出了能源的常见分类。

表1-1 能源的常见分类

类别		可再生能源	非再生能源
一次能源	常规能源	水能	煤炭、石油、天然气、核能（核裂变）
	新能源	风能、太阳能、生物质能、地热能、海洋能	核能（核聚变）
二次能源		焦炭、煤气、电力、氢、蒸汽、酒精、汽油、柴油、重油、液化气、电石等	

由于水力发电在世界上许多国家得到大规模利用，技术相对成熟，已被认为是一种常规发电方式，所以不属于本书的内容。如无特别说明，本书所说可再生能源，均指风能、太阳能、生物质能、地热能和海洋能。

除了上述常见分类外，还可以按照地球上能量的来源不同，将一次能源分为三类：

（1）来自地球以外天体的能源 人类所需能量绝大部分都直接或间接地来自太阳。各种植物通过光合作用将太阳能转化为化学能存储在植物体内。地球上的煤炭、石油、天然气等化石燃料，均是由埋藏在地下的古代动植物经过漫长的地质年代而形成的，因此，化石燃料本质上是储存下来的太阳能。此外，风能、水能、海浪能、海流能以及生物质能等，也都直接或间接来自太阳。

（2）地球本身蕴藏的能源 主要指与地球内部热能有关的能源和原子核能。与地球内部热能有关的能源，称之为地热能，有地下热水、地下蒸汽、岩浆等；原子核能简称核能，是指原子核的结构发生变化时释放出的大量能量，包括地壳中储存的铀、钚等发生裂变反应时的核裂变能，以及海洋中储存的氘、氚、锂等发生聚变时的核聚变能。

（3）地球与其他天体相互作用所产生的能源 主要指地球与月球以及太阳之间的引力作用所引起的海水规律性的涨落而形成的潮汐能。

从环境保护的角度出发，能源还可以分为清洁型能源和污染型能源。清洁型能源还有广义和狭义之分。狭义的清洁能源仅指可再生能源，包括水能、太阳能、风能等，它们消耗以后不产生或很少产生污染物，并能很快得到补充或恢复。广义的清洁能源除可再生能源外，还包括在生产和消费过程中低污染或无污染的能源，如低污染的天然气，利用洁净能源技术处理过的洁净煤和洁净油等化石能源，以及核能等。

随着人类社会和经济发展对能源需求的日益增加，能源问题已上升为国家安全问题而受到世界各国的高度关注。近年来，许多发达国家都更加重视新能源和可再生能源的研究与开发。相信随着科学技术的不断进步，人类将会开发出越来越多的新能源和可再生能源以代替现有能源，以满足经济发展和人类生存对能源日益增长的需求。图 1-1 所示为世界能源理事会于 1998 年发表的《全球能源前景》中提出的世界能源情景之一，描绘了过去百余年来世界能源利用的变化情况和今后 100 年内能源发展趋势。

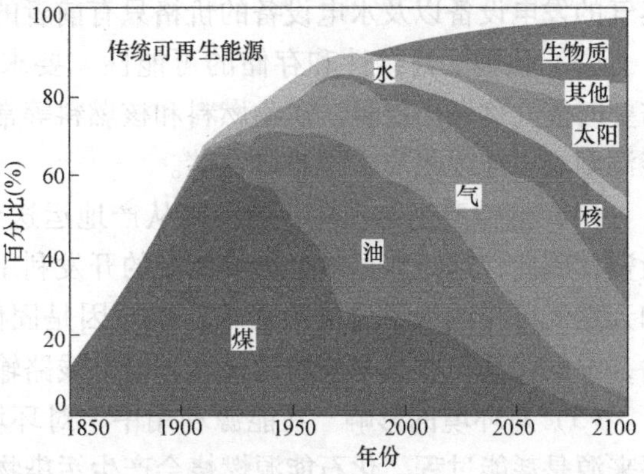

图 1-1 世界能源利用历史与趋势

1.2 能源的计量单位与品质评价

1.2.1 能源的计量单位

能源的单位也就是能量的单位。在国际单位制中，能量的单位是焦耳（J），其他常用单位有千卡（kcal）㊀、千瓦时（kW · h）等，能量单位之间的换算关系见附录的表 A-2。

由于各种能源的热值是不同的，在统计能源的产量和消费量以及计算能耗指标时，为了便于比较和计算，通常将各种能源折合为“煤当量（标准煤）”或“油当量（标准油）”。标准煤的定义为：凡能产生 7000kcal 或 29. 3076MJ 热量的任何数量的燃料折合为 1kg 标准煤。1kg 标准油的热当量值为 41. 87MJ。千克标准煤用符号 kgce 表示，千克标准油用符号 kgoe 表示，也可以用吨标准煤（符号为 tce）或吨标准油（符号为 toe）及更大的单位计量能源。

西方国家常用“桶”作为石油计量单位。每桶原油约为 137kg，折合约 0. 2t 标准煤。常见能源折算标准煤参考系数见附录的表 A-3。

1.2.2 能源的品质评价

能源的种类很多，各有优劣。从目前的技术水平来看，能源品质评价主要有以下技术指标。

（1）能流密度 单位体积或面积内从能源中所能获得的功率，称为能流密度。显然，如果能流密度很小，就很难作为主力能源了。新能源如风能、太阳能的能流密度较小，大约为 $100W/m^2$；核能的能流密度很大；常规能源的能流密度也较大。

（2）开发费用与设备价格 化石能源和核燃料，从勘探、开采，到加工、运输，需投入大量的人力和物力，而风能、太阳能等新能源，由大自然提供，不需要花费太大的开发代价。但风能、太阳能等发电设备的一次性投资很大。根据目前的技术水平，太阳能、风能、海洋能等发电设备的价格为每千瓦几千元到几万元，初投资大，资金回收期长；而石油、天

㊀ 非法定计量单位，1kcal = 4186. 8J。

然气的发电设备以及水电设备的价格只有前者的1/10，初投资小，资金周转快。

（3）供能的连续性和存储的可能性　要求能源可以连续供应，不需要时能存储起来，需要时能立刻发出能量。矿物燃料和核燃料等常规能源容易存储，而太阳能、风能等可再生能源则难以连续供应，也难以存储。

（4）运输费用与损耗　能源需从产地运送到使用地，运输本身既要消耗能源，也需要投资，因此，远距离运输会影响能源的开发利用。风能、太阳能、地热能等难以运输；石油和天然气可方便地通过管道运输；煤炭因是固体，虽可运输，但较困难；水能本身不可运输，一般将其转换成电能后通过高压输电线路输送到远处，但输送损耗和基建投资都较大。

（5）对环境的影响　在能源利用中，对环境的影响是必须考虑的因素。环境污染的主要来源是耗能过程。化石能源燃烧会产生污染物排放，导致温室效应、酸雨等；核电站存在放射性污染和核废料；可再生能源多数都是无污染的清洁能源。

（6）储藏量　作为能源的一个必要条件是它的储藏量要足够丰富。例如，我国的煤炭储藏量世界第四，水利资源也十分丰富，居世界第一位，其他常规热源和新能源也不少。

（7）能源品位　根据转换为电能的难易程度不同，能源有低品位和高品位之分。例如，水能可直接转化为机械能，再转化为电能；而化石能源需先经过燃烧转化为热能，再转化为机械能，然后才转化为电能。可见，水能更容易转化为电能，因此为高品位能源。在比较不同温度的热源时，高温热源被认为是高品位能源，低温热源则是低品位能源。能源品位的高低是相对的，不是绝对的。

1.3 开发利用可再生能源的必要性

1.3.1 能源形势

能源是人类赖以生存的基础，是现代社会的命脉。能源对于现代社会的重要性如同粮食对于人类的重要性，没有粮食，人类就不能生存；没有能源，现代社会将陷入瘫痪。因此，人类进化的历史，也是一部不断向自然界索取能源的历史。伴随着能源的开发利用，人类社会逐渐地从远古的刀耕火种走向现代文明。从主要的能源使用情况来看，人类社会已经经历了薪柴时代、煤炭时代和石油时代三个能源时期，并正在步入可再生能源时期。

目前，煤炭、石油和天然气三大传统化石能源仍然是世界经济的三大能源支柱，支撑着世界90%左右的能源消费。而这三大化石能源都是不可再生的，用掉一点就少一点。根据世界上通行的能源预测，石油将在未来50年左右枯竭，天然气将在60年左右枯竭，煤炭也只能用100多年。表1-2给出了截至2018年底全世界三大化石能源的探明储量和储采比。

表1-2　化石能源的探明储量和储采比

种类	世界储量	中国储量	中国储量比	储采比（中国/世界）
石油	2393亿t	35亿t	1.5%	18.3年/50.2年
天然气	193.5万亿m^3	5.5万亿m^3	2.8%	36.7年/52.6年
煤炭	10350.12亿t	1388.1亿t	13.4%	39年/134年

注：资料来源是《BP世界能源统计2018》。

更为重要的是，人类的能源消耗量是随着经济的发展和生活水平的提高而不断增长的。表 1-3 给出了过去 100 年左右的时间内世界人均能耗的变化情况，可见，从 1900 年到 2000 年的 100 年内，人均年能耗增长了约 6 倍。另一方面，世界人口仍在不断增长，预计到 2050 年将达到 100 亿左右。因此，化石能源将无法满足人类对能源日益增长的需求。

表 1-3 过去 100 年世界人均能耗增长情况

年份	总人口（亿）	人均能耗/[t 标准煤/(人·年)]
1900	15.71	0.493
1950	25.01	1.026
2000	60.50	3.300

我国人口众多，能源形势更为严峻，人均能源拥有量仅为世界平均值的一半，化石燃料的储采比远低于世界平均值。表 1-2 同时列出了我国三大化石能源的储量、占世界储量的比例（储量比）以及储采比。归纳起来，我国的能源形势具有如下主要特点。

（1）人均能源不足　虽然我国的煤炭、天然气等能源的总量位居世界前列，但我国人口众多，约占世界总人口的 18.4%，人均能源占有量不足世界平均水平的一半。其中，煤炭占有量相当于世界平均值的 75%，石油可采储量仅为世界平均值的 8%。

（2）能源分布不合理　我国的煤炭、石油、天然气三大化石能源主要集中在东北、华北和西部地区，水电资源则主要集中在西南地区，而人口密集、经济发达的东部沿海地区能源严重匮乏。因此，造成了我国“北煤南运”“西电东送”的不合理格局，既产生了大量的能源运输损耗，又增加了运输成本。

（3）能源结构不合理　近年来煤炭在我国一次能源生产和消费中所占比重一直保持在 60% 左右，图 1-2 所示为 2016 年我国一次能源消费结构。由图可见，煤占 61.8%，比世界平均水平高出 40 多个百分点。而优质能源（石油和天然气）所占比重远低于世界平均水平。大量燃烧煤炭不仅效率低、效益差，而且造成严重的空气污染，带来了许多环境和社会问题。

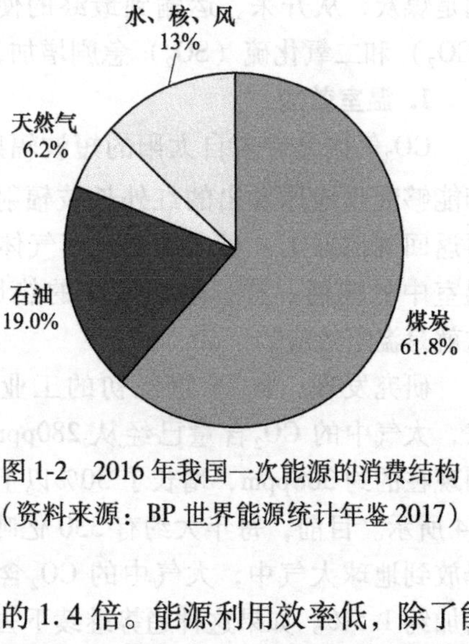

图 1-2　2016 年我国一次能源的消费结构
（资料来源：BP 世界能源统计年鉴 2017）

（4）能源效率低　我国的能源利用效率远低于西方发达国家，单位产值能耗是世界上最高的国家之一。我国的能源利用效率一直处于低等收入和中等收入国家之间。从 2014 年的世界银行数据来看，我国每创造 1 美元 GDP 所消耗的能源，是美国的 1.3 倍、德国的 2 倍、日本的 1.8 倍，是世界平均水平的 1.4 倍。能源利用效率低，除了能源技术落后等原因外，也与以煤炭为主的能源结构密切相关。以煤炭为主的能源结构的能源效率比以石油、天然气为主的能源效率低 8~10 个百分点。能源利用效率低意味着能源的大量浪费，在能源短缺的情况下这种浪费形成更为强烈的反差。《能源发展战略行动计划（2014—2020 年）》指出，着力优化能源结构，把发展清洁低碳能源作为调整能源结构的主攻方向。到 2020 年，非化石能源占一次能源消费比重达到 15%，天然气比重达到 10%以上，煤炭消费比重控制在62%以内。清洁化、低碳化正成为能源经济发展的趋势。转变能源生产和消费模式、改善能源结构、提高能源效率、减少能源消费，是我国一项长期而艰巨的任务。

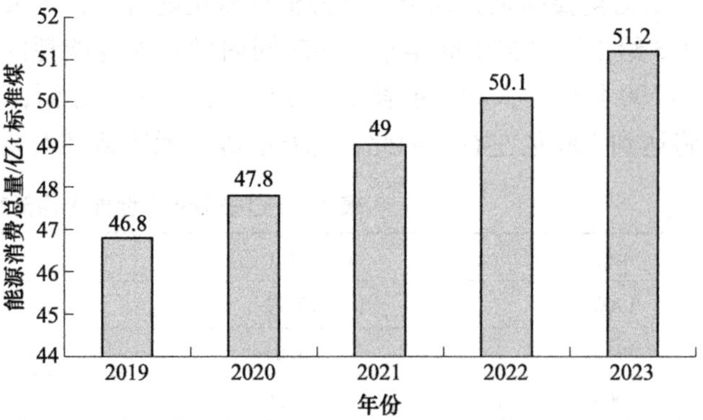

图 1-3 我国能源消费总量的统计和预测

随着我国社会经济的高速发展，对能源的需求将不断增长。2017年，我国能源消费总量为44.9亿t标准煤，同比增长2.9%。图1-3所示为国家环保总局和国家信息中心对我国能源消费总量的统计和预测，预计2023年将达到51.2亿t标准煤，2019~2023年均复合增长率约为2.26%。因此，大力开发利用可再生能源已成为我国一项紧迫的任务。

1.3.2 环境污染

从农业文明到工业文明，人类的生产和生活方式发生了一场大的革命。机器的使用极大地提高了人类改造自然的能力，使人类在与自然的斗争中取得了辉煌的胜利。然而，在人类文明和工业化不断进步的同时，环境和能源的压力也在急剧增加。人类在进入工业化社会之后，大量使用地球上的石油、煤炭等化石能源，对环境造成了极其严重的危害。化石能源特别是煤炭，从开采、运输到最终的使用，都会带来严重的污染，使得空气中的二氧化碳（CO_2）和二氧化硫（SO_2）急剧增加，造成了温室效应和酸雨蔓延。

1. 温室效应

CO_2气体允许来自太阳的短波辐射通过，却能够吸收地球发出的红外长波辐射，然后再返回到地球上。过多的CO_2等气体就如同温室中的玻璃一样，阻挡地球的热量散发，这就是温室效应。

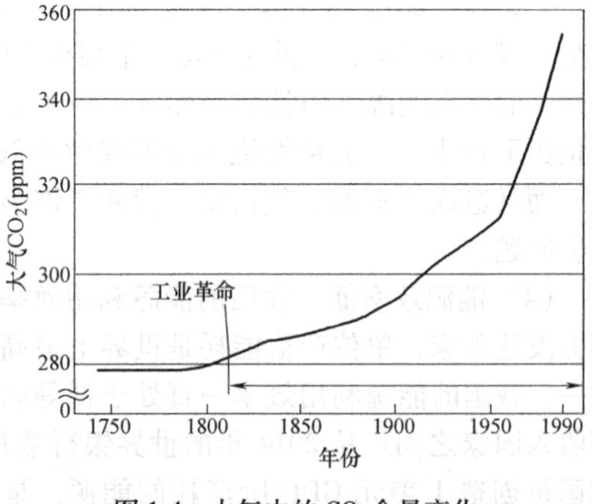

图 1-4 大气中的CO_2含量变化

研究发现，自19世纪初的工业革命以来，大气中的CO_2含量已经从280ppm[⊖]增加到现在的约368ppm，增长了30%以上，如图1-4所示。目前，每年大约有330亿吨CO_2被释放到地球大气中，大气中的CO_2含量每年增加约1.5%。如果这种趋势继续下去，未来50年内全球气温将上升1.5~4.5℃，将使极地冰雪融化，海平面上升，淹没全球大多数沿海地区。

⊖ 非法定计量单位，$1ppm=10^{-6}$，在此处表示每立方米的大气中含有污染物的体积数（立方厘米）。

2. 酸雨

化石燃料燃烧过程中排放出大量 SO_2、NO_x 以及粉尘等污染物。据统计，我国 2016 年 SO_2 排放量为 1400 万 t，NO_x 排放量为 1086.5 万 t，粉尘排放量 1109.3 万 t。这些污染物会形成酸雨，不仅导致森林、庄稼毁坏，土壤板结酸化，而且污染水源、动物和人，对人类健康构成直接威胁。

我国以煤炭为主要能源，是大气污染最严重的国家之一，主要污染物的排放量居世界第二，仅次于美国。

因此，从可持续发展的角度看，发展清洁的可再生能源以及化石能源的清洁利用技术，是目前研究的重点和今后发展的方向。

1.4 可再生能源发电的基本特点和发展概况

电能是迄今为止人类历史上最优质的能源，它不仅易于实现与其他能量（如机械能、热能、光能等）的相互转换，而且容易控制与变换，便于大规模生产、远距离输送和分配，同时还是信息的载体，在现代人类生产、生活和科研活动中发挥着不可替代的作用。因此，可再生能源发电便成为可再生能源开发利用的主要方式。

表 1-1 中的可再生能源主要指风能、太阳能、生物质能、地热能、海洋能等，可再生能源发电的优点是没有或很少有污染，可以循环使用，分布广泛，随处可得。其中，风力发电和太阳能光伏发电不需要水，对于干旱缺水地区是尤为突出的优点，而火力发电（包括核电）需要大量的水。

表 1-4 给出了不同发电方式 CO_2 排放量的对比。

表 1-4 不同发电方式 CO_2 排放量的对比 单位：g/(kW · h)

燃煤发电	燃油发电	液化天然气发电	风力、太阳能发电
246.32	188.42	128.86	0

可再生能源发电的缺点是能流密度低，随机性和间歇性强。因此，发电设施往往占地面积大，需要大容量的储能装置或备用电源，导致初投资大；风力发电、太阳能光伏发电等还有视觉和/或噪声污染，影响周围居民生活和鸟类生存；生物质能会散发异味；海上风电还会对海上油气开采、航运等产生不利影响。

1.4.1 全球可再生能源发电发展概况

迄今为止，世界可再生能源的发展经历过三次高潮。第一次是 1973 年的石油危机以后，美、日、西欧等发达国家（地区）为应对高油价对经济的沉重打击，建立了可再生能源研究机构，并制订了相应的专项计划，加强可再生能源的研究与应用，力图减小对常规能源的依赖。但受当时技术水平的限制，可再生能源转换效率低、成本高，很难与传统化石能源竞争，可再生能源如“昙花一现”。第二次高潮以 1992 年在巴西里约热内卢召开的环境与发展大会上通过的《里约宣言》和《21 世纪议程》等重要文件为标志，确定了相关环境责任原则，可持续发展的观念逐渐形成，可再生能源的开发利用再次提上议事日程。第三次高潮是进入 21 世纪后，全球气候问题日益突显，能源供需矛盾日益加剧，世界各国从可持续发展的角度和保障能源供应安全的角度，调整了各自的能源政策，进一步将可再生能源发展纳入国家发展战略。2005年2月16日《京都议定书》强制生效，确立了到2010年所有发达国家二氧化碳等6种温室气体的排放量要比1990年减少5.2%的目标，促使承担减排义务的各国为完成温室气体减排目标，进一步加大了对可再生能源的支持力度，可再生能源开始蓬勃发展。

在可再生能源发电领域，欧洲、美国、日本等发达国家（地区）走在世界前列。例如，在风力发电方面，欧洲是领跑者。早在2005年，位列世界风电装机容量前五位的国家是德国、西班牙、美国、印度、丹麦，装机容量均在3000MW以上，其他一些国家包括意大利、英国、荷兰、日本、葡萄牙等的风电装机容量也都达1000MW以上。在2013~2017年的5年内，世界风电装机容量的平均年增长率为14%。截至2017年年底，全球累计风电装机容量已达539.1GW，图1-5给出了最近15年来全球风电装机容量的增长情况。从2017年累计装机来看，全球前十名国家依次是中国、美国、德国、英国、印度、巴西、法国、土耳其、南非和芬兰，如图1-6所示。

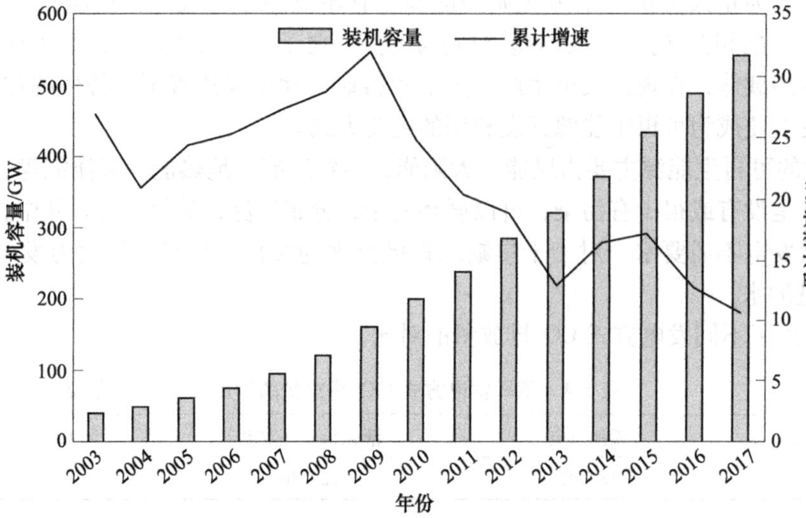

图1-5 近15年全球风电装机容量的变化情况

需要指出的是，虽然近年来风力发电装机容量增长迅猛，但风力发电量占总电量的比例仍然很小。截至2017年年底，全球风力发电量为1430TW·h，仅占全球电力供应总量的5.6%。不过，在欧洲的某些国家，风力发电已成为重要的电力来源之一，例如，丹麦超过40%的电力来自风能，紧随其后的是葡萄牙、爱尔兰和德国，均超过了20%，西班牙和塞浦路斯都达到了12%。而在中国，风电提供了4.8%的电力供应。

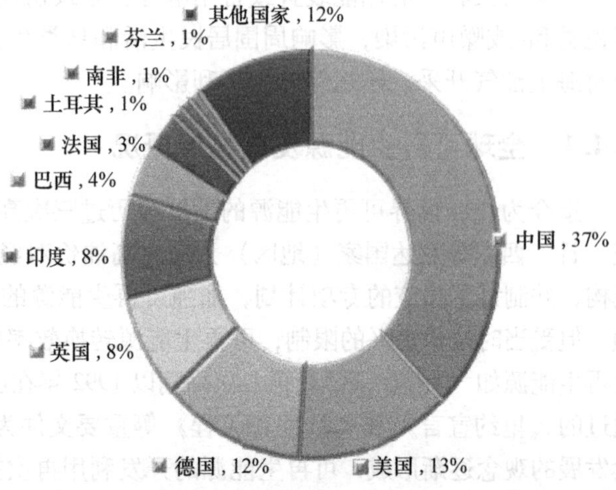

图1-6 2017年底全球风电累计装机前十名国家

在太阳能光伏发电领域，欧洲同样处于世界前列。早在 2000 年，德国率先实施“上网电价”法，大大拉动了德国国内光伏市场。欧洲其他国家也纷纷效仿德国，先后开始实施“上网电价”法，使得整个欧洲的光伏市场迅速扩大，带动了全球光伏发电市场的快速增长。根据《BP 世界能源统计》2018 年 6 月的报告，2017 年全球太阳能发电占全球发电总量的 1.7%，占可再生能源发电总量的 6.9%，虽然其份额较少，但发展较快。图 1-7 所示为近 12 年来全球太阳能光伏装机容量增长情况。其中，中国是世界最大的光伏市场，占全球太阳能发电总量的 24.4%，如图 1-8 所示。

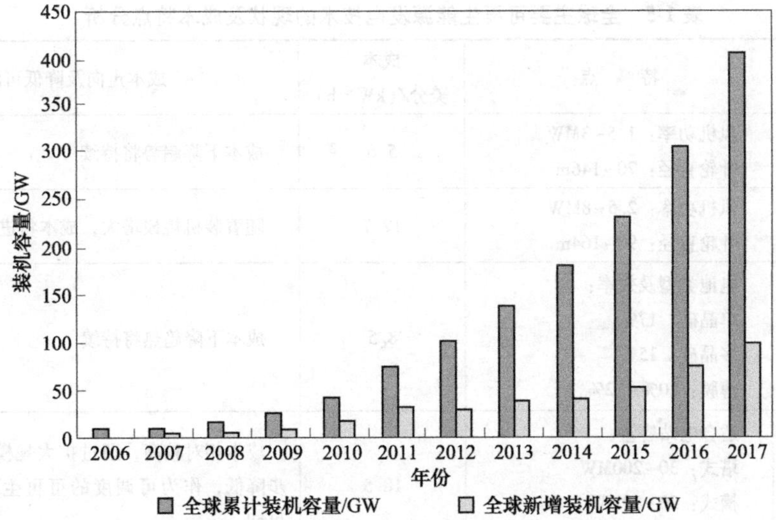

图 1-7　全球太阳能光伏装机容量增长情况

在太阳能热发电方面，美国、以色列、西班牙等国处于领先地位。早在 20 世纪 80 年代，美国加州就建设了 10 座总装机 45 万 kW 的太阳能热发电站，进入 21 世纪以来，美国又建设了 507MW 的太阳能热发电站，西班牙也先后建造了两座 50MW 的太阳能热发电站。此外，德国、意大利、澳大利亚等国也看好太阳能热发电的发展前景，投入了大量资金和研究项目，发展此项技术。太阳能光热发电已经进入我国国家可再生能源发展战略，我国对塔式和槽式发电项目开展了示范应用，2018 年建成了首航节能敦煌 100MW 熔盐塔式光热电站、中广核德令哈 50MW 槽式光热电站和青海中控德令哈 50MW 熔盐光热电站共计 200MW 的光热发电项目，成为我国光热发电发展史具有重要意义的一年。

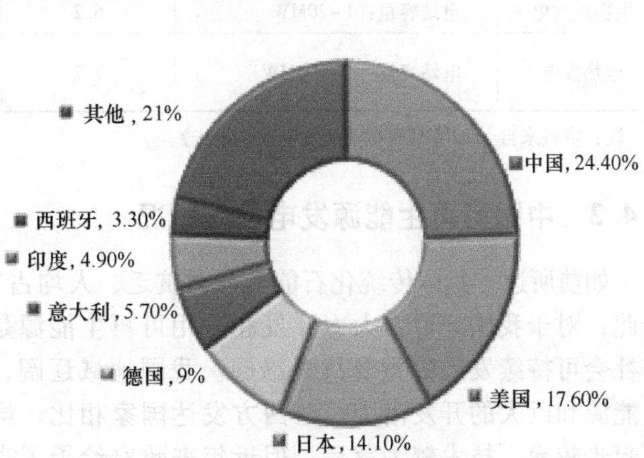

图 1-8　2017 年全球光伏市场分布

海洋占地球表面的 71%，资源十分丰富。早在 20 世纪初，欧洲的德国、法国等就开始研究开发潮汐发电。德国于1912年建成了世界上最早的潮汐发电站；1995年英国建成了2MW的波浪发电站等。海洋能的利用虽然问题很多、难度很大，但是随着技术的发展，人类开发利用海洋能的前景越来越广阔。

从世界可再生能源的利用和发展趋势看，风能、太阳能和生物质能发展最快，产业前景最好。其中，风能是近几年世界上增长最快的能源，而太阳能、生物质能、地热能等其他可再生能源发电成本也已接近或达到大规模商业化生产的要求，为可再生能源的进一步推广利用奠定了基础。表1-5归纳了全球主要可再生能源发电技术的现状及成本特点。

表1-5 全球主要可再生能源发电技术的现状及成本特点分析

技术名称	特 点	成本 美分/(kW·h)	成本走向及降低可能
陆上风电	风机功率：1.5~3MW 叶轮直径：70~146m	5.6	成本下降趋势将持续
近海风电	风机功率：2.5~8MW 叶轮直径：90~164m	12.7	随着装机规模增大，成本将进一步下降
太阳能光伏发电	电池类型及效率： 单晶硅：17% 多晶硅：15% 薄膜：10%~12%	8.5	成本下降趋热将持续
太阳能光热发电	适合电站容量： 塔式：30~200MW 槽式：30~80MW 盘式：7.5~25MW	18.5	成本相对较高，通过扩大规模，成本将进一步降低，作为可调度的可再生能源发电前景可期
生物质发电	电站容量：1~20MW	6.2	稳定
地热发电	电站容量：1~100MW	7.2	通过先进的勘探技术、低廉的钻井手段和高效的热利用，成本可进一步降低

注：资料来自《2018可再生能源发电成本报告》。

1.4.2 中国可再生能源发电发展概况

如前所述，我国传统化石能源相对贫乏，人均占有量不到世界平均水平的二分之一。因此，对于我国来说，大力开发和利用可再生能源是优化能源结构、改善环境、促进经济社会可持续发展的重要战略措施。我国地域辽阔，地形多变，蕴藏着极其丰富的可再生能源和巨大的开发潜力。与西方发达国家相比，虽然我国在可再生能源的开发利用方面起步较晚，技术较为落后，但近年来政府给予了高度重视，采取了一系列法律、经济和技术措施，促进了我国可再生能源在“十一五”期间较为迅速的发展。特别是2006年颁布了《中华人民共和国可再生能源法》，从法律上确立了可再生能源开发利用的地位，我国可再生能源的发展进入了一个新的历史阶段，国家在“十二五”规划中又进一步将可再生能源列为战略性新兴产业，进一步推动了可再生能源事业的快速发展，并取得了一系列成就。其中又以风力发电、太阳能光伏发电等发展尤为突出。截至2017年年底，我国可再生能源占一次能源消费比重已达到13.8%。我国承诺，2020年非化石能源占一次能源消费比重达到15%左右。

1. 风力发电

我国的大规模并网风电从 20 世纪 80 年代开始，“十五”期间进入快速发展期，“十二五”期间，国内风电装机容量快速增长，实现了 34%的复合增长率，年均新增容量 18GW，新增和累计装机两项数据均居世界第一。国内风电装机容量占总发电设备容量的比例从 2010 年的 3.06%提高至 2018 年的 9%以上，是发展最为迅速的新能源发电行业，如图 1-9 所示。

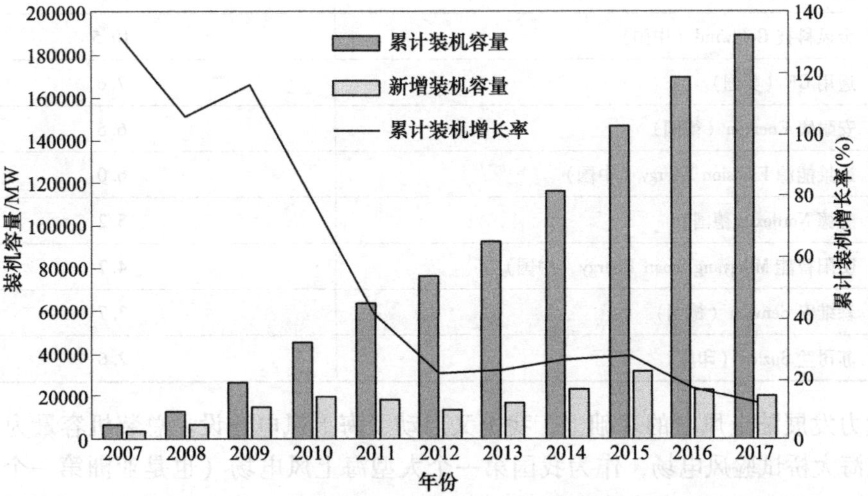

图 1-9 2007~2017 年我国风电装机容量增长情况

同时，我国已规划了 7 个千万千瓦级的风电基地，分布于 6 个省区，包括新疆、甘肃、内蒙古、河北、吉林、江苏。各个风电基地的建设与规划目标见表 1-6。

表 1-6 7 各个风电基地建设与规划目标 单位：GW

基地名称	2010 年装机	2020 年装机目标
河北	3.58	14.13
内蒙古东部	3.82	20.81
内蒙古西部	6.3	38.3
吉林	2.02	21.3
江苏沿海	1.28	10.75
甘肃酒泉	1.34	21.91
新疆哈密	4.95	10.8

2017 年 7 月 28 日，国家能源局印发了《关于可再生能源发展“十三五”规划实施的指导意见》，同时公布了 2017~2020 年全国 20 省市风电新增建设规模方案。据方案，2017 年全国新增风电装机 3065 万 kW，2017~2020 年全国风电累计新增规模 11040 万 kW，2020 年规划并网目标 12600 万 kW（126GW）。

风力发电装机容量的高速增长，带动了我国风电装备制造业快速发展，近年来涌现出一大批风电机组整机和关键零部件生产厂商。2017 年有 3 家中国风电机组整机制造商进入世界新增装机容量前10名，见表1-7。与此同时，国内风电厂商已研制开发出最大10MW的风力发电机组。

表1-7 2017年全球新增装机容量前10名风力发电机组整机制造商

序号	企业名称	2017年市场份额（%）
1	维斯塔斯 Vestas（丹麦）	16.7
2	西门子歌美飒 Siemens Gamesa（丹麦-西班牙）	16.6
3	金风科技 Goldwind（中国）	10.5
4	通用 GE（美国）	7.6
5	安耐康 Enercon（德国）	6.6
6	远景能源 Envision Energy（中国）	6.0
7	恩德 Nordex（德国）	5.2
8	明阳智能 Mingyang Smart Energy（中国）	4.7
9	森维安 Senvion（德国）	3.7
10	苏司兰 Suzlon（印度）	2.6

在大力发展陆上风电的基础上，我国又启动了海上风电建设。总装机容量为10万kW的上海东海大桥试验风电场，作为我国第一个大型海上风电场（也是亚洲第一个大型海上风电项目），于2010年2月完成全部34台风电机组的安装，并于2010年7月并网发电。海上风电新增吊装容量逐年上升，2017年国内海上风电市场新增吊装容量1.16GW，同比增长97%，截至2017年年底，国内海上风电累计容量达到2.8GW。随着海上电价政策的明确、建设成本的持续优化以及配套产业的日渐成熟，我国海上风电在“十三五”期间迎来加速发展期，规划目标是到2020年确保并网5GW，力争开工10GW。我国东南沿海地区的各省（市）已积极规划长期海上风电发展目标，目前确定的规划总容量超过56GW。

2. 太阳能发电

我国是太阳能资源相当丰富的国家，绝大多数地区年平均日照辐射量在$4kW \cdot h/(m^2 \cdot d)$以上，具有良好的太阳能利用条件。但我国太阳能发电起步较晚。

得益于欧洲市场的拉动，我国的太阳能光伏产业在2004年之后飞速发展，早期以太阳电池制造为主，2007年我国已经成为世界最大的太阳电池生产国，2010年我国太阳电池组件产量上升到10GW，占世界产量的45%，连续四年太阳电池组件产量居世界第一。但是，初期我国太阳电池90%以上出口国外，国内光伏发电市场尚处于起步阶段，光伏发电成本高是主要障碍。自2008年国际金融危机爆发以来，欧美发达国家经济受到较大影响，导致就业率下降，贸易保护主义势头日益上升。在此背景下，包括光伏产业在内的我国众多出口行业遭遇了越来越严重的贸易摩擦。2012年、2013年美国和欧盟对我国光伏产品采取的巨额惩罚措施，对当时我国光伏企业的发展产生了巨大的负面影响。在此背景下，大量竞争力较弱的企业退出相关产业。从2013年开始，在我国政府和光伏企业的共同努力下，我国光伏产业迎来转机。凭借良好的产业配套优势、人力资源优势、成本优势以及国家的大力扶持政策，充分利用国内光伏市场崛起的机遇，通过自主创新与引进消化吸收再创新相结合，我国光伏产业逐步形成了具有我国自主特色的产业技术体系，逐步成为我国为数不多的具有国际竞争优势的战略性新兴产业。图1-10所示为我国太阳能光伏产业的发展状况。

目前，太阳能光热发电处于工程示范阶段。

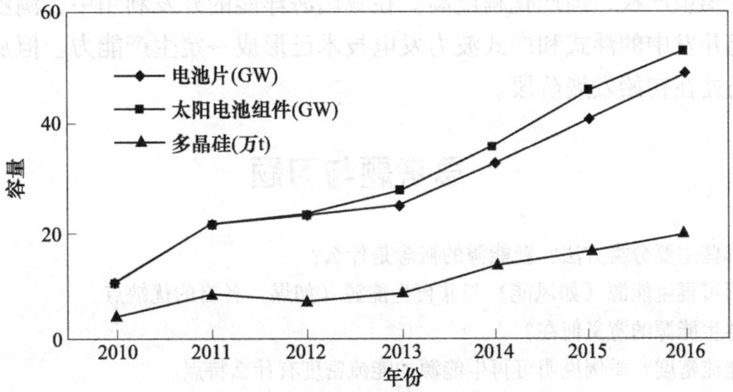

图1-10 我国太阳能光伏产业的发展状况

3. 生物质发电

我国生物质资源较为丰富，每年可作为能源利用的农作物秸秆资源量约为1.5亿t标准煤，林业剩余物资源量约为2亿t标准煤，工业有机废水和畜禽养殖废水资源理论上可以生产沼气800亿m^3（相当于5700万t标准煤）等，全国生物质能的理论资源总量接近15亿t标准煤。

目前我国生物质能年利用量约4000万t标准煤。其中，市场化程度较高的主要是生物质发电，截至2017年年底，全国生物质发电新增装机容量274万kW，累计装机容量达到1488万kW，同比增长22.6%。2017年，全年生物质发电量794亿kW·h，同比增长22.7%，继续保持稳步增长势头；全年生物质发电量占整个可再生能源发电量的4.67%，占全国年总发电量的1.23%。从生物质发电装机规模和发电量看，已经接近《生物质能发展“十三五”规划》提出的目标，即生物质发电总装机容量达到1500万kW，年发电量900亿kW·h。

4. 地热发电

我国是以中低温地热为主的地热资源大国，适宜地热发电的高温（≥150°C）地热资源主要分布在藏南、滇西、川西和台湾省等地。我国的地热发电始于20世纪70年代，曾建设过一些利用低温热水发电的小型试验地热发电站，目前多数已关闭，只有西藏的羊八井高温地热发电得到了一定的发展。目前，全国地热发电装机总容量约为32MW，其中88%在西藏。

根据《地热能开发利用“十三五”规划》要求，在“十三五”时期，新增地热发电装机容量500MW，到2020年，地热发电装机容量约为530MW。在西藏、川西等高温地热资源区建设高温地热发电工程；在华北、江苏、福建、广东等地区建设若干中低温地热发电工程。

5. 海洋能发电

海洋能主要包括潮汐能、波浪能、海流能等。我国的海洋能资源较为丰富，但分布不均，能量密度较低。自20世纪80年代开始，我国在沿海地区陆续兴建了一批中小型潮汐发电站。1985年建成的江厦潮汐电站完成5台装机，发电能力超过设计水平，达3200kW，它的建成是我国海洋能发电史上的一个里程碑。目前现存的3座潮汐电站完全由我国独立自主开发，拥有自主知识产权，国产化程度高。在我国海洋能的开发利用中，潮汐发电技术已基本成熟，波浪能开发中的浮式和岸式波力发电技术已形成一定生产能力。但从总体上说，我国海洋能发电仍处在初始发展阶段。

思考题与习题

1-1 能源有哪些主要分类方法？新能源的概念是什么？

1-2 举例说明可再生能源（如风能）与非再生能源（如煤）各自的优缺点。

1-3 发展可再生能源的意义何在？

1-4 什么是能流密度？举例说明可再生能源的能流密度有什么特点。

第 2 章

风 力 发 电

2.1 概论

2.1.1 风能的转换与利用

风能就是空气中的动能，是指风所负载的能量。早在 2000 多年前，人类就利用风力提水、灌溉、磨面、舂米，用风帆推动帆船前进等。埃及、荷兰等是较早利用风能的国家。公元前 2 世纪，古波斯人用风磨碾米，10 世纪阿拉伯人用风车提水，11 世纪风车已在中东获得广泛应用，13 世纪风车传至欧洲，曾在相当长的时期内成为欧洲不可缺少的原动机。荷兰的风车举世闻名，目前还保留着 900 多座老式风车供游人观赏。20 世纪初，人们开始研究用风力机发电。

我国是世界上最早利用风能的国家之一，唐代大诗人李白就有“长风破浪会有时，直挂云帆济沧海”的诗句；到了宋代，我国对风车的利用进入全盛时期，当时流行的垂直轴风机一直沿用至今。

根据不同需要，风能可以转换成不同形式的能量，如机械能、电能、热能等，以实现发电、抽水灌溉、风帆助航等功能，图 2-1 给出了风能转换与利用的主要方式。

但是，风能是一种过程性能源，不能直接储存，只有转化成其他可以储存的能量形式（如电能）才能储存。风能具有间歇性和随机性，也难以准确预测。因此，利用风能必须考虑储能或与其他能源配合，才能保证稳定的能源供应。另一方面，由于风能的能流密度低，所以风能利用装置体积大、耗用材料多、投资大，这也是风能利用必须克服的制约因素。

当前，风能利用的主要方式是风力发电。

大规模开发利用风力发电是在 20 世纪 70 年代以后。随着全球石油危机的爆发和世界环境的日益恶化，美国、欧洲等世界主要发达国家（地区）投入巨资支持风力发电技术的研究与开发，并出台了电价补贴等一系列优惠政策，有力地推动了风力发电的发展。进入 90 年代以后，一方面由于环境危机和能源危机的日益严重，另一方面，随着技术进步，风力发电成本大幅下降，使得风电得到了迅猛发展。1996 年以来，世界风电的年增长率一直维持在 30%左右，风电价格已降到 4 美分/(kW · h)，甚至更低。风电已成为技术最成熟、最具有商业开发价值的可再生能源，风电产业也成为当今世界经济增长最快和最具发展潜力的产业之一。

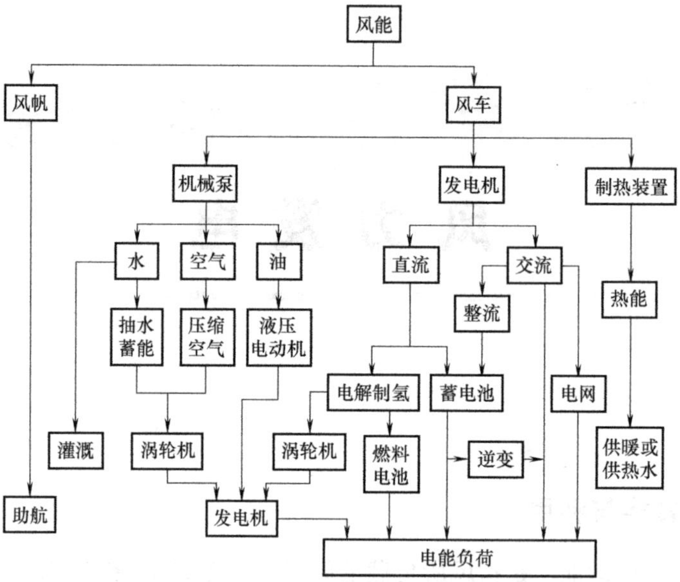

图 2-1 风能转换与利用方式

2.1.2 风力发电系统的基本构成与类型

根据所发电能是否并入电网，风力发电系统可分为并网型和离网型两大类。图 2-2 所示为并网型风力发电系统的组成框图，主要由风力机、增速齿轮箱（可选）、发电机、电力电子接口（可选）、变压器等主要部分组成。风力机将风中的动能转换为机械能，驱动发电机运转，由发电机将机械能转换为电能，通过电力电子接口进行频率、电压变换，再经变压器升压，然后与电网并联。

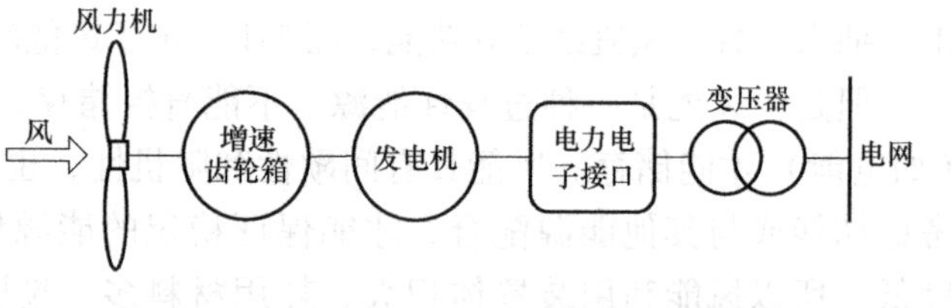

图 2-2 并网型风力发电系统的组成框图

图中，齿轮箱起增速作用，使发电机工作在较高转速，这有利于减小发电机的体积和重量。由于大容量风力机的转速一般较低，每分钟在几十转，通常需经过三级增速，将转速增加到 1000r/min 以上。但是，多级增速齿轮箱不仅需要经常性维护，而且故障率较高，是风力发电系统中较薄弱的环节之一。因此，近年发展起来的低速直驱风力发电系统中便没有齿轮箱，可靠性得到明显提高。但是，在低速直驱风力发电系统中，发电机因工作在很低的转速，其体积和重量较大。以某一 3MW 低速直驱永磁式风力发电机为例，其直径达 6m，重达 87t。随着风力发电机容量的进一步增大，其体积和重量更加惊人，给发电机的制造、运输和安装等提出了严峻挑战。因此，近年又出现了所谓的半直驱风力发电系统，即采用一级增速齿轮箱，将转速增高近 10 倍，既保证了齿轮箱有较高的可靠性，又提高了发电机转速，从而减小了发电机的体积和重重，是一种折中方案。

发电机是将机械能转换为电能的装置，是风力发电系统的核心部件。理论上，任何一种发电机都可以用于风力发电，包括直流电机、异步电机、同步电机、永磁电机、开关磁阻电机等。但目前在大容量并网型风力发电系统中，常用的主要是笼型异步发电机、双馈异步风力发电机和永磁同步发电机，将在后文中详述。

电力电子接口的主要作用是对发电机输出电能的频率、波形、电压等进行变换与控制，以保证输出电能的质量。对于不同类型的发电机，电力电子接口的功能与作用也不同。例如，对异步风力发电机，电力电子接口其实就是一个软起动器，实现异步发电机的软并网；而对于低速直驱永磁发电机，电力电子接口既要对发电机输出的电能进行频率和电压的变换，还要对发电机的转矩等进行控制。

变压器的作用主要是升高电压。

除了图2-2中所示的主要部件之外，现代并网型风力发电系统通常还有变桨系统、偏航系统、制动装置、测风装置等，图2-3给出了一台水平轴风力发电机组的基本结构。

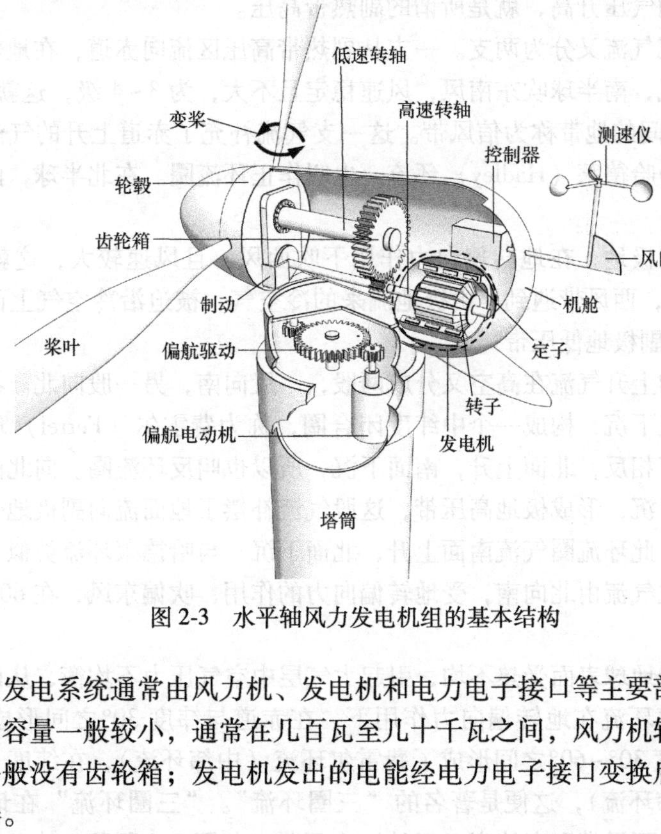

图2-3　水平轴风力发电机组的基本结构

离网型风力发电系统通常由风力机、发电机和电力电子接口等主要部分构成。因离网型风力发电系统的容量一般较小，通常在几百瓦至几十千瓦之间，风力机转速较高，可直接驱动发电机，故一般没有齿轮箱；发电机发出的电能经电力电子接口变换后直接供给负载，因此也没有变压器。

2.2　风

2.2.1　风的形成

风是空气流动的结果。地球表面被厚厚一层称为大气层的空气所包围，由于密度不同或气压不同造成空气对流运动，水平运动的空气就是风，空气流动形成的动能称为风能。

1. 大气环流

一方面，地球绕太阳公转，随着日地距离和方位的不同，地球上各纬度所接收的太阳辐照度各异。赤道和低纬度地区受到的太阳辐照度大，地面和空气接收的热量多，因而温度高。而极地和高纬度地区受到的太阳辐照度小，温度低。这种温差形成了南北之间的气压梯度，使空气产生水平运动。

另一方面，地球自转使水平运动的空气受到偏向力（称之为地转偏向力）作用，造成北半球空气气流向右偏转，南半球气流向左偏转。地转偏向力在赤道为零，随着纬度的增高而增大，在极地达到最大。所以，大气运动是两种力综合作用的结果。

当空气由赤道两侧上升向极地流动时，开始因地转偏向力很小，空气基本受气压梯度影响，在北半球由南向北流动；随着纬度的增加，地转偏向力逐渐增大，空气运动也就逐渐向右偏转，即逐渐转向东方。在纬度30°附近，偏角达到90°，地转偏向力与气压梯度力相当，空气运动方向与纬圈平行，所以在纬度30°附近的上空，赤道来的气流受到阻塞而聚积下沉，造成该地区地面气压升高，就是所谓的副热带高压。

副热带高压下沉气流又分为两支。一支从副热带高压区流向赤道，在地转偏向力的作用下，北半球吹东北风，南半球吹东南风，风速稳定且不大，为3~4级，这就是所谓的信风，所以将南北纬30°之间的地带称为信风带。这一支气流补充了赤道上升的气流，构成了一个闭合的环流圈，称为哈德莱（Hadley）环流，也叫作正环流圈。在北半球，此环流圈气流南面上升，北面下沉。

另一支气流吹向极地，在地转偏向力作用下吹西风，且风速较大，这就是所谓的西风带。在纬度60°附近，西风带遇到了由极地流来的冷空气，被迫沿冷空气上面爬升，故在纬度60°地面出现一个副极地低压带。

副极地低压带的上升气流在高空又分成两股，一股向南，另一股向北。在北半球，向南的气流在副热带地区下沉，构成一个中纬度闭合圈，称为费雷尔（Ferrel）环流，其气流流向与哈德莱环流正好相反，北面上升，南面下沉，所以也叫反环流圈。向北的一股气流从上空到达极地后冷却下沉，形成极地高压带，这股气流补偿了地面流向副极地带的气流，从而形成了一个闭合圈，此环流圈气流南面上升，北面下沉，与哈德莱环流类似，因此也叫正环流圈，在北半球，此气流由北向南，受地转偏向力的作用，吹偏东风，在60°~90°之间形成了极地东风带。

综上所述，由于地球表面受热不均，引起大气层中空气压力不均衡，从而形成地面与高空的大气环流。这种环流在地转偏向力作用下，在赤道与纬度30°之间形成了哈德莱环流（低纬环流），在纬度30°~60°之间形成了费雷尔环流（中纬环流），在纬度60°~90°之间形成了极地环流（高纬环流），这便是著名的“三圈环流”。“三圈环流”在地面上形成了低纬度信风带、中纬度西风带和高纬度（极地）东风带，如图2-4所示。其中信风带地区通常是风能利用的较佳区。

2. 季风环流

在一个大范围地区内，盛行风向或气压系统有明显的季节性变化，这种在一年内随着季节的不同，有规律转变风向的风，称为季风。季风盛行地区的气候又称季风气候。

我国季风环流主要是由海陆差异、行星风（即大气环流）带的季节性转换以及地形特征等综合形成的。

海洋的热容量比陆地大得多。冬季，陆地比海洋冷，大陆气压高于海洋，风从陆地吹向海洋；夏季则相反，陆地很快变暖，海洋相对较冷，陆地气压低于海洋气压，风从海洋吹向

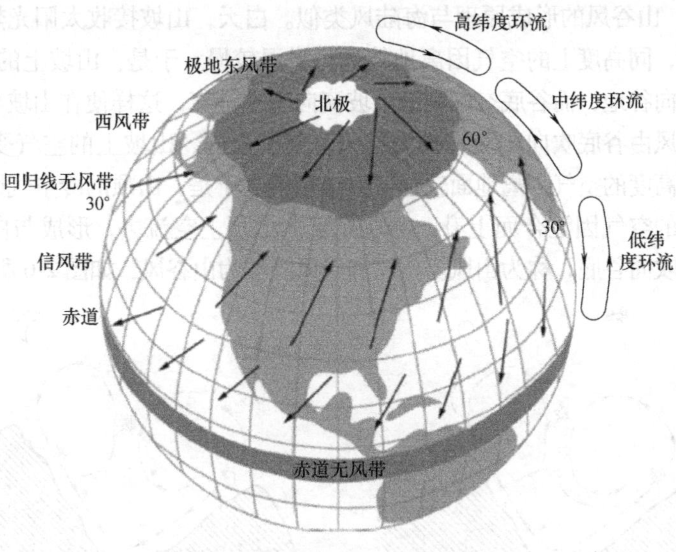

图 2-4 地球上的风带与“三圈环流”

陆地。我国东临太平洋，南临印度洋，冬夏的海陆温差大，所以季风明显。

3. 局地环流

（1）海陆风　海陆风的成因与季风相同，也是由陆地与海洋之间的温差而引起的。不过，海陆风的范围小，以日为周期，风势也较弱。

由于海陆物理属性的差异，陆地土壤热容量比海水热容量小得多。白天，受太阳辐射，陆地上增温较快，空气受热膨胀上升，气压较低，而海洋上空的气温较低，气压较高，在水平气压梯度力的作用下，上空的空气从陆地流向海洋，然后下沉至低空，又由海面流向陆地，再度上升，遂形成一个完整的海风环流。夜间环流的方向正好相反，风从陆地吹向海洋。白天从海洋吹向陆地的风称为海风，夜间从陆地吹向海洋的风称为陆风，所以，将一天中海陆之间的周期性环流总称为海陆风，如图 2-5 所示。

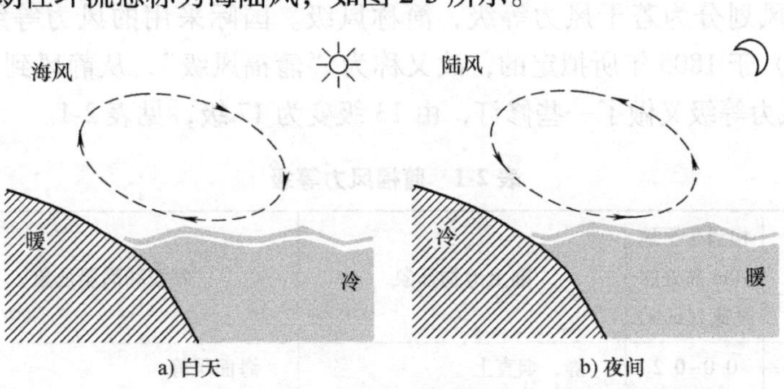

图 2-5 海陆风的形成

海陆风的强度在海岸最大，随着离岸距离的增大而减弱，一般影响距离为 20~50km。海风的风速比陆风大，在典型的情况下，风速可达 4~7m/s，而陆风风速一般为 2m/s 左右。温度日变化越大及昼夜海陆温差越大的地区，则海陆风越强烈。低纬度日照强，所以海陆风较为明显，尤以夏季为甚。

（2）山谷风　山谷风的形成原理与海陆风类似。白天，山坡接收太阳光热较多，空气增温较快，而山谷上空，同高度上的空气因离地较远，增温较慢。于是，山坡上的暖空气不断上升，并在上层从山坡流向谷地，而谷底空气则沿山坡流向山顶补充，这样便在山坡与山谷之间形成一个热力环流。下层风由谷底吹向山坡，称为谷风。到了夜间，山坡上的空气受山坡辐射冷却较快，而谷地上空同高度的空气因离地面较远，降温较慢。于是，山顶的冷空气因密度大，顺着山坡流向谷底，谷底的空气因汇合而上升，并在高空向山顶上空流去，形成与白天相反的热力环流。下层风由山坡吹向谷底，称为山风。山风和谷风统称为山谷风，如图 2-6 所示。

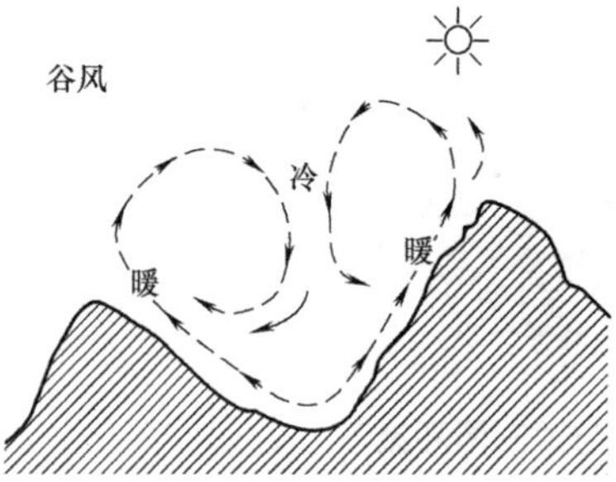

a) 白天

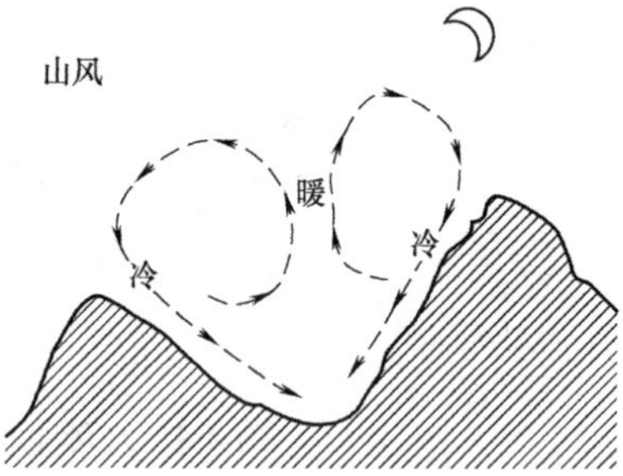

b) 夜间

图 2-6　山谷风的形成

山谷风的特征与山坡的坡度、坡向和山区地形条件等有密切的关系。当山谷深且坡向朝南时，山谷风最盛，但它的周期都是一昼夜。山谷风的风速一般较低，谷风比山风大一些，谷风一般为 2～4m/s，有时可达 6～7m/s，谷风通过山隘时风速加大。山风一般仅为 1～2m/s，但在峡谷中，风力加强。

2.2.2　风速与风力等级

风速是风强度的一种表示方法，有多种不同的单位，如 m/s、km/h、mile/h[⊖]等。按照风速大小，可将风划分为若干风力等级，简称风级。国际采用的风力等级是英国人蒲福（Francis Beaufort）于 1805 年所拟定的，故又称为“蒲福风级”，从静风到飓风分为 13 级。自 1946 年以来风力等级又做了一些修订，由 13 级变为 17 级，见表 2-1。

表 2-1　蒲福风力等级

风力等级	名称		相当于平地10m高处的风速/(m/s)	陆上地物征象	海面和渔船征象	海面大概的浪高/m	
	中文	英文				一般	最高
0	静风	Calm	0.0～0.2	静，烟直上	海面平静	—	—
1	软风	Light air	0.3～1.5	烟能表示风向，树叶略有摇动	微波如鱼鳞状，没有浪花，一般渔船正好能使舵	0.1	0.1
2	轻风	Light breeze	1.6～3.3	人面感觉有风，树叶有微响；旗子开始飘动，高的草开始摇动	小波，波长尚短，但波形显著，波峰光亮，但不破裂；渔船张帆时可随风移行 1～2n mile/h	0.2	0.3

⊖ 非法定计量单位，1mile = 1609.344m。

（续）

风力等级	名称		相当于平地10m高处的风速/(m/s)	陆上地物征象	海面和渔船征象	海面大概的浪高/m	
	中文	英文				一般	最高
3	微风	Gentle breeze	3.4~5.4	树叶及小枝摇动不息，旗子展开，高的草摇动不息	小波加大，波峰开始破裂；浪沫光亮，有时可有散见的白浪花；渔船开始簸动，张帆时可随风移行3~4n mile/h	0.6	1.0
4	和风	Moderate breeze	5.5~7.9	能吹起地面灰尘和纸张，树枝摇动，高的草呈波浪起伏	小浪，波长变长，白浪成群出现；渔船满帆时，可使船身倾于一侧	1.0	1.5
5	劲风	Fresh breeze	8.0~10.7	有叶的小树摇摆，内陆的水面有小波，高的草波浪起伏明显	中浪，具有较显著的长波形状，许多白浪形成（偶有飞沫）；渔船需缩帆一部分	2.0	2.5
6	强风	Strong breeze	10.8~13.8	大树枝摇动，电线呼呼有声，撑伞困难；高的草不时倾伏于地	轻度波浪开始形成，到处都有更大的白沫峰（有时有些飞沫）；渔船缩帆大部分，并注意风险	3.0	4.0
7	疾风	Near gale	13.9~17.1	大树摇动，大树枝弯下来，迎风步行感到不便	轻度大浪，碎浪而成白沫沿风向呈条状；渔船不再出港，在海者下锚	4.0	5.5
8	大风	Gale	17.2~20.7	可折毁小树枝，人迎风前行感觉阻力甚大	有中度的大浪，波长较长，波峰边缘开始破碎成飞沫片，白沫沿风向呈明显的条带；所有近海渔船都要靠港，停留不出	5.5	7.5
9	烈风	Strong gale	20.8~24.4	草房遭受破坏，屋瓦被掀起，大树枝可折断	狂浪，沿风向白沫呈浓密的条带状，波峰开始翻滚，飞沫可影响能见度；机帆船航行困难	7.0	10.0
10	狂风	Storm	24.5~28.4	树木可被吹倒，一般建筑物遭破坏	狂浪，波峰长而翻卷，白沫成片出现，沿风向呈白色浓密条带，整个海面呈白色，海面颠簸加大振动感，能见度受影响；机帆船航行颇危险	9.0	12.5
11	暴风	Violent storm	28.5~32.6	大树可被吹倒，一般建筑物遭严重破坏	异常狂涛（中小船只可一时隐没在浪后），海面完全被沿风向吹出的白沫片所掩盖，波浪到处破成泡沫，能见度受影响；机帆船航行极危险	11.5	16.0
12	飓风	Hurricane	32.7~36.9	陆上少见，其摧毁力极大	空中充满了白色浪花和飞沫，海面完全变白，能见度受到严重影响	14.0	—
13			37.0~41.4				
14			41.5~46.1				
15			46.2~50.9				
16			51.0~56.0				
17			56.1~61.2				

风速与风级的关系，除查表外，也可以通过下式计算获得：

$$\bar{v}_N = 0.1 + 0.824N^{1.505} \tag{2-1}$$

式中，N 为风的级数；$\bar{v}_N$ 为 N 级风的平均风速（m/s）。

当已知风的级数 N 时，即可算出平均风速 $\bar{v}_N$。

N 级风的最大风速为

$$v_{N\max} = 0.2 + 0.824N^{1.505} + 0.5N^{0.56} \tag{2-2}$$

N 级风的最小风速为

$$v_{N\min} = 0.824N^{1.505} - 0.56 \tag{2-3}$$

在近地层中，风速随高度而变化。世界各国基本都以 10m 高度观测为基准，但取多长时间的平均风速不统一，有的取 1min、2min、10min 平均风速，有的取 1h 平均风速，也有的取瞬时风速。

风速随高度变化的经验公式很多，通常采用以下指数公式：

$$v = v_0\left(\frac{h}{h_0}\right)^{\alpha} \tag{2-4}$$

式中，v 为高度 h 处的风速（m/s）；v_0 为高度 h_0 处的风速（m/s），一般取 $h_0 = 10\text{m}$；α 为经验指数，它取决于大气稳定度和地面粗糙度，其值范围为 1/8~1/2，在开阔、平坦、稳定度正常的地区取 1/7。

2.2.3 风向与风频

风向是指风吹来的方向，如果风从北方吹来，就称为北风；如果从西方吹来，就称为西风。风向一般用 16 个方位表示，即北东北（NNE）、东北（NE）、东东北（ENE）、东（E）、东东南（ESE）、东南（SE）、南东南（SSE）、南（S）、南西南（SSW）、西南（SW）、西西南（WSW）、西（W）、西西北（WNW）、西北（NW）、北西北（NNW）、北（N）。静风记为“C”。

风向也可以用角度来表示，以正北为基准，顺时针方向旋转，东风为 90°，南风为 180°，西风为 270°，北风为 360°。风向方位图如图 2-7 所示。

风频是指风向出现的频率，即在一定时间内某风向出现的次数占出现总次数的百分比。各种风向的出现频率通常用玫瑰图来表示，即在极坐标图上，在某一风向方位上用极轴的长短标出该风频的值，然后将各点连线后形成一幅代表一段时间风向变化的风况图，如图 2-8 所示。

此外，描述风的参数还有风速频率，即在一定时间内（如 1 年或 1 月）某风速时数占总时数的百分比。风速频率分布一般以图形表示，如图 2-9 所示，图中有两条不同的风速频率曲线，其中曲线 a 变化陡峭，低风速出现的频率高，而曲线 b 变化较平缓，其最大频率向风速较高的范围偏移，

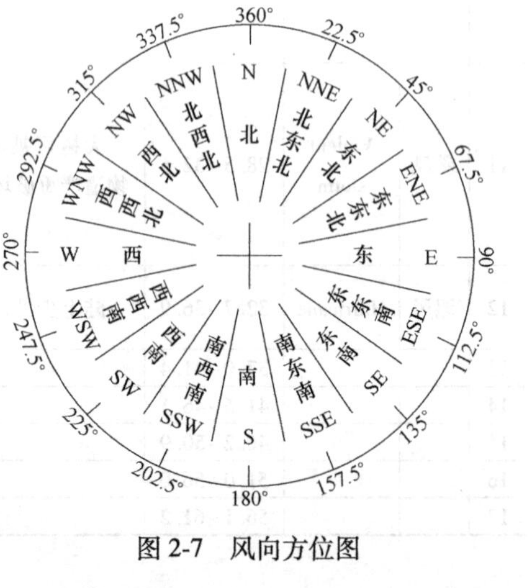

图 2-7 风向方位图

表明较高风速出现的频率增大。从风能利用的观点看，曲线 b 比曲线 a 所代表的风况要好。根据风速频率分布可以计算出某一区域单位面积上全年的风能。如果已知风力机安装地点的风速频率，则可以根据该风力机的功率曲线计算出一年的发电量。

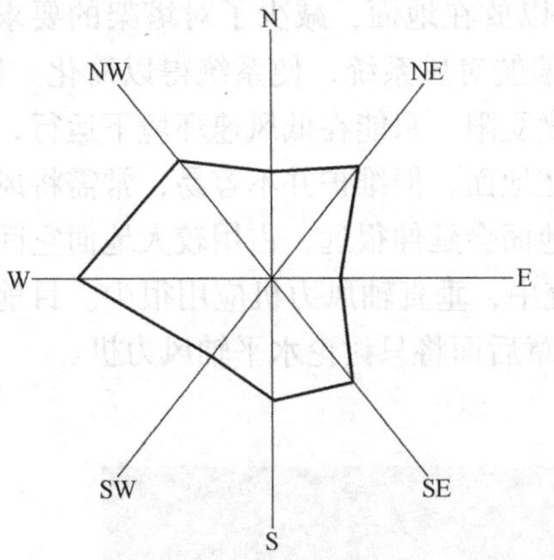

图 2-8 风频玫瑰图

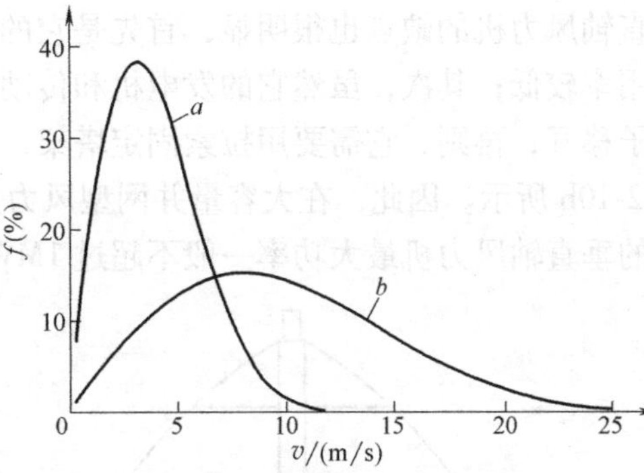

图 2-9 风速频率分布

2.3 风资源

广义上讲，风能也是太阳能的一部分。据理论计算，到达地球表面的太阳辐射能约为 1.8×10^{17}W，其中约有 2%转换成风能，全球大气中总的风能约为 10^{14}MW，可开发利用的风能约为 3.5×10^{9}MW，比世界上可利用的水能大 10 倍。

我国幅员辽阔，海岸线长，风能资源丰富，仅次于俄罗斯和美国，居世界第三位。根据第三次全国风能资源普查结果，我国陆地上离地面 10m 高度层的风能资源理论储量为 4.35×10^{6}MW，技术可开发量约为 2.97×10^{5}MW。我国陆地（不包括青藏高原）50m 高度风能资源潜在开发量为 2.38×10^{6}MW，近海 5~25m 水深线以内区域可装机容量约 2×10^{5}MW。

我国风能资源丰富的地区主要分布在东南沿海及附近岛屿，以及“三北”（东北、华北、西北）地区。另外，内陆也有个别风能丰富点，海上风能资源也非常丰富。

2.4 风力机的基本原理与结构

2.4.1 风力机的基本类型

风力机是将风的动能转换为可用机械能的机械装置，它通常由一个在风的升力或阻力作用下可自由旋转的转子组成。根据风力机的转子结构形式、安装方式、运行模式等的不同，风力机可分为不同类型。例如，根据转子轴的位置，风力机可分为水平轴和垂直轴两大类；对于水平轴风力机，依据风力机转子装在塔架的迎风侧还是下风侧，可分为迎风型和顺风型等。根据风力机桨距角是否可调，分为定桨距风力机和变桨距风力机；根据风力机的转速是否可以改变，又可分为恒速风力机和变速风力机等。

1. 垂直轴与水平轴风力机

垂直轴风力机有多种翼型，图 2-10a 所示为达里厄（Darrieus）型，是垂直轴风力机中最为典型的一种。其转轴垂直安装，转子叶片绕转轴旋转，故名“垂直轴风力机”。垂直轴风力机最突出的优点是，它的发电机与传动系统可以放在地面，减少了对塔架的要求；另外，它可以从任意方向的风中吸收能量，故不需要偏航对风系统，使系统得以简化。但是，垂直轴风力机的缺点也很明显，首先是它的安装高度受限，只能在低风速环境下运行，风能利用率较低；其次，虽然它的发电机和传动系统放在地面，但维护并不容易，常需将风力机转子移开；再则，它需要用拉索固定塔架，拉索在地面会延伸很远，占用较大地面空间，如图 2-10b 所示。因此，在大容量并网型风力发电系统中，垂直轴风力机应用很少。目前，已知的垂直轴风力机最大功率一般不超过 1MW。故本章后面将只讨论水平轴风力机。

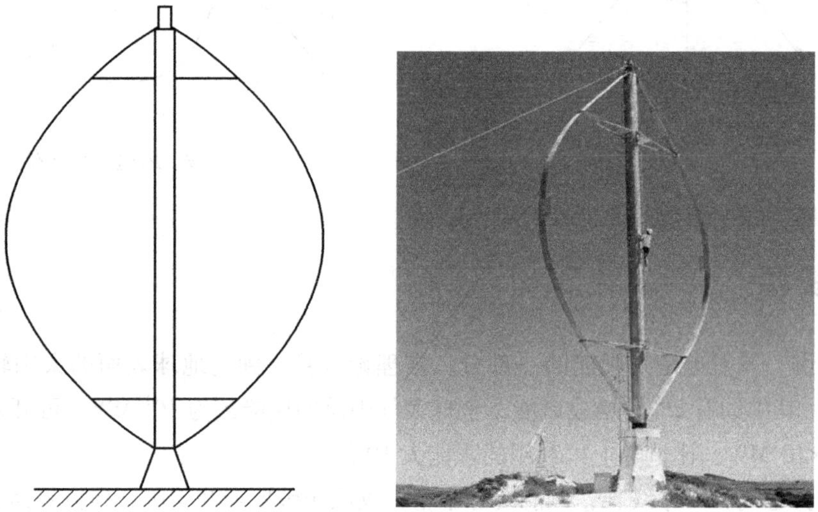

a) 结构　　b) 实物照片

图 2-10　垂直轴风力机

目前，绝大多数并网型风力发电机组都采用水平轴风力机，结构如图 2-11 所示。风力机转子安装在风力较强而湍流较小的塔顶，塔顶部同时还装有机舱，舱内装有齿轮箱和发电机等部件，风力机转子通过转轴与齿轮箱和发电机轴相连，风力机的转轴处于水平状态，故名“水平轴风力机”。

水平轴风力机有多种不同机型，图 2-12 给出了常见机型。就叶片数量来说，有单叶、双叶、三叶以及多叶等，目前在大容量风力机中最常见的是三叶。水平轴风力机的转子可安装在上风方向（也叫迎风型），也可在下风方向（也叫顺风型）。顺风型的好处是可以自动对风，不需要偏航系统，但是，风要先经过塔架才吹到风轮，受塔影效应的影响较大。此外，实践经验表明，当风向突然改变时，风轮很难及时调整方向。因此，迎风型风力机更为常见。

迎风型水平轴风力发电系统必须有偏航机构来转动风力机转子及机舱，正常运行时，使风力机转子正对来风方向，以便能捕获尽量多的风能。对于小容量风力机，偏航系统很简单，但对于大容量风力机，偏航系统是较为复杂的。

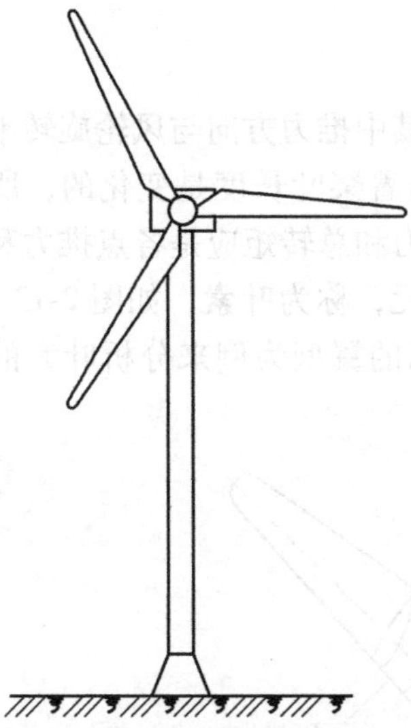

图 2-11 水平轴风力机结构

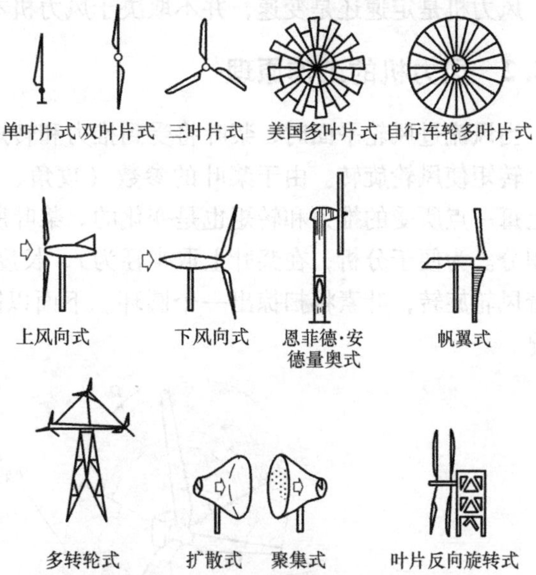

图 2-12 水平轴风力机常见机型

2. 定桨距与变桨距风力机

早期的风力机多为定桨距风力机，即桨叶与轮毂之间为固定安装，桨叶不可以绕其轴线转动，其优点是结构简单、成本低，其缺点是功率控制性能差、风能利用率低。因此，其正在被变桨距风力机所取代。变桨距风力机的桨叶相对轮毂可自由转动，从而改变桨距角。它的好处是很容易控制风力机从风中吸收的功率，因此功率调节性能好。但它需要一套专门的变桨机构（有液压伺服变桨机构和电伺服变桨机构），结构和控制都较复杂，成本较高。

3. 定速与变速风力机

定速风力机是指在正常运行时其转速是恒定不变的。早期的风力发电机系统多采用感应发电机或同步发电机，定子绕组直接与电网相连，因此发电机的转速由电网的频率所决定，无法调节，它虽然控制较简单，但风能利用率较低。随着电力电子等技术的发展，出现了双馈异步风力发电机，通过控制转子绕组中电流的频率，可以在不同转子转速下仍保持定子绕组输出频率的恒定，因此，它允许风力机转速在较大范围变化，故称为变速恒频风力发电机。近年来新出现的低速直驱风力机也是变速恒频风力机，因为它经由全容量电力电子功率变换器向外输出电能，其输出频率由逆变器决定，所以允许风力机转速在很大的范围内变化。

变速风力机具有以下优点：

1）提高风能利用效率：在额定风速以下区间，可以随风速的变化成比例地调节风力机转速，实现最大功率点跟踪（MPPT），提高风能利用效率。

2）减小机械应力：可以通过改变转子速度，吸收阵风能量，使风力发电系统具备一定的“弹性”，从而减小力矩波动和机械应力。

3）改善电能质量：通过风力系统的“弹性”作用，减小输出功率的波动，提高电能质量。

4）降低噪声：在低功率时可使风力机工作在低速，降低噪声。

风力机是定速还是变速，并不取决于风力机本身，而是取决于与之相连的发电机。

2.4.2 风力机的工作原理

当风流过风轮平面时，桨叶将受到推力和转矩的作用，其中推力方向与风轮旋转平面垂直，转矩使风轮旋转。由于桨叶的参数（攻角、弦长等）沿着桨叶长度是变化的，所以桨叶上每一点所受的推力和转矩也是变化的。桨叶所受的总推力和总转矩应是各点推力和转矩的积分。为便于分析，在桨叶上取半径为 r、长度为 δr 的微元，称为叶素，如图 2-13 所示。随着风轮旋转，叶素将扫掠出一个圆环。下面以图 2-14 所示的翼型为例来分析叶素的受力情况。

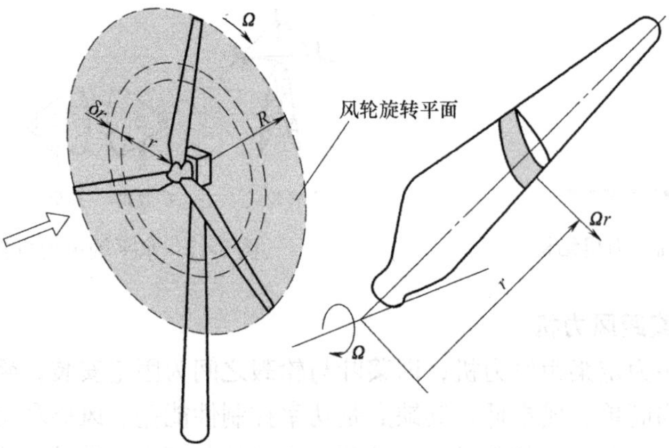

图 2-13 叶素扫掠出的圆环

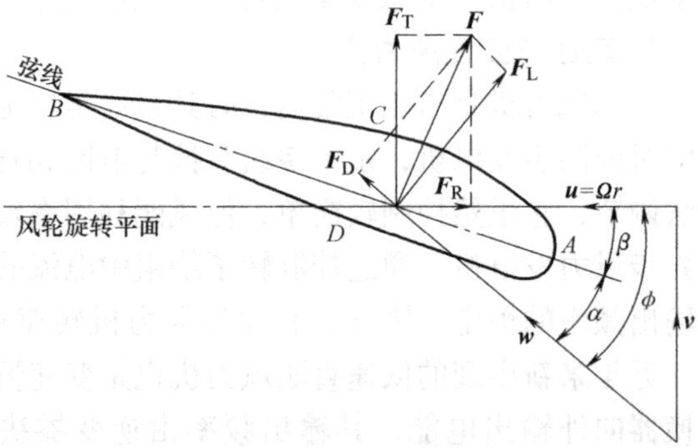

图 2-14 叶素受力分析

图 2-14 中，翼型的最前点（A 点）称为前缘，最后点（B 点）称为后缘，A、B 之间的连线称为弦线，其长度为几何弦长，常用 c 表示。翼型上面的弧面 ACB 称为上表面，翼型下面的弧面 ADB 称为下表面。

u 为叶素旋转线速度，其值等于叶素所处的风轮半径与风轮旋转角速度的乘积，即 $u=\Omega r$；v 为风速，w 为合成风速。

合成风速与叶素弦线之间的夹角 α 称为攻角（亦称迎角），叶素弦线与风轮旋转平面之间的夹角 β 称为桨距角，合成风速 w 与旋转平面的夹角为 ϕ，它们满足

$$\alpha=\phi-\beta \tag{2-5}$$

风力机静止时，因旋转线速度 u 为 0，故 $w=v$，$\phi=90°$。

当空气流过翼型时，在与气流平行的方向受到阻力 F_D。同时，因翼型上表面气流速度较大、压力较小，而下表面气流速度较小、压力较大，故翼型受到向上的合力 F_L，称为升力，它垂直于气流方向，如图 2-14 所示。单位长度叶素所受升力和阻力可表示为

$$F_L=\frac{\rho c}{2}\omega^2 C_L(\alpha) \tag{2-6}$$

$$F_D=\frac{\rho c}{2}\omega^2 C_D(\alpha) \tag{2-7}$$

式中，ρ 为空气密度（约为 1.225kg/m^3）；c 为叶素弦长；ω 为合成风速，C_L和 C_D分别为叶素升力系数和阻力系数，它们都是无量纲的系数。

C_L和 C_D是攻角 α 的函数。因为叶素弦长 c 和桨距角 β 随叶片长度而变化，即叶素弦长和桨距角还是叶素旋转半径 r 的函数。图 2-15 所示为翼型的典型升力系数和阻力系数与攻角 α 之间的关系曲线。可见，在小攻角范围内，升力系数 C_L近似呈直线，随攻角线性增加；而阻力系数 C_D近似为常数，变化很小。当攻角增大到临界值 α_{cr}时，升力系数达到最大值 C_{Lmax}，其后突然下降，这一现象称为失速。而阻力系数过了临界攻角 α_{cr}以后快速增大。

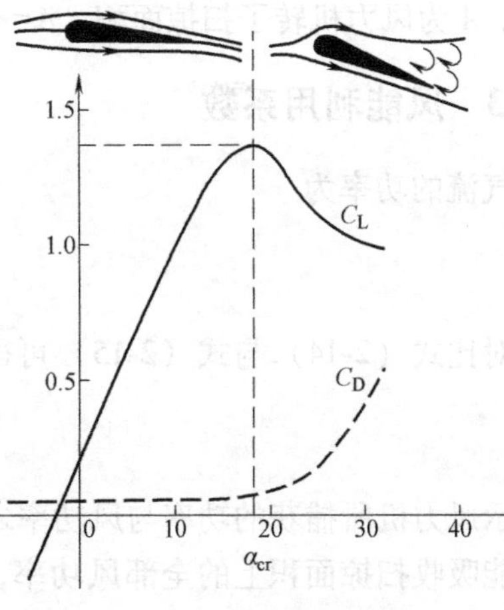

图 2-15 典型升力系数和阻力系数与攻角之间的关系曲线

升力 F_L和阻力 F_D可分解为平行于旋转平面的切向旋转力 F_R和垂直于旋转平面的轴向推力 F_T，显然，切向旋转力 F_R 产生旋转力矩而做功。此转矩的大小可表示为

$$\tau_r=F_R r=\frac{\rho c}{2}w^2 r[C_L(\alpha)\sin\phi-C_D(\alpha)\cos\phi] \tag{2-8}$$

而轴向推力 F_T（即为作用于风力机上的气动载荷）必须由叶轮、塔架和基础承受，其大小为

$$F_T=\frac{\rho c}{2}w^2[C_L(\alpha)\cos\phi+C_D(\alpha)\sin\phi] \tag{2-9}$$

由图 2-14 叶素受力图可以看出，升力和阻力的轴向推力分量方向相同，二者相加，共同形成轴向推力 F_T；而它们的切向旋转力分量方向相反，升力的切向分量产生有用的力矩，而阻力的切向分量产生阻力矩。因此，为获得高风能转换效率，希望升力要大、阻力要小，即升阻比 C_L/C_D越大越好。失速时，升阻比会突然下降。

分别对式（2-8）和式（2-9）沿叶片长度积分，可得到整个叶轮所受到的旋转力矩 T_r 和轴向推力 F'_T，通常可用无量纲的转矩系数 C_Q和推力系数 C_T来表示，即

$$T_r=\frac{1}{2}\rho\pi R^3 C_Q v^2 \tag{2-10}$$

$$F'_T=\frac{1}{2}\rho\pi R^2 C_T v^2 \tag{2-11}$$

式中，转矩系数 C_Q和推力系数 C_T均是 λ 和 β 的函数。其中

$$\lambda=\frac{\Omega R}{v} \tag{2-12}$$

称为叶尖速比，R 为风力机叶尖半径。由 T_r可得风力机的功率为

$$P=T_r\Omega=\frac{1}{2}\rho\pi R^3C_Qv^2\Omega=\frac{1}{2}\rho\pi R^2C_Q\lambda v^3 \tag{2-13}$$

令 $C_Q\lambda=C_P$，则风力机功率可表示为

$$P=\frac{1}{2}\rho\pi R^2C_Pv^3=\frac{1}{2}C_P\rho Av^3 \tag{2-14}$$

式中，A 为风力机转子扫掠面积，$A=\pi R^2$。

2.4.3 风能利用系数

气流的功率为

$$P_{air}=\frac{1}{2}\rho Av^3 \tag{2-15}$$

对比式（2-14）与式（2-15）可得，C_P的另一表示形式为

$$C_P=\frac{P}{P_{air}} \tag{2-16}$$

它表示风力机所捕获的功率与风功率之比，因此称之为风能利用系数。由常识可知，风力机并不能吸收扫掠面积上的全部风功率，只能吸收其中的一部分，因此风能利用系数 C_P是一个小于1的系数。

根据空气动力学原理可以证明，风力机风能利用系数的极限为

$$C_{Plimit}=\frac{16}{27}\approx0.593 \tag{2-17}$$

这也称为贝兹极限（Betz Limit）。也就是说，任何一个风力机，从风中吸收的功率绝不会超过叶轮扫掠面积上风功率的59.3%。

对于一个给定的风力机，其风能利用气数 C_P并不是一个常数，而是桨距角和叶尖速比的函数，即 $C_P=f(\beta,\ \lambda)$。当桨距角 β 一定时，C_P随着风力机叶尖速比 λ 的变化而改变。由于 C_P和 λ 均为无量纲的物理量，可以用来描述任意大小风力机的特性。图2-16所示为典型风力机风能利用系数与叶尖速比的关系曲线。由图可见，只有当叶尖速比为 λ_{opt}时，风能利用系数为最大，表示从风中吸收的风功率最大。当叶尖速比偏离该最佳值时，C_P迅速减小，风力机吸收的风功率下降。如果在风速改变时成比例地改变风力机转速 Ω，使叶尖速比维持在 λ_{opt}附近，则可保持较高的风能利用率。这正是变速风力机应用日益广泛的原因。

风力机的风能利用系数取决于风力机的翼型、叶片数等参数。图2-17给出了不同叶片数时风力机的风能利用系数的对比。由图可见，单叶风力机的 C_P峰值较小，但曲线宽而平坦，λ 在一定范围内变化时，C_P基本不变，说明 C_P对 λ 不敏感；随着叶片数量的增加，C_P的峰值增大，但曲线变得尖而窄，C_P值对 λ 越来越敏感。当叶片数大于3以后，C_P峰值基本不再增加，但曲线变得更尖、更窄。因此，三叶风力机的风能利用系数曲线是相对最优的，既有较大的峰值，且曲线又较为平坦。这正是三叶风力机获得广泛应用的重要原因之一。图2-18所示为一台三叶水平轴风力机实物照片。

由式（2-14）可见，风力机的功率与转子半径的二次方成正比，与风速的三次方成正比。因此，风力机半径越大、塔架越高（对应的风越大），功率越大，经济性越好。目前，

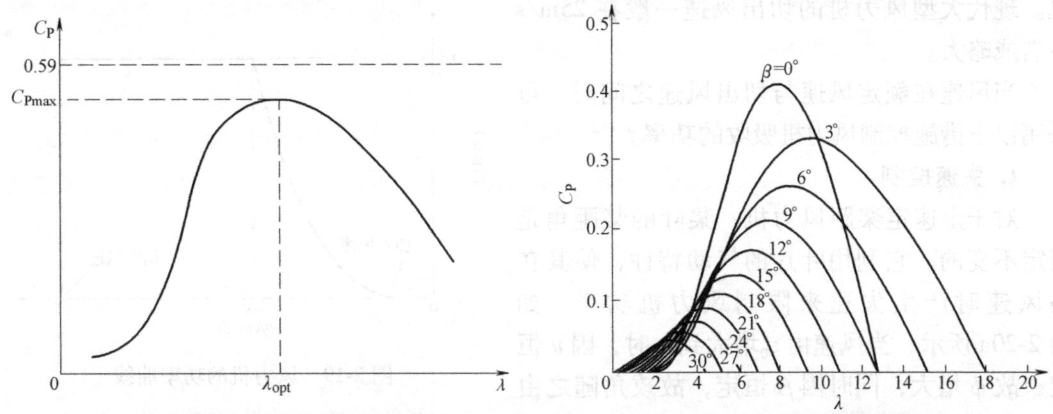

a) 风能利用系数与叶尖速比的关系曲线　　b) 不同桨距角时的风能利用系数

图 2-16　风能利用系数

国际上商业化运行的风力发电机最大功率已达 5MW 以上，叶轮直径达 126m，8MW 和 10MW 的风力发电机正在研究开发之中。

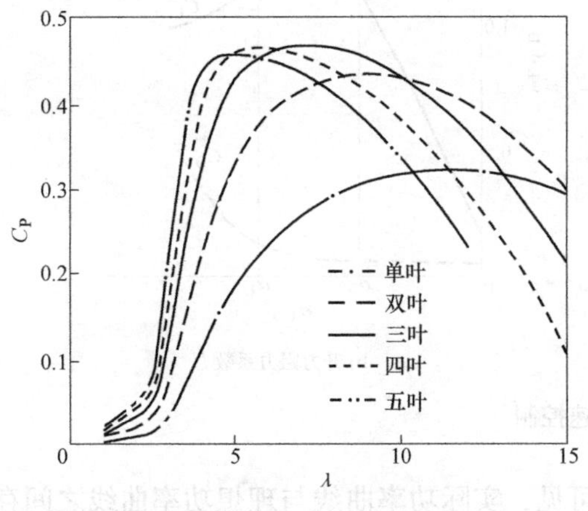

图 2-17　不同叶片数的风力机风能利用系数的对比

图 2-18　三叶水平轴风力机实物照片

2.4.4 风力机的功率控制

风力机的综合性能通常用功率曲线来描述，如图 2-19 所示，它描述了风力机的功率与风速之间的关系。当风速小于切入风速（现代风力机的切入风速通常为 3m/s 左右）时，因风速太小，其功率不足以补偿系统的损耗，所以风力机处于停机状态；风力大于切入风速以后，风力机起动，风力机的输出功率近似随风速的三次方增加，直至风速达到额定风速 v_N；当风速大于或等于额定风速时，通过适当的措施限制风力机输出功率的增加，使其保持在额定功率，以避免风力发电系统过载而损坏；当风速过大、超过切出风速时，风力机必须停机。现代大型风力机的切出风速一般在 25m/s 左右或略大。

当风速在额定风速与切出风速之间时，可采用以下措施控制风力机吸收的功率。

1. 失速控制

对于定速定桨距风力机，桨叶的桨距角是固定不变的。它利用叶片的气动特性，使其在高风速时产生失速来限制风力机功率。如图 2-20a 所示，当风速由 v_0增大到v_1时，因 u 恒定，故 ϕ 增大，同时因 β 恒定，故攻角随之由 α_0增大到 α_1，一旦攻角 α 大于临界值，则叶片上侧的气流分离，形成阻力，对应的阻力系数增大，而升力系数有所减小，如图 2-20b 所示。升力 F_L和阻力 F_D的改变，导致作用在叶片上的轴向推力 F_T增加，切向旋转力 F_R略有减小，结果是气动力矩和功率减小，称之为失速。

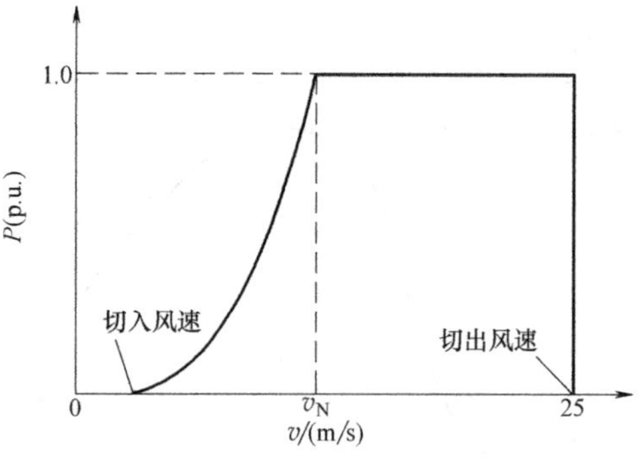

图 2-19 风力机的功率曲线

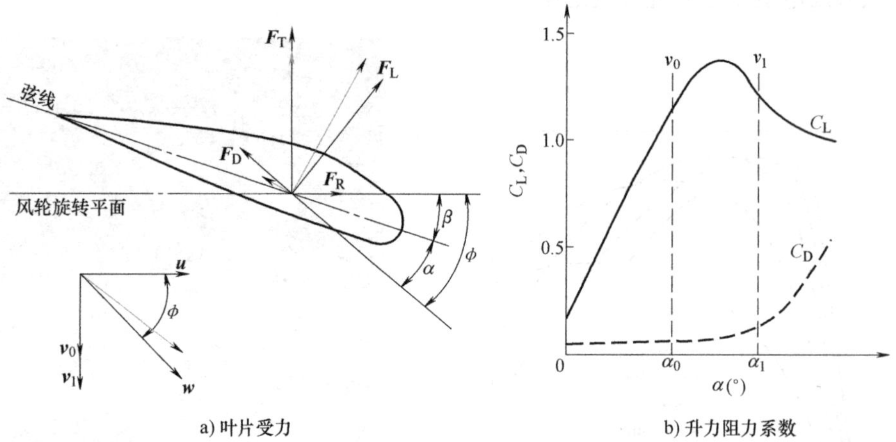

a) 叶片受力　　b) 升力阻力系数

图 2-20 失速控制

失速控制的功率曲线如图 2-21a 所示，由图可见，实际功率曲线与理想功率曲线之间存在明显差异。这是因为风力机转速恒定，在额定风速以下区间，只能在某一个风速下使叶尖速比 λ 为最佳值（图中 E 点），输出功率等于理想功率，风能利用效率最大，其他点的叶尖速比 λ 偏离最佳值，因此从风中吸收的功率均小于理想功率；而在额定风速以上时，由于失速调节性能较差，也只能在某一风速（图中 F 点）使风力机吸收的功率等于额定功率，而当风速小于或大于该风速时，输出功率均低于额定功率。

由以上分析可知，定桨距失速型风力机的主要优点是结构简单、造价低。但它的缺点也很明显，主要是功率调节性能差、输出功率波动大、风能利用率低、气动载荷大等。因此，定桨距风力机正逐步被变桨距风力机所取代。

2. 主动失速控制

所谓主动失速控制，就是在风速达到额定风速及以上时，通过人为地调节桨距角 β，使风力机加深失速。如图 2-20 所示，当风速由 v_0增大到 v_1时，因 u 恒定，故 ϕ 增大，此时通

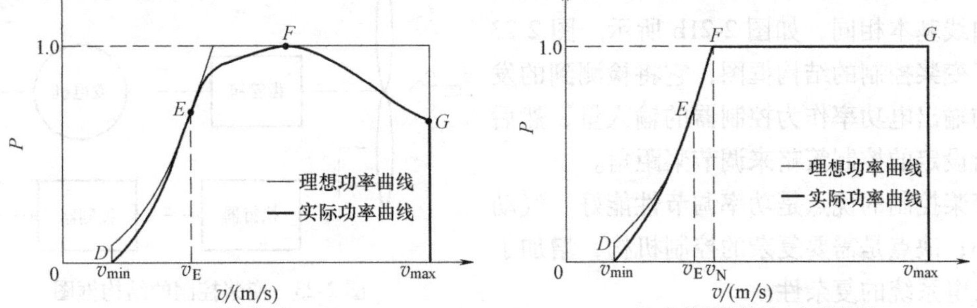

a) 失速控制　　　　b) 主动失速控制、变桨控制

图 2-21　不同控制方式下的功率曲线

过执行机构使桨距角 β 减小，则攻角 $\alpha=\phi-\beta$ 快速增大，加强了风力机的失速，达到快速调节风力机功率的目的。与失速控制类似，此时升力减小、阻力增大，导致作用于风力机转子平面上的轴向推力 F_T增大，切向旋转力保持不变，因而气动力矩和功率维持在额定值。图 2-21b 所示为主动失速控制时的功率曲线，可见，功率曲线与理想功率曲线吻合较好，尤其是在额定风速以上时，风力机的功率被稳定地控制在额定值。

主动失速控制的优点是功率调节性能好、控制较简单（相对于后面的变桨控制），缺点是作用在转子平面上的轴向推力增大、风力机气动载荷加重。

3. 变桨控制

对于变桨距风力机，当风速大于额定风速后，可通过变桨机构使叶片绕其轴线旋转，增大叶素弦线与旋转平面之间的夹角（即桨距角 β），减小攻角 α，使风力机的功率保持不变。如图 2-22 所示，设风速由 v_0增大为 v_1时，由于定速风力机的转速不变，即 u 不变，所以相对风速与旋转平面的夹角 ϕ 增大，此时通过变桨机构使桨距角 β 增大，攻角由 α_0减小到 α_1，则由图 2-22b 可知，升力系数减小，而阻力系数仍维持在较小数值。因此，可以认为，控制器通过调节升力 F_L，使作用在转子平面上的切向旋转力 F_R维持不变，从而保证了风力机的功率不变。同时，由图中可见，作用在转子平面上的轴向推力 F_T减小。因此，变桨控制不仅可控制风力机的功率恒定，而且可减小风力机的气动载荷。

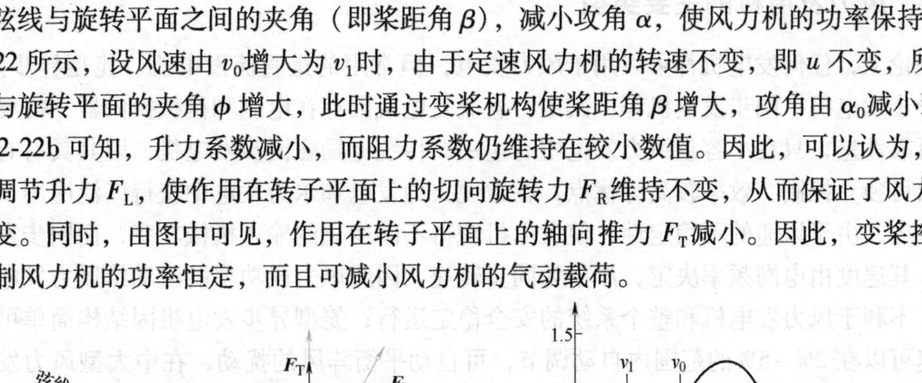

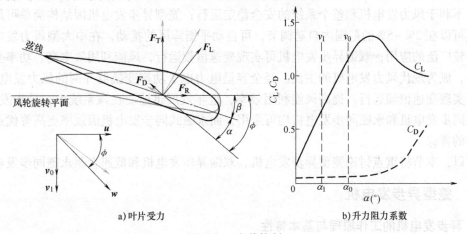

a) 叶片受力　　　　b) 升力阻力系数

图 2-22　变桨控制

变桨控制时的功率曲线与主动失速控制的功率曲线基本相同，如图 2-21b 所示。图 2-23 给出了变桨控制的结构框图，它将检测到的发电机的输出电功率作为控制器的输入量，然后根据所设定的控制策略来调节桨距角。

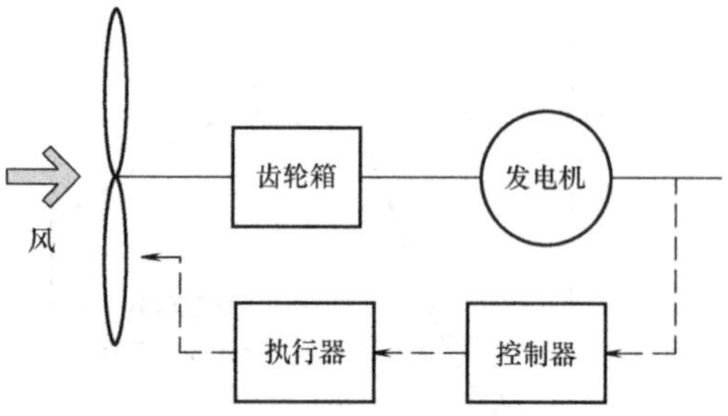

图 2-23 变桨控制的结构框图

变桨控制的优点是功率调节性能好、气动载荷小；缺点是需要复杂的控制机构，增加了风力发电系统的复杂性。

需要指出的是，主动失速控制与变桨控制虽然都是通过调节桨距角来调节风力机的功率，但它们之间存在以下明显差异：

1）调节方向不同：主动失速控制是减小桨距角，增大攻角，使失速加深；而变桨控制是增大桨距角，减小攻角，限制吸收风功率。因此，二者的桨距角调节方向相反。

2）调节频率不同：变桨型风力机的桨距角可连续调节，其变桨机构较复杂；而主动失速型风力机的桨距角只能改变很少的几步，且精度不高。

3）轴向推力变化规律不同：主动失速控制时，风轮轴向推力 F_T 增大；而变桨控制时 F_T 随之减小，故气动载荷减小。

2.5 风力发电机

2.5.1 风力发电机的主要类型

理论上，任何发电机都可以用于风力发电，但常用的是直流发电机、笼型异步发电机、双馈异步发电机、同步发电机等。其中，直流发电机因存在电刷和机械换向器，需要经常维护，可靠性差，只在小容量风力发电中有应用；传统电励磁同步发电机，因其具有有功和无功输出可独立控制、效率较高等优点，在常规火力发电和水力发电中获得广泛应用，但在风力发电中，由于风速的不稳定性，使发电机获得不断变化的输入机械功率，而同步发电机并网后，其速度由电网频率决定，严格为同步转速，因此风力机功率的波动给风力发电机造成冲击，不利于风力发电机和整个系统的安全稳定运行；笼型异步发电机因结构简单可靠，并且转速可以在2%~5%的范围内自动调节，可自动平衡阵风的扰动，在中大型风力发电系统中获得较广泛的应用；双馈异步发电机可实现变速恒频运行，风能利用效率高、功率变换器容量小，成为现代风力发电机的主流。经全容量电力电子功率变换器并网的风力发电系统，同样可实现变速恒频运行，提高风能利用效率，近年发展迅速。在该系统中，异步发电机、电励磁同步发电机和永磁同步发电机均可采用，而永磁式同步发电机因效率更高等优点，受到更多的青睐。

所以，本节将重点讨论笼型异步发电机、双馈异步发电机和低速直驱永磁同步发电机。

2.5.2 笼型异步发电机

1. 异步发电机的工作原理与基本特性

异步电机也称为感应电机，其转子有笼型和绕线型两种。在定桨距并网型风力发电系统中，一般采用笼型异步发电机。并网型异步风力发电机组的典型系统构成如图 2-24 所示，它由风力机、低速轴、齿轮箱、高速轴、异步发电机和软起动器等部分组成。风力机的转速较低，而常见异步发电机为 4 极或 6 极，当电网频率为 50Hz 时，发电机的转速应大于 1500r/min 或 1000r/min 才能运行在发电状态，因此在风力机与发电机之间需增加增速齿轮箱来提高转速。

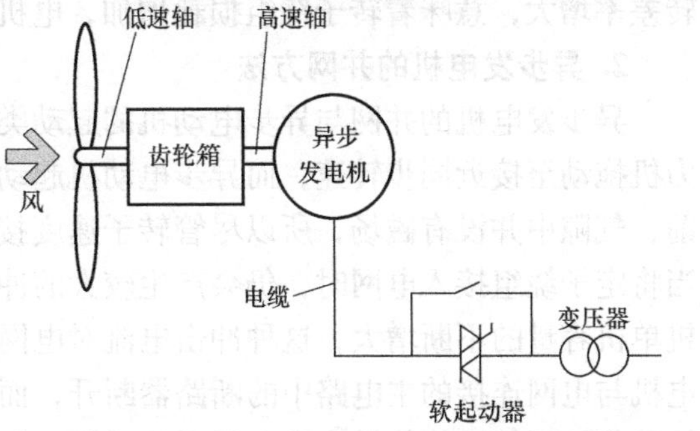

图 2-24 并网型异步风力发电机组的典型系统构成

根据电机学理论，当异步电机接入频率恒定的电网时，对称三相电流在定子绕组中将产生旋转磁场，其旋转速度与电网频率、电机绕组极对数有关，即

$$n_1=\frac{60f_1}{p} \tag{2-18}$$

式中，n_1为同步转速（r/min）；f_1为电网频率（Hz）；p 为电机绕组极对数。

根据异步电机的工作原理，异步电机的转子转速为 n，与同步转速间的转速差为 $\Delta n=n_1-n$，该值与同步转速的比值称为转差率，用 s 表示，即

$$s=\frac{n_1-n}{n_1}\times100\% \tag{2-19}$$

异步电机可以工作在不同状态：当转子转速小于同步转速时（$n<n_1$），转差率 s 为正，电机工作在电动状态，电机中的电磁转矩为拖动转矩，拖动电机转子旋转，将从电网吸收的电能转化为机械能；当异步电机的转子转速大于同步转速时（$n>n_1$），转差率 s 为负，电机运行在发电状态，电机中的电磁转矩为阻力转矩，阻碍转子旋转，此时电机必须从外部吸收机械功率来克服阻力电磁转矩，以维持转子的旋转，从而将机械能转化为电能。

图 2-25 所示为异步电机的典型机械特性曲线（转矩-转差率曲线），其中$-s_k\sim s_k$之间的近似直线部分为异步电机的稳定运行区间，而作为发电机的运行区间为［$-s_k$，0］。在此区间内，当风力机传输给发电机的机械功率和机械转矩由小增大时，发电机的转速将增大，转差率减小（绝对值增大），发电机的输出功率及转矩也随之增大，从而保持输入、输出功率的平衡。但是，当发电机输出转矩超过最大转矩时，转差率将越过$-s_k$，随着发电机输入转矩的增大，发电机的电磁转矩不但不增大，反而减小，发电机转速迅速上升而出现“飞车”现象，十分危险。为了保证异步发电机有足够的过载能力，额定转矩一般选为最大转矩的 1/2，对应的转差率绝对值约为 $s_k/2$，一般为 2%～5%。显然，$|s|$取值越大，则系统平衡阵风扰动的能力越好。由异步电机工作原理可知，增大转子电阻，可增大最大转矩出现时的转差率 s_k，使异步电机的转速变化范围变宽，增强风力发电系统平衡阵风扰动的能力。但是，异步电机

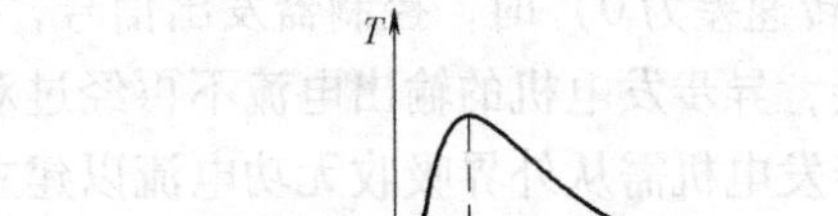

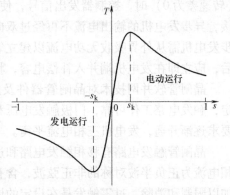

图 2-25 异步电机的典型机械特性曲线

转差率增大，意味着转子绕组损耗增加，电机效率降低。

2. 异步发电机的并网方法

异步发电机的并网与异步电动机的起动类似，差别在于异步发电机在并网时转子已由风力机拖动至接近同步转速，而异步电动机起动时转子是静止的。但是，因异步发电机在并网前，气隙中并没有磁场，所以尽管转子速度接近同步转速，定子绕组中并没有感应电动势，当将定子绕组接入电网时，仍会产生较大的冲击电流，使电网电压瞬时下降。随着异步发电机单机容量的不断增大，这种冲击电流对电网的影响也更加严重。过大的冲击电流可能使发电机与电网连接的主电路中的断路器断开；而电网电压较大幅度的下降，则可能使低电压保护动作，不仅可能使异步发电机无法并网，甚至可能影响已并网的其他发电机的正常运行。因此，对异步发电机的并网，需采取必要的技术措施。与异步电动机起动方法类似，目前异步发电机的并网方法主要有三种：直接并网、降压并网和晶闸管软并网。

（1）直接并网 异步发电机直接并网的条件是：①发电机的相序与电网一致；②发电机转速尽可能接近同步转速。其中，条件①必须严格遵守，否则并网后发电机将处于电磁制动状态。条件②并不是很严格，但发电机转速与同步转速之间的误差越小，并网时产生的冲击电流越小。实际上，当异步发电机的转速达到98%~100%同步转速时，测速装置就会发出自动并网信号，通过断路器完成自动合闸并网过程。直接并网的优点是操作简单，不需要特别设备，缺点是并网时很难保证发电机转速等于同步转速，冲击电流在所难免。因此，这种并网方式只适用于异步发电机容量在百千瓦级以下，而电网容量较大的情况。

（2）降压并网 异步发电机降压并网是在发电机与电网之间串接电阻或电抗器，或接入自耦变压器，以降低并网时冲击电流和电网电压下降的幅度。在发电机并入电网以后、进入稳定运行时，应将接入的电阻或电抗器迅速从电路中切除，以免消耗功率。这种并网方法经济性较差，适用于百千瓦级以上、容量较大的机组。

（3）晶闸管软并网 如图2-24所示，异步发电机的晶闸管软并网方法是在发电机与电网之间每相串联接入一只双向晶闸管，通过控制晶闸管的导通角来控制并网时的冲击电流。其并网过程如下：当风力机将发电机拖动到接近同步转速时，检查发电机的相序与电网相序是否一致，若相序正确，双向晶闸管的触发延迟角（控制角）由180°~0°逐渐打开，双向晶闸管的导通角则由0°~180°逐渐增大，将并网冲击电流限制在允许范围内，从而将发电机平稳地并入电网。并入电网后，发电机的转速将继续升高，当发电机转速与同步转速相同（转速差为0）时，控制器发出信号，使与双向晶闸管并联的断路器闭合，将双向晶闸管短接，异步发电机的输出电流不再经过双向晶闸管，而通过已闭合的断路器流入电网。由于异步发电机需从外界吸收无功电流以建立气隙磁场，功率因数较低。所以，在发电机并入电网后，应立即在发电机端并入补偿电容，将发电机的功率因数提高到0.95以上。

晶闸管软并网技术对晶闸管器件及触发电路提出了严格要求，即器件特性要一致、稳定，触发电路工作可靠，门极触发电压和触发电流一致。只有如此，才能保证每相晶闸管按要求逐渐开通，发电机三相电流平衡。

晶闸管触发电路有移相触发电路和过零触发电路两种。其中，移相触发会造成发电机每相电流为正负半波对称的非正弦波，含有较多的奇次谐波分量，对电网造成污染，因此必须加以限制和消除。过零触发是在设定的周期内，逐步改变晶闸管的导通周波数，最后达到全导通，使发电机平稳并入电网，因此不会产生谐波污染，但电流波动较大。

晶闸管软并网是目前中大型风力异步发电机组中普遍采用的并网技术。

3. 从定速概念到变速概念

在20世纪80年代风力发电行业发展的初期，异步发电机就因其结构简单、成本低廉、维护简便等因素，得到了广泛的应用。直到21世纪初，配置了笼型异步发电机的定速风电机组仍在我国风电场建设中大量使用。其中原因既有我国风力发电技术相对国外还较落后，还在于当时我国风电场建设主要集中于西北、华北和东北地区，这些风电场大多位于山区、戈壁或草原地区，道路交通条件较差，适宜采用容量相对较小的定速风电机组。目前，此类老旧机组仍存在于早期建设的风电场中。

随着风力发电技术的发展，20世纪90年代中后期，国外风电技术先进的国家兆瓦级变速风力发电机组已经成熟并实现商业化推广应用，变速运行的兆瓦级风电机组以其风能利用率高、发电量大、运行维护方便等优点，在国外一经推出就迅速取代了定速风电机组，我国也在2004年前后迅速进入了兆瓦级变速风电机组时代。

传统上笼型异步发电机一般与定速风电机组配置，在变速风电机组大行其道的背景下，笼型异步发电机尽管不再是主流配置，但是并没有完全退出市场。西门子风电的SWT系列是典型的采用笼型异步发电机的变速风电机组，目前该系列发电机包括了1.5MW、2.5MW、3.6MW等多个功率等级。图2-26所示为应用笼型异步发电机的变速笼型异步风力发电系统。

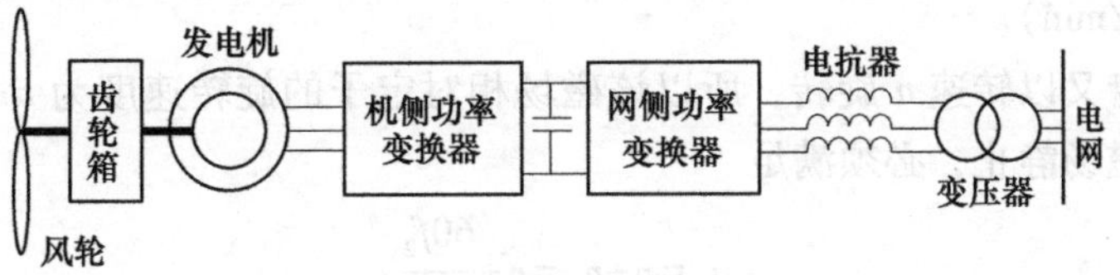

图2-26　变速笼型异步风力发电系统

图2-26所示的发电系统具有可靠性高的优势，兼具笼型异步电机维护性好、成本低的优点，但是需要采用全功率变换器并网，而且笼型异步发电机功率因数较低，增大了机侧功率变换器的容量和制造成本。相比于双馈异步发电机系统，在牺牲功率变换器经济性的前提下，通过全功率变换器的应用，可以克服双馈异步发电机系统并网性能较差的弱点。为此，基于笼型异步发电机的变速风电机组不失为一种独具特点的技术方案，不仅有效规避了早期双馈风电机组的专利壁垒，而且对于电力电子技术领先的公司，可以扬长避短，这也是该概念能保持长盛不衰的缘由。

2.5.3　双馈异步发电机

图2-27所示为双馈异步风力发电系统的典型结构。发电机定子与传统异步电机定子相同，三相定子绕组直接与电网相连；转子为绕线式，通过集电环、电刷与外电路相连，再经两个背靠背电压源型功率变换器与电网相连，既可向转子绕组输入电流，也可由转子输出电流，通过在转子绕组中注入具有转差频率的可控制电流，实现发电机的变速运行。

1. 工作原理

根据异步电机理论，当频率为f_2的三相对称电流流入转子三相对称绕组时，将在电机

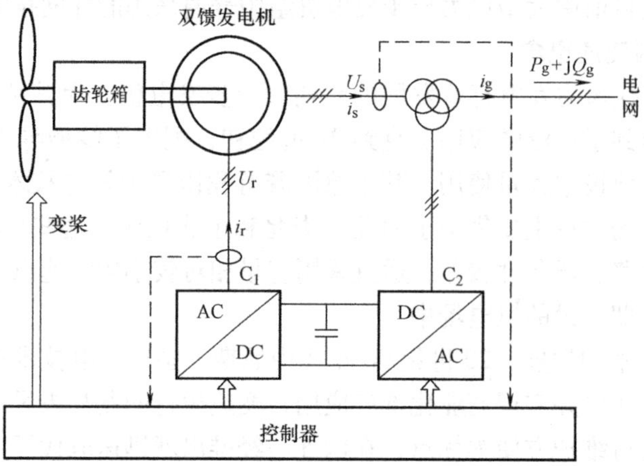

图 2-27 双馈异步风力发电系统的典型结构

定、转子气隙中产生一旋转磁场，其相对转子的旋转速度为

$$n_2=\frac{60f_2}{p} \tag{2-20}$$

式中，f_2为转子电流频率（Hz），因$f_2=|s|f_1$，所以f_2又称转差频率；n_2为转子磁场相对转子的旋转速度（r/min）。

由于转子自身又以转速n旋转，所以该磁场相对定子的旋转速度为$n\pm n_2$。为保证该旋转磁场相对定子磁场静止，必须满足

$$n_1=n\pm n_2=n\pm\frac{60f_2}{p} \tag{2-21}$$

将式（2-21）各项同乘以$\frac{p}{60}$，即可将转速关系转换为频率关系：

$$f_1=\frac{pn}{60}\pm f_2 \tag{2-22}$$

由式（2-21）和式（2-22）可见，当转子转速随风速而改变时，只要控制转子绕组电流的频率f_2，就可保证转子绕组所产生的气隙旋转磁场为同步转速，使定子绕组电动势频率恒等于电网频率，从而实现所谓的变速恒频运行。

根据转子速度不同，双馈异步发电机可以有三种运行状态：

（1）亚同步速运行状态　此时$n<n_1$，转差率$s>0$，式（2-22）中取“+”号，频率为f_2的转子电流产生的旋转磁场的转向与转子旋转方向相同，满足$n+n_2=n_1$。功率流向如图 2-28a 所示，转子绕组输入电功率。

（2）超同步速运行状态　此时$n>n_1$，转差率$s<0$，式（2-22）中取“−”号，转子中的电流相序发生了改变，频率为f_2的转子电流产生的转子旋转磁场的转向与转子转向相反，转速关系满足$n-n_2=n_1$。功率流向如图 2-28b 所示，转子绕组向外输出电功率。

（3）同步运行状态　此时$n=n_1$，转差率$s=0$，$f_2=0$，转子中的电流为直流，相当于同步发电机。

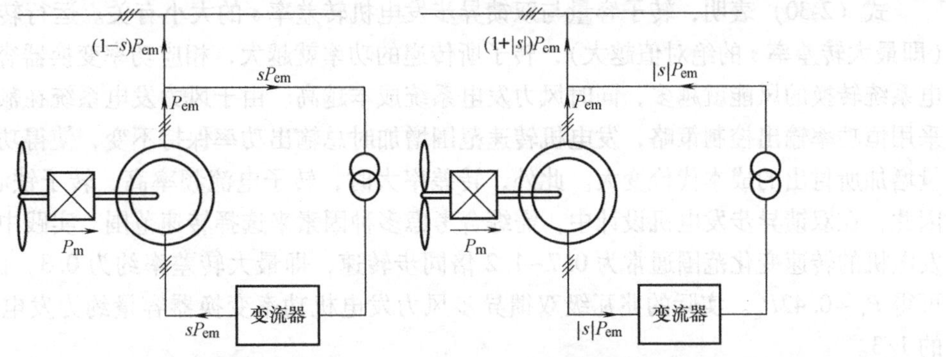

a) 亚同步运行　　b) 超同步运行

图 2-28　双馈异步发电机在超同步和亚同步运行时的转子功率流向

2. 功率分析

图 2-29 所示为稳态运行时双馈异步发电机的功率流程图。图中，P_m为风力机输入的机械功率，P_r为转子与功率变换器传递的功率，P_{em}为由转子侧传递到定子侧的电磁功率，P_s为定子侧传递的功率，P_g为发电机传递到电网的总功率。当不计定子损耗时，有

$$P_{em}=P_s$$

如不计转子损耗，则有

$$P_{em}=P_m-P_r \tag{2-23}$$

由此可得，不计定、转子损耗情况下的定子功率为

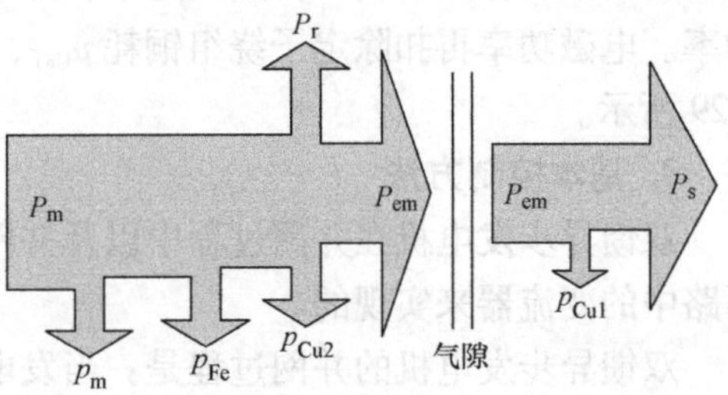

图 2-29　双馈异步发电机的功率流程图

$$P_s=P_m-P_r \tag{2-24}$$

以发电机转矩的形式表示，则

$$P_s=T\omega_s, P_m=T\omega_r, T\omega_s=T\omega_r-P_r \tag{2-25}$$

式中，T为发电机的转矩（N·m）；ω_s为气隙旋转磁场同步角速度（rad/s）；ω_r为发电机转子角速度（rad/s）。

式（2-25）可改写为

$$P_r=-T(\omega_s-\omega_r)=-sT\omega_s=-sP_s \tag{2-26}$$

式中，s为转差率，即

$$s=\frac{\omega_s-\omega_r}{\omega_s} \tag{2-27}$$

将式（2-26）代入式（2-24）可得，机械功率为

$$P_m=P_s+P_r=P_s-sP_s=(1-s)P_s \tag{2-28}$$

忽略定、转子损耗条件下，发电机传递到电网的总功率为

$$P_g=P_s+P_r=P_m \tag{2-29}$$

由式（2-26）~式（2-29）可得

$$P_r=-sP_s=-\frac{s}{1-s}P_g \tag{2-30}$$

式（2-30）表明，转子容量与双馈异步发电机转差率 s 的大小有关。运行转速范围越宽（即最大转差率 s 的绝对值越大），转子所传递的功率就越大，相应功率变换器容量越大，风电系统转换的风能就越多，同时风力发电系统成本越高。由于风力发电系统在额定转速以上采用恒功率输出控制策略，发电机转速范围增加时总输出功率保持不变，使得功率变换器容量增加所付出的成本代价变大。此外，转差率大时，转子电流频率高，转子铁心损耗增加。因此，在双馈异步发电机设计中，需综合考虑多种因素来选择转速范围。实践中，双馈异步发电机的转速变化范围通常为0.7~1.2倍同步转速，即最大转差率约为0.3，由式（2-30）可得 $P_r \approx 0.42P_g$。实际的兆瓦级双馈异步风力发电机功率变换器容量约为发电机额定容量的1/3。

由于双馈异步风力发电系统的转速变化范围有限，故有时也称之为半变速风力发电系统。

实际的双馈异步发电机总是有各种损耗的，由风力机输入的机械功率，减去机械损耗 p_m、铁心损耗 p_{Fe}、转子绕组输出的功率 P_r 以及转子绕组铜耗 p_{Cu2} 后，剩下的功率经电机气隙磁场的耦合作用从转子传递到定子，即电磁功率 P_{em}，亦即由机械功率转换化为电功率的功率。电磁功率再扣除定子绕组铜耗 p_{Cu1}，便得到由定子绕组输出到电网的电功率 P_s，如图2-29所示。

3. 基本控制方法

双馈异步发电机在并网过程中以及并网后对电压、功率和转矩等的控制，均是通过转子回路中的变流器来实现的。

双馈异步发电机的并网过程是：当发电机由风力机带动至接近同步转速时，由转子回路中的变流器对转子电流进行控制，实现电压匹配、同步和相位控制，以便迅速并入电网，并网时基本没有电流冲击。

双馈异步发电机并网后，通过调节转子励磁电流的频率、幅值和相位，可实现变速下的恒频运行。当风力机的转速随风速及负载的变化而改变时，通过励磁电流频率的调节实现输出电能频率的稳定；改变励磁电流的幅值和相位，可改变发电机定子电动势与电网电压之间的相位差，即改变发电机的功率角，从而可实现对有功功率和无功功率的控制。

如图2-27所示，双馈异步风力发电机的控制由功率变换器 C_1 和 C_2 来完成。许多商业运行的双馈异步风力发电机所采用的控制方案是，由机侧功率变换器 C_1 控制发电机的转矩/转速，以及系统的端电压、功率因数；网侧功率变换器 C_2 用来控制直流侧电压，并为功率在转子与交流系统之间流通提供路径。

（1）转矩控制　图2-30a所示为典型风力发电机组转矩-转速特性曲线，曲线 T_{opt} 为不同风速下最大转矩的连线，即最大转矩曲线，它满足

$$T_{opt} = K_{opt}\omega_r^2 \tag{2-31}$$

或者

$$P_{opt} = K_{opt}\omega_r^3 \tag{2-32}$$

式中，K_{opt} 为一个决定于风力机设计参数的常数。

转矩控制的目标就是在宽广的风速范围内优化风能利用效率，使发电机产生的转矩（功率）等于最佳转矩，即不同风速下使风力机始终运行在 T_{opt} 曲线上。图2-30b所示为用于控制模型的完整的发电机转矩-转速特性曲线，图中的 BC 段对应于式（2-31）最佳转矩曲

线，在此范围内，实现了最大功率跟踪。

如前所述，考虑到转子侧变流器容量与发电机速度变化范围有关，为尽量减小变流器容量，从切入风速到额定风速都要使发电机工作在最佳转矩是不现实的。因此，在低风速区 *AB* 段，发电机转速并不随风速正比上升，而是近似不变；*C* 点以后，受气动噪声等的限制，发电机转速也不再随风速增大，而是基本不变，但转矩仍随风速的增大而上升，直至额定转矩 *D* 点；*D* 点以后，如果风速进一步增大，则通过桨距调节，限制风力机吸收功率，发电机转矩保持恒定直至切出风速。

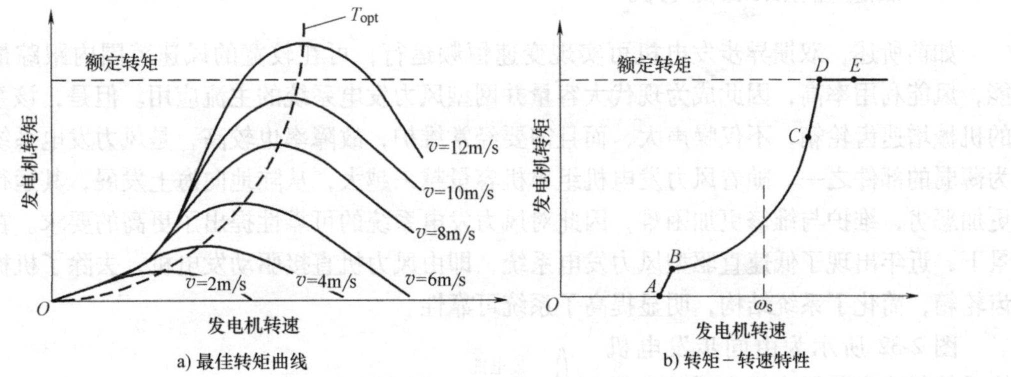

a) 最佳转矩曲线　　b) 转矩－转速特性

图 2-30　典型风力发电机组转矩-转速特性曲线

图 2-31a 所示为双馈异步发电机转矩控制框图。根据测得的转子速度 ω_r，由图 2-30b 得到最优转矩 T_{opt}，经适当变换处理，得到所需的电流 q 轴分量参考值 i_{qr}^*，将其与实际转子电流的 q 轴分量 i_{qr} 相比较，得到电流误差信号。由于图 2-27 中的功率变换器 C_1 是电压源型变流器，所以利用 PI 控制器，并加入适当的输出补偿项以减小转矩环与电压之间的相互影响，可将电流误差信号变换为所需的电压信号 U_{qr}。

（2）电压控制　双馈异步发电机的电压控制框图如图 2-31b 所示。端电压参考值 U_s^* 与实际值 U_s 的误差信号经处理后，得到转子电流 d 轴分量参考值 i_{dr}^*，该参考电流与实际转子电流 d 轴分量 i_{dr} 比较，得到电流误差信号，再加入适当的补偿项，经 PI 调节得到所需的电压直轴分量 U_{dr}。

双馈异步发电机的优点十分明显，主要有：

1）能连续变速运行，风能利用率高。

2）变速恒频方案是在转子电路中实现的，流过转子电路中的功率为转差功率，一般只为发电机额定容量的 1/3 左右，因此变流器容量较小、成本低。

3）输出功率平滑，功率因数较高，电能质量较好。

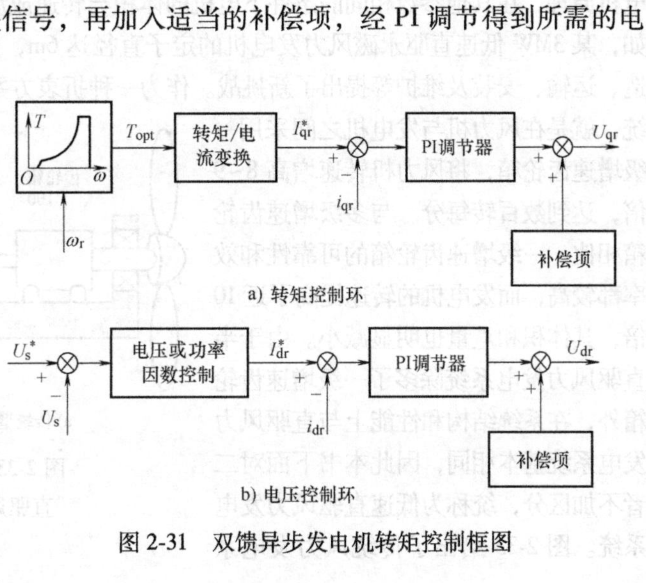

图 2-31　双馈异步发电机转矩控制框图

4）并网简单，无冲击电流等。

但是，双馈异步发电机的缺点也同样明显，主要有：

1）有电刷与集电环，存在机械磨损，可靠性较低，需要定期更换。

2）转子绕组中的功率双向流动，变流器结构及控制较为复杂。

3）由于双馈异步发电机难以制成多极低速电机，所以在风力机与发电机之间需要齿轮箱增速，齿轮箱需要维护，可靠性也较低。

2.5.4 低速直驱永磁发电机

如前所述，双馈异步发电机可实现变速恒频运行，可在较宽的风速范围内跟踪最大风能，风能利用率高，因此成为现代大容量并网型风力发电系统的主流应用。但是，该系统中的机械增速齿轮箱，不仅噪声大，而且需要经常维护，故障率也较高，是风力发电系统中最为薄弱的部件之一。随着风力发电机组单机容量越来越大，从陆地向海上发展，其运行环境更加恶劣，维护与维修更加困难，因此对风力发电系统的可靠性提出了更高的要求。在此背景下，近年出现了低速直驱型风力发电系统，即由风力机直接驱动发电机，去除了机械增速齿轮箱，简化了系统结构，明显提高了系统可靠性。

图 2-32 所示为由同步发电机构成的低速直驱风力发电系统。风力机转子与同步发电机转子直接相连，发电机转速与风力机转速相同。为允许全变速运行，发电机与电网之间通过全容量功率变换器相连，发电机发出的电能首先经机侧变换器整流，然后再由网侧变换器逆变为 50Hz 的工频电能输入电网。由于在两个变换器之间有一个直流环节，使发电机与电网完全解耦，所以发电机的输出电压和频率可随风速变化，而电网电压与频率可保持不变。

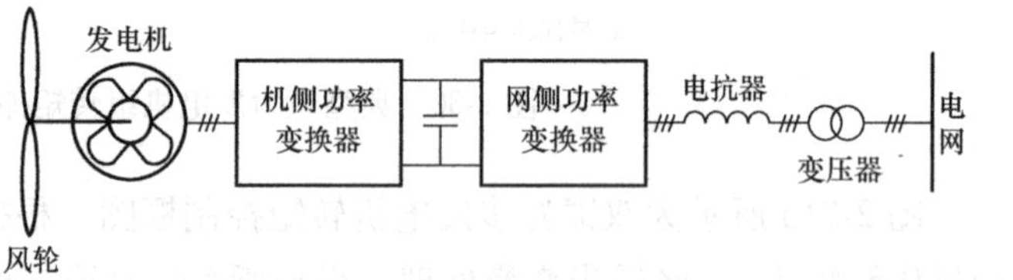

图 2-32 低速直驱风力发电系统

兆瓦级风力机的转速通常每分钟只有数十转，因此，发电机需采用多极低速设计方案。根据电机原理，在其他参数相同的条件下电机的体积与转速成反比，因此发电机的直径往往很大，例如，某 3MW 低速直驱永磁风力发电机的定子直径达 6m，发电机的重量达 87t。这给发电机的制造、运输、安装及维护等提出了新挑战。作为一种折衷方案，又出现了所谓的半直驱风力发电系统，就是在风力机与发电机之间采用一级增速齿轮箱，将风力机转速增高 8~9 倍，达到数百转每分。与多级增速齿轮箱相比，一级增速齿轮箱的可靠性和效率都较高，而发电机的转速提高了近 10 倍，其体积和重量也明显减小。由于半直驱风力发电系统除多了一级增速齿轮箱外，在系统结构和性能上与直驱风力发电系统基本相同，因此本书下面对二者不加区分，统称为低速直驱风力发电系统。图 2-33 给出了传统风力发电系

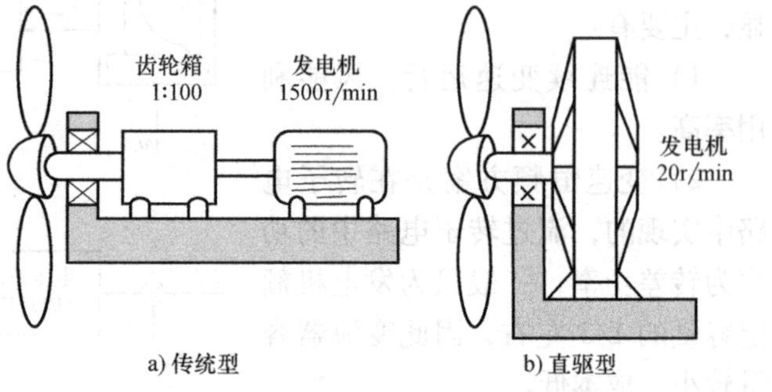

图 2-33 传统风力发电系统与低速直驱风力发电系统的传动链对比

统与低速直驱风力发电系统的对比图。

1. 永磁同步发电机的主要类型

在低速直驱风力发电系统中，发电机既可以是传统电励磁同步发电机或异步发电机，也可采用永磁同步发电机。众所周知，在传统的火力发电和水力发电中，几乎无一例外地采用电励磁同步发电机，这主要是由于电励磁同步发电机可独立调节转子的励磁电流，从而控制输出端电压及功率因数。而在直驱风力发电系统中，电能是经电力电子功率变换器接入电网的，输出电压与频率均由功率变换器控制，发电机端电压的调节无关紧要；此外，与永磁同步发电机相比，电励磁同步发电机的绕线转子较为笨重（小极距多极发电机尤为如此），并产生励磁损耗，故发电机的效率较低；再则，电励磁同步发电机有电刷与集电环，需要维护。另一方面，异步发电机则具有效率和功率因数较低，需要电容为其提供励磁电流等缺点。因此，在现代大型低速直驱风力发电系统中，永磁同步发电机日益受到青睐。因此，本书下面将主要讨论永磁同步发电机。

永磁同步发电机的定子与普通交流电机的定子相同，在定子铁心的槽内嵌放三相绕组（随着电机容量的增大，为减小变流器单元容量，提高发电系统的容错性能，现在也有采用六相或更多相绕组）。转子采用永磁材料励磁，当风力机带动发电机转子旋转时，旋转的磁场在定子绕组中感应出电动势，由此产生交流电流输出。依据永磁体在转子铁心中的放置方式，永磁同步发电机可分为表面贴装式、表面插入式、径向内嵌式、切向内嵌式、V形内嵌式等，图2-34给出了几种典型结构。永磁材料主要有铁氧体和钕铁硼两类，其中钕铁硼永

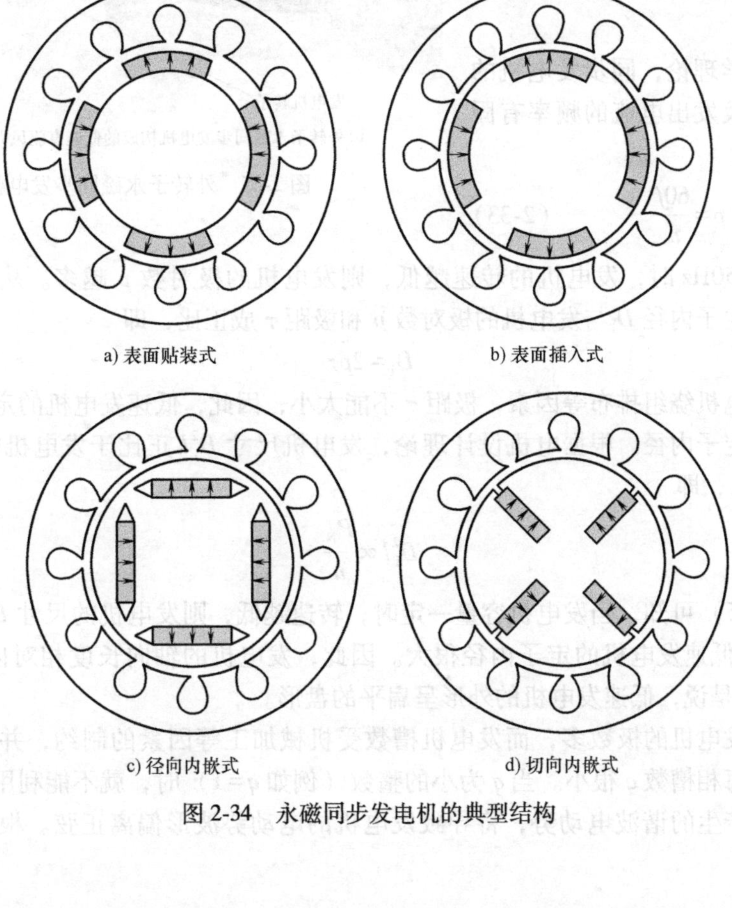

a) 表面贴装式　b) 表面插入式

c) 径向内嵌式　d) 切向内嵌式

图2-34　永磁同步发电机的典型结构

磁材料磁能积高，去磁曲线线性度好，制成的电机体积小、重量轻，应用广泛。

除了定子在外、转子在内的传统结构外，也可以将转子放在定子外面，构成外转子风力发电机。图2-35a所示为外转子永磁同步发电机结构示意图，定子固定在发电机的中心，转子绕定子旋转，永磁体沿圆周均匀安放在转子内侧。采用外转子结构有两大优点：一是外转子可与风力机的轮毂集成为一体，省去了传动轴，简化了系统结构；二是因外转子直接暴露在空气中，与内转子相比具有更好的通风散热条件，有利于永磁体散热。图2-35b所示为一采用外转子永磁同步发电机的低速直驱风力发电系统。

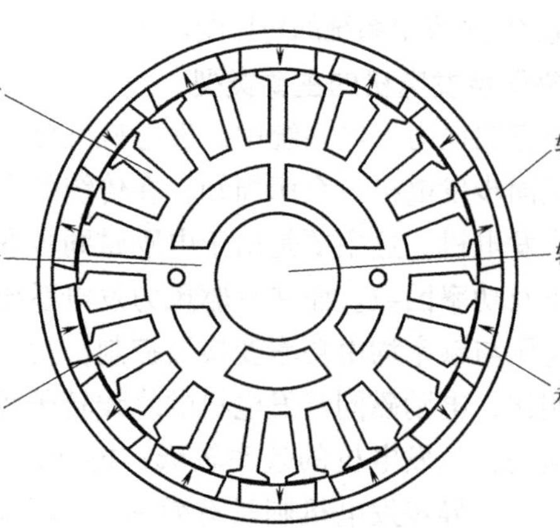

a) 结构

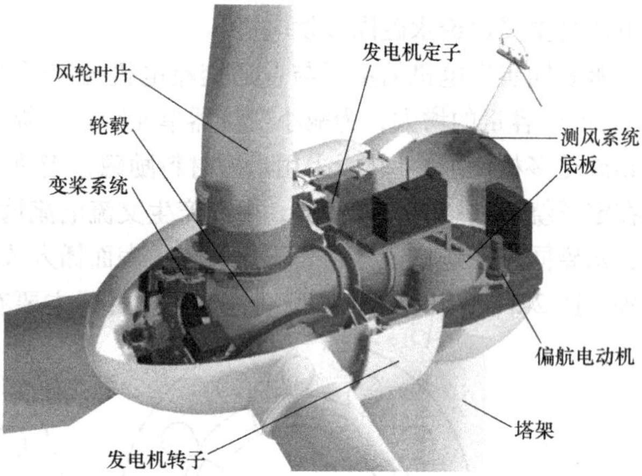

b) 外转子永磁同步发电机构成的低速直驱风力发电系统

图2-35 外转子永磁同步发电机

2. 低速永磁同步发电机的设计特点

根据电机学理论，同步发电机的转速与极对数及发出电流的频率有固定的关系，即

$$p=\frac{60f}{n} \tag{2-33}$$

当频率$f=50\text{Hz}$时，发电机的转速越低，则发电机的极对数p越多。从发电机结构可知，发电机的定子内径D_i与发电机的极对数p和极距τ成正比，即

$$D_i=2p\tau \tag{2-34}$$

考虑到发电机绕组排布等因素，极距τ不能太小，因此，低速发电机的定子内径远大于高速发电机的定子内径。根据电机设计理论，发电机尺寸D_i^2l正比于发电机容量P_N，反比于发电机转速n，即

$$D_i^2l\propto\frac{P_N}{n} \tag{2-35}$$

由式（2-35）可知，当发电机容量一定时，转速越低，则发电机的尺寸D_i^2l越大，由式（2-34）可知，低速发电机的定子内径很大。因此，发电机的轴向长度相对内径而言很短，即$D_i\gg l$，也就是说，低速发电机的外形呈扁平的盘形。

由于低速发电机的极数多，而发电机槽数受机械加工等因素的制约，并不能成比例增多，所以每极每相槽数q很小。当q为小的整数（例如$q=1$）时，就不能利用绕组分布来削弱定子绕组中产生的谐波电动势，将导致发电机的电动势波形偏离正弦。根据电机绕组理论，分数槽绕组可以削弱谐波电动势，改善电动势波形。因此，在低速永磁同步发电机中，常采用分数槽绕组。所谓分数槽绕组，就是发电机的每极每相槽数不是整数，而是分数，即

$$q=\frac{Z}{2pm}=b+\frac{c}{d} \tag{2-36}$$

式中，Z 为定子铁心总槽数；m 为发电机的相数。

当然，这并不是说发电机实际槽数为分数（那是不可能的），而是指每一相的平均每极槽数是一个分数。

3. 功率变换器及其控制

低速直驱风力发电系统需采用全容量电力电子功率变换器，其通常由机侧功率变换器与网侧功率变换器组成，两个功率变换器经直流环节背靠背相连。网侧功率变换器通常为脉宽调制电压源型逆变器（PWM-VSC），而机侧功率变换器则可以有多种不同型式，如二极管整流、二极管整流+升压电路、晶闸管可控整流、PWM 整流等，各有特点，适用于不同应用场合。例如，二极管整流器的优点是电路简单可靠、成本低，但缺点是发电机功率因数低，无法将低风速时（发电机输出电压低）的电能馈入电网等，适用于 1MW 以下的风力发电系统，详见第 7 章。

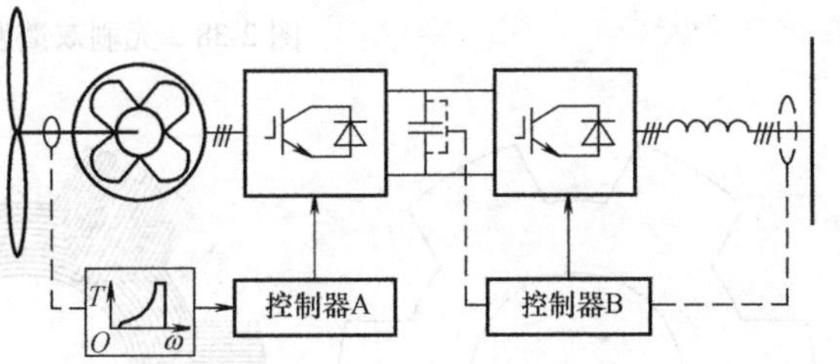

图 2-36 采用双 PWM 功率变换器的直驱风力发电系统

图 2-36 所示为采用双 PWM 功率变换器的直驱风力发电系统，它可实现四象限运行和能量的双向流动，控制灵活。较常用的控制策略是，由机侧功率变换器直接控制发电机的运行，控制器 A 检测风力机的转速等参数，采用矢量控制、直接转矩控制等策略使永磁同步发电机的转矩始终位于最佳转矩曲线 T_{opt} 上（见图 2-30），实现最大风能跟踪。而网侧功率变换器在控制器 B 的控制下，通过调节向电网输送的有功功率的大小，实现对直流侧电压的控制，同时还控制与电网之间无功功率的交换。

2.5.5 风力发电机的最新发展

1. 无刷双馈发电机

（1）结构型式 无刷双馈发电机的原理如图 2-37 所示。在发电机定子铁心槽中放置两套独立的三相绕组，其中一套绕组直接接入电网，为功率绕组，出线端子用 A、B、C 表示，其极对数为 p；另一套绕组经双向功率变换器与电网相接，为控制绕组，出线端子用 a、b、c 表示，其极对数为 p_c。两套绕组之间没有直接的电磁耦合，而是通过转子的磁场调制作用来间接耦合，实现能量转换。发电机转子有笼型转子和磁阻转子两大类。图 2-37 中所示转子为同心式

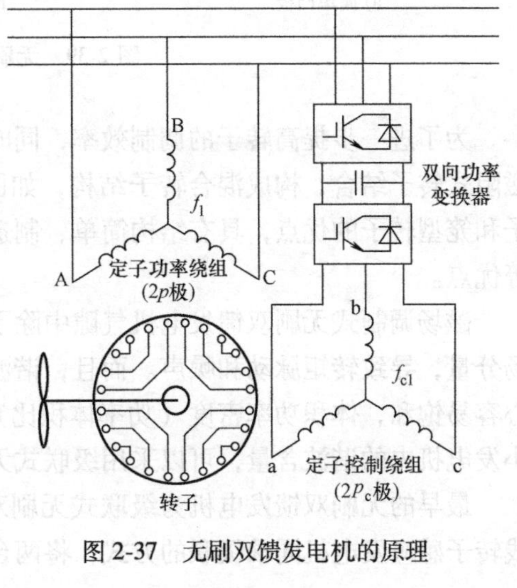

图 2-37 无刷双馈发电机的原理

短路笼型绕组结构。笼型转子根据绕组连接规律不同还可分为独立同心式转子和带公共端环的独立同心式转子等，图 2-38 给出了两种绕组连接示意图及三维效果图。磁阻式转子可分为凸极磁阻式转子、轴向叠片磁阻式转子和径向叠片磁阻式转子等，如图 2-39 所示。研究表明，轴向叠片磁阻式转子的磁场转换能力最强，径向叠片磁阻式转子次之，简单凸极磁阻式转子最弱。但轴向叠片磁阻式转子中会感生大量涡流，因而最适合无刷双馈磁阻发电机的转子结构为径向叠片磁阻式转子。

a) 独立同心式笼型转子绕组

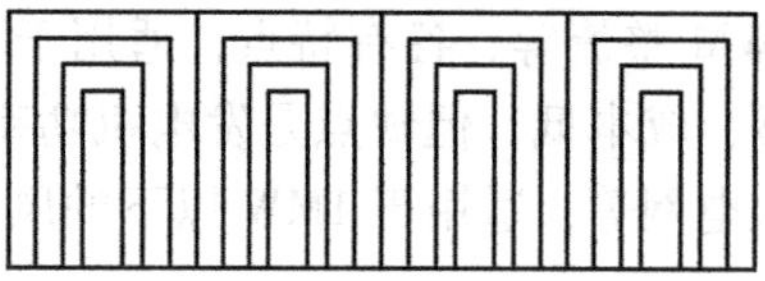

b) 带公共端环的独立同心式笼型转子绕组

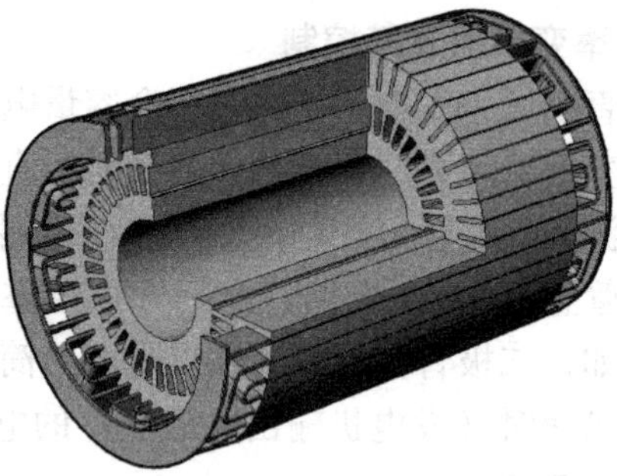

c) 带公共端环的独立同心式笼型转子三维效果

图 2-38　无刷双馈发电机笼型转子

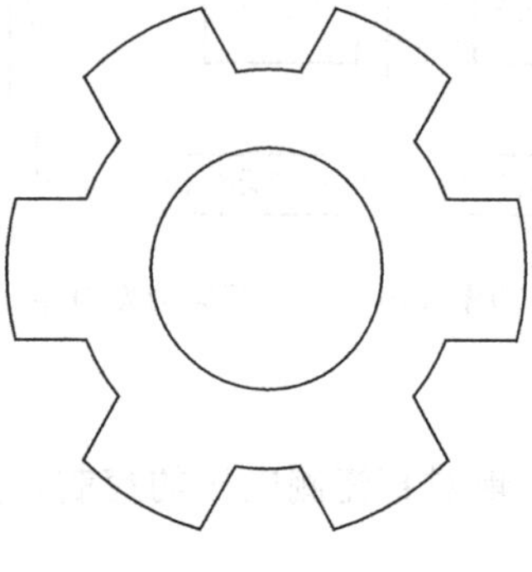

a) 简单凸极

b) 轴向叠片

c) 径向叠片

图 2-39　无刷双馈发电机磁阻转子

为了进一步提高转子的调制效率，同时尽量保证转子的低损耗，将笼型转子与径向叠片磁阻式转子结合，构成混合转子结构，如图 2-40 所示。该结构在一定程度上综合了磁阻转子和笼型转子的优点，具有结构简单、制造方便、损耗较小、起动性能和动态运行能力很强等优点。

磁场调制式无刷双馈发电机气隙中除了有两个主要磁场分量外，还存在多种无效谐波磁场分量，导致转矩脉动和噪声。而且，谐波磁场分量的存在还增加了附加铁耗和铜耗，使铁心容易饱和，体积功率密度（功率体积比）和质量功率密度（功率质量比）降低。为了减小发电机内的谐波含量，可以采用级联式无刷双馈发电机。

最早的无刷双馈发电机为级联式无刷双馈发电机，其结构如图 2-41 所示，采用两台绕线转子感应发电机同轴级联的方式，将两台感应发电机的转子绕组按一定方式连接，实现双

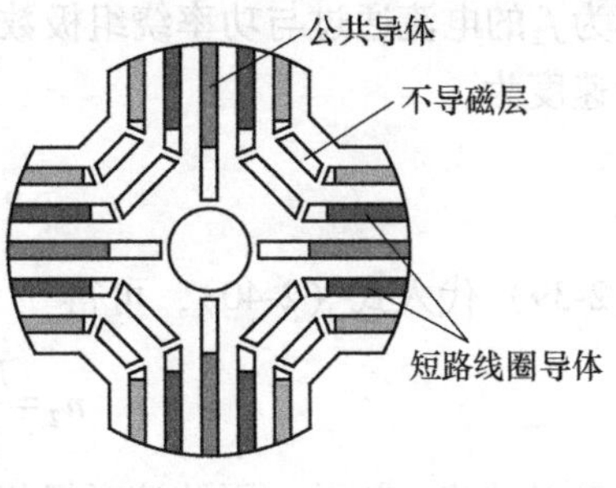

图 2-40 无刷双馈发电机的混合转子结构

馈感应发电机的无刷化。该结构存在明显的缺点：轴向长度过长，总的绕组端部长，铜耗增加，发电机功率密度低。

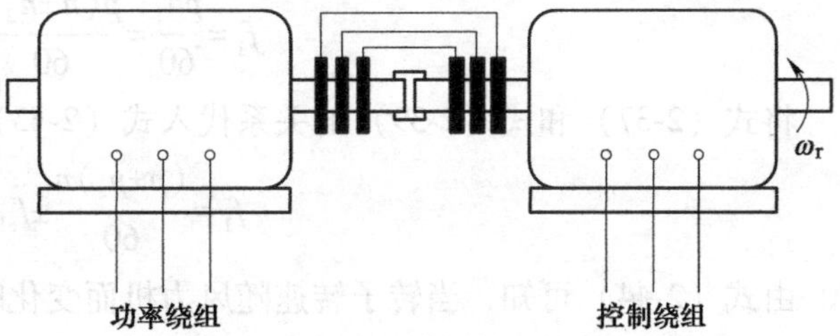

图 2-41 级联式无刷双馈发电机结构

为了提高级联式无刷双馈发电机的功率密度，提出了一种双定子无刷双馈感应发电机，其将级联双馈感应发电机改为内、外双定子结构，通过转子双层绕组之间的电气连接实现内外电机之间能量的传递，实现了内外电机磁场的解耦，与传统级联式相比，转子内部空间被有效利用，轴向长度缩短，因而提高了功率密度。与磁场调制式无刷双馈发电机相比，极对数配合不受限制，谐波含量小，振动和噪声均得到改善。

随着风力发电系统单机容量的不断提高，发电机本体体积和重量越来越大，这给发电机设计、制造、运输和安装带来了很大难度，为发电机设计提出了更高的要求：功率密度高、效率高、电磁特性好、可靠性高、结构简单、易于加工、便于安装和维护、成本低。传统的风力发电机将越来越难以满足风力发电系统发展的要求，因此研制新型高性能风力发电机势在必行。

（2）无刷双馈发电机的工作原理　下面以笼型转子为例来说明无刷双馈发电机的工作原理。

设控制绕组由功率变换器输入的电流频率为 f_{c1}，则控制绕组产生的旋转磁场的转速为

$$n_{c1}=\frac{60f_{c1}}{p_c} \tag{2-37}$$

该旋转磁场在转子绕组中感应产生的电动势及电流频率为

$$f_{c2}=\frac{p_c(n\pm n_{c1})}{60} \tag{2-38}$$

式中，n 与 n_{c1} 的转向相反时取“+”号，相同时取“-”号。由于无刷双馈发电机共用一套转子绕组，两套定子绕组在转子绕组中感应的电流频率必然相等，即

$$f_2=f_{c2}=\frac{p_c(n\pm n_{c1})}{60} \tag{2-39}$$

当频率为f_2的电流通过与功率绕组极数相对应的转子导体时，产生的旋转磁场相对转子自身的旋转速度为

$$n_2=\frac{60f_2}{p} \tag{2-40}$$

将式（2-39）代入式（2-40），可得

$$n_2=\frac{p_c}{p}(n\pm n_{c1}) \tag{2-41}$$

转子本身以转速 n 旋转，因此该磁场相对定子功率绕组的速度为

$$n_1=n\pm n_2 \tag{2-42}$$

则功率绕组感应电动势的频率为

$$f_1=\frac{pn_1}{60}=\frac{p(n\pm n_2)}{60} \tag{2-43}$$

将式（2-37）和式（2-39）的关系代入式（2-43），经整理后可得

$$f_1=\frac{(p\pm p_c)n}{60}\pm f_{c1} \tag{2-44}$$

由式（2-44）可知，当转子转速随风力机而变化时，只要适当调节控制绕组中电流的频率f_{c1}，即可使功率绕组的输出电流频率f_1维持不变，实现变速恒频发电。

（3）无刷双馈发电机的主要特点　综上分析，可得无刷双馈发电机具有如下主要特点：

1）在转子转速变化时，通过调节控制绕组中励磁电流的频率，可使发电机功率绕组输出电流频率保持50Hz不变，实现变速恒频运行。

2）无刷双馈发电机结构简单，没有电刷和集电环，不需要经常维护，安全可靠，适合运行环境比较恶劣的风力发电系统。

3）电力电子功率变换器只对控制绕组供电，所需容量较小，功率绕组直接并网，成本较低。

4）由于该发电机依靠转子的磁场调制作用实现能量转换，发电机的功率密度、输出电流波形、功率因数等性能尚有较大改进空间，值得进一步深入研究。

2. 多相发电机

随着风力发电机单机容量的不断增大，电力电子功率变换器便成为制约系统容量增大的瓶颈。为了突破电力电子器件容量的限制，提出了多相风力发电机。技术方案之一是对应多相发电机，直接用多相功率变换器，例如，6相发电机配用6相功率变换器。另一技术方案是将发电机设计为多组三相系统，相应地配置多套三相功率变换器，构成多相多通道风力发电系统。两种方案都能减小功率变换器的每相容量，但相比而言，前一种方案中多相功率变换器的技术难度较大，也不够成熟，而后一种方案中，多套三相功率变换器，技术已相当成熟，因此已在大容量直驱永磁风力发电系统中获得应用。图2-42所示为某2MW永磁风力发电系统并联双PWM变频器拓扑结构，发电机为6相，分为两组三相，配置两套三相功率变换器，构成两个独立的三相系统，并联运行。

除了较常见的6相双通道系统之外，国内外学者还提出了更多相的风力发电系统，如9相永磁发电机、12相永磁发电机等。根据发电机的相数，可构成多组三相系统，多通道并联运行，如图2-43所示。

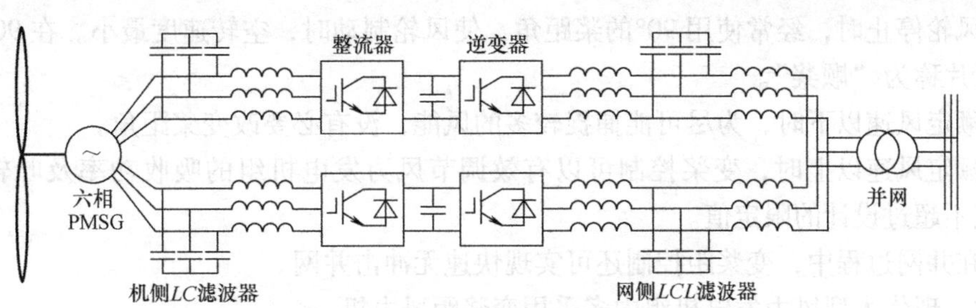

图 2-42 直驱风力发电系统并联双 PWM 变频器拓扑结构

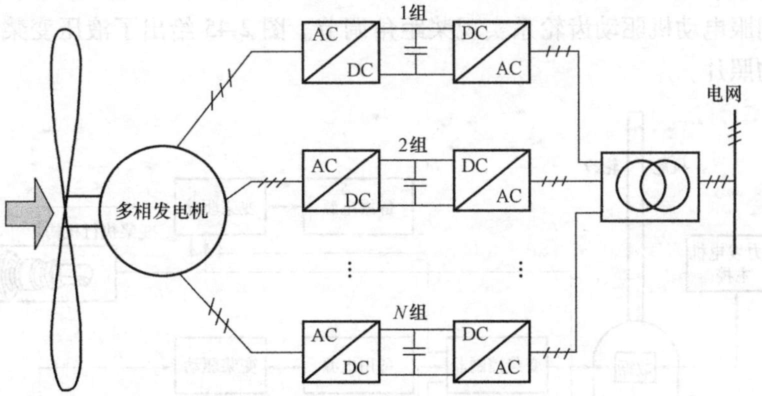

图 2-43 多相风力发电系统

采用多相发电机，除了可提高容量外，还可提高风力发电系统的可靠性和运行效率。

图 2-43 中，如果某一组中的一相绕组或功率变换器出现故障，则可以根据故障情况不同，或者将该组三相系统全部切除，其余健康的三相绕组仍正常工作；或者只断开故障相，其他健康的绕组都保持正常工作，从而可避免风力发电系统一旦发生故障而导致整个机组停机的现象。这对于海上风电更有意义，因为海上风电机组受环境因素的制约，维修不便，风电机组一旦发生故障，可能要停机数日甚至数十日，严重影响风能利用效率。采用多相多通道系统，可以只切除故障相或组，而保持其他健康相或组正常发电。

综上所述，发电机采用多相绕组（或多组三相绕组）结构，可减小功率变换器的容量和电力电子器件额定参数、降低成本、提高风力发电系统的冗余性和可靠性。

需要指出的是，多相系统不仅适用于低速直驱永磁发电机，也适用于高速同步或异步发电机。

2.6 变桨系统与偏航系统

2.6.1 变桨系统

变桨就是使桨叶绕其安装轴旋转，改变桨距角，从而改变风力机的气动特性。改变桨距角的主要作用如下：

1）风轮开始旋转时，采用合适的桨距角可以产生一个较大的起动转矩。

2）风轮停止时，经常使用90°的桨距角，使风轮制动时，空转速度最小。在90°正桨距角时，叶片称为“顺桨”。

3）额定风速以下时，为尽可能捕捉较多的风能，没有必要改变桨距角。

4）额定风速以上时，变桨控制可以有效调节风力发电机组的吸收功率及叶轮所受载荷，使其不超过设计的限定值。

5）在并网过程中，变桨距控制还可实现快速无冲击并网。

因此，现代大型风力发电机组中多采用变桨距风力机。

变桨系统就是一种桨距角调节装置，组成框图如图2-44所示。根据伺服执行机构的不同，主要分为两种类型：一种是液压变桨系统，以液体压力驱动执行机构；另一种是电动变桨系统，以伺服电动机驱动齿轮系实现桨距角调节。图2-45给出了液压变桨机构和电动变桨机构的实物照片。

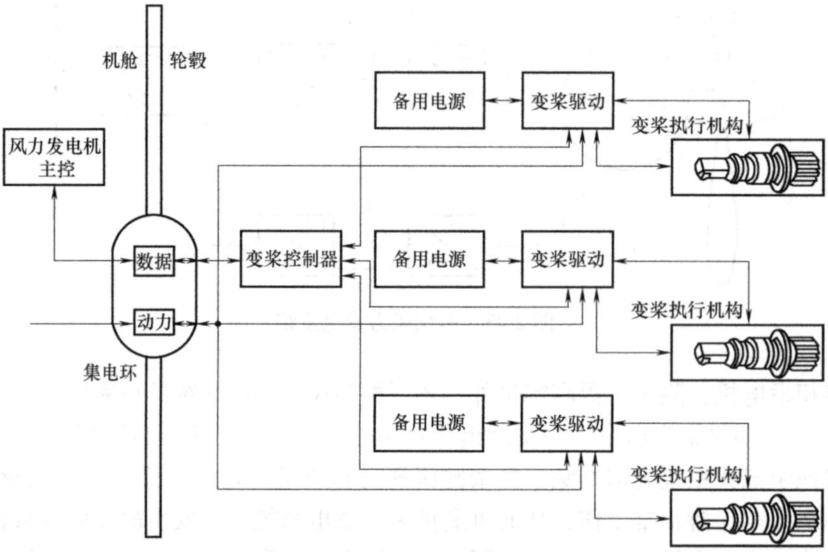

图2-44　变桨系统组成框图

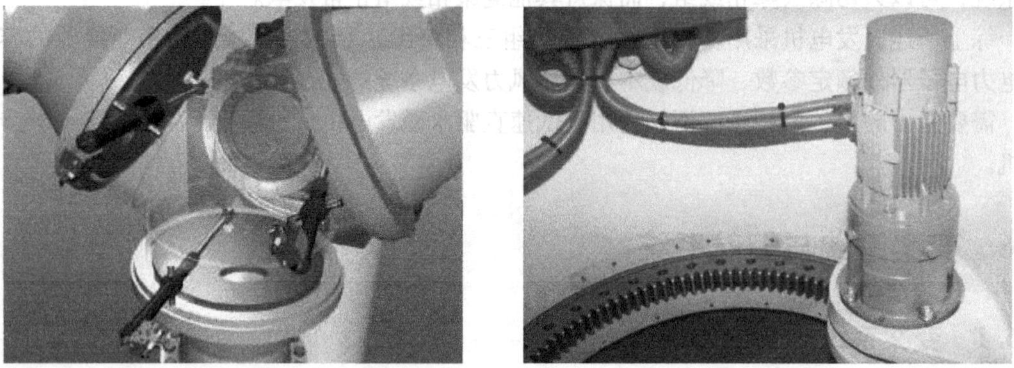

a) 液压变桨机构　　b) 电动变桨机构

图2-45　变桨机构的实物照片

在现有的大型风力机中，一个风轮上的三个叶片的桨距角是同步改变的，即三个叶片的桨距角同时增大或同时减小，任何时候它们的桨距角都相同，这称为同步变桨或集中变桨（Collective Pitch Control）。

但是，由于湍流、风切变和塔影效应等的影响，风轮扫掠平面上不同方位的受力并不均匀，引起俯仰弯矩、偏航弯矩等附加载荷。此外，大型风力机直径达百米甚至更大，风速随风轮方位角变化而变化，使风力机各叶片在实际运行时受到的气动力周期性变化，这将影响风力机输出功率的平稳，并且造成各个风轮叶片上受到的载荷不同，进而增加叶片的疲劳载荷，影响风力发电机的使用寿命。要降低这些附加载荷，较为行之有效的解决办法就是使用独立桨距调节技术，简称独立变桨技术。

所谓独立变桨（Individual Pitch Control），就是在传统同步变桨距的基础上，给每个叶片叠加一个独立的桨距信号，使三个叶片具有不同的桨距角，从而具有不同的空气动力学特性，以补偿风的不均匀性引起的俯仰载荷和偏航载荷等。通过独立变桨控制，可以大大减小风力机叶片载荷及转矩的波动，进而减小传动机构和齿轮箱的疲劳度以及塔架的振动。根据国内外相关研究结果，采用独立变桨，可使叶片载荷减小10%~25%，主轴载荷减小20%~40%，塔架和偏航轴承载荷也可减小。

需要指出的是，独立变桨技术的实现有赖于对叶根载荷和风速等物理量的精确测量，而叶根载荷传感器不仅目前的价格十分昂贵，而且在技术上尚需进一步验证。此外，独立变桨会使变桨执行机构频繁动作，这既增加了变桨电动机的负荷，又增加了控制系统的能量消耗，进而降低了风力发电机组的净输出功率。但是，随着科学技术的不断进步，相信在不久的将来，独立变桨技术一定会得到很好的应用。

2.6.2 偏航系统

众所周知，风速和风向经常随时间不断变化，为保证风力机稳定工作，必须有一种装置使风力机随风向变化自动绕塔架中心线旋转，保持风力机与风向始终垂直。这种装置叫作偏航系统，亦叫迎风装置。

偏航系统可以分为被动偏航系统和主动偏航系统。被动偏航系统的偏航力矩由风力产生，下风向风力发电系统和安装尾舵的上风向风力发电系统的偏航属于被动偏航。图2-46a所示为尾舵偏航的风力机，常见于小型风力发电机组。尾舵偏航的优点是风轮能自然地对准风向，不需要特殊控制，结构简单。为获得满意的偏航效果，尾舵面积与叶轮扫掠面积需满足一定的关系。

主动偏航系统应用液压伺服机构或者电动机与齿轮构成的电伺服机构来使风力机对风，多见于大型风力发电系统，如图2-46b所示。

主动偏航系统本质上是一个自动控制系统，图2-47所示为主动偏航系统组成框图，主要由控制器、功率放大器、伺服机构以及偏航计数器等部分组成。在风轮的前部或机舱一侧装有风向仪，当风力发电机组的航向与风向仪指向偏离时，计算机开始计时，当时间达到一定值时，即认为风向已改变，控制器发出调向指令，经功率放大后驱动伺服机构，使风力机调向，直至偏差消除。偏航计数器是记录偏航系统旋转圈数的装置，当偏航系统连续在同一方向旋转圈数达到一定值时，造成机舱与塔底之间的连接电缆扭绞，需进行自动解缆处理。

偏航系统有时也可用来调节风力机的功率，将风力机航向偏离风向一定角度，可使风力

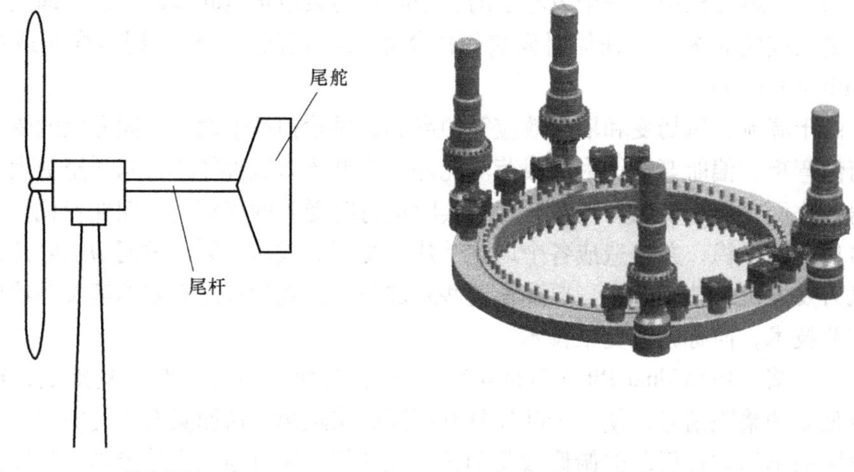

a) 尾舵偏航　　b) 主动偏航

图 2-46　偏航系统

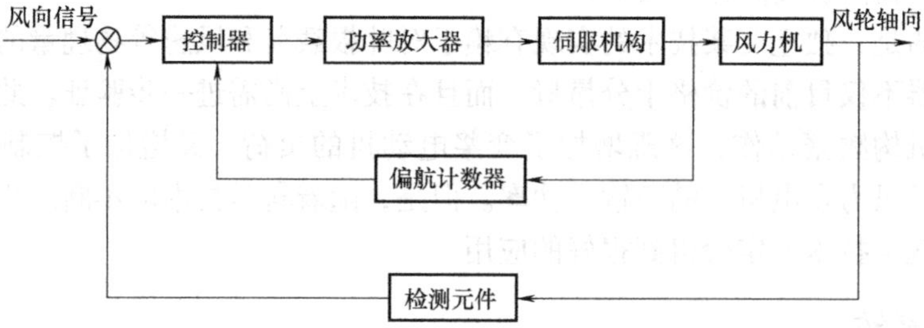

图 2-47　主动偏航系统组成框图

机捕获的功率减小。

2.7 风力发电机组的运行与控制

2.7.1 控制目标

风力发电机组的控制系统是一个综合控制系统，尤其是对于并网运行的风力发电系统，通过对电网、风况和机组运行数据的监视，对机组进行并网与脱网控制，以确保机组的安全性和可靠性。在此前提下，控制系统不仅要根据风速和风向的变化对机组进行优化控制，以提高机组的风能转换效率和发电质量，而且还要抑制机组的动态载荷，降低机械疲劳，保证机组的运行寿命。

图 2-48 所示为某典型风力机的理想功率曲线，其运行区间由切入风速和切出风速限定。当风速小于切入风速时，可利用的风功率太小，不足以补偿运行成本和损耗，因此风力机不起动；当风速大于切出风速时，风力机也必须停机以保护风力机不因过载而损坏。

图 2-48 所示的理想功率曲线可分为三个区间，每个区间的控制目标是不同的。在低风速区（区间Ⅰ），可利用的风功率小于额定功率，因此要最大可能地吸取风中的功率，故应

使风力机运行在最大风能利用系数 C_{Pmax}；而在高风速区（区间Ⅲ），控制目标是将风力机的功率限制为额定功率，避免过载，因为此区间的可用风功率大于额定功率，因此风力机必须以小于 C_{Pmax} 的风能利用系数运行。区间Ⅱ属于转换区间，此时，控制目标是通过控制风力机转子速度，将风力机的噪声保持在一个可接受的水平，并保证风力机所受的离心力在允许值之内，因此区间Ⅱ是恒转速区。

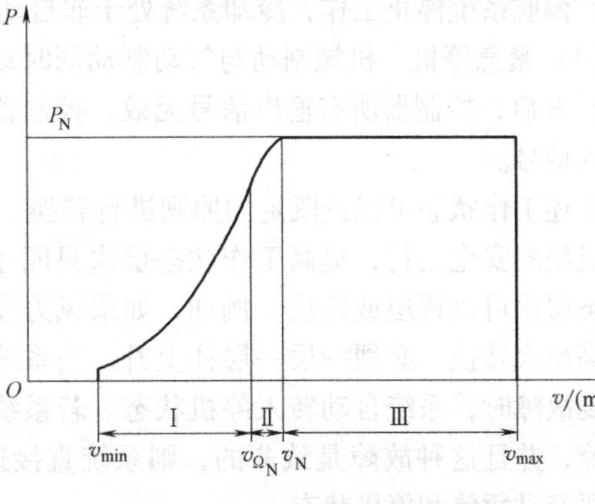

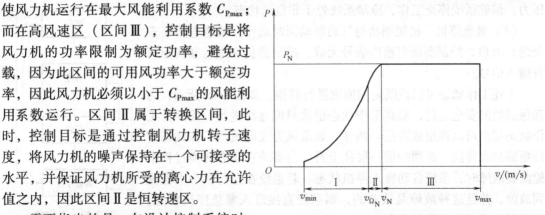

图 2-48　某典型风力机理想功率曲线

需要指出的是，在设计控制系统时，不能仅仅考虑使风力机追踪理想功率曲线，还需考虑风力机所受的机械载荷。二者常常是相互矛盾的，风力机功率跟踪理想功率曲线越紧，则机械载荷可能越大。因此，风力发电系统的控制是一个多目标最优控制。

综上所述，风力发电机组控制系统的主要目标和功能如下：

1）在正常运行的风速范围内，保证系统稳定可靠运行。
2）在低风速区，跟踪最佳叶尖速比，实现最大功率跟踪（MPPT），捕获最大风能。
3）在高风速区，限制风能的捕获，保持输出功率为额定值。
4）保证风力机转速在允许速度以下，抑制风力机噪声及风轮离心力。
5）抑制阵风引起的转矩波动，减小风力机机械应力和输出功率的波动。
6）保持机组输出电压和频率的稳定，保证电能质量。
7）减小传动链的机械载荷，保证风力发电机组寿命。

2.7.2　基本控制内容

1. 风力发电机组的工作状态及其转换

风力发电机组有以下四种工作状态：①运行；②暂停；③停机；④紧急停机。可将每种工作状态看作是风力发电机组的一个活动层次，运行状态为最高层次，紧急停机状态为最低层次。

为了能够清楚理解风力发电机组控制系统在各种状态下是如何工作的，必须对每种工作状态做出精确定义，以便控制系统能够根据机组所处状态，按设定的控制策略对偏航、变桨、液压、制动系统等进行控制，实现不同状态之间的转换。

四种工作状态的主要特征及其简要说明如下：

（1）运行状态　机械制动松开，允许机组并网发电，机组自动偏航，液压系统保持工作压力，叶尖扰流器回收或变桨系统选择最佳工作状态，冷却系统处于自动状态。

（2）暂停状态　机械制动松开，液压系统保持工作压力，机组自动偏航，叶尖扰流器回收或变桨距顺桨，风力发电机组空转或停止，冷却系统处于自动状态。这个状态在调试风力发电机组时非常有用，因为调试风力发电机的目的是要求机组的各种功能正常，而不一定要求发电。

（3）停机状态　机械制动松开，叶尖扰流器弹出或变桨系统顺桨，液压系统保持工作压力，偏航系统停止工作，冷却系统处于非自动状态。

（4）紧急停机 机械制动与气动制动同时动作，紧急电路（安全链）开启，控制器所有输出信号无效，控制器仍在运行和测量所有输入信号。

上述工作状态可以按既定的原则进行转换。如图2-49所示，为确保机组的安全运行，提高工作状态层次只能逐层进行，而降低工作状态层次可以逐层或跨层。例如，如果风力发电机组工作状态要往更高层次转换，必须一层一层往上升，当系统在状态转换过程中检测到故障时，系统自动转入停机状态。若系统在运行状态中检测到故障，并且这种故障是致命的，则系统直接进入紧急停机状态，不需要经过暂停和停机状态。

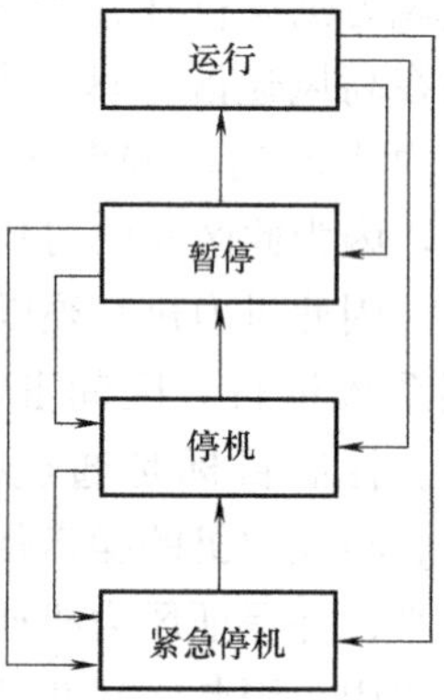

图2-49 工作状态的转换

2. 风力发电机组的起动

当风速 $v>3\text{m/s}$，但不足以将风力发电机组拖动到切入的转速时，风力机自由转动，进入待机状态。待机状态除了发电机没有并网，机组实际上已处于工作状态。这时控制系统已做好切入电网的一切准备，一旦风速增大，转速升高，发电机组即可起动。

风力发电机组的起动方式包括自起动、本地起动和远程起动三种。

（1）自起动 风力发电机组的自起动是指风力机在自然风的作用下，不依靠其他外力的协助，将发电机拖动到额定转速。早期的定桨距风力发电机组不具有自起动能力，风力机要在发电机的协助下完成起动，这时发电机作为电动机运行，通常称为电动机起动。直到现在，绝大多数定桨距风力机仍具有电动机起动功能。随着桨叶气动性能的不断改进，现代大多数风力机具有良好的自起动能力，一般当风速 $v>4\text{m/s}$ 时即可自起动。当风速达到起动风速时，变桨距风力发电机组的桨叶从静止状态下的90°向0°方向转动，直到风轮开始转动。变桨距风力发电机组在起动时，可以捕获最大的风能并迅速地把发电机转速提高到同步转速附近，克服了定桨距风力发电机组起动困难的缺点。

自起动时，风力发电机组在系统上电后，首先进行10min的自检，对包括电网、风况及机组参数等进行检测，在确认各项参数均符合有关规定且系统无故障后，安全链复位，然后起动液压泵，液压系统建压，在液压系统压力正常且风力发电机组无故障的情况下，执行正常的起动程序。

（2）本地起动 即塔基面板起动。本地起动具有优先权。在进行本地起动时，应屏蔽远程起动功能。当机舱的维护按钮处于维护位置时，不能响应该起动命令。

（3）远程起动 远程起动是通过远程监控系统对单机中心控制器发出起动命令，在控制器收到远程起动命令后，首先判断系统是否处于并网运行状态或者正在起动状态，且是否允许风力发电机组起动。若不允许起动，则对该命令不响应，同时清除该命令标志。若电控系统有顶部或底部的维护状态命令，同样清除命令，对其不响应。当风力发电机组处于待机状态并且无故障时，才能响应该命令，并执行与本地起动相同的起动程序。待起动完成后，清除远程起动标志。

3. 偏航系统的运行

大中容量的迎风型风力发电机组多采用主动偏航控制，跟踪风向变化。偏航系统的高灵敏性促使其对风向的微弱变化也将做出偏航调整，而自然界中的风向瞬时变动频繁，偏航系统如一直处于调整状态，将降低其使用寿命，增加运营成本。考虑到风向瞬时变动幅度不大，为避免偏航系统频繁动作，常设置一定的允许偏差（如±15°），如果在此容差范围内，就认为是对风状态，偏航系统不动作。

偏航控制系统主要包括自动偏航、手动偏航、90°侧风、自动解缆等功能。

1）自动偏航：当偏航系统收到中心控制器发出的自动偏航信号后，对风向进行连续3min的检测，若风向确定，且机舱处于不对风位置，则松开偏航制动，起动偏航电动机，开始对风程序，使风轮轴线方向与风向基本一致，同时偏航计数器开始工作。

2）手动偏航：在安装调试或特殊用途时，需要能够手动进行偏航控制，包括顶部机舱控制、面板控制和远程控制。

3）90°侧风：当风力机过速或遭遇切出风速以上的大风时，为了保证风力发电机组的安全，控制系统对机舱进行90°侧风偏航。此时，应使机舱走最短路径达到90°侧风状态，并屏蔽自动偏航指令。侧风结束后，应当抱紧偏航制动盘，当风向发生变化时，继续跟踪风向的变化。

4）自动解缆：自动解缆是使发生扭转的电缆自动解开的控制过程。当偏航控制器检测到电缆扭转达到一定圈数时（如2.5~3.5圈，可根据需要设置），若风力机处于暂停或起动状态，则进行解缆；若正在运行，则中心控制器不允许解缆，偏航系统继续进行对风跟踪。当电缆扭转圈数达到保护极限（如3~4圈）时，偏航控制器请求中心控制器正常停机，进行解缆操作。完成解缆后，偏航系统发出解缆完成信号。

上述控制内容，只是控制系统的部分基本功能。为更好地实现全部控制目标与功能，必须对风力发电机组的稳态工作点进行精确控制。对于不同类型的风力发电机组，其控制策略和控制内容是不同的。下面针对定速定桨距风力发电机组、定速变桨距风力发电机组以及变速变桨距风力发电机组来介绍各自的运行过程和控制策略。

2.7.3 定速定桨距风力发电机组的运行与控制

1. 失速与制动

定桨距风力机的叶片与轮毂的连接是固定的，这一特点给定速定桨距风力发电机组提出了两个必须解决的问题：一是当风速高于额定风速时，叶片必须能够自动地将功率限制在额定值附近，叶片的这一特性被称为自动失速，为此，风力机的叶片必须具有良好的失速性能，有关失速调节风力机功率的原理已在本章2.4.4节做了介绍，此处不再重复；二是运行中的风力发电机组在突然失去电网（突甩负载）的情况下，叶片自身必须具备制动能力，使风力发电机组在大风情况下安全停机，通过在叶片尖部安装叶尖扰流器成功地解决了该问题。图2-50所示为叶尖扰流器的结构示意图，叶尖可以旋转的部分称为叶尖扰流器。当机组处于正常运行状态时，叶尖扰流器与叶片主体部分精密地合为一体，组成完整的叶片，起着吸收风能的作用；当需要制动时，叶尖扰流器被释放，并绕叶片轴线旋转80°~90°形成阻尼板，产生制动阻力，由于叶尖扰流器离风力机中心最远，力臂很长，所以产生的阻力矩相当大，足以使风力发电机很快减速。

图2-50 叶尖扰流器的结构示意图

2. 安装角的调整

由式（2-14）风力机功率方程可知，风力发电机组的输出功率除与风速有关外，还与空气密度ρ有关。而定桨距风力机的功率曲线是在空气的标准状态下测得的，对应的空气密度$\rho=1.225\text{kg/m}^3$。当温度与气压变化时，ρ会跟着变化，一般当温度变化±10°，ρ变化±4%；而桨叶的失速性能只与风速有关，只要风速达到了叶片气动外形所决定的失速调节风速，无论是否满足输出功率，桨叶的失速性能都要起作用，影响功率输出。因此，气温升高，空气密度就会降低，相应的输出功率就会减小，反之输出功率就会增大，如图2-51所示。因此，冬季和夏季，应对桨叶的安装角各做一次调整。类似地，海拔越高，空气密度越小，输出功率就越小，因此，同一型号的风力发电机组安装在不同海拔位置，其叶片安装角应做相应调整，以保证其输出功率满足要求。

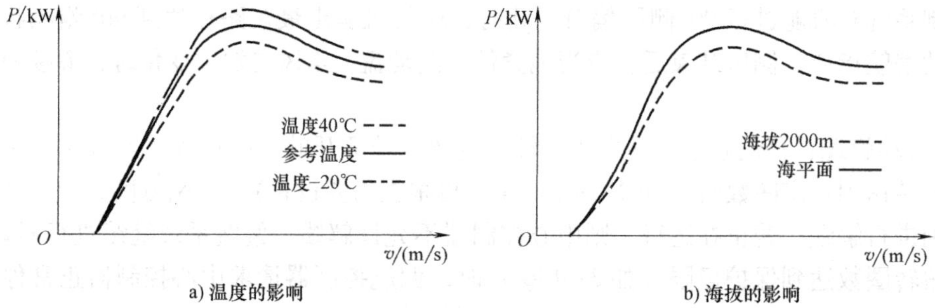

图2-51 空气密度变化的影响

无论从实际测量还是理论计算所得的功率曲线都表明，定速定桨距风力发电机组在额定风速以下的低风速区运行时，不同的桨距角所对应的功率曲线几乎是重合的，但在高风速区，桨距角对最大输出功率（额定功率点）的影响十分明显，如图2-52所示。这就是定速定桨距风力机可以在不同的空气密度下调整桨叶安装角的依据。

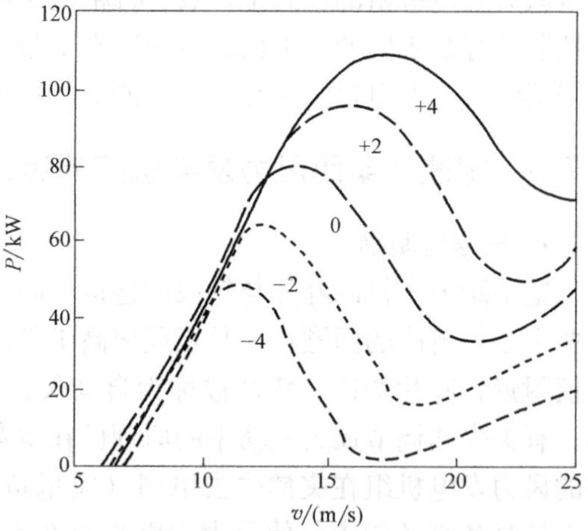

图2-52 桨距角对输出功率的影响

为了提高风力发电机组的功率调节性能，人们又研究出了主动失速型风力机。主动失速型风力机开机时，将叶片推进到可捕获最大功率的位置，当功率超过额定值后，叶片主动向失速方向调节，将功率调整到额定值。由于功率曲线在失速范围的变化率比失速前要低得多，所以控制相对容易，输出功率也更加平稳。不过，严格地说，主动失速型风力机已不属于定桨距风力机，有时被称为"负变矩型"风力机。

2.7.4 定速变桨距风力发电机组的运行与控制

1. 输出功率特性

图2-53给出了定速变桨距风力发电机组的基本控制策略。在整个运行轨迹内，发电机

的转速基本不变。当风速在额定风速以下时，控制器将桨距角置于0°附近，不做变化，可认为等同于定速定桨距风力发电机组，风力机运行于*DF*部分，发电机的功率根据叶片的气动特性随风速的变化而变化；当风速超过额定风速时，变桨机构开始工作，调整桨距角，将发电机的输出功率限制在额定值附近，风力机运行于*F*点。对应的功率调节特性参见图2-21，对比图2-21a和图2-21b可见，在相同的额定功率点，变桨距风力发电机组的额定风速比定桨距风力发电机组要小。对于定桨距风力发电机组，一般低风速区的风能利用系数较高，当风速接近额定点，风能利用系数开始大幅下降。因为这时随着风速的升高，功率上升已趋缓，而过了额定点后，桨叶已开始失速，风速升高，功率反而有所下降。对于变桨距风力发电机组，由于桨距可以控制，无须担心风速超过额定点后的功率调节问题，可以使得额定功率点仍然具有较高的风能利用系数。额定风速以下时，实际功率曲线与定桨距风力机类似，只在风速为v_E时具有最大风能利用系数。

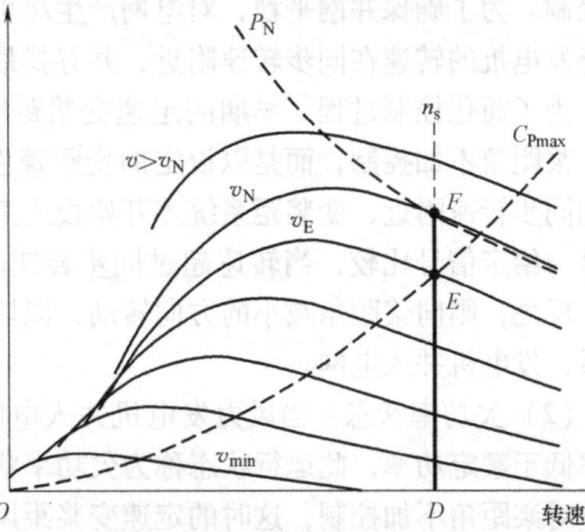

图2-53 定速变桨距风力发电机组的基本控制策略

定速变桨距风力发电机组的桨距角是根据发电机输出功率的反馈信号来控制的，它不受空气密度变化的影响，无论是温度或海拔引起的空气密度变化，变桨距系统都能通过调节桨距角使之获得额定功率输出。

定速变桨距风力发电机组在低风速时，桨距角可以调整到合适的角度，使风轮具有最大的起动转矩，因此，定速变桨距风力发电机组比定速定桨距风力发电机组更容易起动，故定速变桨距风力发电机组一般不再设置电动机起动程序。

当风力发电机组需要脱网时，变桨距系统可以先转动叶片使功率减小，在发电机与电网断开之前，将功率减小至零，可避免在定桨距恒速风力发电机组上每次脱网时所要经历的突甩负载的过程。

2. 运行状态

根据变桨距系统所起的作用，定速变桨距风力发电机组可分为三种运行状态：起动状态、欠功率状态和额定功率状态。每一种状态下的控制内容各不相同。

（1）起动状态　变桨距风力机在静止时，桨距角为90°，如图2-54所示。这时，气流对桨叶不产生转矩。理论上在此状态下叶轮不会吸收风能，但是实际工况中，由于风的扰动，叶轮可能会出现轻微摆动或者呈现很小的转速，称作准静止状态。当风速达到起动风速时，叶片向0°方向转动，直至气流对叶片产生一定的攻角，风轮开始起动，在发电机并网前，变桨距系统的桨距角给定值由发电机转速信号控制。转速控制器按照一定的速度上升斜率给出速度参考值，变桨距系统据此调整桨距角，进行速

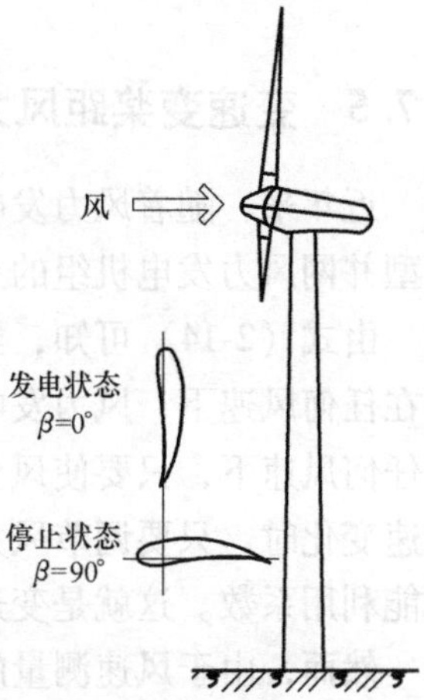

图2-54 不同状态时的桨距角

度控制。为了确保并网平稳，对电网产生尽可能小的冲击，变桨距系统可以在一定范围内，保持发电机的转速在同步转速附近，并寻找最佳时机并网。

为了简化控制过程，早期的定速变桨距风力发电机组在转速达到发电机的同步转速之前，桨距角不加控制，而是以设定的变距速度将桨距角向0°方向打开，直到发电机转速上升到同步转速附近，变桨距系统才开始投入工作。速度给定值为恒定的同步转速，转速反馈信号与给定信号比较，当转速超过同步转速时，桨距角就向增大的方向转动，以减小迎风面；反之，则向桨距角减小的方向转动，以增大迎风面。当转速在同步转速附近保持一定时间后，发电机并入电网。

（2）欠功率状态　当风力发电机并入电网后，由于风速低于额定风速，发电机的输出功率低于额定功率，此运行状态称为欠功率状态。在定速变桨距风力发电机组中，欠功率状态下对桨距角不加控制，这时的定速变桨距风力发电机组与定速定桨距风力发电机组相同，其输出功率完全取决于叶片的气动性能。在变速风力发电机组中，机组可以根据风速的大小，调整发电机的转速，使其尽量运行在最佳叶尖速比上，从而改善低风速时风力发电机组的性能。

（3）额定功率状态　当风速达到额定风速以后，风力发电机进入额定功率状态。此时，变桨距系统开始根据发电机的功率信号进行控制，控制信号的给定值是恒定的额定功率。功率反馈信号与给定信号比较，当实际功率大于额定功率时，桨距角就向增大方向转动（减小迎风面积），反之则向桨距角减小的方向转动（增大迎风面积）。

定速变桨距风力发电机组的控制框图如图2-55所示。

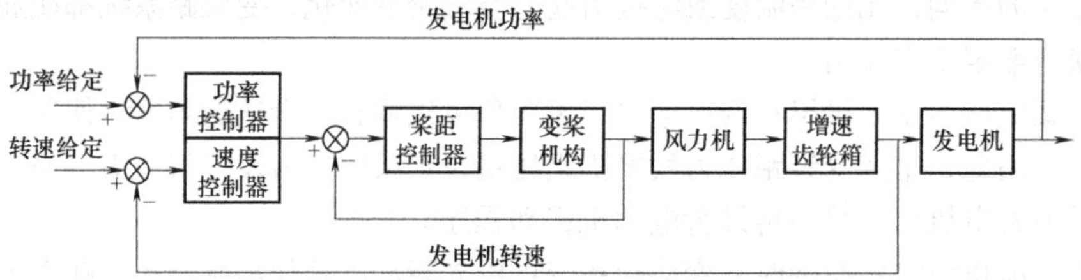

图2-55　定速变桨距风力发电机组的控制框图

2.7.5　变速变桨距风力发电机组的运行与控制

近年来，随着风力发电技术的发展，变速变桨距风力发电机组的应用日益普及，已成为大型并网风力发电机组的主流。

由式（2-14）可知，当风速一定时，风力机获得的功率将取决于风能利用系数 C_P。如果在任何风速下，风力发电机组都能在 C_{Pmax} 点运行，便可增加其输出功率。根据图2-16a，在任何风速下，只要使风力机的叶尖速比 $\lambda = \lambda_{opt}$，就可维持风力机在 C_{Pmax} 下运行。因此，风速变化时，只要调节风力发电机转速，使其叶尖速度与风速之比保持不变，就可获得最佳风能利用系数。这就是变速风力发电机组转速控制的基本目标。

然而，由于风速测量的不可靠性，实际的风力发电机组并不是根据风速变化来调整转速的。为了不用风速控制风力机，可以对风力机的功率表达式进行修改，以消除功率与风速的依赖关系。为此，用转速代替风速，并按已知的 C_{Pmax} 和 λ_{opt} 计算 P_{opt}，则可导出功率是转速的函数，即最佳功率 P_{opt} 与转速的三次方成正比：

$$P_{opt}=\frac{1}{2}\rho AC_{Pmax}\left(\frac{R}{\lambda_{opt}}\Omega\right)^3 \tag{2-45}$$

理论上，风力机的输出功率与风速的三次方成正比，它是无限度的。但实际上，由于受机械强度和其他物理性能的限制，输出功率是有限度的，超出这个限度，风力发电机组的某些部分便不能正常工作。因此，风力发电机组受到如下两个基本限制：

1）功率限制：所有电路及电力电子器件受功率限制。

2）转速限制：所有机械旋转部件的转速受机械强度限制。

1. 控制策略

图 2-56 所示为变速变桨距风力发电机组的基本控制策略，由转矩 T_N、转速 n_N 和功率 P_N 的限制线划出的区域 $OAdcC$ 为风力发电机组的安全运行区域，制定控制策略时必须保证风力发电机组的工作点不超出该安全运行区域。

对于变速风力发电机组，其运行轨迹由若干条曲线组成。其中，额定风速以下的 ab 段运行在最大风能利用系数 C_{Pmax} 曲线上，b 点的转速已达到转速极限 n_N，此后直至最大功率点 c，转速将保持不变，即 bc 段为转速恒定区。功率在 c 点已达到极限，风速达到额定风速 v_N，当风速继续增加时，风力机必须通过某种途径来降低 C_P 值，限制气动转矩，保持输出功率等于额定功率。

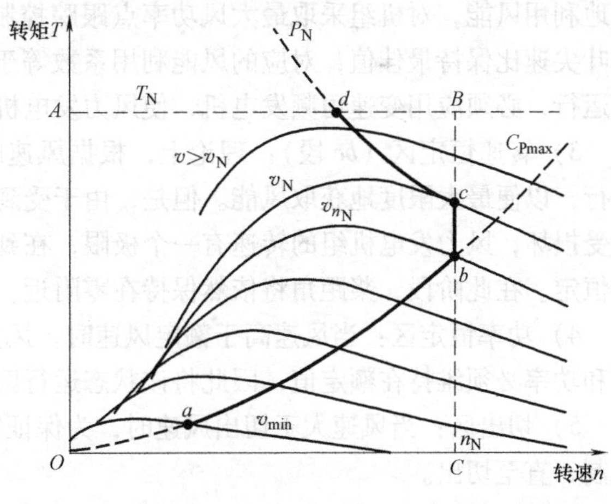

图 2-56 变速变桨距风力发电机组的基本控制策略

根据图 2-57 所示风力机性能曲线，降低 C_P 有两种途径：一种是改变桨距角，由图 2-57 可见，当桨距角增大时，风能利用系数 C_P 迅速减小，可使功率不随风速的增大而增大，稳定于额定功率，此时风力发电机组的运行点固定于图 2-56 中的 c 点；另一种是降低转速，

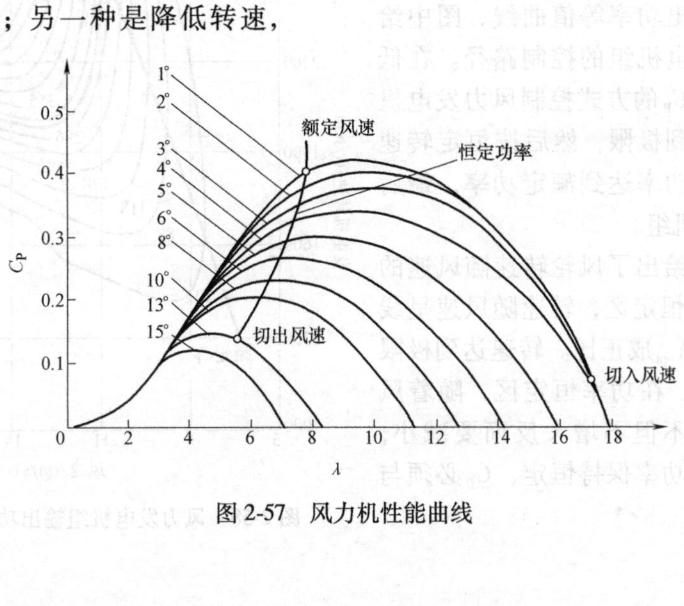

图 2-57 风力机性能曲线

使叶尖速比 λ 减小，从而达到减小风能利用系数 C_P 的目的，此时风力发电机组沿着 *cd* 线运行以保持额定功率。

对于变速变桨距风力发电机组，当风速高于额定风速时，其变速能力主要用来提高传动系统的柔性，而风力发电机组输出功率的调节主要依靠变桨控制。由图 2-57 可见，当桨距角向增大方向变化时，C_P 值得到了迅速有效的调整，从而控制了由转速变化引起的反转矩及输出电压的变化。因此，加入变桨控制的变速风力发电机组，显著提高了传动系统的柔性和输出稳定性。

2. 运行状态

根据不同风况，变速变桨距风力发电机组的运行可分为五个不同区间：

1）起动状态（*Oa* 段）：发电机转速从静止上升到切入速度。对于大多数风力发电机组来说，只要作用在风轮上的风速达到一定值便可实现起动。在切入速度以下，发电机并没有工作，机组在风力作用下自由转动，因而并不涉及发电机转速的控制。

2）C_P 恒定区（*ab* 段）：也称变速运行区。风力发电机组切入电网后运行在额定风速以下的区域，这一状态决定了变速变桨距风力发电机组的运行方式。在此区间内，为了最大限度地利用风能，对机组采取最大风功率点跟踪控制，即随着风速的变化，调整风力机转速，使叶尖速比保持最佳值，对应的风能利用系数等于最大值 C_{Pmax}。为了使风力机能在 C_P 恒定区运行，必须应用变速恒频发电机，使风力发电机组的转速可控，以跟踪风速的变化。

3）转速恒定区（*bc* 段）：理论上，根据风速的变化，风力机可以在限定的任何转速下运行，以便最大限度地获取风能。但是，由于受到旋转部件机械强度的限制，为了保护机组不受损坏，风力发电机组的转速有一个极限，在到达额定功率以前，风力发电机组的转速保持恒定。在此阶段，桨距角将依然保持在零附近，风能利用系数不是最优值。

4）功率恒定区：当风速高于额定风速时，风力发电机组受机械和电气极限的制约，转速和功率必须维持在额定值，因此将该状态运行区域称为功率恒定区。

5）切出区：当风速大于切出风速时，为保证风力发电机组的安全，需对机组进行减速控制，直至切出。

图 2-58 所示为以转速和风速为变量的风力发电机组输出功率等值曲线，图中给出了变速风力发电机组的控制路径。在低风速区，按恒定 C_P 的方式控制风力发电机组，直至转速达到极限，然后按恒定转速控制机组，直到功率达到额定功率，最后按恒定功率控制机组。

图 2-58 中还给出了风轮转速随风速的变化关系。在 C_P 恒定区，转速随风速呈线性变化，斜率与 λ_{opt} 成正比。转速达到极限后，便保持不变。在功率恒定区，随着风速的增大，转速不但不增大反而要减小，使 C_P 下降。为使功率保持恒定，C_P 必须与 $1/v^3$ 成正比。

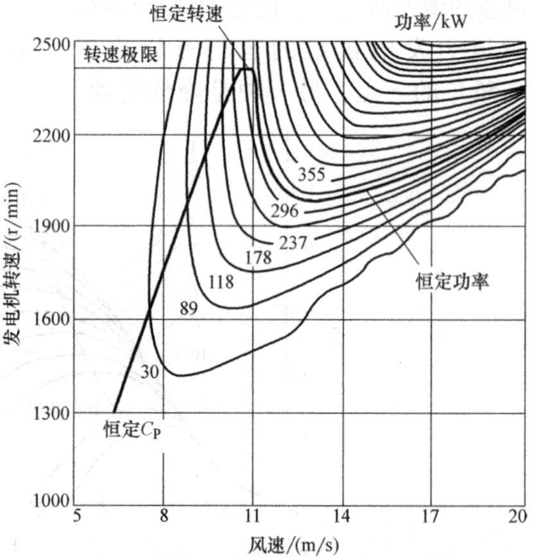

图 2-58 风力发电机组输出功率等值曲线

图 2-59 所示为风力发电机组在三个工作区运行时，C_P的变化情况。在C_P恒定区，通过对风力发电机组的转速进行控制，保持最佳叶尖速比，风能利用系数 $C_P=C_{Pmax}$ 并保持恒定，如图 2-59a 所示，这时机组运行于最佳状态；随着风速的增大，转速亦增大，最终达到允许的最大值，这时只要功率低于允许的最大值，转速便保持恒定，进入转速恒定区，随着风速的进一步增大，叶尖速比偏离最佳值，C_P值减小，但功率仍然增大，如图 2-59b 所示；达到功率极限后，机组进入恒功率区，这时随着风速的增大，通过减小转速和/或改变桨距角，使 C_P值按（$1/v^3$）的比例快速下降，如图 2-59c 所示。

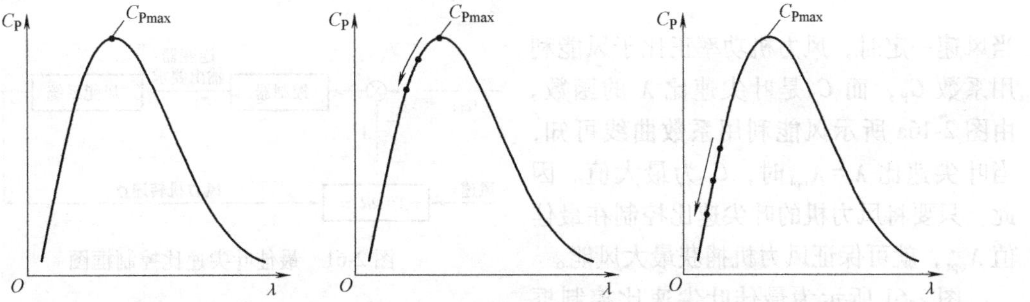

图 2-59　三个工作区域的 C_P值变化情况

3. 不同类型风力发电机组的比较

图 2-60 所示为不同类型风力发电机组的功率曲线对比。根据前面各节所述，低风速时，定速风力发电机组只能在某一点风能利用系数达到 C_{Pmax}，风能利用效率较低；而变速风力发电机组能够根据风速的变化，调整发电机的转速，保持最佳叶尖速比，实现最大功率点跟踪（MPPT），在很宽的风速范围内使风能利用系数 $C_P=C_{Pmax}$，因而风能利用率高。两种风力发电机组的功率曲线所围面积即为变速风力发电机组的变速效益，如图 2-60 中的阴影部分所示。理论分析及实践经验均表明，变速风力发电机组比定速风力发电机组每年可多生产电能 20%~30%。而当风速大于额定风速时，利用变桨技术（含主动失速），可将输出功率稳定地控制在额定功率，产生“变桨效益”。再通过变速技术，利用风轮转速的变化，储存或释放部分能量，使功率输出更加平稳。因此，采用转速和桨距角的双重控制，不仅可以显著提高风能利用效益，同时还可提高风力发电机组转动链的柔性，改善风力发电机组的动态性能。尽管增加了额外的变桨机构且控制系统更加复杂，但仍被认为是风力发电机组理想的控制方案。

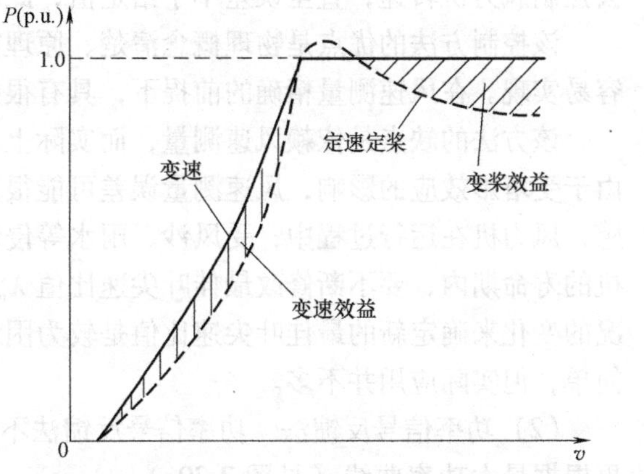

图 2-60　不同类型风力发电机组的功率曲线对比

4. 最大功率点跟踪（MPPT）控制方法简介

如前所述，在低风速区使风力发电机组始终运行于最佳叶尖速比（即跟踪最大功率），每年可多生产电能 20%~30%，经济效益和社会效益十分显著。然而，欲使风力发电机组运行于最佳叶尖速比，实现最大功率点跟踪，必须采用适当的控制方法，即所谓的最大功率点跟踪（Maximum Power Point Tracking，MPPT）控制方法，使风力机的转速随风速的变化而成比例地变化。目前，已有多种不同的MPPT控制方案，各有优缺点和适用范围。同时，国内外学者正在研究各种新的控制方案，以提高控制效果。下面对三种常见控制方案的基本原理做简要介绍。

（1）最佳叶尖速比法　这是一种最直接的控制方法，其理论依据是风力机的功率方程

$$P=\frac{1}{2}C_{\mathrm{P}}\rho Av^{3} \tag{2-46}$$

当风速一定时，风力机功率正比于风能利用系数 C_{P}，而 C_{P} 是叶尖速比 λ 的函数。由图2-16a所示风能利用系数曲线可知，当叶尖速比 $\lambda=\lambda_{\mathrm{opt}}$ 时，C_{P} 为最大值。因此，只要将风力机的叶尖速比控制在最佳值 λ_{opt}，就可保证风力机捕获最大风能。

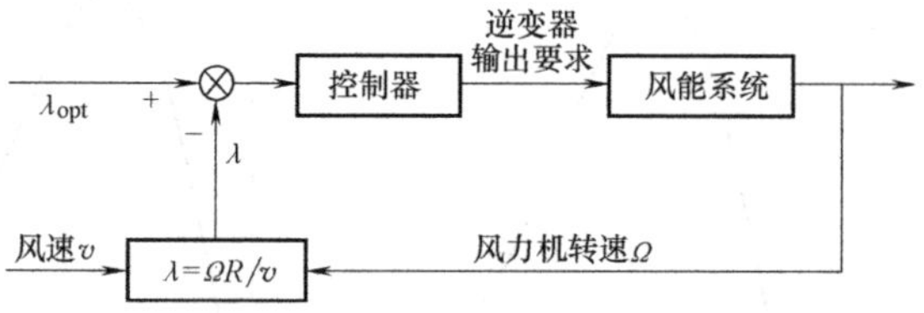

图2-61　最佳叶尖速比控制框图

图2-61所示为最佳叶尖速比控制框图，对于给定风力机，其 λ_{opt} 一定，将其作为参考值储存于计算机内，通过测量风速与风力机的实际转速 Ω，得到实际叶尖速比 λ，与 λ_{opt} 比较得到误差信号，以此作为控制器的输入，去控制风力机转速，直至误差小于给定值，此时便可认为风力机运行于最佳叶尖速比。

该控制方法的优点是物理概念清楚、原理简单，只要一个PI控制器即可满足控制要求，容易实现。在风速测量精确的前提下，具有很好的准确性和反应速度。

该方法的缺点是依赖风速测量，而实际上风速测量往往是不可靠的，特别是大型风场，由于受塔影效应的影响，风速测量误差可能很大。此外，最佳叶尖速比对叶片表面状态很敏感，风力机在运行过程中，受风沙、雨水等侵蚀，叶片表面状况会发生变化，因此，在风力机的寿命期内，要不断修改最佳叶尖速比值 λ_{opt}，这不仅会增加成本，而且根据叶片表面状况的变化来确定新的最佳叶尖速比值是较为困难的。所以，最佳叶尖速比控制法的原理虽然简单，但实际应用并不多。

（2）功率信号反馈法　功率信号反馈法不需要测量风速，而是先测量出风力机的转速，再根据最大功率曲线（见图2-30a）计算出相应的最大输出功率 P_{opt}^{*}，并作为风力机的输出功率给定值，与发电机实际输出功率 P 相比较得到误差量，所得偏差作为PI调节器的输入量，经过PI调节器对发电机进行控制，以实现对最大功率点的捕获。图2-62所示为功率信号反馈法的控制框图。

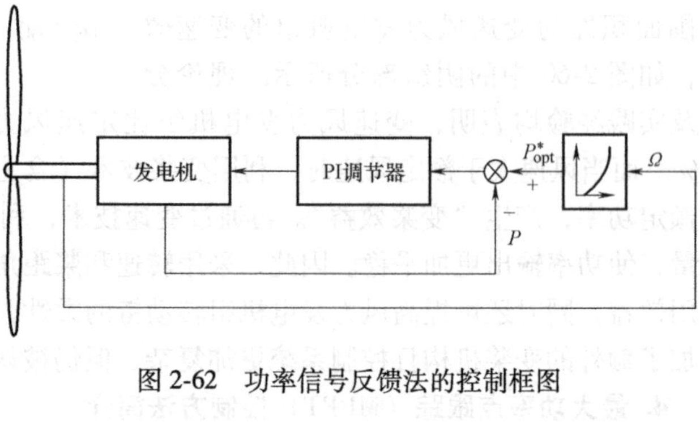

图2-62　功率信号反馈法的控制框图

功率信号反馈法的优点如下：

1）通过对最大功率曲线表的查询，可以控制风力发电机组运行于输出最大功率曲线。

2）适用于大功率系统。

3）方法较为简单，易于实现。

4）不需要检测风速，规避了风速检测环节。

其缺点如下：

1）需获得最大功率曲线。

2）对风力机设计参数依赖性较强。

3）功率曲线的误差将会影响控制的准确性和效果。

（3）爬山搜索法 爬山搜索法是为了克服前两种方法的缺点而提出来的，它无须测量风速，也不需要事先知道风力机的功率曲线，而是人为地给风力机施加转速扰动，根据发电机输出功率的变化确定转速的控制增量。具体做法是：施加转速扰动，将引起输出功率的变化，若该变化量大于零，则在系统趋于稳态时，继续加上与前次同符号的扰动量，直到输出功率变化量开始小于零才改变下一次扰动量的符号；如此反复，风力发电机组的工作点便会逼近最大功率点。因此，爬山搜索法也称为扰动观察法，图2-63给出了爬山搜索法的原理与控制框图。

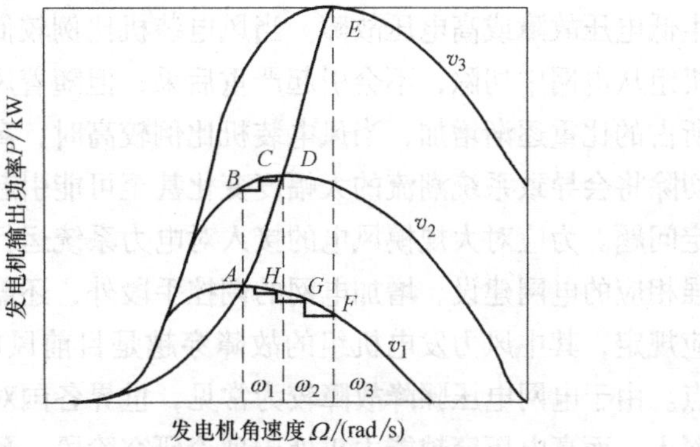

a) 爬山搜索法的原理

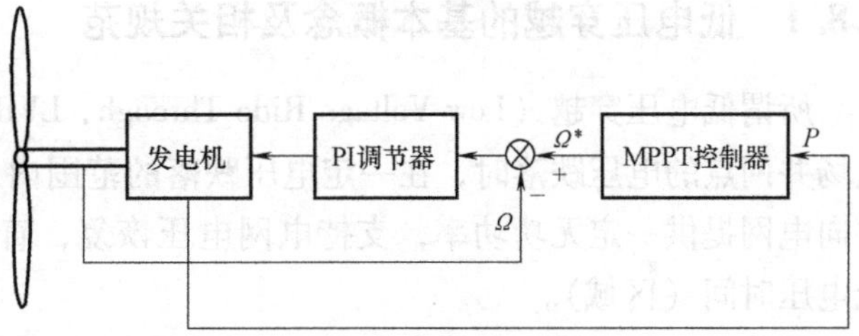

b) 控制框图

图2-63 爬山搜索法的原理与控制框图

爬山搜索法控制的关键点如下：

1）当转速指令发生阶跃变化时，速度环调节器工作，系统的瞬时输出功率是变化的，因此对功率进行采样时，采样时间要大于速度环的调节时间。

2）转速指令可以采用定步长和变步长指令。当采用定步长指令时，其跟踪速度较慢，且在最大功率点附近可能会引起系统振荡，因此常采用变步长控制。

3）由于转速指令是离散的，不可能完全达到最大功率点，所以需定义一区间，当系统输出功率落入该区间时，即认为已经达到最大功率点。区间的大小与跟踪步长以及控制精度有关。

该控制方法的优点是既不需要任何测量风速装置，也不需要知道风力机确切的功率特性。它对风力机功率特性的掌握要求较低，且控制过程基本由软件编程实现；它独立于风力机的设计参数，只需测量每个时刻系统输出的功率和转速，就可以自主地追踪到最大功率点；对于无惯性的或惯性很小的小型风电系统，风力机转速对风速的反映几乎是瞬时的。该方法的缺点是：即使风速稳定，发电机的最终输出功率也会有小幅波动；按照系统的控制目标，希望在某一风速下风力机能够沿着功率曲线逐步移动到最佳功率负载线附近，因此要求系统在每一调整的离散时间点上达到稳态工作点，对于惯性较大的大型风电系统，系统的时间常数较大，实现最大功率点跟踪所需时间较长，因此在风速持续变化的情况下其控制性能将受到影响；此外，当风速变化较快时，可能引起系统振荡，此时不易采用此方法。

2.8 风力发电机组的故障穿越

风力发电的大规模利用方式主要是并入电网。众所周知，大型负载切入或断开、人为误操作、电力设备或输电线路突然短路、自然灾害等都可能引起风电场并网点的电压跌落，产生低电压故障或高电压故障。当风电装机比例较低时，在电网发生故障及扰动时可允许风电机组从电网中切除，不会引起严重后果；但随着风电场容量的不断增大，风力发电在电网中所占的比重逐渐增加，当风电装机比例较高时，高风速期间，由于电网故障引起的大量风电切除将会导致系统潮流的大幅度变化甚至可能引起大面积停电，从而带来频率和电压的不稳定问题。为应对大规模风电的接入对电力系统运行的可靠性、安全性与稳定性的影响，除加强相应的电网建设、增加电网的调控手段外，还需对风电场接入电力系统的技术要求做出相应规定，其中风力发电机组的故障穿越是目前风电接入电网稳定问题中亟待解决的重要难点。由于电网电压骤降故障较为常见，世界各国对风力发电机组的低电压穿越能力研究较为深入，而高电压穿越能力正处于理论研究阶段，预计将来各国会出台较为完备的规范。

2.8.1 低电压穿越的基本概念及相关规范

所谓低电压穿越（Low Voltage Ride Through，LVRT），是指由于电网故障或扰动引起风电场并网点的电压跌落时，在一定电压跌落的范围内，风力发电机组能够不间断并网运行，并向电网提供一定无功功率，支持电网电压恢复，直到电网恢复正常，从而“穿越”这个低电压时间（区域）。

目前，在一些风力发电占主导地位的国家，如丹麦、德国等，都制定了新的电网运行准则，定量给出了风力发电机组脱网的条件。不同国家和地区所提出的低电压穿越要求不尽相同，但大致都包含三方面要求，即不脱网连续运行、快速有功恢复以及尽可能提供无功电流。

国家能源局于2011年7月28日批准了行业标准NB/T 31003—2011《大型风电场并网设计技术规范》，已于2011年11月1日起开始实施。下面结合该标准，介绍对风力发电机组低电压穿越的要求。

如图2-64所示，风电场并网点电压在图中轮廓线及以上的区域内时，场内风力发电机组必须保证不间断并网运行；并网点电压在轮廓线以下时，场内风力发电机组允许从电网切出。

该标准对风电场低电压穿越做出了明确规定：

1）风力发电机组应具有在并网点电压跌至20%额定电压时能够维持并网运行625ms的低电压穿越能力。

2）风电场并网点电压在发生跌落后2s内能够恢复到额定电压的90%时，风力发电机组应具有不间断并网运行的能力。

3）在电网故障期间没有切出的风力发电机组，在故障清除后其有功功率应以每秒至少10%额定功率/秒的功率变化率恢复至故障前的状态。

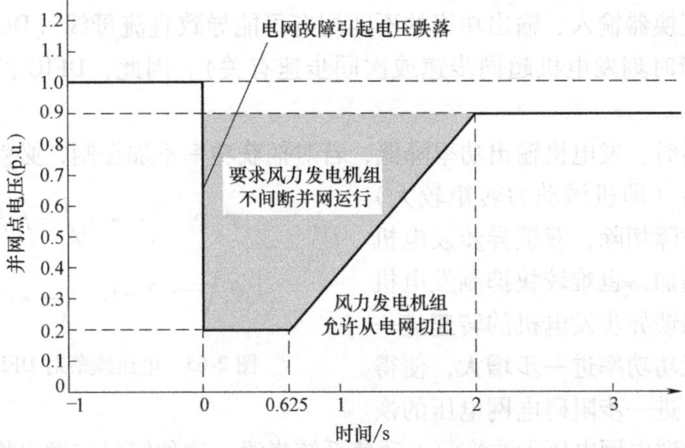

图 2-64 风力发电机组低电压穿越要求

2.8.2 低电压对风力发电机组的影响

当并网点电压跌落时，风力发电机组为什么要从电网切出呢？如果不切出，会有什么后果？要回答这两个问题，需要了解低电压对风力发电机组的影响。

当并网点电压突然跌落时，输出电功率随之减小，风力发电机组的输入、输出功率失去平衡，从而引起一系列电磁和机电暂态过程，对风力发电机组产生不利影响。不同类型风力发电机组的暂态过程及其导致的影响不尽相同，下面主要对目前获得广泛应用的双馈异步风力发电机组和低速直驱永磁同步风力发电机组进行分析。

1. 低电压事故的后果

2011 年，我国西北地区风电场发生了多起电缆设备故障，引发了三起大规模风力发电机组脱网事故。2 月底，某风电场馈线电缆头 C 相击穿并很快发展为三相短路，导致系统电压大幅跌落，因机组低电压穿越能力普遍缺失而发生大规模脱网，损失出力 37.71 万 kW。4 月初，某风电场馈线电缆头爆裂，共造成 400 台风力发电机组脱网，损失出力 56.8 万 kW。4 月中旬，某风电场接连两个电缆头击穿，共造成 677 台风力发电机组脱网，损失出力 97.6 万 kW。随着并网风电容量占比的不断提升，风力发电机组大规模脱网事故引起的后果越来越严重，造成电网电源容量不足，严重影响了电力系统的安全稳定运行。

2. 双馈异步风力发电机组

双馈异步发电机（DFIG）定子侧直接连接电网，这种直接耦合使得电网电压的跌落直接反映在发电机定子端电压上，首先导致定子电流增大；又由于故障瞬间磁链不能突变，定子磁链中将出现直流分量（不对称跌落时还会出现负序分量），在转子中感应出较大的电动势并产生较大的转子电流，导致转子回路中电压和电流大幅升高。定、转子电流的大幅波动，会造成 DFIG 电磁转矩的剧烈变化，对风力发电机组齿轮箱等机械部件构成冲击，影响风力发电机组的运行和使用寿命。

DFIG 转子侧接有 AC/DC/AC 功率变换器，其电力电子器件的过电压、过电流能力有限。如果对电压跌落不采取控制措施以限制故障电流，较高的暂态转子电流会对脆弱的电力电子器件构成威胁；而控制转子电流会使功率变换器电压升高，过高的电压一样会损坏功率变换器，且功率变换器输入、输出功率的不匹配有可能导致直流母线（DC-Link）电压的上升或下降（与故障时刻发电机超同步速或次同步速有关）。因此，DFIG 的 LVRT 实现较为复杂。

定子电压跌落时，发电机输出功率降低，若对捕获功率不加控制，必然导致发电机转速上升。在风速较高（即机械动力转矩较大）的情况下，即使故障切除，双馈异步发电机的电磁转矩有所增加，也难较快抑制发电机转速的上升，使双馈异步发电机的转速进一步升高，吸收的无功功率进一步增大，使得定子端电压下降，进一步阻碍电网电压的恢复，严重时可能导致电网电压无法恢复，致使系统崩溃，这种情况与发电机惯性、额定值以及故障持续时间有关。电压跌落对 DFIG 的影响如图 2-65 所示。

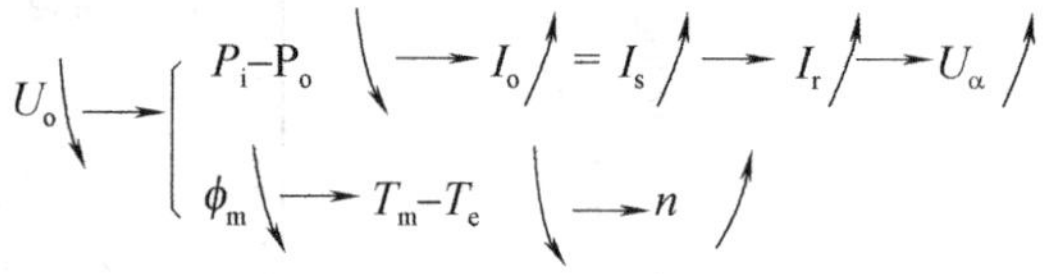

图 2-65 电压跌落对 DFIG 的影响

3. 永磁同步风力发电机组

对于永磁同步发电机（PMSG），定子经 AC/DC/AC 功率变换器与电网相接，发电机和电网不存在直接耦合。电网电压的瞬间降落会导致输出功率的减小，而发电机的输出功率瞬时不变，显然功率不匹配，这将导致直流母线（DC-Link）电压上升，这势必会威胁到电力电子器件的安全。如采取控制措施稳定 DC-Link 电压，必然会导致输出到电网的电流增大，过大的电流同样会威胁功率变换器的安全。当功率变换器直流侧电压在一定范围内波动时，机侧功率变换器一般都能保持可控性，在电网电压跌落期间，发电机仍可以保持很好的电磁控制。所以 PMSG 的 LVRT 实现相对 DFIG 而言，较为容易。

2.8.3 低电压穿越技术

1. 低速直驱永磁风力发电机组的低电压穿越技术

电压跌落期间，PMSG 的主要问题在于能量不匹配导致直流电压的上升，可采取措施储存或消耗多余的能量，以解决能量的匹配问题。

首先，在功率变换器设计方面，选择器件时放宽电力电子器件的耐压和过电流值，并提高直流电容的额定电压。这样在电压跌落时可以把 DC-Link 的电压限定值调高，以储存多余的能量，并允许网侧功率变换器电流增大，以输出更多的能量。但是考虑到器件成本，增大器件额定值是有限度的，而且在长时间运行和严重故障下，功率不匹配会很严重，有可能超出器件容量，因此这种方法适用于短时的电压跌落故障。

其次，在风力发电机组控制方面，可减小同步发电机电磁转矩设定值，这样会引起发电机的转速上升，从而利用转速的暂时上升来储存风力机部分输入能量，减小发电机的输出功率。同时，可以采取变桨控制，从根本上减小风力机的输入功率，有利于电压跌落时的功率平衡。

最后，可以考虑采用额外电路单元储存或消耗多余能量。图 2-66 给出了两种 PMSG 低电压穿越方案。图 2-66a 采用 Buck 变换器，直接用电阻消耗多余的 DC-Link 能量；图 2-66b 中，DC-Link 上接一个储能系统，当检测到直流电压过高时触发储能系统的 IGBT，转移多余的直流储能，故障恢复后再将所储存的能量馈入电网。

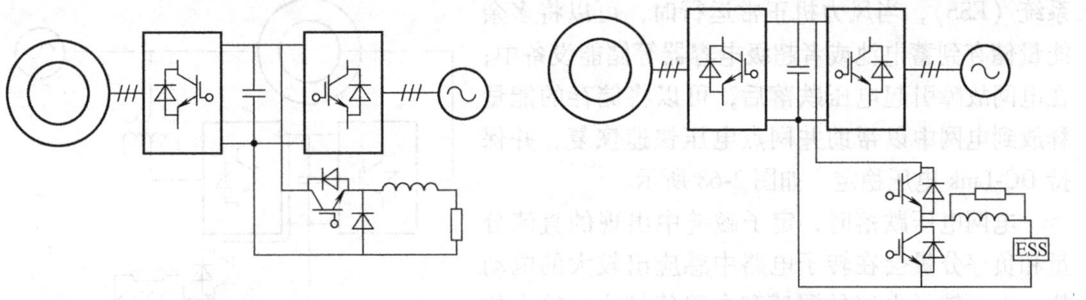

a) Buck变换器+卸载负荷　　b) 储能系统(ESS)

图 2-66　两种 PMSG 低电压穿越方案

2. 双馈异步风力发电机组（DFIG）的低电压穿越技术

与 PMSG 相比，DFIG 在电压跌落期间面临的威胁更大。电压跌落出现的暂态转子过电流、过电压会损坏电力电子器件，而电磁转矩的衰减也会导致转速的上升。

DFIG 较常用而又有效的低电压穿越技术是在转子上外接一个撬棒 Crowbar 电路，如图 2-67 所示。当电网电压跌落时，通过电阻短接转子绕组以旁路机侧功率变换器，为转子侧的浪涌电流提供一条通路。

适合于 DFIG 的 Crowbar 电路有多种拓扑结构，图 2-67 中给出了较常见的三种电路。各种转子侧 Crowbar 的控制方式基本相似，即当转子侧电流或直流母线电压增大到预定的阈值时触发导通开关器件，同时关断机侧功率变换器中所有开关器件，使得转子浪涌电流流过 Crowbar 电路。Crowbar 电路中电阻的选取较为重要，Crowbar 电路串入转子后的 DFIG 可简单地视为绕线转子异步发电机，Crowbar 阻值越大，转子电流衰减越快，电流、转矩振荡幅值也越小。但阻值过大又会在机侧功率变换器带来过电压，起不到保护机侧功率变换器的作用；阻值过小，转子电流衰减速度过慢，抑制效果不明显，也不利于电网电压的恢复。

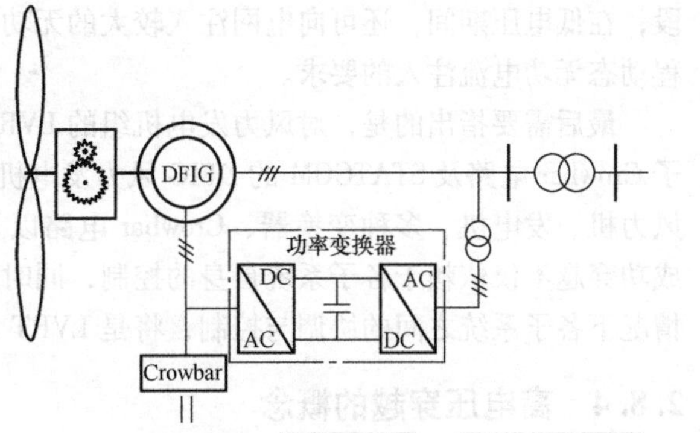

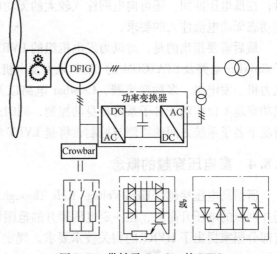

图 2-67　带转子 Crowbar 的 DFIG

在 DFIG 转子中接入 Crowbar 电路，虽然保护了机侧功率变换器，但并未改变发电机的电流、转矩特性，因此转矩波动和机械应力比较大；转子短路后，作为异步发电机，要从电网吸收无功功率，不利于电网故障的恢复。因此，往往要与其他方法配合，才能获得好的效果。

Crowbar 电路是在 DFIG 转子侧进行的 LVRT 技术方案，为使得 DFIG 能够在电网故障时继续并网运行而又不烧毁直流环节设备，还可在直流电容器两端接入绝缘栅双极型晶体管（IGBT）与电阻串联的斩波（Chopper）电路，当直流母线电压升到一定值时，IGBT 得到触发信号导通，通过 IGBT 的开合将多余能量消耗在电阻上，以保护与直流环节连接的设备。

由于 DC-Link 会出现过电压、欠电压，所以可以考虑与 PMSG 一样在 DC-Link 上接储能系统（ESS），当风力机正常运行时，可以将多余能量储存到蓄电池或者超级电容器等储能设备中；在电网故障引起电压跌落后，可以将储存的能量释放到电网中以帮助并网点电压快速恢复，并保持 DC-Link 电压稳定，如图 2-68 所示。

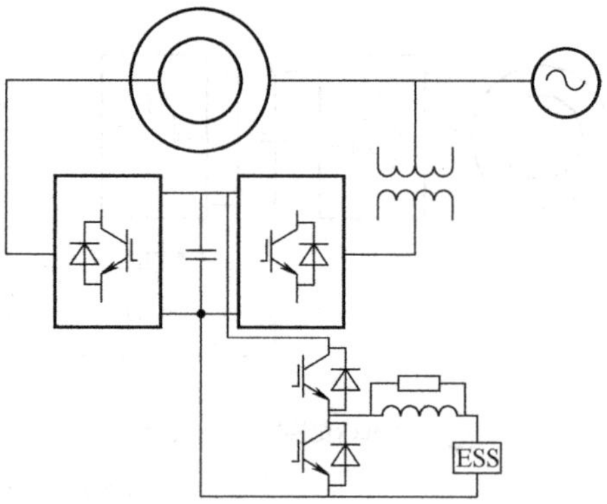

图 2-68 转子侧带储能系统的 DFIG

电网电压跌落时，定子磁链中出现的直流分量和负序分量会在转子电路中感应出较大的电动势。由于转子电路的漏感和电阻值较小，较大的电动势必然在转子电路中产生较大的电流。为削弱定子磁链的变化对转子电路的影响，可采用对磁链进行动态补偿控制的方案，即通过对转子电流的控制，使转子电流的方向位于定子磁链的直流分量和负序分量相反的方向上，从而在一定程度上削弱甚至消除定子磁链对转子磁链的影响。

除了上述在转子侧接入 Crowbar 或对转子电流进行控制等技术外，也可以在 DFIG 定子侧引入一些新型的拓扑结构来提高或改善 DFIG 风力发电机组的低电压穿越能力，较常见的是在定子侧串联无源阻抗或动态电压恢复器等。此外，在并网点接入动态无功补偿设备，如 SVC（静止式无功补偿装置）、STATCOM（静止同步补偿器）等，也是较为有效的 LVRT 手段，在低电压期间，还可向电网注入较大的无功电流，以满足风电场并网准则中对 LVRT 过程动态无功电流注入的要求。

最后需要指出的是，对风力发电机组的 LVRT 要求增加了风力发电的成本，而且，含转子 Crowbar 电路及 STATCOM 的 DFIG 风力发电机组的多变量非线性系统的 LVRT 技术，涉及风力机、发电机、多种变换器、Crowbar 电路以及 STATCOM 的控制，最终实现整体系统的成功穿越不仅依赖于各子系统自身的控制，同时还依赖于它们相互间的协调。如何实现故障情况下各子系统之间的协调与控制，将是 LVRT 成功与否的关键。

2.8.4 高电压穿越的概念

所谓高电压穿越（High Voltage Ride Through，HVRT），是指由于无功功率过剩引起风电场并网点的电压升高时，在一定电压骤升的范围内，风力发电机组能够不间断并网运行。已有部分国家提出了 HVRT 的相关技术要求，规定了过电压范围及允许并网时间，见表 2-2。

表 2-2 部分国家对 HVRT 的技术要求

国家	HVRT 技术要求
丹麦	并网点电压 1.2~1.3p.u.，保持并网最少 0.1s
德国	并网点电压 1.2p.u.，保持并网运行 0.1s
美国	并网点电压>1.2p.u.，保持并网最少 1s 并网点电压 1.175~1.2p.u.，保持并网最少 1s 并网点电压 1.15~1.175p.u.，保持并网最少 2s 并网点电压 1.1~1.15p.u.，保持并网最少 3s
澳大利亚	并网点电压 1.1~1.3p.u.，保持并网最少 0.9s 并网点电压≥1.3p.u.，保持并网最少 0.06s

我国目前还没有出台 HVRT 相关技术规定和要求，但在积极制订中。国家能源局在 2017 年制订了《风电机组高电压穿越测试规程》，测试规程要求如图 2-69 所示。该规程规定风力发电机组应具有如下能力：

1）在并网点电压为 130%额定电压时，能够保证不脱网连续运行 200ms。

2）在并网点电压为 125%额定电压时，能够保证不脱网连续运行 1s。

3）在并网点电压为 120%额定电压时，能够保证不脱网连续运行 2s。

4）在并网点电压为 115%额定电压时，能够保证不脱网连续运行 10s。

5）在并网点电压为 110%额定电压时，能够保证不脱网连续运行。

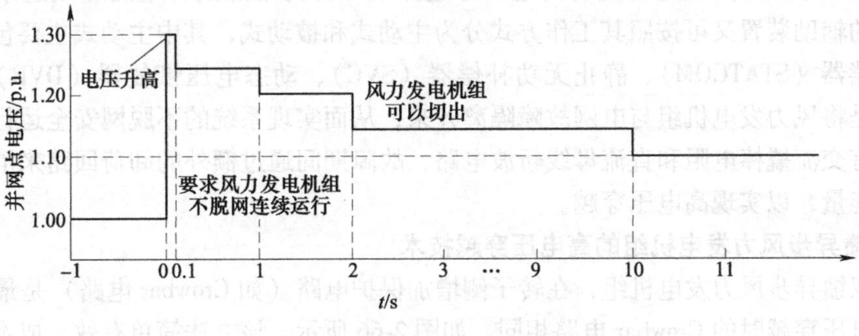

图 2-69　我国 HVRT 测试规程要求

2.8.5　高电压对风力发电机组的影响

1. 高电压事故的后果

我国存在大量典型的纯风电汇集地区，风电场呈辐射状接入高压汇集母线，一般风电场接入地区短路电流较小，当风电场出力较大时，系统电压对无功的灵敏度较大。而 DFIG 的无功电压特性使得当投入一组较大容量的电容器时，容易促使系统出现高电压穿越过程。当风电场母线电压上升到风力发电机组高电压保护限制后，一部分风力发电机组开始脱网，接着母线电压继续升高，引起其他风电场母线电压超过风力发电机组高电压保护限制，这会造成多个风电场的风力发电机组高电压联锁脱网事故，大量损失有功功率出力，给地区电压稳定带来严重后果。

2. 高电压对低速直驱风力发电机组的影响

低速直驱风力发电机组稳态运行时，网侧功率变换器工作在单位因数状态，向电网传输最大有功功率，以保证低速直驱风力发电机组的持续高效、稳态运行。当电网无功功率过剩等原因引起电网电压骤升时，风力发电机组并网侧电压升高超过发电机输出电压幅值，由于功率变换器功率的限制作用，多余的电网能量将馈入风力发电机组，此时风力机捕获风功率不变，发电机继续输出有功功率，所以此时发电机与电网都向直流母线充电。类似于低电压故障，直流母线电压升高，不仅威胁直流侧电容的安全，也会危害网侧功率变换器。因此，高电压穿越时，一方面要减少直流母线上多余的能量，另一方面也要消耗网侧过剩的无功功率。

3. 高电压对双馈异步风力发电机组的影响

双馈异步发电机定子侧与电网直接连接，电网电压骤升会引起双馈异步发电机定子和转子磁链的变化，由于磁链守恒不能突变，定子和转子中会出现暂态直流分量，不对称故障时还会有负序分量，由暂态电流产生的磁链来抵消定子电压骤升产生的磁链变化。因双馈异步发电机的转子高速旋转，直流暂态分量将会导致定转子电路中感应电压和电流的升高，严重时会超过电力电子器件和发电机的安全限定值，造成设备的损坏。同时，暂态过程会造成双馈异步发电机电磁转矩的波动，这将给齿轮箱造成机械冲击，影响风力发电系统的寿命。

2.8.6 高电压穿越技术

1. 低速直驱永磁风力发电机组的高电压穿越技术

低速直驱永磁风力发电机组的高电压穿越方案可分为增加硬件电路和改进系统控制策略。增加的辅助装置又可按照其工作方式分为主动式和被动式，其中主动式主要包括静止同步无功补偿器（STATCOM）、静止无功补偿器（SVC）、动态电压恢复器（DVR），这类装置的特点是将风力发电机组与电网故障隔离开来，从而实现系统的不脱网安全运行；被动式装置主要有交流撬棒电阻和直流母线斩波电路，故障期间通过额外的卸荷回路来消耗掉系统中多余的能量，以实现高电压穿越。

2. 双馈异步风力发电机组的高电压穿越技术

对于双馈异步风力发电机组，在转子侧增加保护电路（如 Crowbar 电路）是最常用的方法，与低电压穿越时的 Crowbar 电路相同，如图 2-66 所示。该方法简单有效、成本低且易于实现，但在不同运行状态间切换会不可避免地产生暂态响应。也可在直流侧增加保护电路，由于电网电压骤升故障，能量在直流侧累积会造成直流侧电压升高，可能会损坏直流侧电容和功率器件，为了解决此问题，在直流侧增加斩波电路，如图 2-70 所示，当电网电压骤升时，转子侧出现过电流，此时投入卸荷负载，消耗掉直流侧多余的能量，从而保持直流侧电压恒定。采用能量储存设备的方案如图 2-68 所示，在电压骤升结束时刻将这些能量送入电网，可以解决 Crowbar 电路在不同运行状态间切换的问题，避免了暂态过程，从而可以保证连续调控。但是，能量储存设备无法对转子电流进行有效控制，若要保证功率变换器不因转子过电流而损坏，必须增加机侧功率变换器的容量。

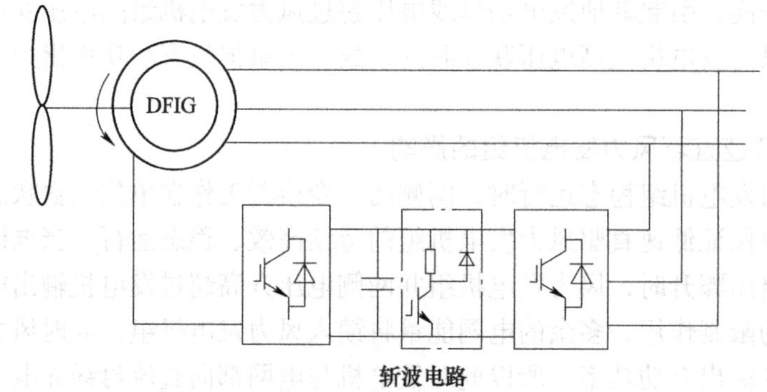

图 2-70 含直流斩波的双馈异步拓扑结构

也可以采用 STATCOM 和 DVR 对电压骤升进行补偿。其中，STATCOM 通过控制注入到电网中的无功电流来迫使电网电压下降，而 DVR 通过补偿正常与故障情况下的电压差来维持发电机电网入线端电压的恒定。这些硬件设备的使用增加了风力发电机组的运行成本，特别是在电网阻抗较低时，采用STATCOM方案需要注入的电流远高于风力发电机组的额定电流，会降低系统的经济性。此外，也可以考虑在机侧功率变换器上串联电阻来抑制过电流，而且避免了机侧功率变换器在电网电压骤升时因Crowbar电阻的投入而失去对发电机的控制，减少了转矩的脉动，实现了高电压穿越。

还可以从改进风力发电机组控制策略方面着手，例如，基于谐振控制器具备优良动态性能的特点，将其作为PI调节器的补充，这弥补了传统PI调节器在动态响应上的不足，可以有效减小故障期间转子电流的暂态冲击。

2.8.7 风力发电谐波谐振抑制

1. 风力发电谐波谐振产生机理

目前，我国风电场主要采用双馈异步发电机和直驱永磁同步发电机两种变速型风力发电机组，通过电力电子装置实现并网并输出与电网频率和幅值一致的稳定电能。由于含有电力电子装置，风力发电机组不可避免地会产生谐波，其谐波来源主要有三个：一是风力发电机组自身固有的齿谐波和气隙饱和磁场非正弦分布引入的谐波；二是由电力电子装置引入的开关谐波，主要分布在开关频率附近；三是电网背景谐波及风力发电机组在不平衡状态下导致的低次谐波。

由于风电场内风力发电机组、变压器和集电线路等元件在并网运行时需要吸收一定的感性无功功率，所以一般会在风电场汇集母线处装设并联电容器组等无功补偿装置来满足风电场的无功功率需求。任何含电感、电容元件的系统电路都会存在谐振点，当注入谐波频率等于或接近系统固有频率时，便会激发系统谐波频率的产生。虽然存在谐振点并不一定发生谐振，但宽频域的谐波注入会大大增加风电系统产生谐波谐振的可能性。

2. 风力发电谐波谐振造成的后果

谐波谐振最直接的表现是谐波电流及电压的严重放大，这不仅会对风电场设备造成危害，还会严重危及系统的安全稳定运行。

风电场中，由谐波谐振导致的谐波过电压引起风力发电机组脱网的事故时有发生。2013年2月和4月，位于新疆的某风电场和位于广东的某风电场分别发生了20次和14次的谐波谐振，导致风电场内风力发电机组大范围跳闸停机。谐波谐振的危害在电力系统中是多方面的，主要危害如下：

1）对供配电线路产生危害。

2）影响电网质量。

3）增加了输电线路的损耗，缩短了输电线路的寿命。

4）对电容器的影响。流过电容器的谐波电流会被放大，引起电容器异常发热，导致寿命缩短。

3. 风力发电谐波谐振的抑制方法

考虑到谐波谐振网络的固有特性，谐波谐振的抑制主要从两个角度展开：一是滤除谐波源中与谐振频率相等或是接近的谐波；二是破坏参数谐振条件。抑制风电谐波谐振，可以从改进滤波器设计和改进系统控制策略两方面着手。

（1）滤波器设计方面　风电场常配置的无源滤波器，结构简单又可以同时补偿无功和抑制谐波，其缺点是容易造成串并联谐振，放大谐波，造成过载而烧毁器件，此外也仅能补偿选定的特定频率的谐波。出于成本和功率等级因素的考虑，*LC* 滤波器目前被广泛采用。

有源补偿装置如有源电力滤波器（APF），能够跟踪补偿频率和幅值均变化的谐波电流，且补偿效果不受电网线路中阻抗的影响。基本原理是首先检测出电网中的谐波电流，然后通过相应的控制策略向电网中注入与所检测到的谐波电流大小相等方向相反的电流，以补偿电网中的谐波电流，从而消去谐波，留下基波。

（2）控制策略方面　针对以 5 次和 7 次为代表的低次谐波的抑制，仅从滤波器设计方面着手并不能很好地解决问题。对于大功率发电机和功率变换器，其本身的低次谐波阻抗很小，当存在对应次频率的谐波源时，比如电网电压畸变，将容易导致较大的谐波。此时，通过改进控制策略，例如在风电系统并网和独立运行两种模式下，通过采用下垂控制策略可降低谐波对系统的干扰。

2.9 海上风电

2.9.1 海上风电概述

海上风电（Offshore Wind Power）是指通过在海上建设的风电场来产生电能的发电方式。目前，海上风电已成为风力发电中一个重要的分支。海上风电具有一系列优点，主要包括：

1）海上风资源条件较陆地好，发电效率高。相对陆地来说，海上的平均风速更高，湍流更低，有利于提高风力发电机组的功率和年利用小时数。海上风电场的开发也不需要考虑地形和相邻建筑物的影响，也不受陆上道路运输的限制。因此，一般来说，海上风电场的单机容量要比陆上更高。

2）避免了陆上风电的用地问题。一方面，陆上用地昂贵且土地资源有限；另一方面，陆上某些地方需要考虑景观、噪声等影响因素而不适宜开发风电场，而在远海地区开发风电场具有较低的土地成本和不影响视觉景观等优点。

3）缩短与负荷中心的距离，缓解陆上风电的电网侧限制。世界范围内，沿海地区的经济发展普遍要好于内陆地区。以我国为例，北方内陆的新疆、内蒙古、甘肃、黑龙江等省区拥有丰富的陆上风力资源，但基本都属于我国经济发展的欠发达地区，我国的经济发达地区和用电负荷中心主要位于华东、华北和华南的沿海地区，这种结构性问题导致了我国长期以来三北地区的陆上风电存在严重的并网消纳问题。如果在东部沿海地区建设海上风电场，则能够有效避免电能的远程输送问题。

海上风电也具有一些缺点，包括：

1）开发技术要求高。海上风电场开发相对陆上来说，在机组设计、安装、运行和维护等环节都很不一样，风电场所处的海洋环境与陆地差异较大，必须综合考虑洋流、波浪、盐雾、台风和海床等因素，因而带来了海上风电开发的一系列技术挑战。

2）开发成本高。海上风电场建设在海上，不但对施工建设带来挑战，而且建设成本也将比陆上高得多。因此，一般对海上风电场建成后的发电能力有更高的期望，这对海上风电场的规划设计和成本核算带来了一定的压力。

3）海上气候及波浪的变化对运维产生挑战。海上风电设备的安装和运维与海洋气候、海浪条件密切相关，海洋气候的多变和不稳定会给海上风电设备的安装带来一定的挑战。另外，在运维阶段需要根据海洋气候和海浪洋流的状态确定天气窗口，以确定开展航海作业出发和返回的时间和线路。对于海上风力资源充沛的地区，天气窗口非常有限，这会给海上风电场的开发和运维都带来挑战。

4）需要专用的建设和维护设备。海上风力发电机组单机容量大，机组各组件体积和重量较大，需要使用专用的大型设备来运输和吊装。尽管海上风电建设得益于如海上油气钻井平台等大型海洋工程建设经验，但海上风力发电机组建设和维护有其自身特点，仍需要结合海上风电的实际情况进行专门开发。随着安装机组的单机容量进一步增大，组件和桩基会更大，对船只的要求也就更高。

5）极端海洋气候的影响。在某些海域会频繁遭受如台风等极端气候的影响，这对海上风力发电机组的设计和风电场开发及运维带来重要的影响和限制。一旦遭遇恶劣的海上气候，其形势往往要比陆上更为严峻，带来的影响也严重得多。因此，海上风电场开发的风险评估比陆上风电场更为严格。

相对陆上风电的高成本和更为复杂的安装技术需求，是制约海上风电发展的两个重要因素。根据项目全生命周期的成本分摊到其全生命周期所产生电量总数上进行测算显示，欧洲海上风电成本是0.14欧元/(kW·h)，而我国目前近海风电上网电价为0.85元/(kW·h)，潮间带风电上网电价为0.75元/(kW·h)。以欧元对人民币平均汇率1:7.7计算，我国海上风电比欧洲有更高的成本优势。对于一个海上风电场项目，各建设项目在总成本中的占比如图2-71所示。

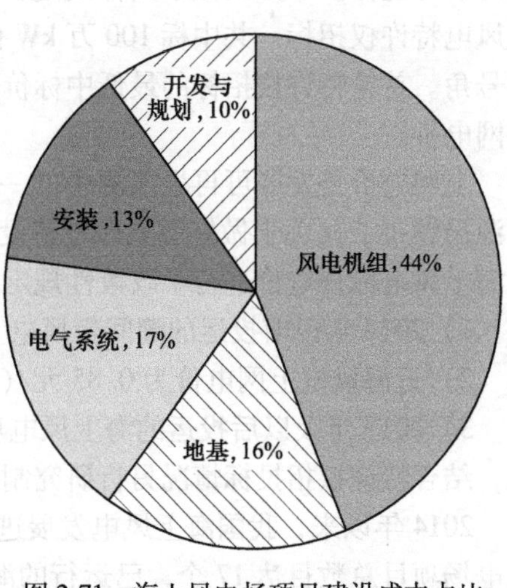

图2-71 海上风电场项目建设成本占比

相比陆上风电项目，风力发电机组在海上风电项目总开发成本上的占比有所下降，这是因为海上风电项目需要在海床上进行基础安装，在海底铺设海底电缆，必要时还会在海上建设升压站等，这些工程都将提高安装费用和电气系统建设成本。另外，海上风电场设施建设具有更高的难度且技术更复杂，这也为海上风电项目的建设带来了更高的风险和代价。

2.9.2 海上风电的发展现状

对于海上风电来说，欧洲和亚洲占据了主要的市场地位。截至2016年年底，全球海上风电装机容量达到14.3GW，全球新增海上风电装机容量达到2.2GW，其中大部分海上风电分布在欧洲的北海、波罗的海、爱尔兰海峡及英吉利海峡等各海域，其余分布在中国、日本和韩国。目前中国海上风电项目主要在近岸浅海区，又称潮间带海上风电项目，离岸较远的深海海上风电项目仍在持续发展中。

位于丹麦哥本哈根的Middelgrunden海上风电场，建成于2000年，是欧洲第一座商业性海上风电场，也是当时最大的海上风电场。该风电场总装机容量为40MW，由20台2MW的Bonus风电机组组成，为哥本哈根解决了4%的电力供应问题，为后来的海上风电场建设提供了宝贵的经验。

2003年建成的丹麦荷斯韦夫（Horns Rev）海上风电场，装机容量达到160MW。该风电场采用的2MW海上风电机组，比预期晚了1年左右的时间才投入运行，运行初期，变压器和叶片曾出现因海洋盐雾侵蚀造成的故障，风电场全部80台机组在一年半的运行时间内同时运行的时间仅为0.5h，造成了风电场非常低的有效利用小时数。在此以后，风电场业主和风机制造商开始重视海上风电机组的可靠性研发和海上风电场的风险分析。2003年，英国建设了首个大型示范工程North Hoyle海上风电场，德国于2010年建成了Alpha Ventus海上风电场。

我国海上风电起步较欧洲晚很多。2010年，我国建成东海大桥102MW海上风电场，这是国内首座海上风电场项目。2010年，国家能源局出台了“十二五”期间海上风电场建设规划，提出到2015年年底我国海上风电装机容量达到500万kW。2010年初国家能源局还出台了《海上风电开发建设管理暂行办法》，对海上风电场项目开发、项目核准、项目建设用海、环境保护等方面做了具体规定。2010年5月，国家发展和改革委员会进行了首轮海上风电特许权招标，共中标100万kW的海上风电项目，由此吹响了我国海上风电快速发展的号角。首轮特许权招标的最低中标价仅为0.6235元/(kW·h)，已经接近当年陆上风电的上网电价。

上网电价是发展可再生能源中的一个关键问题。为了支持海上风电发展，2014年国家能源局颁布了《关于做好海上风电建设的通知》和《关于海上风电上网电价政策的通知》，对海上风电标杆电价进行了政策性规定：

1）2017年以前投运的潮间带风电上网电价为0.75元/(kW·h)（含税）。

2）近海风电上网电价为0.85元/(kW·h)（含税）。

3）2017年及以后投运的海上风电项目，将根据海上风电技术进步和项目建设成本的变化，结合特许权招投标情况另行研究制定上网电价政策。

2014年以来，我国海上风电发展进入快速阶段。截至2017年年底，我国已建成的海上风电场项目总数目达17个，已运行的海上风电机组达到322台，总装机容量达38.4万kW。在建海上风电项目18个，装机容量约449万kW，待建海上风电项目5个，总装机容量约120万kW。

2015年和2016年的全球新增海上风电装机容量分别为3.4GW和2.2GW，我国新增装机容量从361MW上涨到592MW，全球新增占比从11%上升到26.7%，成为带动全球海上风电发展的引擎。截至2016年年底，我国累计海上风电装机容量达到1.6GW，排名世界第三位。

随着海上和陆上风电装机容量的快速增加和市场不断成熟，在风电上网电价政策多年逐步退坡的背景下，2019年成为历史性的一年并迎来全面竞价上网时代。最新政策规定，从2019年起，新增核准的集中式陆上风电项目和海上风电项目应全部通过竞争方式配置和确定上网电价，这意味着实行多年的风电标杆上网电价退出历史。风电标杆上网电价政策的退出，也意味着风力发电技术已趋于成熟。据预计，2020年后风电将实现平价上网，届时并网风电将承受与传统发电厂直接竞争的压力。

2.9.3 海上风电技术

由于海上风力发电机组安装在复杂的海洋环境下，面临高盐雾、台风、海浪等恶劣自然条件，所以其选型、设计和安装有别于陆上风力发电机组，需要重点考虑风力发电机组适应海洋性气候和不同海床特点的基础设计与施工、整体防腐蚀与密封设计、抗台风设计、可靠性设计、发电能力优化及可维护性设计等方面。

（1）采用单机容量更大的机组　为了有效利用海上的风资源条件，一般用于海上的单台风力发电机组都设计有较高的发电容量。从设计的角度来说，单机容量越大，设计所需的叶片就越长，以增大风轮的扫风面积和获得更大的风功率。此外，齿轮箱和发电机也会随着机组容量的增加而相应增大尺寸。海上运输不存在太多如陆上运输那样的尺寸限制，这有助于海上风电场采用更大容量的机组。目前，海上风电较为常见的是3~6MW的机组，多家制造厂商已经具有容量达8MW的商业机组，限制海上风力发电机组容量进一步上升的瓶颈主要在于缺乏大型设备的制造、施工技术和机组的经济性不足。

（2）通过载荷条件选择合适的机组　风载荷是海上风力发电机组的重要环境载荷，与石油平台的风载荷相比，海上风力机有叶轮结构，所受风载荷较大，并对风力机支撑结构带来倾覆力矩。对于风载荷的计算，可从风电场的模拟和载荷作用机制两个方面入手。水动力载荷对塔筒的影响是海上风力发电机组的一个重要特征，包括波浪载荷、洋流载荷、海冰载荷等。水动力载荷取决于水流运动、水密度、水深、支撑结构的形状及它们之间的相互作用，并间接影响叶轮-机舱组件，导致支撑结构动态振动，水动力载荷的作用会降低塔架结构的固有振动频率，这是风力发电机组选型和设计时需要注意的重要因素。风力发电机组的运行与控制会产生运行载荷，产生运行载荷的原因主要包括发电机/功率变换器的转矩控制、偏航和变桨机构的调节、机械制动等。另外，尽管海上风力机的基础结构一般不作为过往船只的停靠使用，但在风电场施工期或风电机组设备检修、维护时，施工船只或检修船舶必须停靠在基础结构上，因此在基础结构上需要设置系靠船设施，在设计时应考虑系靠船舶的载荷。除此之外，当海上固定式基础形式的风电机组场址位于地震区域时，应当进行地震载荷的校验。

风力发电机组载荷计算和测试可以依据IEC 61400-1和IEC 61400-13进行，表2-3为风力发电机组基本参数等级对应的风参数。该表一方面可作为海上风电场选用风力发电机组的依据，另一方面也可用于风力发电机组制造厂商根据场址条件进行海上风力发电机组设计分类标准的认证。

表2-3　IEC 61400-1风力发电机组基本参数等级

风电机组等级		Ⅰ	Ⅱ	Ⅲ	S
50年内最大风速/(m/s)		50	42.5	34.5	由设计者制定
湍流强度参考值	A	0.16			
	B	0.14			
	C	0.12			

（3）海上风力发电机组的基础选型与设计　海上风力发电机组承受的动态载荷的比例相较于陆上风电机组要大很多，这是设计过程中必须着重考虑的一个因素，因为在风力发电机组的整个生命周期中，这种动态载荷的累计效果很可能导致风力发电机组结构疲劳破坏。在风力发电机组基础选型与设计中，需要首先确定地基载荷情况。海上风力发电机组处于的海洋环境中，承受波浪、洋流的作用，同时风力发电机组为高耸物，风力发电机组基础必须

具有高耸结构基础的特征。目前海上风力发电机组依据不同水深采用不同的基础设计，如图 2-72 所示。

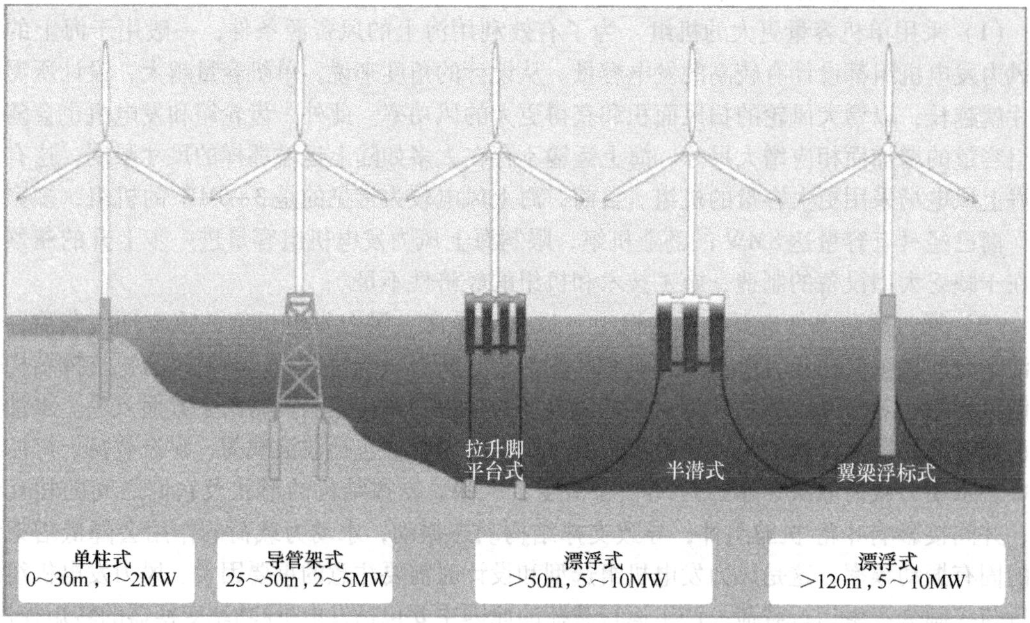

图 2-72 海上风电机组基础设计与水深的关系示意

在水深小于 50m 的海域，一般采用非漂浮式基础设计，包括单柱式、重力式、三脚架式、三柱式和导管架式，如图 2-73 所示。

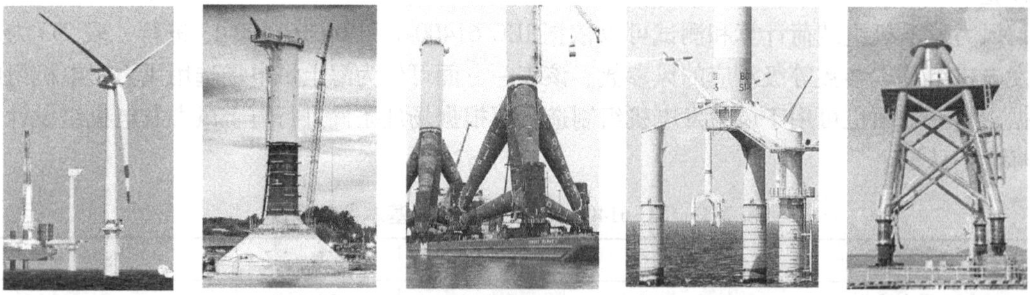

a) 单柱式 b) 重力式 c) 三脚架式 d) 三柱式 e) 导管架式

图 2-73 海上风力发电机组非漂浮式基础类型

在水深超过 50m 的海域，需要采用漂浮式基础设计。漂浮式基础设计主要有拉升脚平台式（Tension Leg Platforms，TLP）、翼梁浮标式（Spar-buoys）和半潜式（Semi-submersible）三种。表 2-4 总结了各种海上风力发电机组基础设计的优缺点和设计案例。

（4）海上风电场集成 海上风电场的一次系统由海上风力发电机组、海底电缆、海上升压站、高压输送电缆、岸上变电站等组成。早期的海上风电场因其容量小、离岸距离近，一般不需要配置海上升压站，直接将风力发电机组经过变压器升压至集电线路电压后传输到

表 2-4 海上风力发电机组基础设计的特点汇总

类 型	单柱式	重力式	三脚架式	三柱式	导管架式	漂浮式
水深范围	0~30m	0~10m	0~40m	0~50m	0~50m	>50m
设计案例	英国 Greater Gabard	丹麦 Nysted Thornton Bank	丹麦 Borkum West	丹麦 Bard Offshore 1	英国 Beatrice	部分有商业应用
优点	设计简单，只需要延伸塔筒	建造成本低，不需要钻孔	比单柱式基础更稳定	比单柱式基础浅	稳定，相对较轻	可用于深海，节约钢材
缺点	直径随深度快速增加，钻孔较困难	需要对海床进行处理	安装更复杂	成本高	成本高	成本高

陆上升压站。随着海上风电场容量的增大和离岸距离变远，需要采用一个甚至多个海上升压站来提高输电电压和减少电能传输的损耗。

海上风电场的布局设计受到四个主要因素制约：海上风电场许可条件、尾流影响、场址条件和成本考虑。

1）海上风电场许可条件。海上风电场许可条件一般是基于审批过程中影响因子进行评估，通常涉及航行的安全性、海底噪声或电网容量等，对风电场场址边界、最大容量、叶片顶端高度进行限制。这些限制将对风力发电机组选型、基础设计及安装方法的制定有决定性的影响。

2）尾流影响。海上平均风速比陆上平均风速高，且湍流相对较小，但是机组尾流的影响却是不可忽略的。海上风电场多台风力机运行中的尾流效应会导致尾流区的风力发电机组功率降低。避免尾流对风力发电机组发电的影响可以通过增加风力机间距或者采用来流风向上的错位排布方案，但是增加风力发电机组间距或进行错位排布会进一步增大风电场占地面积，因此需要与风电场边界条件和总容量需求进行平衡。另外，尾流引起的附加湍流对机组的选型也会造成一定的影响，不同湍流强度耐受能力的风电机组参数等级参见表 2-3。

3）场址条件和成本考虑。海上风电场应当选择在风资源较好且海床条件适合施工的地点，同时，海上风电场的布局还需要考虑增加年发电量、降低度电成本。海上风力发电机组的排布一般可以采用规则排布和错位排布方式。

采用规则排布时，上风向风力发电机组和下风向风力发电机组间距不宜过小，否则会产生尾流影响问题，一般间距为 7~8 倍叶轮直径时尾流影响较小。采用不规则排布时，尽管可以在一定程度上避免尾流影响，但由于风向有一定的随机性，在某些角度仍会产生尾流影响，因此仍需要适当保持风力发电机组的间距。并且，机组排布不规律会增加集电线缆连接的设计和施工难度，从而增加建设成本。

思考题与习题

2-1 简述风的形成原因和不同级别风的特点。

2-2 常用的描述风能的参数有哪些？

2-3 试计算下列不同风速及面积上的风功率，以 kW 表示，取空气密度 $\rho=1.0\text{kg/m}^3$。

风速/(m/s) \ 直径/m	5	10	50	100
5				
15				
25				

2-4 以10m高度为基准，试分别计算20m和50m高度的风速增长系数，指数公式中取$\alpha=0.14$。

2-5 设风分别以5m/s和15m/s各吹1h，取空气密度$\rho=1.0\text{kg/m}^3$。试计算：（1）在2h内的平均风速是多少？（2）平均风功率密度是多少？

2-6 根据图2-74，设风速为20m/s，试计算下列条件下风力机的功率：（1）风力机转速为160r/min（曲线A）；（2）风力机运行在最大风能利用系数曲线上（曲线B）；（3）风力机运行于600N·m的恒转矩曲线上（曲线C）；（4）设风力机的额定风速为12.5m/s（曲线A、B、C的交点），求该风力机的额定转矩、额定功率和额定转速。

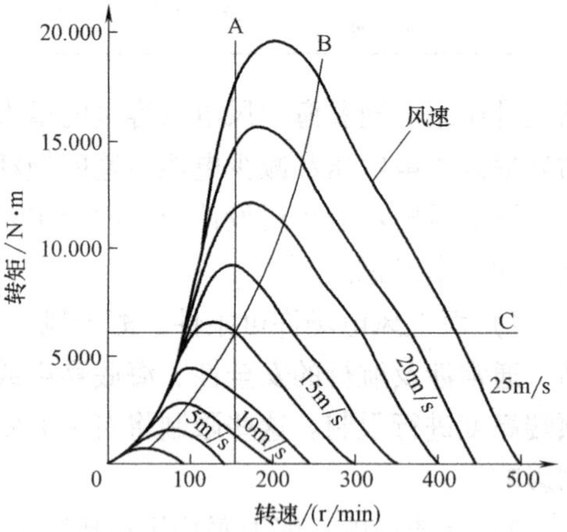

图2-74 习题2-6图

2-7 什么是贝兹（Betz）极限？其值为多少？

2-8 什么是风力机的失速？

2-9 风力机分别运行在恒叶尖速比和恒转速，试说明其性能有何不同。

2-10 设风力机的叶尖速比$\lambda=7$时有最大风能利用系数C_{Pmax}，试计算直径分别为5m、10m、50m和100m的风力机在风速为10m/s、20m/s和25m/s时的转子转速。

2-11 设某风力机参数如下：额定功率1000kW，额定风速13m/s，$\lambda=6.3$，塔高60m，轮毂半径1.5m，转子半径30m。试计算：（1）额定风速下叶尖和叶根的运动速度分别是多少？（2）额定转矩是多少？

2-12 根据功率调节方式不同，风力机有哪几种主要类型？主动失速型风力机与变桨风力机有何异同？

2-13 频率为50Hz的4极笼型异步发电机，其运行转速范围是多少？而对于双馈异步发电机，则其运行转速范围又是多少？为什么会不同？

2-14 什么叫风力发电机变速恒频运行？哪些发电机属于变速恒频风力发电机？

2-15 试比较双馈异步发电机和低速直驱永磁发电机各有什么特点？

2-16 变速风力发电机有什么优点？什么是变速风力发电机的最大功率跟踪？

2-17 根据风速不同，变速风力发电机组有哪几个运行区间？最大风能跟踪适用于哪个区间？

2-18 当风速大于额定风速时，如何控制风力发电机组的功率？此时风能利用系数C_p随着风速的增大如何变化？

2-19 什么是风力发电机的偏航？偏航系统主要有哪些类型？

2-20 什么是同步变桨？什么是独立变桨？各有什么优缺点？

2-21 风力发电机的单机容量为什么越来越大？

2-22 什么是风力发电机组的低电压穿越？我国对风力发电机组低电压穿越的要求是什么？

2-23 当风力发电机的并网点电压跌落时，对双馈异步风力发电机将产生什么影响？在双馈异步风力发电机组和低速直驱永磁同步风力发电机组中，哪一个低电压穿越能力更好？

2-24 什么是风力发电机组的高电压穿越？简述高电压故障分别对双馈异步风力发电机组和低速直驱永磁同步风力发电机组的影响。

2-25 与陆上风电相比，海上风电有什么优缺点？

2-26 简述发展海上风电的主要制约因素，为什么海上风电适合采用单机容量更大的机组？

2-27 简述海上风电使用的基础类型，非漂浮式基础一般适用于水深较浅的地方，其设计主要需要考虑哪些因素？

第 3 章

太阳能发电

3.1 概述

“万物生长靠太阳”是大家所熟知的一句话，从科学的观点看，的确如此。目前可以知道，世界上除了极个别的细菌能够不依赖阳光而靠化学能来合成食物以外，其他一切生物都靠绿色植物光合作用来获得食物。

太阳不仅是地球上生物获得食物的“生命之源”，同时，对于能源需求量日益增长、全球暖化现象日益严重、化石能源即将枯竭的今天，其对全人类未来的发展有着重要的影响。

根据历史记载，早在 3000 年前人类就开始利用太阳能了，只是利用方式十分简单和低级，仅仅是直接接受白天太阳的烘晒和取暖而已。对太阳能真正意义的大规模利用，是从第二次世界大战后开始的。太阳能的利用方式很多，图 3-1 所示为人类利用太阳能的常见方式。目前，太阳能的利用主要有两个方面：太阳能热利用和太阳能发电。

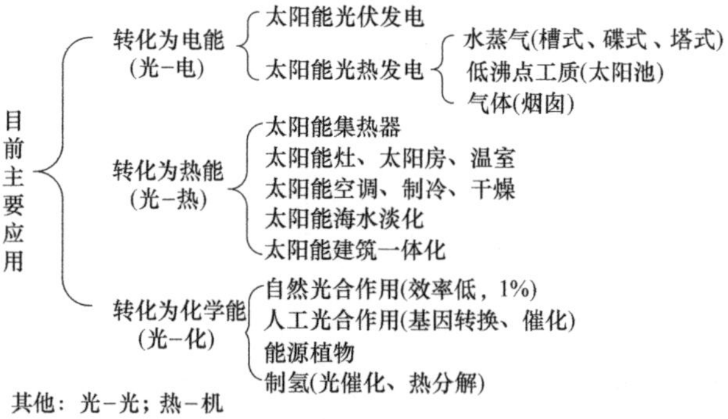

图 3-1 太阳能的主要利用方式

本章主要介绍利用太阳能发电的光电转换技术，包括光伏发电和光热发电两个部分。

太阳能发电具有如下优点：

1）太阳能储量巨大，取之不尽，用之不竭。据有关计算，太阳每年到达地球的能量相当于 10^{18}kW · h 的能量。沙漠面积约占地球面积的 21%，只要在全球 4%的沙漠上安装太阳能光伏发电系统，所发电力就可以满足全球的需要。

2）太阳能发电不产生任何废弃物，没有污染，是一种清洁能源。

3）太阳能随处可得，可以就近安装供电，避免了长距离输电线路的投资和能量损失。

4）太阳能发电不用燃料，运行成本相对较低。

5）太阳能光伏发电没有旋转运动部件，不易损坏，维护相对简单。

太阳能发电的主要缺点如下：

1）能量密度较低。标准条件下，地面上接收到的太阳辐射强度约为 $1000W/m^2$，加之太阳电池发电效率偏低，建设一个大的太阳能电站，占用面积比较大。

2）太阳能发电具有间歇性和随机性，受气象条件影响较大，输出功率起伏大。

3）太阳能发电成本较高，相同容量的投资为常规发电的5~15倍，初始投资高，限制了它的推广与使用，不过最近几年投资成本在快速下降。

太阳能发电的历史最早可以追溯到1876年，亚当斯等人在金属和硒片上发现固态光伏效应，1893年贝克勒尔发现某种半导体材料受光的照射会引起其伏安特性改变，由此发现“光生伏特效应”，即“光伏效应”，但直到1954年才由美国贝尔实验室研制出第一块实用的太阳电池。此后美国将太阳电池用于卫星电源等。1973年的世界石油危机和20世纪90年代的环境污染问题大大促进了太阳能发电技术的发展与进步。

太阳能发电发展简史见表3-1。

表3-1 太阳能发电发展简史

年 份	标志成就
1876	亚当斯等在金属和硒片上发现固态光伏效应
1883	制成第一个“硒光电池”，用作敏感器件
1893	贝克勒尔发现光伏效应
1930	肖特基提出 Cu_2O 势垒的“光伏效应”理论
1941	奥尔在硅材料上发现光伏效应
1954	贝尔实验室首次制成了实用的单晶硅太阳电池
1958	太阳电池首次在空间应用
1960	硅太阳电池首次实现并网运行
1972	美国制定新能源开发计划
1984	美国7MW太阳能发电站建成
1985	日本1MW太阳能发电站建成
1990	德国提出“2000个光伏屋顶”计划
1991	德国制定再生新能源发电与公共电力网并网法规
1994	日本制定住宅用太阳光发电系统技术规程
2006	《中华人民共和国可再生能源法》实施
2007	中国太阳电池产量超过日本，居世界首位
2015	中国光伏发电量与装机容量超过德国，居世界首位
2018	中国发布全球首个《塔式太阳能光热发电站设计标准》

我国的太阳能发电研究始于1958年，1959年我国第一个有实用价值的太阳电池诞生于中国科学院半导体研究所。

1971年，首次将太阳电池用于我国第二颗人造卫星实践1号。

1973年，首次将太阳电池用于地面设施，由天津电源所研制太阳能航标灯用于天津港。

1977年，全国太阳电池产量仅有1.1kW，价格为200元/W，非常贵，限制了其发展与应用。

1979年，开始利用半导体工业积压单晶片生产单晶硅电池。

从20世纪80年代中期开始，先后引进了5条单晶硅和1条非晶硅太阳电池生产设备。

从2000年开始，受到国际大环境的影响及政府项目的实施，国内光伏产业得到了飞速发展。

在相当长的时间内，美国一直保持太阳电池产量第一的位置，1999年，日本超过美国，成为全球太阳电池产量的霸主，并长期在产量与技术方面保持领先地位。2007年，我国迅速崛起，在产量上超过日本而成为世界第一。表3-2给出了2017年世界太阳电池产量前10名制造商，我国占据8席，除美国第一太阳能公司外，其他都在亚州。

表3-2 2017年世界太阳电池产量前10名制造商

2017年排名	制造商	地区	2016年出货量/GW	2017年出货量/GW	市场占有率（%）
1	晶科能源	中国大陆	6.65	9.7	9.86
2	天合光能	中国大陆	6.43	9.1	9.25
3	晶澳太阳能	中国大陆	5.1	7.5	7.62
4	阿特斯阳光	中国大陆	5.07	6.85	6.96
5	韩华Q-Cells	韩国	4.90	5.40	5.49
6	协鑫集成	中国大陆	4.8	4.6	4.67
7	隆基乐叶	中国大陆	0.8	4.4	4.47
8	英利绿色能源	中国大陆	2.15	2.65	2.69
9	第一太阳能	美国	2.85	2.60	2.64
10	东方日升	中国大陆	0	2.50	2.54

随着技术的进步，加上规模化的效益，光伏发电成本下降很快，可再生能源署（IRENA）发布的《可再生能源发电成本报告》显示，大型地面光伏的加权平准发电成本（Levelized Cost of Electricity，LCOE）2017年为0.10美元/(kW·h)，比2010年［0.36美元/(kW·h)］下降72%，部分国家的光伏发电成本（如美国、德国等）为0.05美元/(kW·h)，已接近传统化化石能源发电的价格。

至2017年中期，全球光伏累计装机约为390GW，与全球核电装机水平大致相当（391.5GW）。截至2017年年底，亚洲有4个国家跻身累计安装容量排行榜前10位（见表3-3），欧洲有5个，美国和澳大利亚各占一个席位。受国内相关政策的刺激，近10年来我国太阳电池安装容量增速很快，从2015年超越德国后，一直位居世界第一。至2017年年底，我国累计太阳电池安装容量为131GW，占全球32.8%的份额。

发电量方面，2017年全国总发电量为6.5万亿kW·h，其中，太阳能发电量为967亿kW·h，占比为1.49%。分地区看，太阳能发电最多的三个地区是内蒙古、青海和新疆，分别为114亿kW·h、113亿kW·h和110亿kW·h。

表3-3 全球十大太阳电池累计安装容量国家排名（至2017年年底）

国　家	2017年累计安装容量/MW	2017年占比（%）
中国	131000	32.8%
美国	51000	12.8%
日本	49000	12.3%
德国	42394	10.6%
意大利	19700	4.9%
印度	19047	4.8%

（续）

国　家	2017 年累计安装容量/MW	2017 年占比（%）
英国	12760	3.2%
法国	8000	2.0%
澳大利亚	7200	1.8%
西班牙	5600	1.4%
韩国	5600	1.4%

3.2 太阳辐射

太阳是一颗位于离银河系中心约 3 万光年的恒星，半径约为 6.96×10^5km，质量大约 1.99×10^{30}kg，分别为地球的 109 倍与 33 万倍。太阳内部是通过氢聚变热核反应产生能量的，太阳的中心温度大约为 1500 万℃，表面温度约为 5503℃。

根据推算，太阳向外发射的功率高达 3.74×10^{26}W，相当于每秒燃烧 1.28×10^{16}t 标准煤所释放的能量。地球离太阳十分遥远，平均距离为 1.5×10^8km，中间为真空，所以太阳能只有通过辐射方式才能到达地球表面。由于地球半径只有 6.37×10^3km，所以，太阳辐射出来的功率中只有很小一部分能到达地球大气层上界，约为 1.73×10^{17}W。但即使是这样一小部分，也相当于 1.73 亿个百万千瓦级电厂发出的总功率。所以，地球接收的太阳辐射能仍然是十分巨大的。

3.2.1 日地关系与太阳常数

地球绕着以太阳为一个焦点的椭圆轨道运行。由于到达大气上端的太阳辐射强度和太阳与地球距离的二次方成反比，所以太阳与地球间的距离对于太阳的辐射计算来讲非常重要。

由于太阳与地球之间的距离是变化的，变化量约为 5×10^6km，所以到达地球的太阳辐射能也是变化的。但由此引起到达地球的太阳辐射能的变化只占到达地球总辐射能的±6.7%左右。因此，在一般的太阳辐射计算中，都近似认为太阳辐射是稳定的，在地球大气层外的太阳辐射强度为一常数。为此，人们提出了“太阳常数”这一概念，以此来描述太阳对地球的辐射强度。其定义为：在日地距离为平均值（即 1.495×10^8km）时，在垂直于太阳光线的地球大气外层平面上，单位时间、单位面积上所接收太阳辐射所有波长的总能量，称为太阳常数（Solar Constant），单位为 W/m^2。由于受测量手段和技术水平的限制，历史上曾公布过多个不同的太阳常数，但目前较常用的有二个，一是美国国家宇航局公布的太阳常数值，为 $1353W/m^2$；另一是世界气象组织公布的太阳常数值，为 $1368W/m^2$。

太阳辐射进入地球大气层后，不仅要受到大气的空气分子、水蒸气和尘埃的反射和散射，还要受到大气中氧、臭氧、水蒸气和二氧化碳的吸收，使到达地球表面的太阳辐射强度显著减弱。计算表明，被大气层反射回太空的太阳辐射功率约为 5.2×10^{16}W，约占到达地球大气层太阳辐射总功率的 30%。被大气所吸收的太阳辐射功率约为 4.0×10^{16}W，约占到达地球大气层太阳辐射总功率的 23%。因此，能够穿透大气层到达地球表面的太阳辐射功率约为 8.1×10^{16}W，约占到达地球大气层辐射总功率的 47%。

3.2.2 太阳辐射入射角的计算

一年中不同的季节，一天中不同的时间段，地球同一地区接收太阳光线的强度都有所不同，太阳入射角描述了这一关系。

如图3-2所示，阳光入射方向与水平面存在角度为α_h的倾斜，这个角度就称为太阳高度角。相应地，其补角（$90°-\alpha_h$）称为太阳天顶角。天顶角也是地表面对应的太阳光线入射角。

由于太阳与地球间的距离很远，通常都认为太阳光线全部平行入射到地表面。假定太阳光线垂直照射到的平面的面积为A_n，其辐射强度为G_n，则垂直平面上太阳的辐射强度就是A_nG_n。同样的光线照射到地表上的面积为A，其地表的辐射强度用G表示，则有如下的关系式成立：

$$GA=G_nA_n \tag{3-1}$$

另外，根据几何关系，有

$$A_n=A\sin\alpha_h$$

则有

$$G=G_n\sin\alpha_h$$

上面的表达式表明，太阳高度角α_h越大，地表接收的太阳辐射强度就越大。因此，太阳高度角是决定地表接收太阳辐射强度的重要因素。

一年四季中的每一天，每一天的不同时刻，太阳高度角都在发生变化。

与赤道平面平行的平面与地球的交线称为地球的纬度。通常将太阳直射点的纬度，即太阳中心和地心的连线与赤道平面的夹角称为赤纬角，以δ表示。以北半球为例，地球上太阳赤纬角的变化如图3-3所示。

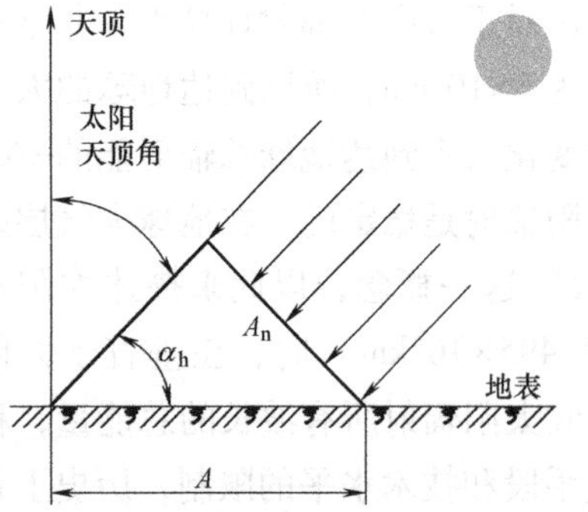

图3-2 太阳高度角、太阳天顶角

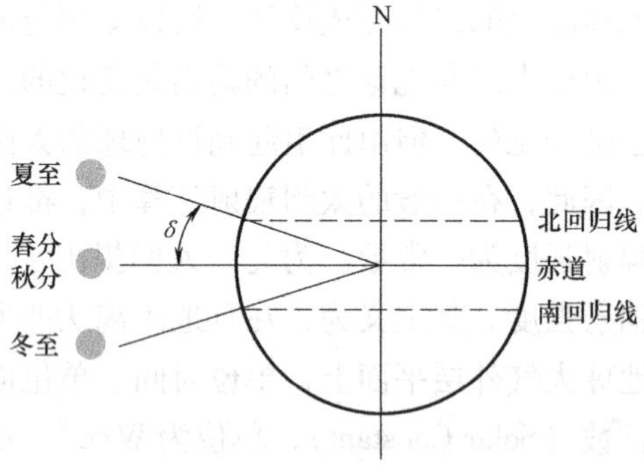

图3-3 地球上太阳赤纬角的变化

春分日与秋分日的赤纬角为0°，夏至日与冬至日的赤纬角为±23.44°。赤纬角是时间的连续函数，其变化率在春分日与秋分日最大，一天变化大约0.5°。赤纬角仅仅与一年中的那一天有关，而与地点无关，即地球上任何位置的赤纬角都是相同的。

赤纬角可用下式计算：

$$\delta=23.44\times\sin\left[\frac{\pi}{2}\left(\frac{\alpha_1}{N_1}+\frac{\alpha_2}{N_2}+\frac{\alpha_3}{N_3}+\frac{\alpha_4}{N_4}\right)\right] \tag{3-2}$$

式中，N_1 为从春分日到夏至日的天数（$N_1=92.975$），α_1为从春分日开始计算的天数；N_2为从夏至日到秋分日的天数（$N_2=93.629$），α_2为从夏至日开始计算的天数；N_3为从秋分日到冬至日的天数（$N_3=89.865$），α_3为从秋分日开始计算的天数；N_4为从冬至日到春分日的天数（$N_4=89.012$），α_4为从冬至日开始计算的天数。

例 3-1 计算 6 月 20 日的赤纬角。

解： 6 月 20 日的日期序号 n 为 171，可得到相应的 $\alpha_1 \sim \alpha_4$值，计算得到其 $\delta=23.43°$。

通常，太阳高度角可以用下式进行计算：

$$\sin\alpha_h=\sin\delta\sin\varphi+\cos\delta\cos\varphi\cos\omega \tag{3-3}$$

式中，δ 为赤纬角；φ 为地表纬度，例如，南京为北纬 32.1°；ω 为太阳时角，以当地正午为 0°，上午为负，每小时减 15°，下午为正，每小时加 15°；ω 在赤道面上每小时变化 15°，ω 所表示的是真太阳时，与时钟不同。

在太阳正午时，$\omega=0$，表达式可简化为

$$\sin\alpha_h=\sin[90°\pm(\varphi-\delta)]$$

例 3-2 计算南京地区 6 月 20 日上午 9 时、中午 12 时、下午 3 时的太阳高度角。

解： 南京地区的纬度 φ 是 32.1°，6 月 20 日其赤纬角 δ 为 23.43°，上午 9 时太阳时角 ω 为−45°，中午 12 时为 0°，下午 3 时为 45°，代入计算式，得出：

上午 9 时太阳高度角 $\alpha_h=49.54°$

中午 12 时太阳高度角 $\alpha_h=90°-32.1°+23.43°=81.33°$

下午 3 时太阳高度角 $\alpha_h=49.54°$

3.2.3 日出与日落时角

由于日出与日落时太阳高度角为 0°，由此可得出日出与日落时角的计算表达式：

$$\cos\omega_s=-\tan\varphi\tan\delta \tag{3-4}$$

由于 $\cos\omega_s=\cos(-\omega_s)$，则有

$$\omega_{sr}=-\omega_s,\ \omega_{ss}=\omega_s$$

式中，ω_{sr}、ω_{ss}分别为日出时角（负值）和日落时角（正值），以度表示。

3.2.4 日照时间

在考虑总体能量价值的时候，要将太阳辐射强度对时间进行积分，得到“太阳总辐射量”，这个时间就是日照时间。日照时间定义为当地由日出到日落的时间间隔。由于地球每小时自转 15°，所以日照时间 N 可以用日出时角和日落时角的绝对值之和除以 15°得到，即

$$N=\frac{\omega_{ss}+|\omega_{sr}|}{15°}=\frac{2}{15}\times\arccos(-\tan\varphi\tan\delta) \tag{3-5}$$

例 3-3 试计算南京地区在 6 月 20 日的日出时角、日落时角及全天日照时间。

解： 南京的 $\varphi=32.1°$，6 月 20 日 $\delta=23.43°$，可计算得出 $\cos\omega_s=-0.2718$，可得出日出时角 $\omega_{sr}=-105.77°$，日落时角 $\omega_{ss}=105.77°$，全天日照时间 $N=14.107\text{h}$。

目前，多数太阳电池安装在地面，计算得到或测量得到最终到达地表面的太阳辐照度是设计一个太阳能光伏发电系统的主要依据与参数，影响这一参数的主要因素有：大气透明度、到达地表的法向太阳直射辐照度、水平面上的太阳直射辐照度、水平面上的散射辐照

度、水平面上的太阳总辐照度、清晰度指数、散射辐照量与总辐照量之比等。

3.3 我国的太阳能资源及其分布

在我国广阔富饶的土地上，有着十分丰富的太阳能资源，全国各地太阳年辐射总量为3340~8400MJ/m^2，中值为5852MJ/m^2。

我国太阳能资源分布的主要特点如下：

1）太阳能资源最好的地区和最差的地区，都分布在北纬22°~35°区域内。尤其是青藏高原，是我国太阳能资源最丰富的地区；而四川盆地由于地处南北两股暖冷气流交汇处，云雨天气多，成为太阳能资源的低值中心。

2）在北纬30°~40°之间，太阳能资源随纬度的增加而增加。

3）北纬40°以上，太阳能资源自东向西逐渐增加。

4）新疆地区太阳能资源分布由东南向西北逐渐减少。

5）台湾地区太阳能资源由东北向西南逐渐增加，海南岛太阳能资源和台湾基本相当。

我国太阳能资源的分布具有明显的地域性，这种特点反映了太阳能资源受气候和地理等条件的影响。根据太阳年辐射量的大小，可将我国划分为四个太阳能资源带，四个资源带的年辐射量范围见表3-4。

我国的太阳能资源与同纬度的其他国家和地区相比，除四川盆地及其毗邻的地区外，绝大多数地区的太阳能资源相当丰富，和美国类似，比日本、欧洲条件优越得多。

表3-4 我国四个太阳能资源带的年辐射量

资源带	资源带名称	年辐射量/(MJ/m^2)
一类地区	丰富带	≥6700
二类地区	较丰富带	5400~6700
三类地区	一般带	4200~5400
四类地区	贫乏带	<4200

3.4 太阳能光热发电技术

太阳能光热发电技术，即把太阳辐射热转换成电能的发电技术，太阳能光热发电系统的基本组成与常规火力发电设备类似，只不过其产生蒸汽的热能由太阳能转换而来。

按集热器类型不同，太阳能光热发电系统（Solar Thermal Power Generation System，STPGS）可分为塔式系统、槽式系统（含线性菲涅尔式系统）、碟（盘）式系统三大类。

塔式系统、槽式系统建立在朗肯循环的基础之上，碟式系统则是以斯特林循环为基础。从集热方式上来看，槽式系统属于线聚焦，塔式系统和碟式系统属于点聚焦；从运行特点来看，槽式系统需要单轴跟踪太阳，碟式系统和塔式系统需要双轴跟踪太阳，菲涅尔式系统可为固定安装或单轴跟踪太阳；从光热电转化效率来看，碟式系统光热电转化效率最高，其次为槽式、塔式系统，菲涅尔式系统较低，通常低于20%；从成熟度来看，槽式系统技术路线最为成熟，目前占到太阳能光热电站总装机的 70%以上，是世界上迄今为止商业化最成功的太阳能光热发电技术路线。

光热发电自 20 世纪 80 年代迈入商业化进程以来，已近 40 年的历史，其在全球电力供应结构中的地位逐步提升。截至 2017 年年底，据 CSPPLAZA（中国光热发电权威媒体商务平台）数据，全球光热发电建成装机容量达 5133MW，相比光伏发电同期安装容量 390GW 而言，总容量相对很小，但发展势头强劲。其中，西班牙拥有 2.3GW 在运光热电站，位列全球首位，美国光热电站装机容量 1.7GW，居第二位。

我国太阳能资源虽然丰富，相比于美国、西班牙等国家，我国太阳能光热发电技术产业化起步较晚，但最近几年发展很快。截至 2014 年年底，全国已建成实验示范性太阳能热发电站（系统）总计 6 座，装机规模为 14MW，基本处于试验示范阶段。

国际可再生能源署（IRENA）发布的《可再生能源发电成本报告》披露，全球范围内 2017 年投运的光热发电加权平准发电成本为 0.22 美元/(kW·h)，比 2010 年［0.33 美元/(kW·h)］下降 33%。

近几年来，光伏+光热混合发电、多种光热混合发电、光热+其他模式混合发电等得到了很多国家重视与长足发展。

3.4.1 塔式太阳能光热发电系统

塔式太阳能光热发电系统的设计思想是 20 世纪 50 年代由苏联提出的。1950 年，苏联设计了世界上第一座塔式太阳能光热发电站的小型实验装置，对太阳能光热发电技术进行了广泛的、基础性的探索和研究。

塔式太阳能光热发电系统的基本原理是利用独立跟踪太阳的定日镜群，将阳光聚集到一个固定在吸热塔顶部的吸热器上，用以产生高温，加热工质产生过热蒸汽或高温气体，驱动发电机组发电，从而将太阳能转换为电能。图 3-4 所示为塔式太阳能光热发电站流程示意图。图 3-5 所示为我国首航节能敦煌 10MW 塔式太阳能热发电站实景。塔式太阳能光热发电具有规模大、热传递路程短、热损耗少、聚光比和温度较高等特点，比较适合大规模并网发电。

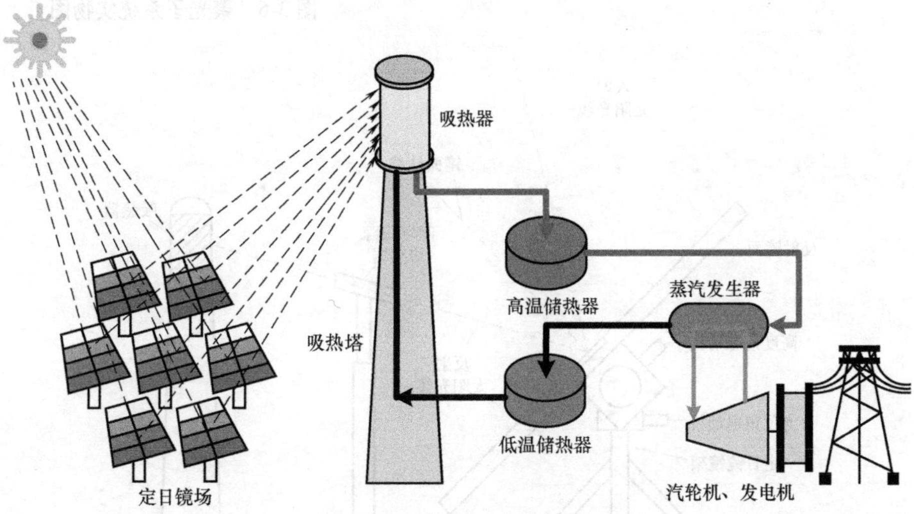

图 3-4 塔式太阳能光热发电站流程示意图

图 3-5 首航节能敦煌 10MW 塔式太阳能光热发电站实景

塔式太阳能光热发电系统主要由以下子系统构成：

1）聚光子系统。

2）集热子系统。

3）发电子系统。

4）蓄热子系统。

5）辅助能源子系统。

6）其他子系统。

1. 聚光子系统

聚光子系统实物图如图 3-6 所示，由定日镜（反射镜）、镜架（支撑结构）、跟踪传动机构及其控制系统等组成，结构示意图如图 3-7 所示。

图 3-6 聚光子系统实物图

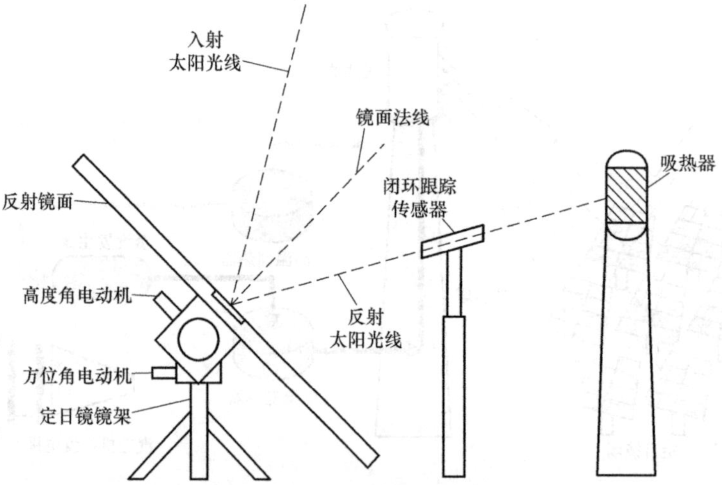

图 3-7 定日镜与跟踪装置结构示意图

反射镜是定日镜的核心组件。从镜表面形状上讲，主要有平凹面镜、曲面镜等几种。在塔式太阳能热发电站中，由于定日镜距离接收塔顶部的太阳能接收器较远，为了使阳光经定日镜反射后不致产生过大的散焦，把95%以上的反射阳光聚集到集热器内，定日镜大多是镜表面具有微小弧度（16′）的平凹面镜。

定日镜一般都由镀银玻璃做成。考虑到定日镜的耐候性、机械强度等要求，国际上现有的绝大多数塔式太阳能热发电站都采用了金属定日镜架。定日镜架主要有两种：一种是钢板结构镜架，其抗风沙强度较好，对镜面有保护作用，因此镜本身可以做得很薄，有利于平整曲面的实现；另一种是钢框架结构镜架，这种结构减轻了重量，减小了定日镜运行时的能耗。

由于太阳在天空中的位置是不断变化的，阳光的照射角度也时刻都在变化，定日镜通过反射镜的旋转对太阳进行跟踪，使阳光经过反射后能以一定的方向出射，这样就能实现太阳能的大量聚集，改变太阳辐射能流密度低的缺点，跟踪与传动机构用于实现这一功能。

目前，定日镜跟踪太阳的方式主要是方位角+仰角跟踪。这种跟踪方式是指定日镜运行时采用转动基座（圆形底座式）或转动基座上部转动机构（独臂支架式）来调整定日镜方位，同时调整镜面仰角的方式。

定日镜跟踪太阳的方式按是否存在反馈，可分为开环控制方式和闭环控制方式两种。

开环控制是根据太阳运行规律、定日镜位置（经纬度）和集热器位置等参数及其几何关系，计算定日镜的控制方向，此类控制的优点是费用低、控制简单，缺点是由于机械加工精度和传动机构等原因会存在累积误差，而且其自身无法消除，需要定期校正。

闭环控制是采用光电传感器检测太阳光的位置，从而控制执行机构运动，达到准确聚集太阳光的效果。这种控制的优点是控制精度较高，致命的缺点是当多云或阴雨天时，感光元件在稍长时间段接收不到太阳光，可能导致跟踪系统的控制失效，甚至引起执行机构的误动作。

目前，定日镜群的成本在塔式太阳能光热发电系统中占的比例最高，通常约占总投入的1/2。1982年投产的美国Sloar One塔式电站中，定日镜的成本占52%；2004年投产的西班牙Solar Tres塔式电站中，定日镜的成本占43%；2016年5月敦煌100MW塔式光热电站中，据称定日镜占总投资的比重为58.81%。经过几十年的发展，定日镜仍是塔式太阳能光热发电站中投资占比最高的部分。

2. 集热子系统

集热子系统主要包括定日镜场中间或南边（北半球）的竖塔及竖塔顶部的吸热器。竖塔的高度取决于电站容量。太阳能吸热器是塔式太阳能热发电系统中最为关键的核心部件，它的作用是将定日镜所捕捉、反射、聚焦的太阳能直接转化为可以高效利用的高温热能，为发电机组提供所需的热源或动力源，从而实现太阳能热发电。国际上现有的塔式太阳能吸热器可以分为两大类：间接照射吸热器和直接照射吸热器。

（1）间接照射太阳能吸热器（Indirectly Irradiated Receiver） 间接照射太阳能吸热器也称外露式太阳能吸热器，其主要特点是吸热器向载热工质的传热过程不发生在太阳照射面，工作时聚焦入射的太阳能先加热受热面，受热面升温后再通过壁面将热量向另一侧的工质传递。图3-8所示管状吸热器（Tubular Receiver）属于这一类型。

管状吸热器由若干竖直排列的管子组成，这些管子呈环形布置，形成一个圆筒体，管外壁涂以耐高温选择性吸收涂层，通过塔体周围定日镜聚焦形成的光斑直接照射在圆筒体外壁，以辐射方式使圆筒体壁温升高；载热工质从竖直管内部流过，在管内表面，热量以传导和对流的方式从壁面向工质传输，从而使载热工质获得热能，成为可加以利用的高温热源。这种吸热器可采用水、熔盐、空气等多种工质，流体温度通常在100~600℃间，压力不大于12MPa，能承受的太阳能能量密度为1000kW/m^2。管状吸热器的优点是它可以接收来自竖塔四周360°范围内定日镜反射、聚焦的太阳光，有利于定日镜镜场的布局设计和太阳能的大规模利用；缺点是由于其吸热体外露于周围环境之中，存在着较大的热损失，所以吸热器热效率相对较低。

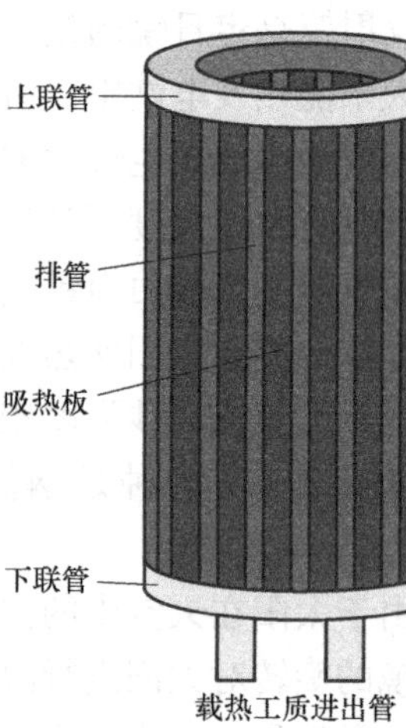

图3-8 管状吸热器

管状吸热器的应用代表是美国的塔式光热电站Solar One和Solar Two，两者均采用管状吸热器，两者的主要区别在于流经吸热器的载热工质不同，分别为水和熔盐。

（2）直接照射太阳能吸热器（Directly Irradiated Receiver） 直接照射太阳能吸热器又称为空腔式吸热器，这类吸热器的共同特点是吸热器向工质传热与入射阳光加热受热面在同一表面发生，同时，空腔式吸热器内表面具有几近黑体的特性，可有效吸收入射的太阳能，从而避免了选择性吸收涂层的问题。这类吸热器也有缺点，主要表现为由于阳光只能从其窗口方向射入，定日镜场的布置受到一定的限制。空腔式吸热器工作温度一般在500~1300℃之间，工作压力不大于3MPa。直接照射太阳能吸热器又可细分为无压腔体式吸热器和有压腔体式吸热器两种。

1）无压腔体式吸热器（Volumetric Receiver）。无压腔体式吸热器对其吸热体有一定的光学及热力学要求，通常要求具有较高的吸热、消光、耐温性和较大比表面积、良好的导热性和渗透性。早期的无压腔体式吸热器采用金属丝网作为吸热体，具有较大吸收表面的多空结构金属网吸热体装于聚焦光斑处或稍后的位置，从周围吸入的空气在通过被聚焦光照射的金属网时被加热至700℃。由于多采用空气作为传热介质，无压腔体式吸热器具有结构简单、环境友好、无腐蚀性、不可燃、容易得到、易于处理等特点。采用空气载热存在热容量低的缺点，一般来说其性能不会高于管状吸热器。另外，由于无压腔体式吸热器所吸入周围空气流经吸收体时近乎层流流动而不存在湍流，对流换热过程相对较弱，不稳定的太阳能容易使吸收体局部温度剧烈变化产生热应力，甚至超温破坏吸热器，所以该类吸热器所承受的太阳能能量密度受到一定限制，通常为500kW/m^2，最高不超过800kW/m^2。近几年采用合金材料金属网或陶瓷片作为吸热体，使其性能得到一定的提高。

2）有压腔体式吸热器（Pressured Volumetric Receiver）。有压腔体式吸热器的结构（见图3-9）与无压腔体式吸热器的结构大体相似，区别在于有压腔体式吸热器加装了一个透明石英玻璃窗口，一方面使聚焦太阳光可以射入吸热器内部，另一方面可以使吸热器内部保持一定的压力。提高压力

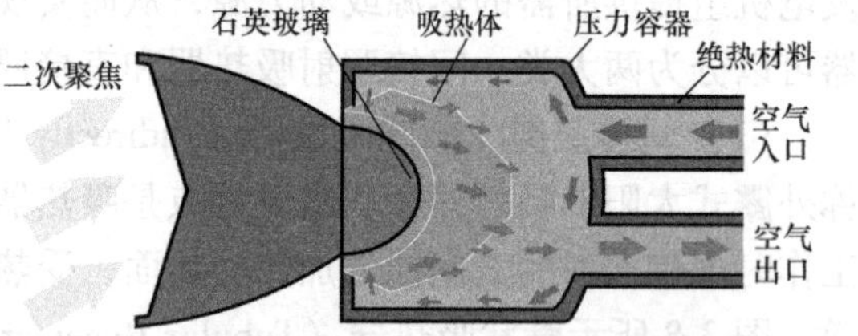

图3-9 有压腔体式吸热器的结构

后，在一定程度上带来的湍流有效地增强了空气与吸热体间的换热，降低了吸热体的热应力。

有压腔体式吸热器具有换热效率高的优点，代表着未来发展方向。但窗口玻璃要同时具有良好的透光性和耐高温及耐压的要求，在一定程度上制约了它的发展。

近年来，以色列在该技术上有了较大的进展，其开发研制的有压腔体式吸热器 DIAPR（Directly Irradiated Annular Pressurized Receiver）采用圆锥形高压熔融石英玻璃窗口，内部主要构件为安插于陶瓷基底上的针状放射形吸热体，可将流经吸热器的空气加热到 1300℃，所能承受的平均太阳能能量密度为 5000~10000kW/m^2，压力可达到 1.5~3.0MPa，热效率能达到 80%。

3. 发电子系统

按照工质是水还是气体选用汽轮机组或燃气轮机组，其基本组成与常规发电设备类似，但需要设置工作流体在吸热器和辅助能源系统之间循环的切换装置。

4. 蓄热子系统

由于太阳能具有波动性，早中晚强度各不相同，太阳能光热发电系统在早晚或云遮间隙必须依靠储存的能量维持系统正常运行。按照热能存储方式不同，太阳能高温蓄热技术可分为潜热蓄热、化学反应蓄热和显热蓄热三种。

潜热蓄热主要通过蓄热材料发生相变时吸收或放出热量来实现能量的储存，具有蓄热密度大、充放热过程温度波动范围小等优点。

化学反应蓄热主要通过化学反应的反应热来进行蓄热，这种蓄热方式具有储能密度高、可以长期储存等优点。在美国国家能源部的支持下，美国太平洋西北国家实验室进行了这方面的研究，利用氢氧化钙分解成氧化钙和水的逆反应来存储太阳能。

潜热蓄热和化学反应蓄热虽然具有很多优点，但目前多数还处于实验室研究阶段，因此，在大规模的应用之前，还有许多问题需要解决。

显热蓄热主要是通过某种材料温度的上升或下降而存储热能，这是三种热能存储方式中原理最简单、技术最成熟、材料来源最丰富、成本最低廉的一种，因此被广泛应用于太阳能光热发电等高温蓄热场合。

常用的蓄热介质有导热油、钠、硝酸盐、混凝土、砂-石-矿物油、水蒸气、陶瓷等，其特性见表 3-5。

表 3-5 常用蓄热介质特性

蓄热介质	适用温度范围/℃		平均密度/(kg/m^3)	平均传热系数/[W/(m·K)]	平均蓄热能力/[kJ/(kg·K)]
	低	高			
液态钠	270	530	850	71.0	1.3
硝酸盐	265	565	1870	0.52	1.6
导热油	200	350	900	0.11	2.3
混凝土	200	400	2200	1.5	0.85
沙石油	200	300	1700	1.0	1.30

蓄热系统主要有单罐式和双罐式。单罐式的代表是 1982 年美国加利福尼亚州建立的 Solar One 太阳能试验电站，蓄热装置为一圆形储热罐，称为斜温层罐，内装有 6100t 沙石和牌号为 Caloria HT—43 的导热油。来自集热器内的高温蒸汽加热罐内的导热油，而导热油则

在充满沙石的罐内循环，利用冷、热流体温度的不同从而在罐中建立起温跃层，冷流体在罐底部，热流体在罐顶部，蓄热系统能量的释放是通过合成油逆循环流过蓄热罐至蒸汽发生器来实现的，如图 3-10 所示。Solar One 蓄热系统具有两个特点：①采用沙石等价格低廉的填充材料代替昂贵的合成油，降低了蓄热系统成本；②与双罐式蓄热系统相比，采用斜温层罐蓄热，省去了一个蓄热罐的费用。斜温层罐根据冷、热流体温度不同而密度不同的原理在罐中建立温跃层，但由于流体的导热和对流作用，真正实现温度分层有一定困难。此外，Solar One 采用导热油作为蓄热材料，蓄热温度很低，为了满足电站运行温度越来越高的要求，必须提高蓄热系统的工作温度。

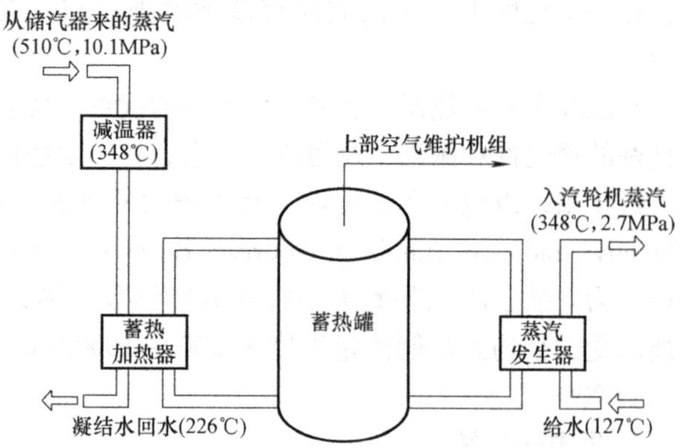

图 3-10 单罐式电站蓄热系统

Solar Two 太阳能试验电站使用了双罐式蓄热系统，电站流程如图 3-11 所示。Soalr Two 采用混合熔盐作为传热和蓄热介质，这种熔盐在 220℃时开始熔化，在 600℃以下热性能稳定。蓄热系统由一个冷盐罐和一个热盐罐组成，两个盐罐存储的熔盐热可供汽轮发电机满负荷运行 3h。系统工作时，冷盐罐内的熔盐经熔盐泵被输送到高塔上的吸热器内，吸热升温后进入热盐罐；同时，高温熔盐从热盐罐流经蒸汽发生器，加热水产生蒸汽，驱动汽轮发电机运行，而熔盐温度降低后则流回冷盐罐。双罐式与单罐式相比，原理简单、易操作，效率大大提高。

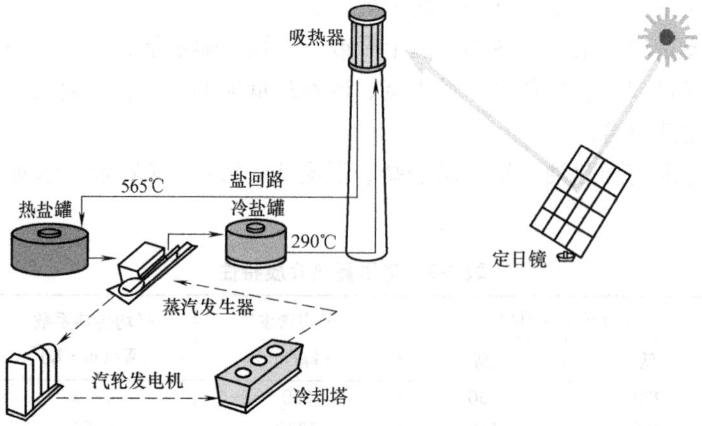

图 3-11 双罐式电站蓄热系统

熔盐用作热发电的传热、蓄热介质时有以下优点：

1）可以将蒸汽轮机的工作温度由导热油的 393℃提高到 450~500℃（硝酸盐），从而可以将朗肯循环的效率由导热油的 37.6%提高到 40%。

2）由于提高了吸热器的温度，在发电容量不变的情况下，可以减小蓄能系统的体积和重量。

3）熔融盐与导热油相比，价格低而且不会对环境产生任何危害。

4）可根据不同的温度要求选择不同配比的盐。

5. 辅助能源子系统

不能保证每天都有太阳，在连续阴雨天情况下，如果还使用蓄热系统供热，会引起初始投资的急剧增加。因此，通常会采用辅助能源系统供热。目前辅助能源子系统多使用天然气。

6. 其他子系统

其他子系统主要包括辅助电站正常运行的测量与监控系统、冷却系统等。

Solar One 与 Solar Two 验证了硝酸盐储热技术的可行性，由此推动了一系列塔式商业电站的建造。塔式电站的实验探索阶段已基本结束，容量为 11MW 的全球首个商业化运行的塔式电站 PS10 已由 Abengoa 公司在西班牙于 2006 年投入运营。西班牙南部小镇塞维利亚（Seville）的 Gemasolar 光热电站始建于 2009 年 2 月，于 2011 年 4 月实现并网发电，其装机容量为 19.9MW，储热时长达 15h，是全球首个实现 24h 全天候不间断发电的光热电站。美国内华达州的新热沙丘电站，装机容量 110MW，采用熔盐双罐储热，时间为 10h，于 2015 年 10 月投入运营，该电站首次在百兆瓦级规模上成功验证了塔式熔盐技术的可行性，成为光热发电发展史上重要的里程碑。

国内较早的塔式试验示范电站于 2004 年在南京市科技局的支持下开始建设，该电站定日镜场由 32 台 $20m^2$的定日镜组成，集热塔高 33m，容量 75kW，吸热器为有压腔体式吸热器。北京延庆塔式试验示范电站于 2012 年 8 月首次发电成功，装机容量 1MW，定日镜场由 100 台面积 $100m^2$的定日镜组成，集热塔高 118m，采用了腔体式吸热器，传热介质为水/蒸汽。

2018 年 8 月，国家标准《塔式太阳能光热发电站设计标准》（GB/T 51307—2018）正式发布。该标准是我国第一部同时也是世界首部关于太阳能光热发电站设计的综合性技术标准，填补了国内外塔式太阳能光热发电站设计标准的空白。

表 3-6 列出了我国 2016 年批准的 9 个塔式太阳能光热发电项目与技术线路。

表 3-6 我国 2016 年批准的 9 个塔式太阳能光热发电项目与技术线路

项目位置	技术线路	储能	设计转换效率（%）	装机容量/MW
青海德令哈	熔盐	6h 熔融盐储热	18	50
甘肃敦煌	熔盐	11h 熔融盐储热	16.01	100
青海共和	熔盐	6h 熔融盐储热	15.54	50
新疆哈密	熔盐	8h 熔融盐储热	15.5	50
青海德令哈	水工质	3.7h 熔融盐储热	15	135
甘肃金塔	熔盐	8h 熔融盐储热	15.82	100
河北尚义	水工质	4h 熔融盐储热	17	50
甘肃玉门	熔盐	6h 熔盐二次反射	18.5	50
甘肃玉门	熔盐	10h 熔融盐储热	16.5	100

3.4.2 槽式太阳能光热发电系统

19 世纪 80 年代，美国人 John Ericsson 采用槽式抛物面太阳能集热装置驱动了一台热风机。1907年，德国Wilhelm Meier博士与斯图加特的Adolf Remshardt，共同申报了一项用槽式抛物面太阳能集热装置生产蒸汽的专利，他们采用抛物槽式吸热器吸收太阳辐射，直接产生蒸汽来发电。1912年，Shumann和Boys在这个专利的基础上设计了一台用槽式抛物面太阳能集热装置，生产蒸汽驱动45kW的蒸汽马达泵。

图3-12 某槽式太阳能光热电站实景照片

槽式发电是最早实现商业化应用的太阳能光热发电系统。从20世纪80年代初，各国就开始积极加快发展槽式太阳能光热发电技术，美国、西欧、以色列、日本发展较快。图3-12所示为某槽式太阳能光热电站实景照片。表3-7列出了目前已建成的世界主要有影响的槽式太阳能光热电站。

表3-7 世界主要有影响的槽式太阳能光热电站

位置	年份	装机容量/MW	热力循环类型
西班牙阿尔梅里亚	1981	0.5	蒸汽循环
日本香川县	1981	1.0	蒸汽循环
美国加州SEGS	1985~1991	354	蒸汽循环
西班牙DISS	1996~1999	2	直接产生蒸汽发电
希腊克里达	1997	50	蒸汽循环
以色列	2001	100	蒸汽循环
西班牙Alvarado Ⅰ	2009	65	蒸汽循环
泰国TSE-1	2012	5	直接产生蒸汽发电
美国Solana	2013	280	蒸汽循环
印度Godawari	2013	50	蒸汽循环
美国Mojave Solar	2014	280	蒸汽循环
摩洛哥NOOR Ⅰ	2016	160	蒸汽循环
南非Xina Solar One	2017	100	蒸汽循环
摩洛哥NOOR Ⅱ	2018	200	蒸汽循环
中国中广核德令哈	2018	50	蒸汽循环

表3-8列出了我国2016年批准的7个槽式太阳能光热发电项目与技术路线。

表3-8 我国2016年批准的7个槽式太阳能光热发电项目与技术路线

项目位置	热力循环类型	储能	装机容量/MW	设计效率（%）
甘肃武威古浪	蒸汽循环	7h熔融盐储热	100	14
内蒙古乌拉特中旗	蒸汽循环	4h熔融盐储热	100	26.76
青海德令哈	蒸汽循环	9h熔融盐储热	50	14.03
甘肃玉门东镇	蒸汽循环	7h熔融盐储热	50	24.6
甘肃玉门东镇	蒸汽循环	7h熔融盐储热	50	24.6
河北张家口察北	蒸汽循环	16h熔融盐储热	64	21.5
甘肃阿克塞	蒸汽循环	15h熔融盐储热	50	21

从结构上看，槽式太阳能光热发电是将多个槽式抛物面聚光集热器经过串并联的排列，产生高温，加热工质，产生蒸汽，驱动汽轮发电机组进行发电的系统，如图3-13所示。

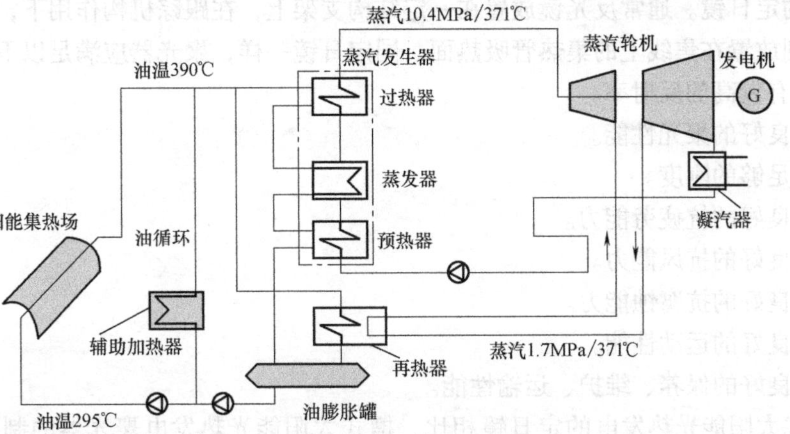

图3-13 槽式太阳能光热发电系统

槽式太阳能光热发电系统主要包括以下子系统：

1）聚光集热子系统。

2）换热子系统。

3）发电子系统。

4）蓄热子系统。

5）辅助能源子系统。

6）其他子系统。

1. 聚光集热子系统

聚光集热子系统是整个系统的核心，聚光集热子系统主要包括集热管、聚光器和跟踪机构三个主要部分。

如图3-14所示，槽式抛物面反射镜为线聚焦装置，阳光经聚光器聚集后，在焦线处呈一线形光斑带，集热管放置在此光斑上，用于吸收聚焦后的阳光，加热管内的工质。由于这一特征，通常集热管要满足以下几个条件：

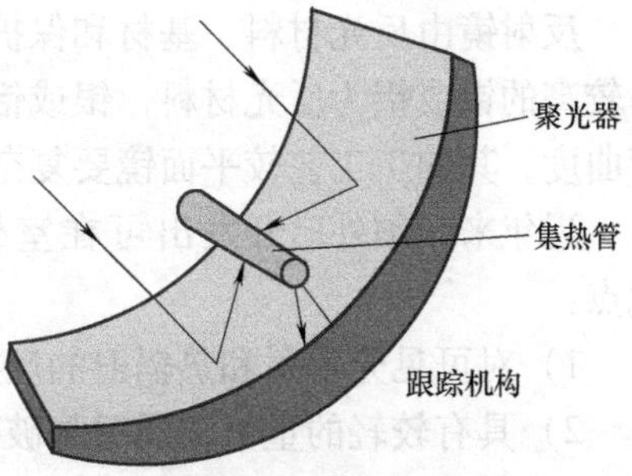

图3-14 槽式太阳能光热发电站中的聚光集热器

1）吸热面的宽度要大于光斑带的宽度，以保证聚焦后的阳光不溢出吸收范围。

2）具有良好的吸收太阳光性能。

3）在高温下具有较低的辐射率。

4）具有良好的导热性能。

5）具有良好的保温性能。

集热管有多种形式，目前，槽式太阳能集热管主要有直通式金属-玻璃真空集热管、热管式真空集热管、聚焦式真空集热管、双层玻璃真空集热管、空腔集热管等。

由于太阳能的能量密度低，要想在集热管上得到较高的集热温度，聚光器必须通过聚光的手段来实现高温。

聚光器将太阳光聚焦形成高能量密度的光束，加热吸热工质，其作用等同于塔式太阳能光热发电的定日镜。通常反光镜放置在一定结构支架上，在跟踪机构作用下，使其反射的太阳光聚焦到放置在焦线上的集热管吸热面。同定日镜一样，聚光器应满足以下要求：

1）具有较高的反射率。

2）有良好的聚光性能。

3）有足够的刚度。

4）有良好的抗疲劳能力。

5）有良好的抗风能力。

6）有良好的抗腐蚀能力。

7）有良好的运动性能。

8）有良好的保养、维护、运输性能。

与塔式太阳能光热发电的定日镜相比，槽式太阳能光热发电聚光器的制作难度相对更大：一是抛物面镜曲面比定日镜曲面弧度大；二是平放时，槽式聚光器迎风面大，抗风要求更高；三是运动性能要求更高。

聚光器由反射镜和支架两部分组成。

反射率是反射镜最重要的性能，反射镜的反射率随使用时间而下降，主要原因如下：

1）灰尘、废气、粉末等引起的污染。

2）紫外线照射引起的老化。

3）风力和自重等引起的变形或应变等。

为了防止出现这些问题，对反射镜有以下几点要求：

1）便于清扫或者替换。

2）具有良好的耐候性。

3）重量轻且要有一定的强度。

4）价格要合理。

反射镜由反光材料、基材和保护膜构成。以基材为玻璃的反射镜为例，常用的是以反射率较高的银或铝为反光材料，银或铝反光层背面再喷涂一层或多层保护膜。因为要有一定的弯曲度，其加工工艺较平面镜要复杂很多。

近年来，国外已开发出可在室外长期使用的反光铝板，很有应用前景。它具有以下优点：

1）对可见光辐射和热辐射的反射效率高达85%，表现出卓越的反射性能。

2）具有较轻的重量，同时防破碎，易成形，可配合标准工具处理。

3）透明的陶瓷层提供高耐用性保护，可防御气候、腐蚀性和机械性破坏。

目前这种铝板的价格仍很高，有待于进一步降低成本。

支架是反射镜的承载机构，在与反射镜接触的部分，要尽量与抛物面反射镜相贴合，防止反射镜变形和损坏。支架还要求具有良好的刚度、抗疲劳能力及耐候性等，以达到长期运行的目的。

支架的材料除钢结构外，也有为降低重量，使用木结构支架的，但这种支架的抗风能力低，使用寿命也有限。

支架的结构形式主要有管式支架和扭矩盒式支架，尤其后者已逐步发展成熟。

为使集热管、聚光器发挥最大作用，像塔式的定日镜一样，槽式的聚光集热器也要跟踪太阳。

槽式抛物面反射镜根据其采光方式，分为东西向和南北向两种布置形式。东西放置只做定期调整，南北放置时一般采用单轴跟踪方式。跟踪方式分为开环、闭环和开闭环相结合三种控制方式。开环控制由总控制室计算机计算出太阳的位置，控制电动机带动聚光器绕轴转动，跟踪太阳，优点是控制结构简单，缺点是易产生累积误差。闭环控制中的每组聚光集热器均配有一个伺服电动机，由传感器测定太阳位置，通过总控制室计算机控制伺服电动机，带动聚光器绕轴转动，跟踪太阳，优点是精度高，缺点是大片乌云过后，无法实现跟踪。采用开闭环控制相结合的方式则克服了上述两种方式的缺点，效果较好。

南北向放置时，除了正常的东西跟踪外，还可将集热器做一定角度的倾斜，当倾斜角度达到当地纬度时，效果最佳。

槽式太阳能光热发电中，多个聚光集热器单元只做单轴同步跟踪，跟踪装置得到简化，投资成本得以降低。

菲涅尔式光热发电技术可以认为是槽式技术中延伸发展的特殊形式，与槽式不同的是，它使用平面反射镜，并且集热管是固定的。聚光系统主要包括线性菲涅尔聚光装置和跟踪装置，一般情况下线性菲涅尔聚光装置有水平东西向排布和倾斜南北向排布两种排列方式，采用自动跟踪系统使每一个线性菲涅尔透镜的表面时刻跟踪太阳。一般只需要单轴跟踪即可达到汇聚阳光的目的。图 3-15 所示为线性菲涅尔聚光系统，图 3-16 所示为实物图。

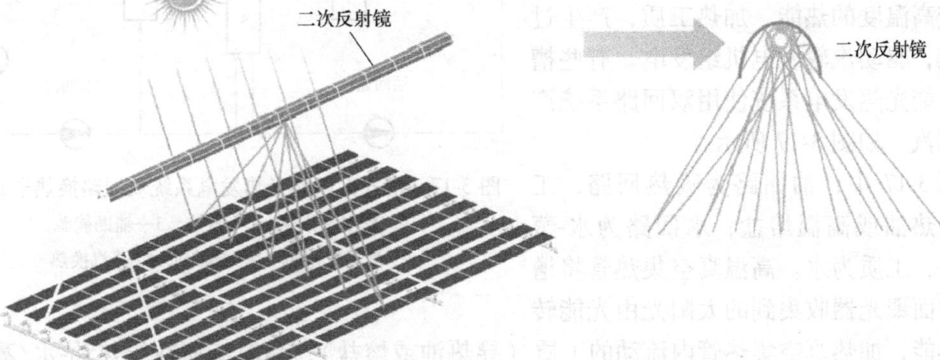

图 3-15　线性菲涅尔聚光系统

与其他太阳能光热发电方式相比，菲涅尔式聚光率比较低，年发电效率也较低，菲涅尔式光热发电的主要优势如下：

1）系统结构简单，建设和维护成本较低。

2）使用固定的集热管，这样可避免因集热管随聚光装置跟踪运动而带来的高温高压的管路密封与连接问题。

3）使用廉价的平面镜或可弹性弯曲的反射镜代替昂贵的抛物式反射镜，制造安装更为简单，成本低廉。

4）由于反射镜近地安装，大大减小了风阻，对基础结构的要求也大为减少。

图 3-16 线性菲涅尔聚光系统实物图

5）每一个反射阵列也可采用单独跟踪控制，方便清洗、冰雹保护和光学控制。

因此，菲涅尔集热器不仅可以产生高温高压蒸汽用于热发电，也广泛用于酒店、采暖、太阳能空调、纺织、造纸、海水淡化处理、烘干等各种需要热水和热蒸汽的中温场合。

2. 换热子系统

槽式太阳能光热发电系统是将多个槽式抛物面聚光集热器经过串并联的排列，收集较高温度的热能，加热工质，产生过热蒸汽，驱动汽轮发电机组发电。有些槽式太阳能光热发电系统使用双回路系统产生热蒸汽，如图 3-17 所示。

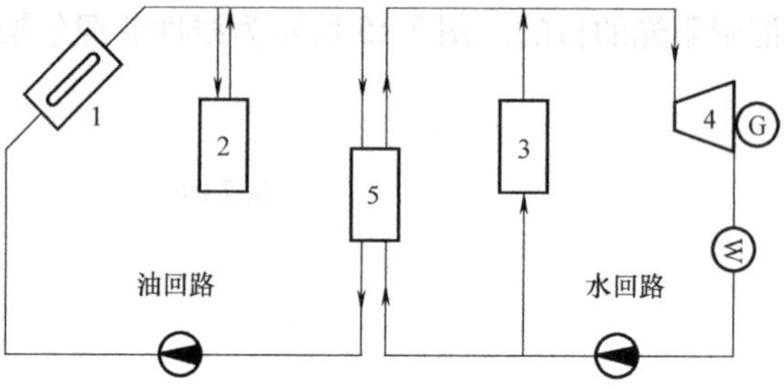

图 3-17 槽式太阳能光热发电系统双回路换热子系统

1—真空管集热 2—蓄热 3—辅助能源

4—汽轮发电机 5—导热油-水/蒸汽换热

图 3-17 中，油回路为吸热回路，工质为导热油或高温熔盐；水回路为水-蒸汽回路，工质为水。高温真空集热管将槽式抛物面聚光器收集到的太阳光由光能转化为热能，加热真空集热管内流动的工质（导热油或熔盐）；高温工质在导热油-水/蒸汽换热子系统中将热量传递给水，产生过热蒸汽，经汽轮发电系统中将热能转化为动能，并产生电能，从汽轮发电机组出来的蒸汽经处理后，重新回到换热子系统的换热器内循环使用。

为进一步提高太阳能的利用效率，近年出现了一种单回路槽式太阳能光热发电系统，即直接用水作吸热工质的系统，如图 3-18 所示。与双回路系统相比，单回路系统省去了换热环节，因此具有如下优点：

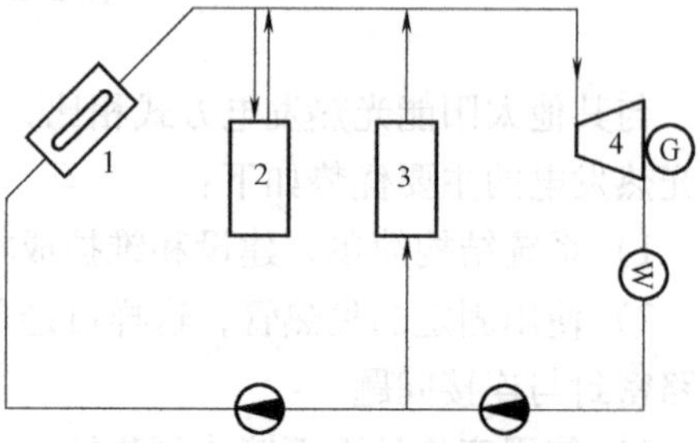

图 3-18 槽式单回路换热子系统

1—真空管集热 2—蓄热

3—辅助能源 4—汽轮发电机

1）系统效率高。效率提高的原因是减少了系统在产生蒸汽过程中的热损失。单回路系统比早期的双回路系统少了中间换热环节，从而提高了系统的转换效率。

2）建设费用低。直接由水产生蒸汽发电所需要的费用相对用油作为工质的电站来讲，费用大为降低，因为在用油作为工质的电站为了在降低油-水转换环节产生的热损失需要大量费用，还需要建立火灾防御系统、储油罐等，都需要花费大量的资金。另外，省去了许多换热设备，节省了资金。

单回路系统的主要缺点如下：

1）为了应对单回路系统所产生的高压以及低流速问题，系统结构需要做特别考虑。

2）控制系统变得十分复杂，且在电站布置以及集热器倾斜角度方面也会很复杂，而且储存热能会很困难。

3）当沸水流入接收管时，或者集热管的倾斜率到达边界状态时，两相流产生的层流现象发生的概率便会增加，管子会由于压力引起永久性变形或者会造成玻璃管破裂。

在系统的安全性方面，双回路系统与单回路系统各有不同，表现如下：

1）双回路系统采用导热油作为吸热工质，如果导热油发生渗漏，特别是在高温情况下，易引起火灾，存在安全隐患；单回路系统则不存在这方面的风险。

2）单回路系统在高温、高压下工作，整个系统要严格按照高温、高压标准设计；双回路系统的工作压力较低，一般为1.5MPa，无高压风险。

在槽式太阳能光热发电系统中，单回路有多种技术方式，各有不同的技术特点。总体来讲，这项技术目前仍处于实验阶段。

槽式太阳能光热电站的发电子系统、蓄热子系统、辅助能源子系统等与塔式太阳能光热电站类似，此处不再重复。

3.4.3 碟式太阳能光热发电系统

碟（盘）式太阳能光热发电系统是通过旋转抛物面碟形聚光器将太阳辐射聚集到吸热器中，吸热器将能量吸收后传递到热电转换系统，从而实现了太阳能到电能的转换，如图3-19所示。碟式太阳能光热发电技术是目前太阳能光热发电中光电转换效率最高的一种，其单机容量比较小，发电功率多在5~25kW之间，非常适合用于建立分布式能源系统，特别是在农村或一些偏远地区，具有较强的适应性。

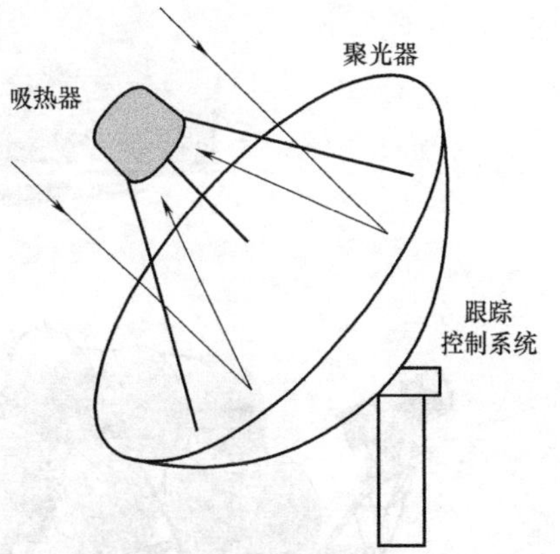

图3-19 碟式太阳能光热发电系统原理

与塔式和槽式太阳能光热发电技术相比，蝶式太阳能光热发电技术起步较晚。从20世纪80年代开始，美国、德国、西班牙、俄罗斯（苏联）等国开始对碟式太阳能光热发电系统及其部件进行研究，技术发展与进展都很快，目前其光电转换效率最高达34%，具有寿命长、效率高、灵活性强等特点，实际使用中既可以单台供电，也可以多套并联使用。

碟式太阳能光热发电系统主要由以下部分组成：

1）聚光集热子系统。

2）发电子系统。

3）蓄热子系统。

4）辅助子系统。

5）其他子系统。

1. 聚光集热子系统

聚光集热子系统是整个蝶式太阳能光热发电系统的关键部分，该部分主要包括聚光器、吸热器、跟踪控制系统等。

聚光器用来将来自太阳的平行光聚焦，以实现从低品位能到高品位能的转化。碟式太阳能光热发电系统的聚光比可达到3000以上，这样一方面使吸热器的吸热面积可以做得很小，达到较小的能量损失，另一方面可使吸热器的接收温度达800℃以上。蝶式太阳能光热发电系统中有多种形式的聚光器，目前研究和应用较多的聚光器主要有玻璃小镜面式、多镜面张膜式和单镜面张膜式等。

玻璃小镜面式聚光器是将大量的小型曲面镜逐一拼接起来，固定于旋转抛物面结构的支架上，组成一个大型的旋转抛物面反射镜，如图3-20a所示。这类聚光器由于采用大量小尺寸曲面反射镜作为反射单元，可以达到很高的精度，而且可实现较大的聚光比，从而提高聚光器的光学效率。美国麦道（McDonnell Douglas）公司开发的碟式聚光器即采用这种形式，该聚光器总面积为87.7m^2，由82块小的曲面反射镜拼合而成，输出功率可达到90kW，几何聚光比为2793，聚光效率可达88%左右。

a) 玻璃小镜面式聚光器

b) 多镜面张膜式聚光器

c) 单镜面张膜式聚光器

图3-20 碟式太阳光热发电系统常见聚光器

多镜面张膜式聚光器的聚光单元为圆形张膜旋转抛物面反射镜，将这些圆形反射镜以阵列的形式布置在支架上，并且使其焦点皆落于一点，从而实现高倍聚光，如图3-20b所示。

单镜面张膜式聚光器只有一个抛物面反射镜，它采用两片厚度不足1mm的不锈钢膜，周向分别焊接在宽度约1.2m圆环的两个端面上，然后通过液压气动载荷将其中的一片压制成抛物面形状，两层不锈钢膜之间抽成真空，以保持不锈钢膜的形状及相对位置，如图3-20c所示。由于是塑性变形，所以很小的真空度即可达到保持形状的要求。

由于单镜面和多镜面张膜式反射镜一旦成形后极易保持较高的精度，且施工难度低于玻璃小镜面式聚光器，所以得到了较多的关注。

吸热器（集热器）是碟式太阳能光热发电系统的核心部件，它包括直接照射式和间接受热式。直接照射式是指将太阳光聚集后直接照在热机的换热管上；间接受热式是指通过某种中间媒介将太阳能传递到热机上。

太阳光直接照射到换热管上是碟式太阳能光热发电系统最早使用的太阳能接收方式。图3-21中的直接照射式吸热器是将斯特林发动机的换热管簇弯制组合成盘状，聚集后的太阳光直接照射到这个盘的表面（即每根换热管的表面），换热管内的工质高速流过，吸收太阳辐射的能量，达到较高的温度和压力，从而推动斯特林发动机运转。

图3-21 直接照射式吸热器

斯特林换热管内高流速、高压力的氦气或氢气具有很高的换热能力，使得直接照射式吸热器能够实现很高的接收热流密度。由于太阳辐射强度具有明显的不稳定性，以及聚光镜本身可能存在一定的加工精度问题，导致换热管上的热流密度呈现明显的不稳定与不均匀现象，从而使多缸斯特林发动机中各气缸温度和热量供给的平衡难以解决。

间接受热式吸热器是根据液态金属相变换热机理，利用液态金属的蒸发和冷凝将热量传递至斯特林热机的吸热器。间接受热式吸热器具有较好的等温性，在延长热机加热头寿命的同时，也提高了热机的效率。在对吸热器进行设计时，可以对每个换热面进行单独优化。这类吸热器的设计工作温度一般为650~850℃，工作介质主要为液态碱金属钠、钾或钠钾合金（它们在高温条件下具有很低的饱和蒸气压力和较高的汽化潜热）。间接受热式吸热器有池沸腾吸热器、热管式吸热器以及混合式热管吸热器等不同形式，具体请参见有关专业文献。

跟踪控制系统的作用是使聚光器的轴线始终对准太阳。为了使碟式聚光器的轴线能够始终指向太阳，碟式聚光器通常采用双轴跟踪方式。

跟踪控制系统的实现可以有多种方式，电控方式可以分为通过太阳传感器作为反馈进行的模拟控制和由计算机控制电动机并通过太阳传感器形成反馈的数字控制。

理论上，无论采用何种坐标系统，太阳运行的位置变化都是可以预测的，因此可以采用程序控制，通过数学上对太阳轨迹的预测完成对日跟踪，理论上可以精确地跟踪太阳运行轨迹。但这种跟踪实际上存在许多局限性，主要是在开始运行前需要精确定位，出现误差后不能自动调整等。因此使用程序跟踪方法时，需要定期地人为调整聚光器的方向，使其轴线正对太阳。实际中常使用多种控制方式结合的混合控制方式。

2. 发电子系统

发电子系统将太阳产生的热能转换成机械能，机械能带动发电机产生电能，再通过其他电量转换装置将电能送入电网或供给负载。

在碟式太阳能光热发电系统中，通常依据热力循环方式选用不同的热机。常用的热力循环有斯特林（Stirling）循环、布雷顿（Brayton）循环两种。最近几年，也有学者研究朗肯循环的碟式太阳能光热发电系统。

斯特林循环是目前碟式太阳能光热发电技术中研究和应用最多的一种，它利用高温高压的氢气或氦气作为工质，通过两个等容过程和两个等温过程组成可逆循环，如图 3-22 所示。其理论最高热电转换效率可达 40%。

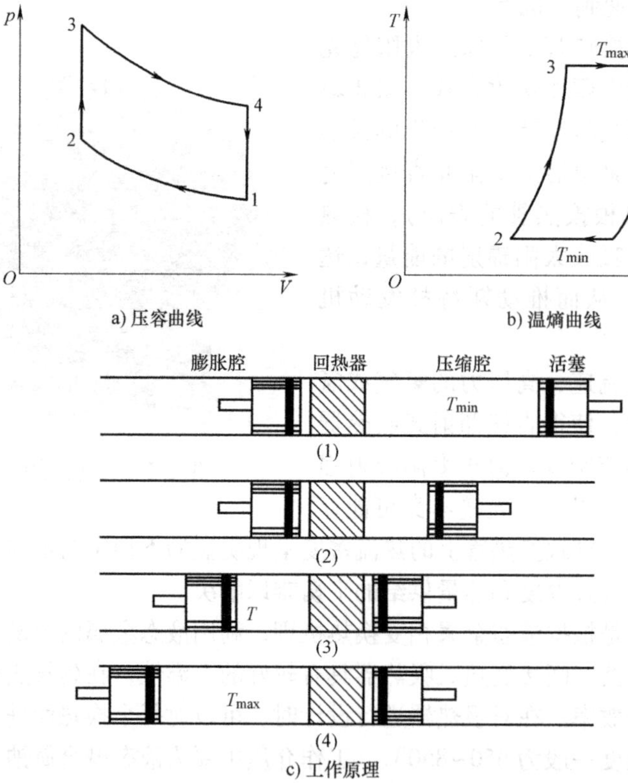

图 3-22 斯特林循环

由于太阳能辐射随天气变化很大，所以热电转换装置发出的电力不十分稳定，特别是小功率的太阳能发电装置发出的电流小、电压低，不能直接提供给用户，需要经过整流、DC/DC 升压、储能、DC/AC 逆变等环节的处理，才能输出电压稳定的工频电能。

碟式太阳能光热发电的蓄热子系统、辅助子系统等与塔式光热发电系统类似，此处不再重复。

全球第一个碟式光热示范电站 Maricopa 于 2010 年在美国亚利桑那州投运，装机容量 1.5MW，单个系统发电功率为 25kW，共采用 60 个碟式斯特林发电机。

表 3-9 列出了目前全球部分碟式太阳能发电站。

表3-9 全球部分碟式太阳能发电站

位　置	容量/MW	投运时间
美国亚利桑那州	1.5	2010
西班牙	71	2010
印度 Rajasthan 州	10	2010
中国内蒙古鄂尔多斯	0.1	2012
中国内蒙古阿拉善	1	2013
中国陕西铜川	1	2016

3.5 太阳能光伏发电技术

在太阳能光伏发电系统中，太阳电池是将太阳辐射能直接转换成电能的一种器件，它无复杂部件和机械转动部分，使用过程中无噪声，因此，使用太阳电池的太阳能光伏发电是太阳能利用较为理想的方式。

3.5.1 太阳电池的分类

到目前为止，全世界的研究者共研究出了100多种不同材料、不同结构、不同用途和不同形式的太阳电池，有多种不同的分类方法。

按太阳电池使用的材料不同，可分成硅系半导体太阳电池、化合物半导体太阳电池与有机半导体太阳电池，如图3-23所示。

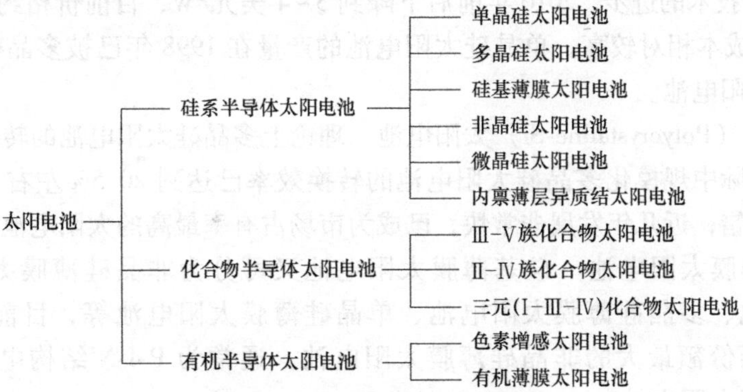

图3-23 太阳电池分类简图

按电池结构，太阳电池分类如下：

1）同质结太阳电池。这种太阳电池由同一种半导体材料形成PN结，如单晶硅太阳电池，PN结由Si材料形成。

2）异质结太阳电池。这种太阳电池由两种禁带宽度不同的半导体材料形成PN结。

3）肖特基结太阳电池。这种太阳电池是利用金属-半导体界面上的肖特基势垒制成的，简称为MS电池。

4）复合结太阳电池。由两个或多种PN结形成的太阳电池，又可细分为垂直多结太阳电池与水平多结太阳电池。

按用途划分，太阳电池分类如下：

1）地面太阳电池。这是目前使用最为普遍的一种太阳电池，具体指安装在地球表面不同物体上、用于地面太阳光发电的太阳电池，前面提及的多数太阳电池属于这种类型。

2）光敏传感器。检测太阳电池两端的电压与电流，可以反映出照射到太阳电池板上光线的强弱，因此太阳电池也可以当作光敏传感器使用。

3）空间太阳电池。主要指在人造地球卫星、太空站等航天器上使用的太阳电池。由于使用环境特殊，要求这种电池的发电效率高、重量轻、温度特性好、抗辐射能力强，通常这种电池的价格也比较高。例如前面讲的Ⅲ-Ⅴ族化合物（GaAs）太阳电池。

最常见的是按材料来分类，下面介绍不同材料太阳电池的主要特点。

1. 硅系半导体太阳电池

硅系半导体太阳电池是指以硅作为材料的太阳电池，也是目前使用最为广泛的一种太阳电池，具体有单晶硅太阳电池、多晶硅太阳电池、硅基薄膜太阳电池、微晶硅太阳电池和非晶硅太阳电池等。

（1）单晶硅（Single Crystaline-Si）太阳电池　单晶硅太阳电池是采用单晶硅片制造的太阳电池，在所有太阳电池中，这类电池开发使用的历史最长，相应的发展技术也最为成熟。单晶硅太阳电池中的硅原子排列非常规则，在硅系半导体太阳电池中的转换效率最高，单晶硅太阳电池的性能稳定、转换效率高，目前规模化生产的商品单晶硅太阳电池效率已可达到21%～25%，通常使用寿命可达20年以上。单晶硅太阳电池的价格最初为1000多美元/W，由于生产技术的进步，2010年前后下降到3～4美元/W，目前价格约为0.5～1美元/W。由于其生产成本相对较高，单晶硅太阳电池的产量在1998年已被多晶硅超过。图3-24所示为晶体硅太阳电池。

（2）多晶硅（Polycrystaline-Si）太阳电池　理论上多晶硅太阳电池的转换效率低于单晶硅太阳电池，实际中规模化多晶硅太阳电池的转换效率已达到20.5%左右，由于其成本比较低，效率也不错，近几年发展非常快，已成为市场占有率最高的太阳电池。

（3）硅基薄膜太阳电池　硅基薄膜太阳电池又可分为非晶硅薄膜太阳电池、微晶硅薄膜太阳电池、多晶硅薄膜太阳电池、单晶硅薄膜太阳电池等，目前硅基薄膜太阳电池中占据市场份额最大的非晶硅薄膜太阳电池，通常为P-I-N结构电池。图3-25所示为非晶硅薄膜太阳电池。

图3-24　晶体硅太阳电池

图3-25　非晶硅薄膜太阳电池

非晶硅薄膜太阳电池的主要优点有：①用料少，生产成本低，非晶硅薄膜太阳电池的厚度在 1μm 左右，而结晶硅太阳电池的厚度为几百微米；②制造工艺简单，可连续、大面积、自动化批量生产；③制造过程中消耗能量少，能量偿还时间短；④制造生产过程无毒，污染小；⑤可以采用不同带隙的电池组成叠层电池，提高太阳电池的光伏特性；⑥温度系数低，温度与季节的变化不会严重影响转换效率。

非晶硅薄膜太阳电池的主要缺点有：①转换效率比较低；②存在光致衰减现象（S-W 效应），其转换效率会随着使用时间的增加而降低。

（4）非晶硅（Amorphous-Si）太阳电池　非晶硅（又称 a-Si）太阳电池一般是用高频辉光放电等方法使硅烷（SiH_4）气体分解沉积而生成的。与非晶硅薄膜太阳电池相似，其厚度不到 1μm，可以节省大量硅材料，降低生产成本。在可见光谱范围内，非晶硅的吸收系数比晶体硅要大近一个数量级，在弱光下的发电能力远高于晶体硅太阳电池。20 世纪 80 年代，日本三洋公司率先将非晶硅太阳电池应用到计算器电源上。目前消费类电子产品中的太阳电池多数使用非晶硅太阳电池。

非晶硅太阳电池的制造成本低，便于大规模生产，易于实现与建筑一体化，在未来存在着巨大的市场潜力。

（5）微晶硅（μc-Si）太阳电池　微晶硅可以在接近室温的条件下制备，特别是使用大量氢气稀释的硅烷，可以生成晶粒尺寸 10nm 的微晶薄膜，厚度通常为 2~3μm。目前，微晶硅太阳电池的最高效率已超过非晶硅，可以达到 10%，并且没有非晶硅太阳电池的光致衰减现象，但微晶硅太阳电池至今仍未达到大规模工业化生产的水平。

2. 化合物半导体太阳电池

化合物半导体太阳电池由两种以上的半导体元素构成，主要分为Ⅲ-Ⅴ族化合物（GaAs）太阳电池、Ⅱ-Ⅵ族化合物（CdS/CdTe）太阳电池、三元（Ⅰ-Ⅲ-Ⅵ）化合物（$CuInSe_2$，CIS）太阳电池等。又可将其分为单晶化合物太阳电池与多晶化合物太阳电池。

Ⅲ-Ⅴ族多结太阳电池（MJSC）近年来获得了迅速发展，三结 GaInP/GaInAs/Ge 太阳电池的效率纪录达到了 41.6%，其商业化产品在空间电源应用中占据着主要地位。为了进一步降低成本、提高效率，Ⅲ-Ⅴ族 MJSC 正在向聚光型、三结以上太阳电池等方向发展。

3. 有机半导体太阳电池

有机半导体太阳电池的研究源于对植物、细菌等光合成系统的模型研究，植物、光合成细菌利用太阳的能量将二氧化碳和水合成糖等有机物。在光合作用过程中，叶绿素等色素吸收太阳光所激发的能量产生电子、空穴，导致电荷向同一方向移动而产生电能。有机半导体太阳电池是一种新型太阳电池，基本可分成湿式色素增感太阳电池以及干式有机薄膜太阳电池两大类。

在目前的太阳能光伏发电系统中，太阳电池所占的投资比例较大，并网系统中的比例要达到 40%~60%，如何降低太阳电池的生产成本，提高转换效率，提供廉价的太阳电池，将是未来太阳电池的主要发展方向。

目前市场上 90%的太阳电池是晶体硅太阳电池，其硅衬成本占电池成本的 60%~70%，近几年来，薄的晶硅衬电池制备技术得到了快速发展，硅衬底的厚度由 20 世纪 80 年代的 400~450μm，下降到目前的 180~280μm。

降低成本的一种途径是大力发展低温、低成本的薄膜太阳电池技术，这类电池可以使用廉价的衬底，生产过程中不需要高温设备，能量消耗少，生产成本低。

实现廉价太阳电池的另一种方法是提高电池的光电转换效率。晶体硅太阳电池可以看成是第一代太阳电池，薄膜太阳电池可以认为是第二代太阳电池，市场迫切呼唤出现光电转换效率更高、制造成本更低的第三代太阳电池（如钙钛矿太阳电池）。表3-10给出了我国主要产业化太阳电池的类型及效率。

表3-10 中国产业化太阳电池

电池类型	效率（%）
P型多晶	19.86
P型单晶	20.83
N型单晶（PERT）	20.40
N型单晶（HJT）	19.45
GaAs	25.10
CdTe	14.50
CIGS（玻璃封装）	18.70
CIGS（柔性）	17.88
Perovskite（钙钛矿）	17.9（19.277cm^2）

3.5.2 晶体硅太阳电池的发电原理

具有大量能够自由移动的带电粒子、容易传导电流的物体，称为导体，金属通常都是导体，用作电线电缆材料的就是金属铜。另一个极端就是不容易传导电流的物体，称为绝缘体，如云母、橡胶等。

导电性能介于导体与绝缘体之间的物体称为半导体，其电导率在$10^{-4}\sim10^{4}/(\Omega\cdot cm)$之间，通过调整掺入半导体的杂质，可以使半导体的电导率在上述范围内变化。

如果将P型和N型半导体紧密结合，连成一体，导电类型相反的两块半导体之间的过渡区域称为PN结。在PN结两边，P区空穴很多，电子很少；N区内的情况相反，电子很多，空穴很少。因此，由于空穴与电子的浓度不同，在PN结中会产生多数载流子的扩散运动。

在靠近交界面附近的P区中，空穴要由浓度大的P区向浓度小的N区扩散，并与那里的电子复合，从而使该区间出现一批带正电荷的掺入杂质的离子；同时，在P区内，由于跑掉了一批空穴而呈现带负电荷的掺入杂质的离子。

在靠近交界面附近的N区中，电子要由浓度大的N区向浓度小的P区扩散，并与那里的空穴复合，从而使该区间出现一批带负电荷的掺入杂质的离子；同时，在N区内，由于跑掉了一批电子而呈现带正电荷的掺入杂质的离子。

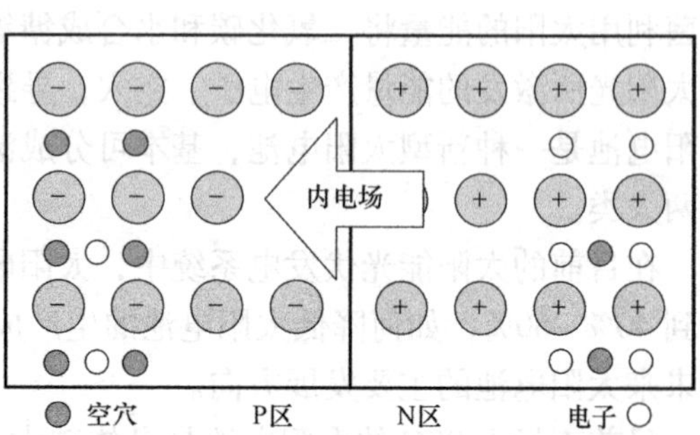

图3-26 PN结势垒电场

扩散的结果是在交界面的两边形成靠近N区的一边带正电荷、靠近P区的另一边带负电荷的一层很薄的区域，称为空间电荷区（也称耗尽区），也就是PN结，如图3-26所示。在

PN 结内，由于两边分别积聚了正电荷和负电荷，会产生一个由 N 区指向 P 区的反向电场，称为内建电场（或势垒电场）。

当半导体的表面受到太阳光照射时，如果其中有些光子的能量大于或等于半导体的禁带宽度（对于硅晶体，这个值为 1.12eV），就能使电子挣脱原子核的束缚，在半导体中产生大量的电子-空穴对，这种现象称为内光电效应（原子把电子打出金属的现象是外光电效应）。半导体材料就是依靠内光电效应把光能转化为电能的，因此实现内光电效应的条件是所吸收的光子能量要大于或等于半导体材料的禁带宽度，即

$$hf \geqslant E_g \tag{3-6}$$

式中，hf 为光子能量；h 为普朗克常数；f 为光波频率；E_g 为半导体材料的禁带宽度。

由于 $c=\lambda f$，其中 c 为光速，λ 为光波波长，式（3-6）可改写为

$$\lambda \leqslant \frac{hc}{E_g} \tag{3-7}$$

这表示，光子的波长只有满足了式（3-7）的要求，才能产生电子-空穴对。通常将该波长称为截止波长，用 λ_g 表示，波长大于 λ_g 的光子就不能在半导体中产生载流子。

不同半导体材料的禁带宽度不同，要求用来激发电子-空穴对的光子能量也不相同。在同一块半导体材料中，超过禁带宽度的光子被吸收以后转化为电能，而能量小于禁带宽度的光子被半导体吸收以后则转化为热能，不能产生电子-空穴对，只能使半导体的温度升高。可以看出，对于太阳电池而言，半导体材料的禁带宽度有着举足轻重的影响，禁带宽度越大，可供利用的太阳能就越少，它使每种太阳电池对所吸收光的波长都有一定的选择性。

照到太阳电池上的太阳光线，一部分被太阳电池上表面反射掉，另一部分被太阳电池吸收，还有少量透过太阳电池。在被太阳电池吸收的光子中，那些能量大于半导体禁带宽度的光子，可以使得半导体中原子的价电子受到激发，在 P 区、空间电荷区和 N 区都会产生光生电子-空穴对（也称光生载流子）。这样形成的电子-空穴对由于热运动，向各个方向迁移。光生电子-空穴对在空间电荷区中产生后，立即被内建电场分离，光生电子被推进 N 区，光生空穴被推进 P 区。在空间电荷区边界处总的载流子浓度近似为零。在 N 区，光生电子-空穴产生后，光生空穴便向 PN 结边界扩散，一旦到达 PN 结边界，便立即受到内建电场的作用，在电场力作用下做漂移运动，越过空间电荷区进入 P 区，而光生电子（多数载流子）则被留在 N 区。P 区中的光生电子也会向 PN 结边界扩散，并在到达 PN 结边界后，同样由于受到内建电场的作用而在电场力作用下做漂移运动，进入 N 区，而光生空穴（多数载流子）则被留在 P 区。因此，在 PN 结两侧产生了正、负电荷的积累，形成与内建电场方向相反的光生电场。这个电场除了一部分抵消内建电场以外，还使 P 型层带正电，N 型层带负电，因此产生了光生电动势，这个现象是光生伏特效应（简称光伏）。

在有光照射时，上、下电极之间就有一定电势差，用导线连接负载，就能产生直流电。如果使太阳电池开路（即负载电阻 $R_L=\infty$），则被 PN 结分开的全部过剩载流子就会积累在 PN 结附近，于是产生了最大光生电动势。若把太阳电池短路（即 $R_L=0$），则所有可以到达 PN 结的过剩载流子都可以穿过 PN 结，并因外电路闭合而产生了最大可能的电流 I_{SC}。如果把太阳电池接上负载 R_L，则被 PN 结分开的过剩载流子中就有一部分把能

量消耗于降低PN结势垒，即用于建立工作电压U_m，而剩余部分的光生载流子则用来产生光生电流I_m。

典型的晶体硅太阳电池的结构如图3-27所示，其基体材料是薄片P型单晶硅，厚度为300μm左右。上表面为一层N^+型的顶区，并构成一个N^+/P型结构。从电池顶区表面引出的电极是上电极，为保证尽可能多的入射光不被电极遮挡，同时又能减少电子和空穴的复合损失，使之以最短的路径到达电极，上电极一般都采用铝-银材料并制成栅线形状。由电池底部引出的电极为下电极，通常为了减小电池内部的串联电阻，将下电极用镍-锡材料做成布满下表面的板状结构。上、下电极分别与N^+区和P区形成欧姆接触，尽量做到接触电阻为零。为了减少入射光的损失，整个上表面还均匀地覆盖一层用二氧化硅等材料制成的减反射膜。

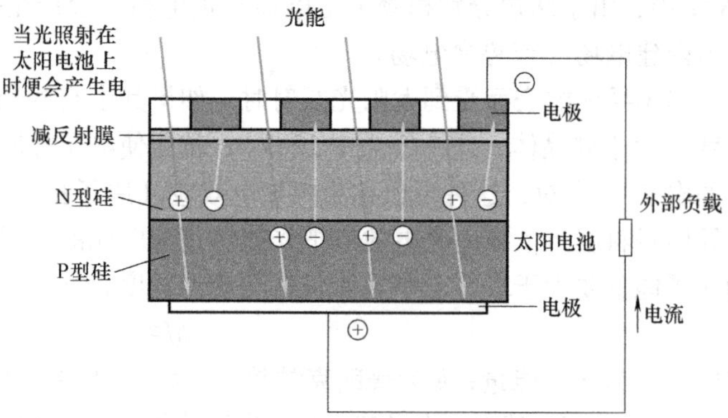

图3-27 典型的晶体硅太阳电池的结构

每一片单体硅太阳电池的工作电压为0.45~0.50V，该电压值的大小与电池的尺寸无关。太阳电池的输出电流与太阳电池的面积、日照的强弱、太阳电池的温度等因素有关。

太阳电池通常制成P^+N型或N^+P型结构，前面的符号P^+或N^+表示太阳电池正面光照半导体材料的导电类型；第二个符号表示太阳电池板背面衬底半导体材料的导电类型。当有太阳光线照射时，太阳电池的输出电压极性以P型侧电极为正，N型侧电极为负。

3.5.3 太阳电池的基本电学特性

太阳电池单元（Solar Cell）是太阳电池的最小元件，它通常是面积为4~200cm^2的半导体薄片构成的元件。一枚这样的太阳电池单元输出电压为0.5~0.7V，但在实际使用中，为满足不同用电设备的需要，电压要求要达到十几伏，甚至几百伏，这样就要将大量的太阳电池单元串联起来。实际中，通常将几十枚太阳电池单元串联或并联连接，然后用铝合金框架将其固定，表面再覆盖高强度透光玻璃，就构成了太阳电池组件，由若干个组件构成太阳能光伏阵列，如图3-28所示。

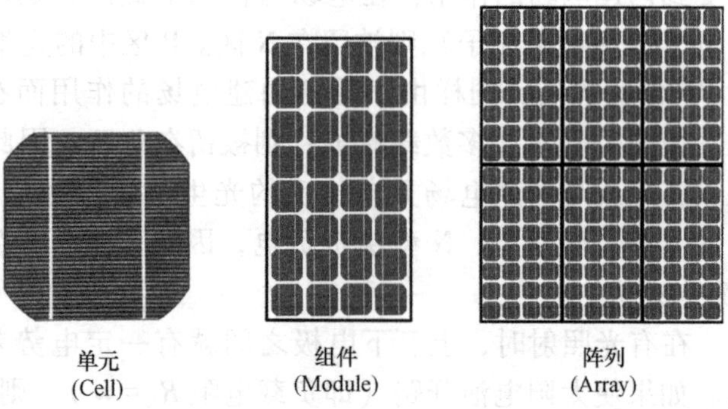

图3-28 太阳电池单元、组件与阵列

太阳电池的基本电学特性通常是指太阳电池组件的特性。

1. 太阳电池的伏安（I-U）特性曲线

将太阳电池的正负极两端连接一个可变电阻 R，在标准测试条件下[㊀]，改变可变电阻的阻值，由 0（短路）变到无穷大（开路），同时测量通过电阻的电流与电阻两端的电压，得到的测量数据，在直角坐标系上，纵坐标表示电流，横坐标表示电压，测得各点的连线，即为该太阳电池的伏安特性曲线，习惯称之为 I-U 特性曲线，如图 3-29 所示。

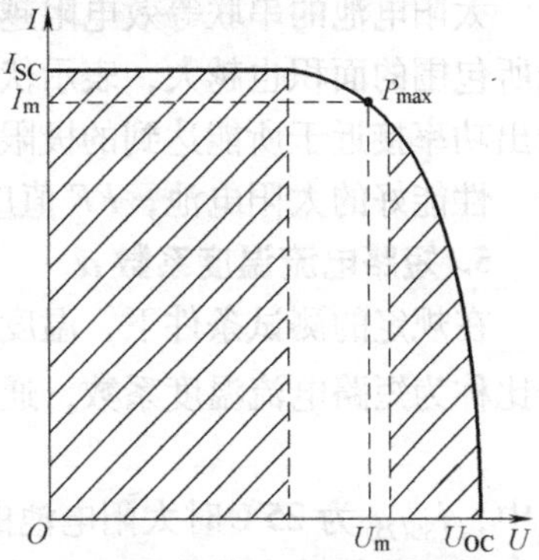

图 3-29　典型太阳电池的伏安特性曲线

太阳电池伏安特性曲线上的任何一点都是其工作点，工作点与坐标原点的连线称为负载线，工作点对应的电流与电压的乘积为太阳电池的输出功率。

2. 短路电流 I_{SC}

在标准测试条件下，太阳电池在输出电压为零时的输出电流，也即伏安特性曲线与纵坐标交点处所对应的电流，称为太阳电池的短路电流，通常用符号 I_{SC} 表示。

短路电流 I_{SC} 的大小与太阳电池的面积紧密相关，面积大，短路电流 I_{SC} 就大。通常，$1cm^2$ 单晶硅太阳电池的短路电流为 16~30mA。

3. 开路电压 U_{OC}

太阳电池在输出电流为零（负载电阻为无穷大）时的输出电压，也即伏安特性曲线与横坐标的交点处所对应的电压，称为太阳电池的开路电压，通常用符号 U_{OC} 表示。

太阳电池的开路电压 U_{OC} 与太阳电池的面积无关，通常单晶硅太阳电池的开路电压为 450~600mV，高的可达到 700mV 左右。

4. 填充因子 FF

填充因子定义为太阳电池输出的最大功率与开路电压和短路电流乘积之比，是表征太阳电池性能优劣的一个重要参数，通常用符号 FF 或 CF 表示，即

$$FF=\frac{I_m U_m}{I_{SC} U_{OC}} \tag{3-8}$$

式中，I_m、U_m 为太阳电池最大输出功率对应的电流与电压。

如图 3-30 所示，开路电压所作垂直线与通过短路电流所作水平线和纵坐标及横坐标所包围的矩形面积 A，是该太阳电池有可能达到的极限输出功率；而通过最大功率点作垂直线和水平线与纵坐标及横坐标所包围的矩形面积 B，是该太阳电池的最大输出功率；两者之比，就是该太阳电池的填充因子，即

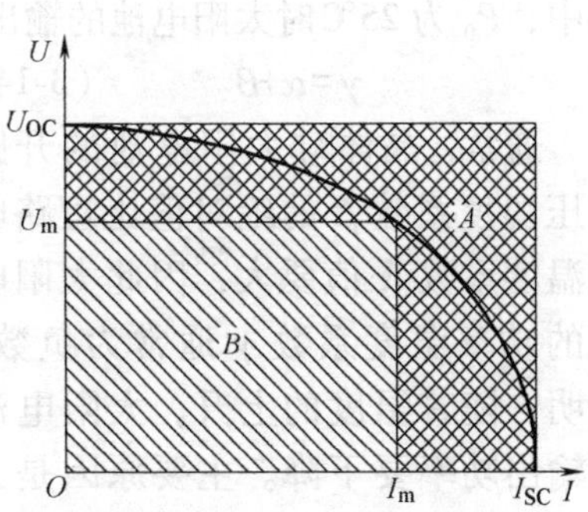

图 3-30　太阳电池的填充因子

$$FF=\frac{B}{A} \tag{3-9}$$

㊀ 地面用太阳电池的标准测试条件为：①测试温度 25±2℃；②光源辐照度为 $1000W/m^2$；③光源具有标准的 AM1.5 太阳光谱照度分布。

太阳电池的串联等效电阻越小、旁路电阻越大，则填充因子越大，该电池的伏安特性曲线所包围的面积也越大，表示伏安特性曲线越接近于正方形，这就意味着该太阳电池的最大输出功率接近于所能达到的极限输出功率，因此性能也就越好。

性能好的太阳电池，*FF* 值应该大于0.7，随着温度的升高，*FF* 值会有所下降。

5. 短路电流温度系数 α

在规定的测试条件下，温度每变化1℃，太阳电池输出的短路电流变化值与 $I_{SC(25)}$ 的百分比称为短路电流温度系数，通常用 α 表示，有

$$I_{SC}=I_{SC(25)}(1+\alpha\Delta T) \tag{3-10}$$

式中，$I_{SC(25)}$ 为25℃时太阳电池的短路电流。

对于晶体硅太阳电池，短路电流温度系数通常为正值，$\alpha=(0.03\sim0.1)\%/℃$，表明在温度升高的情况下，短路电流值会略有增大。

6. 开路电压温度系数 β

温度每变化1℃，太阳电池输出的开路电压变化值与 $U_{OC(25)}$ 的百分比称为开路电压温度系数，通常用 β 表示，有

$$U_{OC}=U_{OC(25)}(1+\beta\Delta T) \tag{3-11}$$

式中，$U_{OC(25)}$ 为25℃时太阳电池的开路电压。

$\beta=-(0.3\sim0.5)\%/℃$，表明在温度升高的情况下，开路电压值会略有下降。

7. 功率温度系数 γ

当太阳电池温度变化时，相应的输出电流与输出电压会发生变化，太阳电池输出功率也会发生变化。温度每变化1℃，太阳电池输出功率的变化值与 $I_{SC(25)}U_{OC(25)}$ 的百分比称为功率温度系数，通常用 γ 表示。

根据前面短路电流与开路电压的表达式，可以得到25℃时太阳电池理论输出最大功率表达式：

$$P=U_{OC(25)}I_{SC(25)}[1+(\alpha+\beta)\Delta T+\alpha\beta\Delta T^2] \tag{3-12}$$

为了简化计算，忽略二次方项，有

$$P=P_0[1+(\alpha+\beta)\Delta T]=P_0(1+\gamma\Delta T) \tag{3-13}$$

式中，P_0 为25℃时太阳电池的输出功率，$P_0=U_{OC(25)}I_{SC(25)}$；γ 为功率温度系数，即

$$\gamma=\alpha+\beta \tag{3-14}$$

通常，晶体硅太阳电池的开路电压温度系数 β 的绝对值比短路电流温度系数 α 值要大，因此太阳电池的功率温度系数 γ 通常为负数。表明，随着温度的上升，太阳电池的输出功率要下降。主要原因是太阳电池的输出电压下降得比较快，而输出电流上升得比较慢。对于一般的晶体硅太阳电池，$\gamma=-(0.2\%\sim0.5\%)/℃$。图3-31所示为太阳电池输出功率与温度的关系曲线。

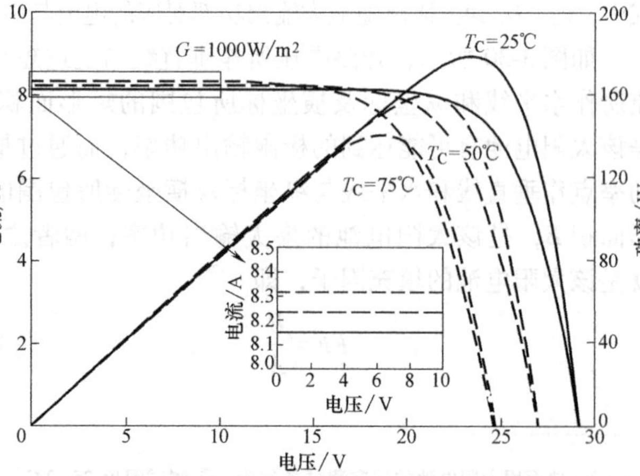

图3-31 太阳电池输出功率与温度的关系曲线

8. 太阳电池的转换效率 η

太阳电池接收太阳光照的最大功率（最大输出功率 $I_m U_m$）与入射到太阳电池上的全部辐射功率的百分比定义为太阳电池的转换效率，通常用符号 η 表示，即

$$\eta = \frac{U_m I_m}{A_t P_{in}} \tag{3-15}$$

式中，A_t为包括栅线面积在内的太阳电池总面积（或称为全面积）；P_{in}为单位面积入射光的功率。

9. 太阳辐照度对太阳电池特性的影响

太阳电池由半导体材料制成，对太阳的辐照度非常敏感，太阳辐照度对太阳电池的伏安特性曲线、短路电流、开路电压、输出功率、实际运行温度都有影响。图 3-32 给出了某太阳电池在不同辐照度下的特性曲线。可见，当辐照度较弱时，开路电压与入射光辐照度近似线性变化；当入射光辐照度较强时，开路电压与入射光辐照度呈对数关系变化。当光谱辐照度从小到大时，开始时开路电压上升较快；当太阳辐照度较强时，开路电压上升的速率会减小，在满足一定强度的辐照度情况下，可以近似认为开路电压保持不变。而太阳电池的短路电流 I_{SC} 近似与入射光辐照度呈正比关系。相应地，太阳电池的最大输出功率也会随着入射光辐照度的变化而变化，但对应于最大输出功率的电压近似不变。

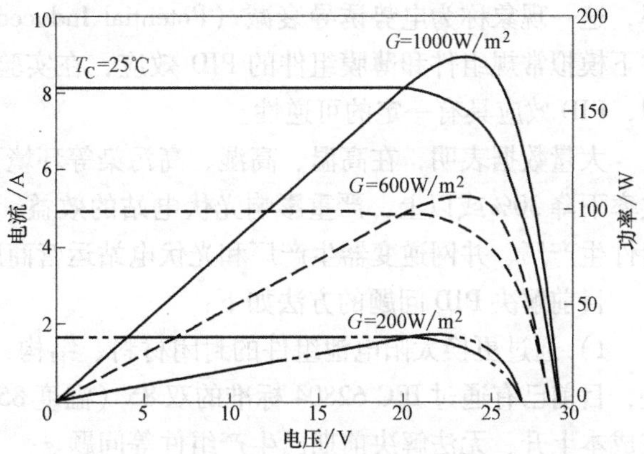

图 3-32　不同辐照度下某太阳电池的特性曲线

10. 热斑问题

太阳电池单元（又称单体电池）的输出电压与输出电流都很小，因此一个太阳电池组件（又称光伏组件）是由很多个太阳电池单元串并联组成的，为了达到较高转换效率，太阳电池组件中的单体电池须具有相似的特性。在实际使用过程中，可能出现电池裂纹或不匹配、内部连接失效、局部被遮光或弄脏等情况，导致一个或一组电池的特性与整体不谐调。失谐电池不但对组件输出没有贡献，而且会消耗其他电池产生的能量，导致局部过热。这种现象称为热斑效应。当太阳电池组件被短路时，内部功率消耗最大，热斑效应也最严重。

热斑效应可导致电池局部烧毁形成暗斑、焊点熔化、封装材料老化等永久性损坏，是影响太阳电池组件输出功率和使用寿命的重要因素，甚至可能导致安全隐患。

解决热斑效应的通常做法是在太阳电池组件上加装旁路二极管。正常情况下，旁路二极管处于反偏压，不影响太阳电池组件正常工作。当一个电池被遮挡时，其他电池促其反偏成为大电阻，此时二极管导通，总电池中超过被遮电池光生电流的部分被二极管分流，从而避免被遮电池过热损坏。太阳电池组件中一般不会给每个电池单元配一个旁路二极管，而是若干个电池单元为一组配一个，如图 3-33 所示。

11. 电势诱导衰减问题

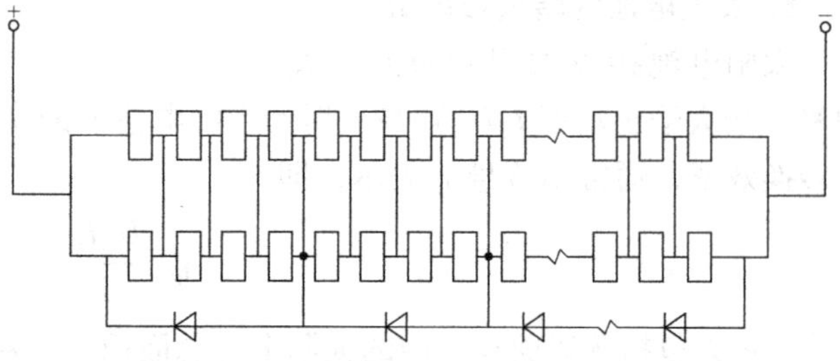

图 3-33 安装了旁路二极管的太阳电池组件

太阳电池板安装在户外，由于防雷工程的需要，一般太阳电池组件的铝合金边框都要求接地；太阳电池组件串联后形成较高的系统电压（美国为 600V，欧洲为 1000V）向逆变器供电，如果组件长期处于高电压状态下，玻璃、封装材料之间会产生漏电流，大量电荷聚集在电池片表面，使得组件产生表面极化现象，导致组件性能降低，降低光伏发电系统的发电效率，这一现象称为电势诱导衰减（Potential Induced Degradation，PID）。目前可在实验室条件下模拟常规组件和薄膜组件的 PID 效应，在实验室中对太阳电池组件的 PID 效应模拟证明，PID 效应具有一定的可逆性。

大量数据表明，在高温、高湿、高污染等环境下，PID 效应可导致太阳电池组件的发电效率下降 30%或以上，严重影响光伏电站的效益，如何防止组件的 PID 效应成为太阳电池组件生产厂、并网逆变器生产厂和光伏电站运营商所关注的问题。

目前解决 PID 问题的方法如下：

1）通过更换太阳电池组件的封闭材料、结构，改进生产工艺，从太阳电池组件本身解决，目前已有通过 IEC 62804 标准的双 85（温度 85°，湿度 85%）抗 PID 测试的组件，但存在成本上升、无法解决前期已生产组件等问题。

2）从并网逆变器侧解决。目前主要的方法如下：

① 逆变器（正）负极接地。工作原理：针对 P 型组件，组件负极与地形成 300~500V 的电势差，这个电势差会持续导致组件表面的离子迁移。将逆变器负极通过熔丝加断路器与地相连，这样使组件负极对地电势差抬升至 0V 左右，从而避免 PID 衰减。这一方案的优点是系统简单、成本低；但缺点也很明显，存在易引起火灾与维修人员安全等问题。

② 夜间补偿。工作原理：夜间太阳电池组件不发电，PID 补偿装置与逆变器直流输入端并联，补偿装置输出固定电压或可调节的直流电压，相当于给太阳电池组件负极与地之间接入正压偏置，将白天工作时由于 PID 效应损失的电子抽回来，它能把太阳电池组件在白天因为负极与地之间的负偏压所积累的电荷释放掉，进而修复那些因为 PID 效应导致效率衰减的太阳电池组件。本方案的优点是可以快速地恢复组件功率衰减，但是必须保证在逆变器与电网断开的情况下进行，缺点是成本高、损耗大。

③ 负极虚拟电位。如图 3-34 所示，各点电压关系有 $u_{AN}+u_{BN}+u_{CN}=0$，其中，$u_{AN}=u_{AN'}-u_{NN'}$，$u_{BN}=u_{BN'}-u_{NN'}$，$u_{CN}=u_{CN'}-u_{NN'}$，综合有 $u_{NN'}=(u_{AN'}+u_{BN'}+u_{CN'})/3-(u_{AN}+u_{BN}+u_{CN})/3$，根据基尔霍夫电压定律，可以得出交流中性点 N 电位 U_N 比直流侧负极电压 U_-高，U_-为负值，如图 3-35 所示。

工作原理：利用逆变器交流输出虚拟 N 线电压，采集时以 PV-BUS 中性点（图 3-34 中 N'点）作为参考点，通过实时采集 PV-BUS 电压，PID 控制模块抬升逆变器 N 点对地电压，将逆变器 PV-BUS 中性点对地电压抬升，使 U_-对地电位为零，如图 3-36 所示。

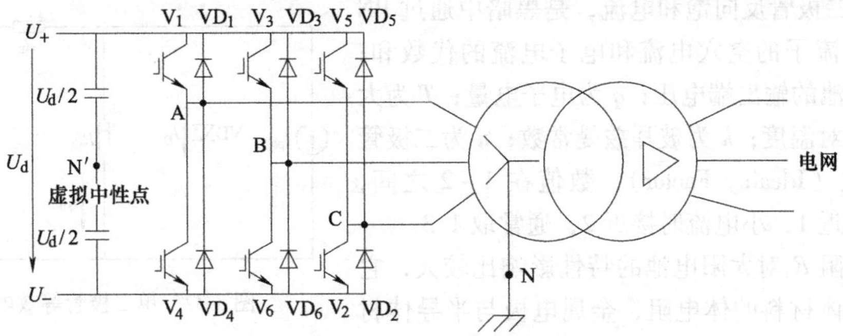

图 3-34　并网逆变中太阳电池组件负极电压分析

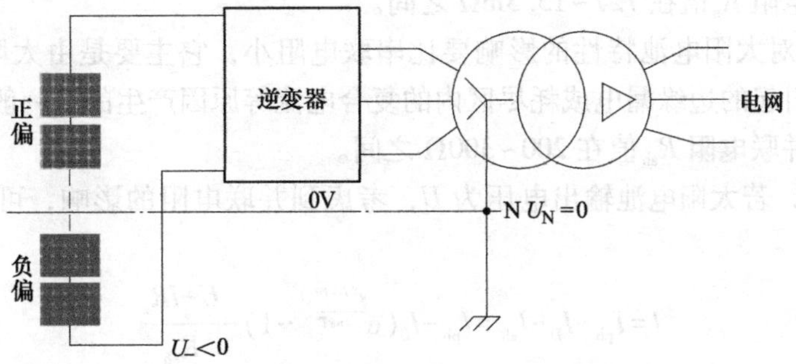

图 3-35　并网逆变中太阳电池组件正偏与负偏

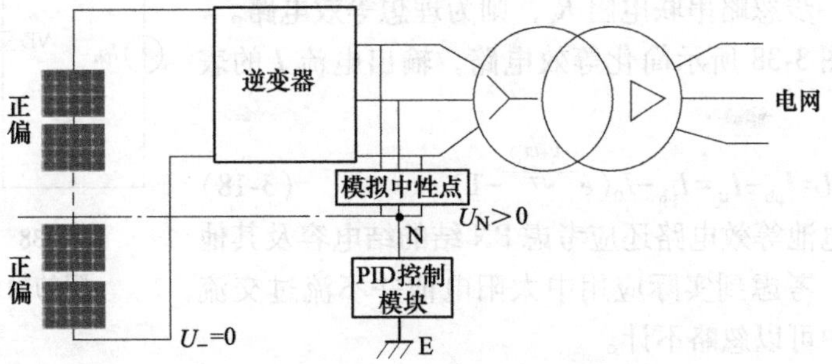

图 3-36　PID 控制模块抬升电压后太阳电池组件偏置

3.5.4　太阳电池的等效电路

太阳电池可用不同的等效电路来表示，但最常用的是单二极管等效电路，如图 3-37 所示。

图 3-37 中的恒流源 I_{ph} 可以看作太阳电池中产生光生电流的恒流源，与之并联的是一个处于正向偏置的二极管，通过二极管 PN 结的漏电流表示为 I_D，称为暗电流。暗电流是在无光照时，在外电压作用下 PN 结内流过的电流，这个电流的方向与光生电流 I_{ph} 的方向相反，会抵消部分光生电流，暗电流 I_D 可表示为

$$I_D = I_0(e^{\frac{qU}{nkT}} - 1) \tag{3-16}$$

式中，I_0为二极管反向饱和电流，是黑暗中通过PN结的少数载流子的空穴电流和电子电流的代数和；U为太阳电池的输出端电压；q为电子电量；T为太阳电池的绝对温度；k为玻耳兹曼常数；n为二极管的理想因数（Ideality Factor），数值在1～2之间，大电流时接近1，小电流时接近2，通常取1.3。

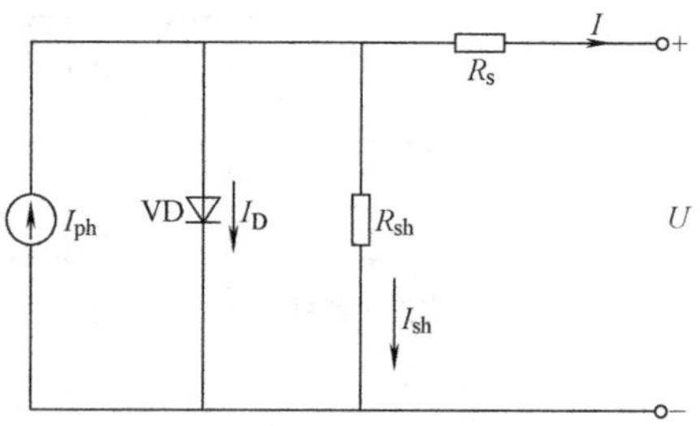

图3-37 单二极管等效电路

串联电阻R_s对太阳电池的特性影响比较大，它主要由半导体材料的体电阻、金属电极与半导体材料的接触电阻、扩散层横向电阻、金属电极本体电阻四个部分组成。其中，扩散层横向电阻是串联电阻的主要成分，一般来说，质量好的硅晶片，1cm²的串联电阻R_s值在7.7～15.3mΩ之间。

并联电阻R_{sh}对太阳电池特性的影响要比串联电阻小，它主要是由太阳电池表面污染、半导体晶体缺陷引起的边缘漏电或耗尽区内的复合电流等原因产生的。一般来说，质量好的硅晶片，1cm²的并联电阻R_{sh}值在200～300Ω之间。

在图3-37中，若太阳电池输出电压为U，考虑到并联电阻的影响，可以得到其输出电流I为

$$I=I_{ph}-I_D-I_{sh}=I_{ph}-I_0\left(e^{\frac{q(U+IR_s)}{nkT}}-1\right)-\frac{U+IR_s}{R_{sh}} \tag{3-17}$$

在实际应用中，为进一步简化计算，通常可以不考虑并联电阻R_{sh}的影响，即认为$R_{sh}=\infty$，这时等效电路简化为图3-38。如果进一步忽略串联电阻R_s，则为理想等效电路。

后文将使用图3-38所示简化等效电路，输出电流I的表达式为

$$I=I_{ph}-I_D=I_{ph}-I_0\left(e^{\frac{q(U+IR_s)}{nkT}}-1\right) \tag{3-18}$$

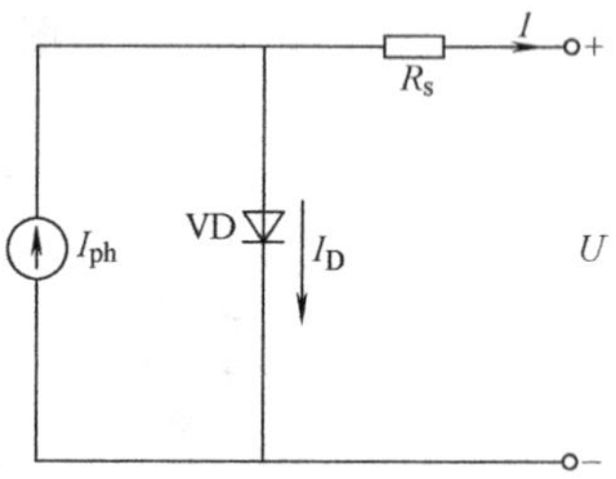

图3-38 忽略并联电阻的简化等效电路

实际的太阳电池等效电路还应考虑PN结的结电容及其他分布电容的影响，考虑到实际应用中太阳电池并不流过交流分量，因此模型中可以忽略不计。

3.5.5 太阳电池最大功率点跟踪控制

太阳时时刻刻都在变化，这导致太阳电池输出电压也会时刻发生变化，太阳电池的伏安特性曲线具有非线性的特性，从特性曲线上可以看出，在太阳电池输出端接上不同的负载，其输出电流不同，这样输出的功率也会发生变化。将太阳电池伏安特性曲线上每一点的电流与电压相乘，可以得到太阳电池功率-电压特性曲线，如图3-39所示。

从功率-电压特性曲线可以看出，在某一个电压下，太阳电池有最大输出功率。当环境参数如太阳辐照度、环境温度等发生变化时，太阳电池的伏安特性曲线会发生变化，功率-电压特性也会发生变化，输出的最大功率不同。如何能在不同的环境参数条件下输出尽可能多的电能，提高太阳能光伏发电系统的效率，这就在理论与实践中提出了太阳电池最大功率点跟踪（MPPT）问题。

关于太阳电池最大功率点跟踪问题，已有相当多的文献与著作对这方面进行了深入的探讨与研究，并提出了多种控制方法。下面对几种常用的 MPPT 方法分别进行分析与介绍。

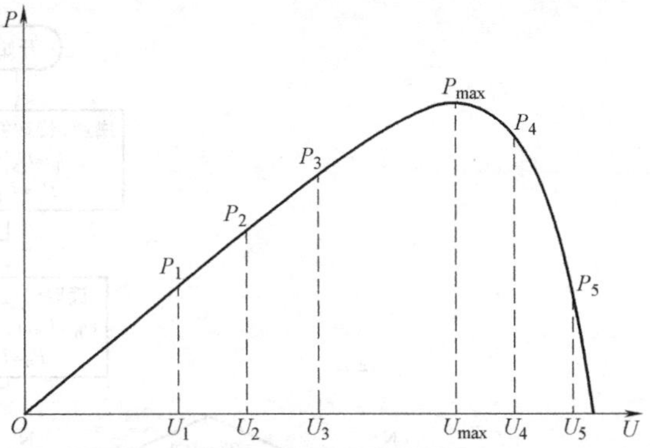

图 3-39 太阳电池的功率-电压特性曲线

1. 电压反馈法（CV 恒定电压法）

电压反馈法是最简单的一种太阳电池 MPPT 方法，因为在实际控制过程中太阳电池的输出电压基本保持不变，所以也称为恒定电压法。

经由大量的分析与测试，可以发现如下现象：

1）太阳电池的开路输出电压在不同环境参数条件下变化不大。

2）在不同的环境参数条件下，太阳电池最大功率输出点的输出电压 U_{MPP} 与相同条件下太阳电池的开路输出电压 U_{OC} 之比基本接近一个常数，这个常数值在 0.76 左右（见图 3-40）。

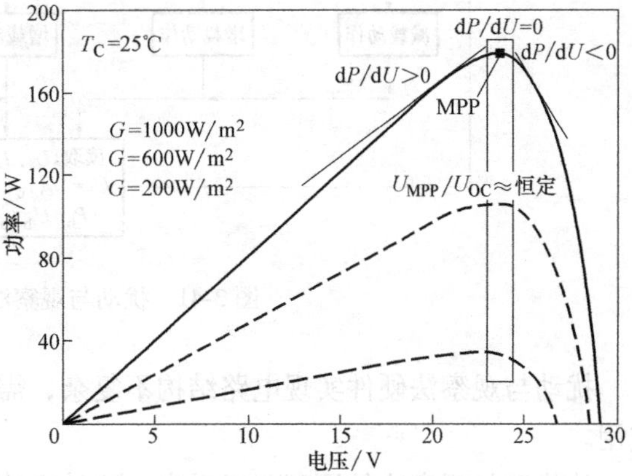

图 3-40 电压反馈法

在实际应用中，电压反馈法就是通过调整太阳电池的端电压，使其与事先确定的电压相等，来达到最大功率点跟踪的效果。

电压反馈法的优点是很容易实现，实际中只要测量一个参数（即太阳电池的输出电压）即可。

电压反馈法的缺点是最大功率点跟踪精度比较差。从前面的分析可以看出，太阳能电池的实际电压受电池温度的影响较大，太阳辐照度对其也有一定的影响，当环境条件变化时，其最大功率点工作电压也相应发生变化，恒定电压只适用于温度相对较稳定的场合。当系统外界环境条件改变，特别是温度变化较大时，实际的最大功率点电压是动态变化的，恒定电压的跟踪会带来较大的功率偏差。U_{MPP}/U_{OC} 近似恒定这一结论只适用于特定外界条件，并没有考虑电池老化、环境条件大范围变化等复杂情况。

对于小功率或要求不高的太阳能光伏发电系统，电压反馈法不失为一个较好的方法。

2. 扰动与观察法（爬山法）

扰动与观察法的原理是先给一个扰动输出电压信号（$U+\Delta U$），然后测量系统输出功率的变化，并与扰动前的功率值进行比较，如果功率变化值是增加的（为正），则表示扰动的方向是正确的，应该继续沿同一方向进行扰动（$+\Delta U$）；如果扰动后的输出功率小于扰动前的输出功率，则表示扰动的方向是错误的，要反向进行扰动（$-\Delta U$）。扰动与观察法的控制流程框图如图 3-41 所示。

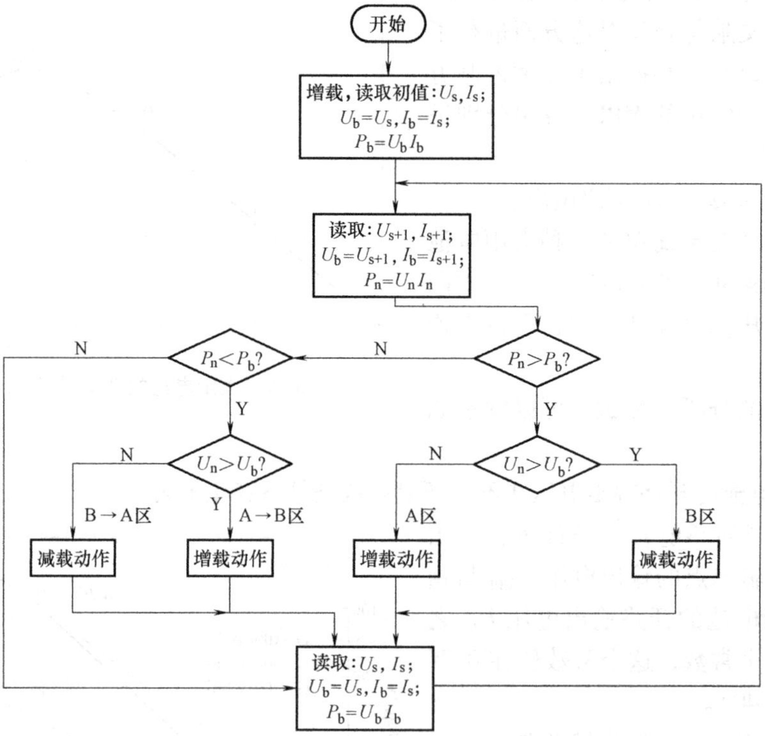

图3-41 扰动与观察法的控制流程框图

扰动与观察法硬件实现电路结构不复杂，需要测量的参数也不多，因此获得了较普遍的应用。

从扰动与观察法的原理可以看出，这种方法实际上是通过不断变动太阳电池的输出电压来跟踪最大功率点的，当达到最大功率点附近之后，系统的扰动不会也不能停止，会在最大功率点附近振荡。理想情况下，这种方法会在最大功率点左右各有一个 ΔU 的振荡，即输出电压最少会有三个变化点，这种振荡是保持最大功率点跟踪所必需的，但由此也会造成能量的损失和太阳电池效率的降低。

在大气环境变化缓慢时，这种振荡造成的损失更为严重。理论上可以通过减小每次扰动的幅度来减少能量的损失，但在实际中当环境温度或太阳辐照度有快速变化时，这种减小扰动幅度的做法会使跟踪到新的最大功率点的速度变慢，造成能量的浪费。因此，采用扰动与观察法时，扰动幅度的大小是一个关键的变量，会显著影响系统的效率。采用变步长的扰动与观察法，可以在一定程度上解决这个问题。

3. 电导增量法（IncCond）

太阳电池的输出功率可以表述为

$$P=UI \tag{3-19}$$

将式（3-19）对输出电压 U 求导，有

$$\frac{dP}{dU}=\frac{d(UI)}{dU}=I+U\frac{dI}{dU} \tag{3-20}$$

假定最大功率点对应的输出电压为 U_{max}，由前面的太阳电池功率-电压特性曲线可知，当$\frac{dP}{dU}>0$ 时，对应特性曲线输出最大功率点的左面部分，这时输出电压 $U<U_{max}$；当$\frac{dP}{dU}>0$ 时，对应特性曲线输出最大功率点的右面部分，这时输出电压 $U>U_{max}$；当$\frac{dP}{dU}=0$ 时，太阳电池的输出电压等于最大功率点输出电压，$U=U_{max}$。

这样，对应于最大功率点左面部分有

$$U<U_{max},\frac{dP}{dU}=\frac{d(UI)}{dU}=I+U\frac{dI}{dU}>0\rightarrow\frac{dI}{dU}>-\frac{I}{U}$$

对应于最大功率点右面部分，有

$$U>U_{max},\frac{dP}{dU}=\frac{d(UI)}{dU}=I+U\frac{dI}{dU}<0\rightarrow\frac{dI}{dU}<-\frac{I}{U}$$

当到达最大功率点时，有

$$U=U_{max},\frac{dP}{dU}=\frac{d(UI)}{dU}=I+U\frac{dI}{dU}=0\rightarrow\frac{dI}{dU}=-\frac{I}{U}$$

上面的表达式中，dI 表示增量前后测量得到的电流差值；dU 表示增量前后测量得到的电压差值。因此，理论上通过测量增量值$\frac{dI}{dU}$与瞬时太阳电池的电导值$\frac{I}{U}$，就可以决定下一次的扰动方向，当增量值与电导值满足$\frac{dI}{dU}=-\frac{I}{U}$时，表示已达到了最大功率点，可以不进行扰动，这也是电导增量法名称的来由。

实际使用中，由于 dU 是分母，首先要判断 dU 是否为 0，如果 $dU=0$、$dI=0$，则认为找到了最大功率点，不需要进行调整；如果 $dU=0$、$dI\neq0$，则要依据 dI 的正负来调整参考电压；若 $dU\neq0$，则可以根据上面表达式中$\frac{dI}{dU}$与$-\frac{I}{U}$之间的关系来调整工作点电压，实现最大功率点跟踪。控制流程框图如图 3-42 所示。

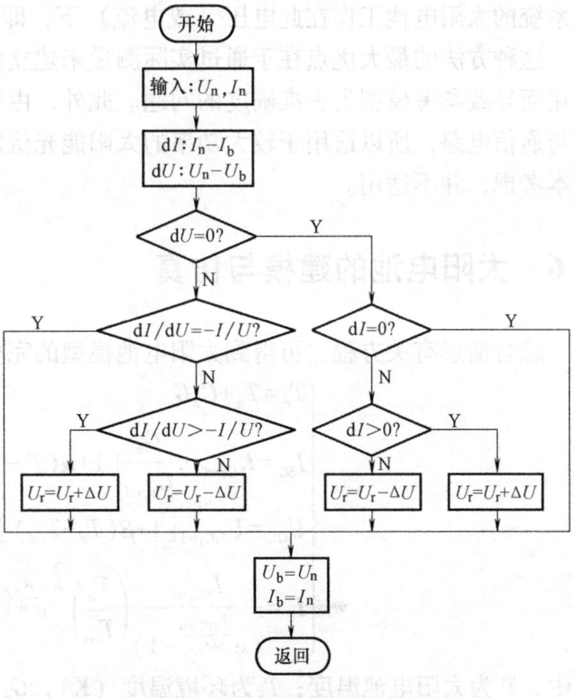

图 3-42　电导增量法的控制流程框图

与扰动与观察法相比，增量电导法避免了扰动与观察法的盲目性，可以判断出工作点电压与最大功率点电压之间的关系。当太阳辐照度变化时，太阳电池的输出电压能以比较平稳的方式追随其变化，其电压的晃动比扰动与观察法要小。

本质上，增量电导法和扰动与观察法有一定的相似性，都是通过改变太阳电池输出电压来达到最大功率点，但是通过修改逻辑判断式来减少在最大功率点附近的振荡现象，可以更好地适应快速变化的大气环境。理论上，增量电导法公式推导是完美的，但对测量传感器的要求极高，当传感器或测量环境无法测得非常精确的测量值时，误差不可避免，因此$\frac{dI}{dU}=-\frac{I}{U}$在实际控制过程中发生的概率极微小，这意味着增量电导法在实际应用时仍有很大的误差存在。由此可见，扰动与观察法和电导增量法殊途同归，差别仅在于逻辑判断与测量参数的取舍。

4. 实际测量法

从前面的分析中可以看出，要实现太阳电池的最大功率点跟踪，要测量的主要参数就是开路电压、短路电流和电池温度等。

在较大容量的光伏发电系统中，也可利用与主要太阳电池相同的一片额外的小太阳电池组成一个小的系统，每隔一段时间实际测量这一小块太阳电池的开路电压、短路电流及温度等参数，建立太阳电池在此日照强度及温度等环境参数下的参考模型，并求出在此环境参数条件下的最大功率点的电压和电流，通过通信网络将这种控制参数传递给其他控制器，使整个系统的太阳电池工作在此电压（或电流）下，即可达到最大功率点跟踪的效果。

这种方法的最大优点在于通过实际测量来建立参考模型，因此可避免因太阳电池及元件老化而导致参考模型失去准确度的问题。此外，由于这种方法需要额外的太阳电池及一些检测与通信电路，所以适用于较大功率的太阳能光伏发电系统，对小功率发电系统而言，出于成本考虑，并不适用。

3.6 太阳电池的建模与仿真

综合前述有关方程，可得到太阳电池模型的完整数学表达式如下：

$$\begin{cases} T_c=T_a+C_2G_a \\ I_{SC}=I_{SC,ref}\cdot\dfrac{G_a}{G_{a,ref}}[1+\alpha(T_c-T_{ref})] \\ U_{OC}=U_{OC,ref}[1+\beta(T_c-T_{ref})] \\ I_D=\dfrac{I_{SC,ref}}{\left(e^{\frac{qU_{OC,ref}}{nkT_{ref}}}-1\right)}\left(\dfrac{T_c}{T_{ref}}\right)^{\frac{3}{n}}e^{\frac{qU_g}{nk}\left(\frac{1}{T_c}-\frac{1}{T_{ref}}\right)}\left(e^{\frac{q(U+IR_s)}{nkT}}-1\right) \end{cases} \tag{3-21}$$

式中，T_c为太阳电池温度；T_a为环境温度（K）；G_a为太阳电池入射光的辐照度（W/m^2）；n为二极管的理想因数；C_2为表征太阳电池散热能力的一个系数（$K\cdot m^2/W$）；$I_{SC,ref}$为标准测试条件下太阳电池的短路电流；$U_{OC,ref}$为太阳电池在标准测试条件下的开路输出电压；T_{ref}为标称测量条件下电池温度，一般为25℃，即298.15K，这是一个常量。

通常，$C_2=0.03K\cdot m^2/W$，或由下式决定：

$$C_2=\frac{T_{c,ref}-T_{a,ref}}{G_{a,ref}} \tag{3-22}$$

式中，$T_{c,ref}$为参考测试条件下太阳电池的温度；$T_{a,ref}$为参考测试条件下的环境温度；$G_{a,ref}$为参考测试条件下的辐射强度。

在已知环境温度、太阳辐照度等外部环境参数以及太阳电池外接负载大小的条件下，给定一个太阳电池输出电压的数值，由式（3-21）就可以求出太阳电池输出电流的大小，通过调整外部负载，可以求出太阳电池不同的工作点，最终得出完整的太阳电池的特性曲线，达到仿真的目的。

将表达式中参数整理，可得到太阳电池仿真所需的输入参数，分别见表3-11~表3-13，相应的输出参数见表3-14。

表3-11 输入物理量常数

参数符号	参数值	单位	说明
q	1.602×10^{-19}	C	电子电荷量
k	1.38×10^{-23}	J/K	玻耳兹曼常数
n	1.3	—	二极管理想因数
U_g	1.12（对硅太阳电池）	eV	太阳电池材料带能

表3-12 输入环境参数

参数符号	参数值	单位	说明
T_a	环境变量	K	环境温度
G_a	环境变量	W/m^2	辐照度

表3-13 输入太阳电池参数

参数符号	参数值	单位	说明
$I_{SC,ref}$	厂家给出数据	A	标称测试条件下太阳电池的短路电流
$U_{OC,ref}$	厂家给出数据	V	标称测试条件下太阳电池的开路电压
T_{ref}	298.15	K	标称测试条件温度，通常为25℃（298.15K）
$G_{a,ref}$	1000	W/m^2	标称测试条件下太阳辐照度
C_2	表征太阳电池散热能力的系数	$K\cdot m^2/W$	本系数要根据实际情况确定
α	厂家给出数据	1/K	太阳电池短路电流温度系数
β	厂家给出数据	1/K	太阳电池开路电压温度系数
n_S	厂家给出数据	—	太阳电池模组中单元串联个数
n_P	厂家给出数据	—	太阳电池模组中单元并联路数

表3-14 输出参数

参数符号	参数值	单位	说明
T_c	计算输出参数	K	太阳电池温度
I_{SC}	计算输出参数	A	太阳电池短路输出电流
U_{OC}	计算输出参数	V	太阳电池开路输出电压
I	计算输出参数	A	太阳电池输出电流
U	计算输出参数	V	太阳电池输出电压
I_D	计算输出参数	A	模型中流过二极管的电流

上面给出的太阳电池模型，是一个太阳电池单元（Solar Cell）模型，由于输出电压太低，所以实际中使用的太阳电池组件，是由很多太阳电池单元串并联组成的，要仿真一个太阳电池组件的特性，还要输入组件中太阳电池串联与并联的数值。在MATLAB中分别搭建出四个表达式，封装相关的输入与输出，就可得出MATLAB下的完整的太阳电池模型。表3-15给出了某太阳电池组件的仿真输入参数，供参考。

表 3-15 某太阳电池组件仿真输入参数

参数符号	参数值	单位	说明
C_2	0.03	$K\cdot m^2/W$	表征太阳电池散热能力的系数
T_{ref}	298.15	K	标准测试条件下太阳电池的温度
$I_{SC,ref}$	8.15	A	标称测试条件下太阳电池的短路电流
$G_{a,ref}$	1000	W/m^2	标称测试条件下太阳辐照度
$U_{OC,ref}$	29.4	V	标称测试条件下太阳电池的开路电压
α	0.037%	1/K	太阳电池短路电流温度系数
β	−0.376%	1/K	太阳电池开路电压温度系数
q	1.602×10^{-19}	C	电子电荷量
k	1.38×10^{-23}	J/K	玻耳兹曼常数
n	1.3	—	二极管理想因数
U_g	1.12	eV	太阳电池材料带能
n_S	48	—	太阳电池模组中单元串联个数
R_s	0.324	Ω	48个太阳电池单元串联的组件电阻

3.7 光伏发电系统应用分类与设计实例

太阳能光伏发电系统有不同的分类方式。按照太阳能光伏发电系统是否与电网连接，可将系统分成离网（独立）系统与并网系统两大类。在某些特殊情况下，为保证供电的可靠性，光伏发电系统常与其他发电系统混合向负载供电，这样的系统称为混合系统，混合系统是光伏发电系统应用的另一个大类。

光伏离网系统又可以按不同方式进行分类，按系统是针对户用负载或其他负载可分为离网户用系统与离网非户用系统两个子大类；按输出电压的性质，又可以细分为直流与交流两个子类；进一步，按系统中是否含有储能蓄电池，可分为有蓄电池系统与无蓄电池系统，如图 3-43 所示。

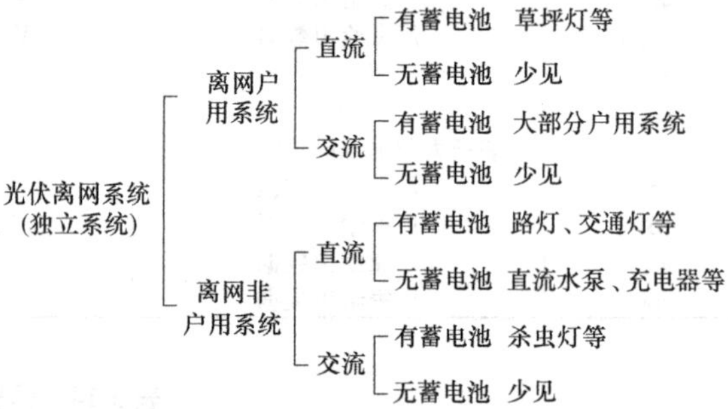

图 3-43 光伏离网（独立）系统简单分类

光伏并网系统也有多种分类方式：按并网的地点是否集中，可分为分布式并网系统与集中式并网系统两大类；按电能的流向进行分类，又可划分为有逆潮流系统、无逆潮流系统和切换式系统三大类，进一步，按系统中是否有蓄电池，又可进一步划分成有蓄电池与无蓄电池系统，如图 3-44 所示。

光伏发电系统与其他发电方式一起向负载供电的混合系统在实际中也得到了广泛应用，目前主要是光伏+风电互补的风光互补系统与光伏+柴油发电机组成的混合发电系统。

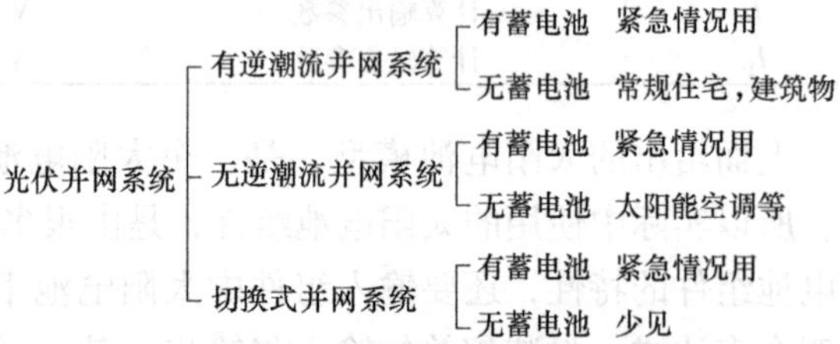

图 3-44 光伏并网系统简单分类

还有一类系统值得注意，就是目前智能电网中的微（电）网系统，微（电）

网系统当前还没有一个统一的定义，但通常认为微（电）网是指由各种形式的分布式电源（如太阳能、风能、燃气等）、用户负载、储能系统、并网设备以及配电网组成的一个相对独立的小型供电系统，正常情况下可以直接接入配电系统（380V或10kV配电系统），以并网模式运行；在天灾、战争等紧急情况下，可以采取孤岛运行模式，保证系统中一部分重要设备的供电，它在解决区域灵活供电方面表现出极大优势与潜能。

3.7.1 离网非户用系统

在离网非户用系统中，系统的能量来源完全依靠系统中的太阳电池阵列。最简单的离网非户用系统是没有蓄电池等储能设备的系统，这种系统中，负载只在有太阳光照时才能工作，典型的应用为直流光伏水泵，如图3-45a所示。

在多数情况下，光伏水泵白天在有太阳情况下将抽取的地下水存放在储水箱中，晚上或阴雨天光伏水泵停止工作。这样，为降低系统成本，多数光伏水泵没有必要配备价格较高、维护又比较麻烦的蓄电池。

此外，光伏通信基站是另一个典型用例，如图3-45b所示。

其他如太阳能飞机、太阳能汽车等，均属于离网非户用系统，如图3-45c、d所示。

a) 光伏水泵　b) 光伏通信基站

c) 太阳能汽车　d) 太阳能飞机

图3-45 典型离网非户用系统

3.7.2 离网户用系统

初期的离网户用系统设计主要目标是解决边远地区牧民或无电地区农民的基本照明需要，用来取代煤油灯，因此初期系统的容量都不大，通常的系统只配有10W或20W太阳电池板。系统通常由太阳电池阵列、控制器、蓄电池三部分构成，没有交流输出，有些简单的系统中甚至没有控制器，如图3-46所示。

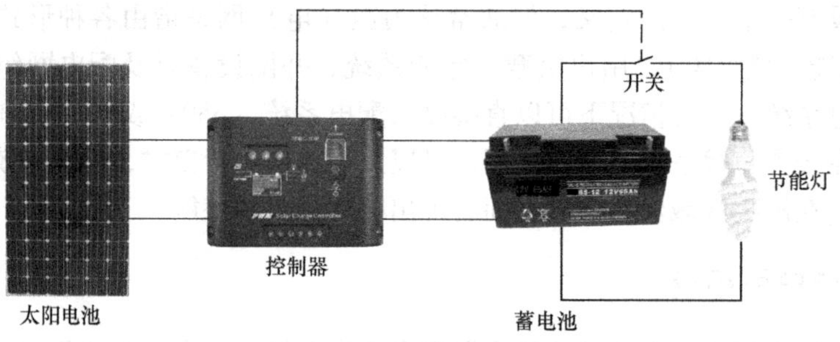

图 3-46 简单离网户用光伏系统的构成

在这种系统中，控制器的主要作用如下：

1）在阳光充足的情况下，尽可能多地向蓄电池供电，但要保证蓄电池不会被过充电，延长其使用寿命，同时对蓄电池的充电电压进行温度补偿。

2）在夜晚或无阳光情况下，需要照明时，控制蓄电池的放电电压，保证蓄电池不会被过放电。

3）在夜晚情况下，按设定方式自动启用照明灯。

随着生活水平的提高，住房的面积增大了，各种用电设备也在增多，对离网户用系统的容量提出了更高的要求，系统要给多个照明灯，甚至电视机、家用搅拌机等供电。在这种离网户用系统中，可以同时输出直流电与交流电，系统配备的太阳电池阵列输出达到几百瓦，控制器与逆变器做成一体，完成从太阳能直流电到交流电的变换，称为一体机，是整个系统的核心部件，如图 3-47 所示。

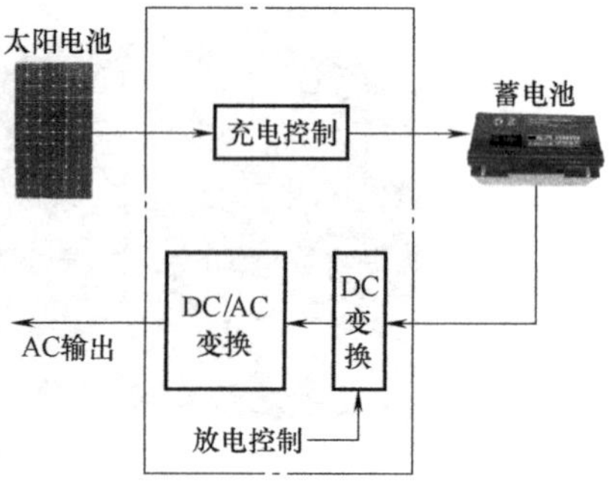

图 3-47 一体机结构

离网户用系统并不局限于小功率，例如在我国西部地区，在乡镇一级的集中地，有邮局、电信、医院等部门，这些部门中有不少用电装置，如发电报的机器、医院里的 X 光机等检查仪器，都有较大的负荷；另外，集中的居民住户，也需要更多的用电量。通常会在这些地区建立容量比较大的光伏离网电站，这些都属于离网户用系统。

3.7.3 并网系统

在前面介绍的光伏发电系统中，蓄电池是系统中的一个重要组成部分。蓄电池的价格比较高，使用寿命比太阳电池与控制器都要短，是影响光伏发电系统可靠性与使用寿命的主要因素之一。多数光伏并网系统中可以省去蓄电池，从而节省了投资、维护与检修费用，有利于降低光伏发电系统的价格及光伏发电系统的推广普及。

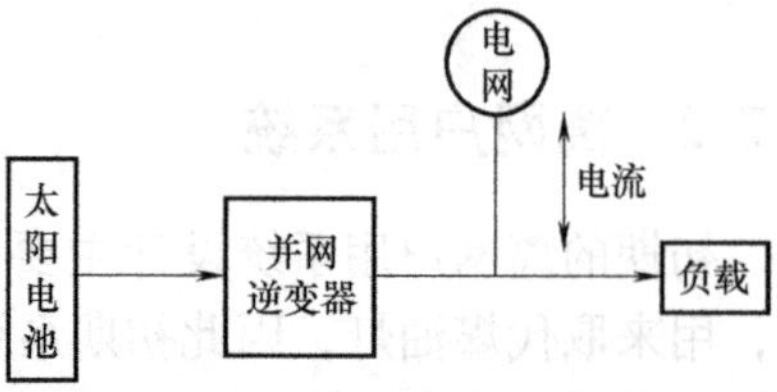

图 3-48 有逆潮流并网系统

在光伏并网系统中，如果太阳电池的出力供给负载使用后，还有剩余的电能，则流向电网系统，这样的系统称为有逆潮流并网系统，如图 3-48 所示。在有逆潮流并网系统中，太阳电池产生的剩余电力可以供给其他负载使用，因此可以发挥出太阳电池的最大发电能力，使电能得到充分的利用。当太阳电池的出力不能满足负载的需要时，负载从电网中得到电能。

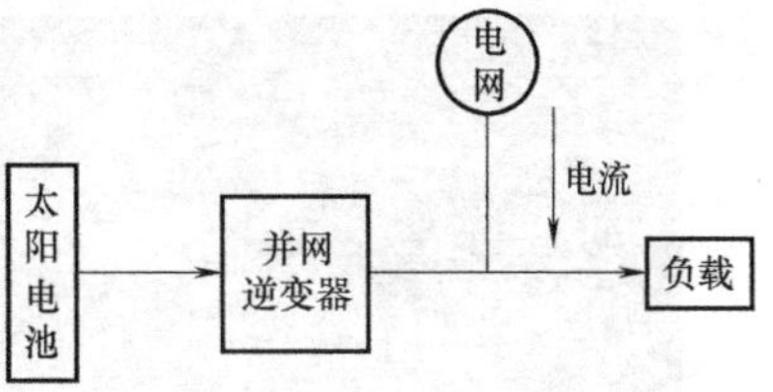

图 3-49 无逆潮流并网系统

在光伏并网系统中，即使太阳电池的出力供给负载使用后还有剩余，但剩余的电流也不流向电网，这样的系统称为无逆潮流并网系统，如图 3-49 所示。在无逆潮流并网系统中，当太阳电池的出力不能满足负载的需要时，负载从电网中得到电能。

切换式并网系统具有自动双向切换功能。当因云雨或故障等原因导致发电量不足时，切换器自动切换到电网供电；当电网因某种原因突然停电时，系统自动与电网分离，成为独立的光伏发电系统。通常，切换式并网系统都带有储能的蓄电池。

分布式并网系统通常指小容量、在不同地点接入电网的太阳能光伏发电系统，特别是一些西方工业化发达国家实施的“太阳能屋顶计划”中每家每户的光伏并网系统。这些系统基本上是有逆潮流并网系统。图 3-50 所示为光伏户用并网系统示意图。

图 3-50 光伏户用并网系统示意图

这类并网系统接入电网后有两种计量发电量与使用电量的方式。一种是所谓“净电能表计量”方式，在这种方式中，太阳能光伏发电系统的输出端接在进户电能表之后，用户使用电网提供的电能时，电能表正转，太阳能光伏发电系统向电网输送电能时，电能表反转，这样，电能表显示的是用户使用电网与太阳能光伏发电系统两个系统相减后的“净值”。另一种方式称为“上网电价”方式，在这种方式中，将太阳能光伏发电系统输出端接在电网进户电能表之前，用另一个电能表进行计量，这样可以全部计量太阳能光伏发电系统所发出的电量，这个电量的价格通常由电力公司按相关国家和地区规定的“优惠”购买。在这种系统中，用户使用电网的电量是一个价格，用户安装的太阳能光伏发电系统向电网输出的电量是另一个价格，通常太阳能光伏发电系统的电量价格要高于电网电量的价格，这样用户可以从两个价格差异中得到收益，也体现了政府鼓励发展可再生能源的政策导向。

集中式并网系统通常都有相当大的容量与规模，所发的电量全部输入电网，接入的方式多数使用中压或高压接入。图 3-51 给出了深圳国际园林花卉博览园 1MW 光伏并网系统和艺术化太阳能建筑效果图。

3.7.4 混合系统

地球有昼夜之分，夜晚没有太阳；白天也并不是每一时刻都有太阳，但很多负载的用电是全天 24h 连续的，虽然可以采用加大太阳电池的容量及系统中蓄电池的容量等方法来延长

图 3-51 深圳国际园林花卉博览园 1MW 光伏并网系统和艺术化太阳能建筑效果图

太阳电池的供电时间，但这样系统的初期投入资金会过多。将其他发电方式引入光伏发电系统中，一起向负载供电的系统就应运而生，这样的系统称为光伏混合发电系统。

1. 风光互补混合发电系统

风能与太阳能是自然界中最常见的两种可再生能源，都具有密度低、稳定性差等缺点，而且受到地理位置、季节变化、昼夜交替等的影响。但这两种资源在时间和地域上常具有一定的互补性，例如白天太阳光线最强的时候，通常风会比较小，成语“风和日丽”体现了这一点；晚上没有太阳时，风力受地表温差变化大的影响而加强，“月黑风高夜”就是写照；在下雨没有太阳时，通常会刮风，有所谓“狂风暴雨”。由于风力发电的成本比较低，如果将两者结合起来，就能够取长补短，达到既能实现连续供电，又可降低系统成本的目的。正因为如此，风光互补的混合发电系统被看成是资源条件最好的独立电源系统，在很多离网系统中得到了广泛的应用。

2. 风光互补混合发电系统的工作原理

如图 3-52 所示，风光互补混合发电系统通常由风力发电机、太阳电池阵列、直流控制中心（控制器），蓄电池、逆变器等构成。系统中可能同时会有直流与交流两类负载。

风力发电机将风能转换为交流形式的电能，但由于自然界中风况变化随机性很大，所产

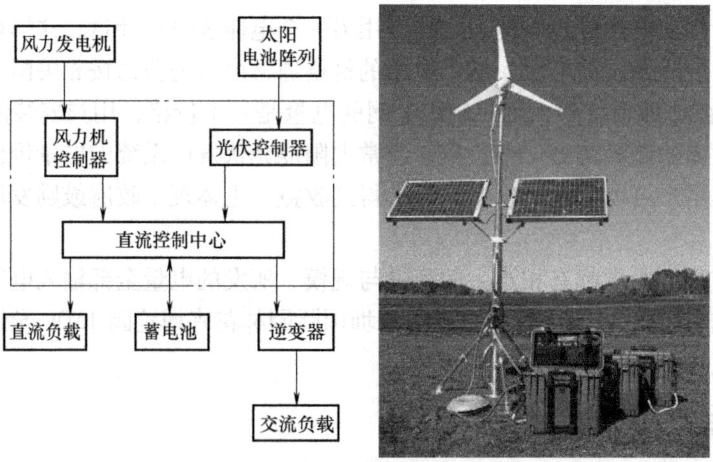

a) 系统结构　　b) 实物照片

图 3-52 风光互补混合发电系统

生的交流电压与频率等不稳定，无法直接供给交流负载使用，必须先通过电力电子整流器转换成直流；太阳电池直接发出直流电，这两路直流电并联后通过直流控制中心向蓄电池充电，同时向直流负载提供一个相当稳定的直流电压。图 3-52a 中的点画线框（控制器）是整个混合系统的核心，主要功能是对蓄电池进行充放电控制，防止过充电与过电压现象的发生，并且对系统输入与输出功率起调节与分配作用。由于要同时控制两种不同的输入电源，所以这种控制器比单独的光伏控制器要更加复杂。

3. 光伏+柴油发电机混合发电系统

光伏发电系统的价格比较高，如果完全用光伏发电系统来满足负载所有的用电需求，那么系统中太阳电池阵列和蓄电池的容量必须要按在最差天气条件下也能支持负载的运行来选择，这通常要配备容量相当大的太阳电池阵列与蓄电池，由于极端天气条件出现情况不多（如连续十几天阴雨天），这种配备的系统在大部分正常情况下有过多的能量浪费。为了解决系统的初期投资并保证可靠供电，可以选用柴油发电机作为备用电源，正常天气时，系统由光伏发电系统供电，当出现连续阴雨天或冬天太阳辐射不足时起动柴油发电机供电。通常容量较大的光伏控制器都有油机起动输出触点，当检测到蓄电池电压低于用户事先设定的油机起动电压时，就会自动起动柴油发电机。

3.7.5 光伏并网系统设计

在光伏并网系统中，电网可以随时满足系统的用电要求，相当于将电网作为储能装置，因此并网系统设计中追求的是全年发电量最大这一指标。

要使光伏发电系统全年的发电量最大，可以采用带跟踪装置的太阳能支架，但多数系统中使用的是固定倾角的支架，这样一来，确定太阳电池阵列的安装倾角是系统建设初期最主要的任务。

光伏并网系统的计算有两种情况：

1）已确定了光伏发电系统的容量，计算最佳倾角。这种计算中，可以根据太阳电池安装位置的天气和地理资料，求出全年能接收到最大太阳辐照量所对应的角度，即为太阳电池阵列的最佳倾角，对于并网系统，最理想的倾角是使太阳电池年发电量最大。目前已有专门的软件来计算。近几年来，跟踪太阳能支架发展与应用很快，值得关注。

2）已知用户的用电量，确定太阳电池阵列的容量。在这种情况下，要在能量平衡的条件下，通过用户每年用电量的数据，根据最佳倾角计算出太阳电池阵列的容量。

光伏并网系统中最核心的部件是光伏并网逆变器（Inverter），它的基本作用是将太阳电池所产生的直流电能转换成与交流电网频率相同、与交流电网电压相位相同的交流电，同时完成最大功率点跟踪，如图 3-53 所示。

逆变器有电压源型（Voltage Source）逆变器与电流源型（Current Source）逆变器之分，并网的控制方法又有 SPWM（Sinusoidal Pulse Width Modulation，正弦波脉宽调制）与 SVPWM（Space Vector Pulse Width Modulation，空间矢量脉宽调制）等方式，为了使并网的功率因数接近 1，并网逆变器多数是电流控制型（Current Control）逆变器，即电流控制电压源型逆变器。

为了防止太阳电池的直流电流流向电力系统的配电线，给电力系统带来不良影响，并网逆变器中一般都用隔离变压器将直流与交流分开，目前有两种隔离方式：

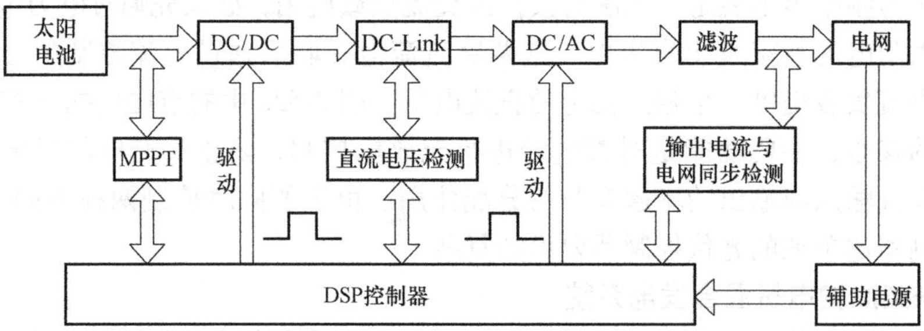

图 3-53 典型的光伏并网逆变器结构

1）工频变压器隔离方式。如图 3-54a 所示，这是早期多数并网逆变器采用的隔离方式，特点是安全可靠、效率较高，但价格较高。

2）高频变压器隔离方式。如图 3-54b 所示，先将直流电逆变为高频交流电，经高频变压器隔离，然后变换为直流电，再逆变为工频交流电并网。特点是安全可靠、价格较低、高频变压器体积小，但经多级变换，效率偏低。

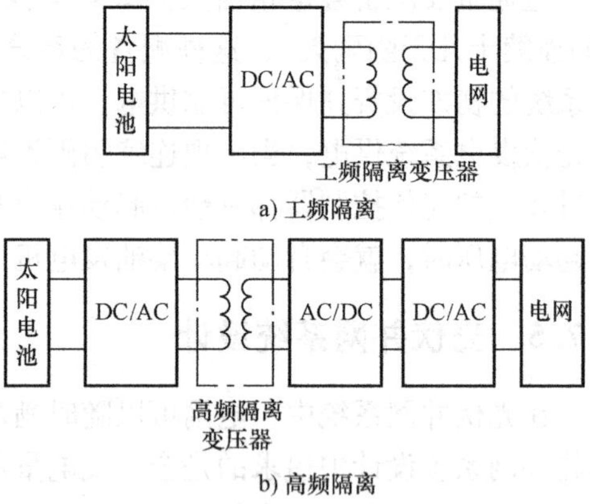

图 3-54 变压器隔离的并网逆变器

显然，隔离变压器增大了系统体积和重量，降低了系统效率。因此，出现了无变压器非隔离并网逆变器，前级非隔离直流变换器实现 MPPT，后级完成并网，目前已成为此类产品的主流，如图 3-55 所示。特点是效率高、价格低，但存在共模漏电流问题，要通过控制方法或电路拓扑来解决。

并网逆变器的效率将直接影响光伏并网系统的整体发电量，太阳辐照度每时每刻都在变化，即并网逆变器的输入功率是时刻变化的，很显然在某一固定太阳辐照度下并网逆变器的发电效率并不能表示并网逆变器实际的运行效率。如何评价与测量并网逆变器在实际运行中的效率呢？一个较好的办法是对太阳辐照度进行分布统计，通过加权平均来综合评价并网逆变器的发电效率。

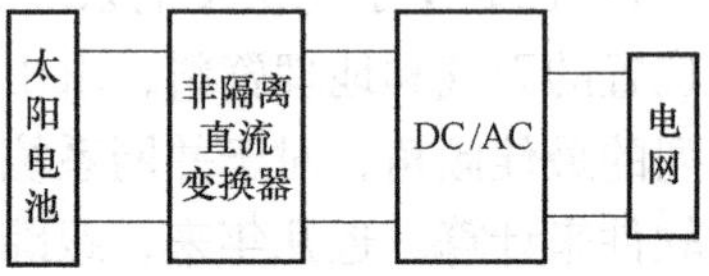

图 3-55 无变压器非隔离并网逆变器

欧美等国家（地区）因此发布实施了相关技术标准或法规，分别提出了评价并网逆变器发电效率的欧洲效率与加州效率。

欧洲效率（European Efficiency）是选取德国慕尼黑地区一年的日照强度数据，分别对应欧洲效率的分档区间，统计其不同区间的年累计发电量，在此基础上计算出每段功率分档水平上的年总发电量的权重占比。

加州效率（California Efficiency）是由美国加州能源协会选取美国洛杉矶地区与达拉斯地区一年的太阳辐射强度，分别对应加州效率的分档区间，统计不同区间的年累计发电量，在此基础上计算出每段功率分档水平上的年总发电量的权重占比。

我国太阳能的资源条件与欧美不同，根据欧洲效率以及加州效率模型进行分析，结合我国太阳能资源区条件，提出了“中国效率”的概念。

我国太阳能资源区分为四类（见表3-4），在每一类地区中选取代表性区域分析不同功率区间的年累计发电量，按照欧洲效率以及加州效率取点的原则，在此基础上选取相对稳定且能覆盖全功率范围的统计区间，并计算出每段功率分档上的年发电量的权重占比，见表3-16。2015年，我国工业和信息化部公告的《光伏制造行业规范条件（2015年本）》首次提出光伏并网逆变器的“中国效率”相关要求，对各类并网逆变器的最低效率有了明确规定。

CQC33-461394—2015“光伏并网逆变器‘领跑者’认证规则”效率等级评定原则见表3-17。对于功率为几千瓦的单相屋顶并网逆变器，受机器本身自用电的占比限制，目前国内尚没有达到1级标准的，只有个别厂家的个别三相并网功率较大的产品勉强达到了2级标准，很多生产厂家尚达不到3级标准。

表3-16 并网逆变器“中国效率”加权表

逆变器负载率		5%	10%	20%	30%	50%	75%	100
转换效率		η_1	η_2	η_3	η_4	η_5	η_6	η_7
加权值	Ⅰ类	0.01	0.02	0.04	0.12	0.30	0.43	0.08
	Ⅱ类	0.01	0.03	0.07	0.16	0.35	0.34	0.04
	Ⅲ类	0.02	0.05	0.09	0.20	0.34	0.28	0.02
	Ⅳ类	0.03	0.06	0.12	0.22	0.33	0.22	0.02

表3-17 CQC33-461394—2015“光伏并网逆变器‘领跑者’认证规则”效率等级评定原则

等级	并网逆变器（不含变压器）	并网逆变器（含变压器）	微型逆变器（不含变压器）	微型逆变器（含变压器）
1级	98.5%（含）以上	97%（含）以上	96%（含）以上	95%（含）以上
2级	98%（含）~98.5%	96%（含）~97%	95%（含）~96%	94%（含）~95%
3级	96%（含）~98%	94%（含）~96%	93%（含）~95%	92%（含）~94%

3.7.6 光伏离网系统设计

光伏离网系统设计通常分成两个部分：首先是光伏发电系统的容量设计，这部分的主要内容是对太阳电池组件和蓄电池的容量进行计算，目的是计算出系统在全年内能够满足用电要求并可靠工作所需要的太阳电池组件和蓄电池的容量；其次是光伏发电系统的系统配置与设计，这部分主要是对系统中的电力电子设备、部件进行选型，以及附属设施的设计与计算，目的是根据实际情况选择配置合适的设备、设施与材料等，并与第一步的容量设计要匹配。

光伏离网系统设计的基本原则是合理、实用、高可靠性、高性价比。其基本设计步骤与内容如图3-56所示。

1. 相关的设计考虑因素

（1）负载用电特性　首先要了解负载是直流负载还是交流负载，负载的工作电压，负载的功率因数，是否有冲击性负载，负载的使用时间，是全年工作还是季节性工作，是白天使用还是夜晚使用，每天至少要供电的时间，系统要能正常供电的连续天数等。由于夏季日

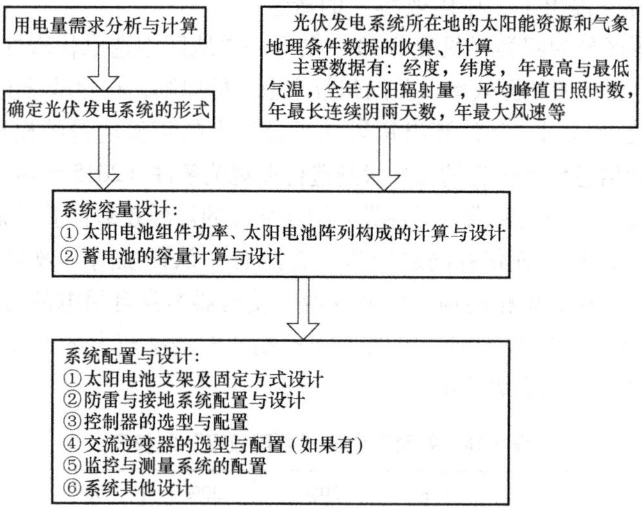

图3-56 光伏离网系统的基本设计步骤与内容

照时间长、冬季日照时间短，如果离网系统全年都要工作，通常在设计中应优先满足冬季的使用。

（2）太阳电池组件的方位角　对于光伏发电系统，方位角以正南为零，由南向东北为负角度，向西北为正角度。在中国大陆，大部分的情况下，只要在正南方向±20°以内，对发电量的影响都不大，通常尽可能偏向西南20°以内，使光伏发电量的峰值出现在中午稍后的时间，这样有利于冬季多发电。

（3）太阳电池组件的倾角　最理想的倾角是使太阳电池年发电量最大或满足冬季使用，可以用软件进行倾角优化计算，也可以使用带有自动跟踪装置的太阳电池组件。在没有计算的条件下，通常倾角的设定原则为：纬度在0°~25°，倾角等于纬度；纬度在26°~40°，倾角等于纬度加上5°~10°；纬度在41°~55°，倾角等于纬度加上10°~15°；纬度在55°以上，倾角等于纬度加上15°~20°。

（4）平均日照时数与峰值日照时数　日照时数是指某地一天当中太阳光达到一定的辐照度到小于此辐照度的时间。平均日照时数是某地一年或若干年的日照时数总和的平均值，例如南京2005年日照时数为1936.8h，则平均日照时数为5.3h。峰值日照时数是将当地的太阳辐射量，折算成标准测试条件下的时数。

（5）全年太阳能辐射总量　这个数据是光伏发电系统设计的重要依据，可通过当地气象部门得到，但通常提供的是水平面上的太阳辐射量，太阳电池多数是倾斜安装的，要将水平面上的太阳辐射量换算成倾斜面上的太阳辐射量。

（6）最长连续阴雨天数　所谓最长连续阴雨天数，就是蓄电池要向负载维持供电的天数，对不太重要的负载，通常按3~7天考虑，对重要的负载，例如山区公路隧道照明系统，要按历史上这一地区最长阴雨天数+适当安全裕量天数来考虑。

（7）光伏控制器的选用　光伏控制器是离网系统的重要组成部分，应优先选用带MPPT控制功能的控制器。

（8）蓄电池的计算选用　要根据气象数据中的温度数据，对蓄电池进行冬季与夏季荷电状态与放电深度计算，选择合适的容量。

2. 光伏发电系统容量的设计与计算

（1）太阳电池组件的串并联数计算　计算太阳电池组件并联数的基本方法是用负载平均每天所消耗的电量（A·h）除以选定的太阳电池组件在一天中的平均发电量（A·h），即

$$\text{太阳电池组件并联数}=\frac{\text{负载日平均用电量(A·h)}}{\text{组件平均日发电量(A·h)}} \tag{3-23}$$

式中，组件平均日发电量为组件峰值工作电流（A）与峰值日照时数（h）之积。

太阳电池组件的串联数可用下式计算：

$$\text{太阳电池组件串联数}=\frac{\text{系统工作电压(V)}\times\text{系数}1.43}{\text{组件开路工作电压(V)}} \tag{3-24}$$

通常，太阳电池组件的最大功率点电压为其开路电压的0.76，加上一定的安全裕量，得出了1.43这个系数。例如，对于12V工作电压的直流系统，应该提供开路电压为17~17.5V的太阳电池组件。

根据串联与并联的个数，可以计算出系统组件的总功率。

（2）其他影响因素　式（3-23）与式（3-24）得出的是理想状态下的计算结果，实际中还有其他因素会影响这些计算结果。

通常考虑的其他影响因素有：①太阳电池组件的功率衰减，按10%考虑，即取衰减系数为0.9；②蓄电池的功率衰减；③如果有交流，要考虑逆变器效率；④控制器的充电效率等。

（3）实际计算公式　综合考虑，得出最后的光伏发电系统容量计算公式为

$$\text{太阳电池组件并联数}=\frac{\text{负载日平均用电量(A·h)}}{\text{组件平均日发电量(A·h)}\times\text{组件衰减系数}\times\text{充电效率系数}\times\text{其他系数}} \tag{3-25}$$

$$\text{太阳电池组件串联数}=\frac{\text{系统工作电压(V)}\times\text{系数}1.43}{\text{组件开路工作电压(V)}} \tag{3-26}$$

3. 蓄电池的设计与计算

（1）以日平均用电量为依据的计算方法　蓄电池的主要任务是在太阳能辐射量不足时，保证系统负载的正常供电。通常蓄电池使用的是铅酸蓄电池。

首先，用负载每天的用电量（A·h）乘以连续阴雨天数，得出初步的蓄电池容量（A·h）。但根据铅酸蓄电池的特性，不允许在连续阴雨天内将蓄电池的电100%用完（100%放电深度），通常蓄电池的放电深度为50%或75%，得到蓄电池容量计算基本公式：

$$\text{蓄电池容量(A·h)}=\frac{\text{负载日平均用电量(A·h)}\times\text{连续阴雨天数}}{\text{最大放电深度}} \tag{3-27}$$

蓄电池的容量有很多影响因数，例如放电率、环境温度等。因此，一个更实用的计算公式为

$$\text{蓄电池容量(A·h)}=\frac{\text{负载日平均用电量(A·h)}\times\text{连续阴雨天数}\times\text{放电修正系数}}{\text{最大放电深度}\times\text{温度修正系数}} \tag{3-28}$$

式中，因为铅酸蓄电池在不同的放电电流下，其放电容量有所不同，放电修正系数可根据蓄

电池厂家提供的参数曲线或实际经验取值，通常光伏发电系统中都是慢放电，对慢放电率50~200h（小时率）的蓄电池，可取值为0.8~0.95；温度修正系数根据经验，0℃左右时取值0.9~0.95，-10℃时取值0.8~0.9，-20℃时取值0.7~0.8或更低。

蓄电池的串并联数可用下面的公式计算：

$$\text{蓄电池串联数}=\frac{\text{系统工作电压}}{\text{蓄电池标称电压}} \tag{3-29}$$

$$\text{蓄电池并联数}=\frac{\text{蓄电池总容量}}{\text{每个串联支路蓄电池容量}} \tag{3-30}$$

例3-4 某移动基站光伏发电系统的负载为直流负载，工作电压为48V，用电量每天为150A·h，这一地区最低的光照辐射是1月份，其倾斜面峰值日照时数是3.9h。选用125W太阳电池组件，其峰值电流为3.65A，电压为34.2V，试计算太阳电池的组合。

解： 首先确定串联数，有

$$\text{太阳电池组件串联数}=\frac{48\times1.43}{34.2}\approx2$$

其次确定并联数，按衰减系数0.9、充电效率0.8考虑，并联数为

$$\text{太阳电池组件并联数}=\frac{150}{(3.65\times3.9)\times0.9\times0.8}=14.64\approx15$$

计算结果表明，采用2组串联、15组并联的太阳电池阵列，阵列总功率为3750W。

例3-5 某移动基站采用48V直流供电，有两套设备，一套工作电流为2A，工作24h，另一套工作电流为4.5A，每天工作10h。这一地区最低温度为-20°，最大连续阴雨天数为7天，放电深度设计为0.7，计算蓄电池组件。

解： 首先得到负载日平均用电量=2×24A·h+4.5×10A·h=93A·h

其次得到蓄电池容量为（因为最低温度较低，取温度修正系数为0.6）

$$\text{蓄电池容量}(\text{A}\cdot\text{h})=\frac{93\times7}{0.6\times0.7}\text{A}\cdot\text{h}=1550\text{A}\cdot\text{h}$$

根据计算结果，可选用800A·h/2V的蓄电池，不难得到串联数为24，并联数为1.93，取整数为2。这样，蓄电池由800A·h/2V的48节蓄电池组成，其中串联数为24，并联数为2。

（2）以峰值日照时数为依据的计算方法　太阳电池组件功率的基本计算公式为

$$\text{太阳电池组件功率}=\frac{\text{用电功率(W)}\times\text{用电时间(h)}}{\text{当地峰值日照时数(h)}}\times\text{损耗系数} \tag{3-31}$$

蓄电池容量的基本计算公式为

$$\text{蓄电池容量}=\frac{\text{用电功率(W)}\times\text{用电时间(h)}}{\text{系统电压(V)}}\times\text{连续阴雨天数}\times\text{安全系数} \tag{3-32}$$

式中，损耗系数与安全系数通常取1.6~2.0。

例3-6 某地要安装太阳能庭院灯，灯具为两只12V/8W的节能灯，每天工作6h，要求能连续工作4个阴雨天，已知当地的峰值日照时数是4.8h，计算太阳电池总功率与蓄电池容量。

解：

$$\text{电池组件功率}=\frac{16\times6}{4.8}\times2\text{W}=40\text{W}$$

$$蓄电池容量=\frac{16\times6}{12}\times4\times2\mathrm{A\cdot h}=64\mathrm{A\cdot h}$$

（3）以年辐射总量为依据的计算方法　太阳电池组件功率的基本计算公式为

$$太阳电池组件功率=\frac{工作电压(\mathrm{V})\times工作电流(\mathrm{A})\times用电时间(\mathrm{h})}{当地年辐射总量(\mathrm{kJ/cm^2})}\cdot K \tag{3-33}$$

式中，K 为辐射量修正系数［$\mathrm{kJ/(cm^2\cdot h)}$］。当光伏发电系统有人维护时，$K=230$；当系统无人维护时，$K=251$；当系统处于无人区、环境恶劣且又要求工作可靠时，$K=276$。

蓄电池容量的基本计算公式为

$$蓄电池容量=工作电流(\mathrm{A})\times用电时间(\mathrm{h})\times连续阴雨天数\times低温系数\times安全系数 \tag{3-34}$$

例 3-7　某地要安装太阳能庭院灯，灯具为两只 12V/9W 的节能灯，每天工作 6h，要求能连续工作 4 个阴雨天，已知当地的全年辐射总量为 600kJ/cm²，计算太阳电池总功率与蓄电池容量。

解： 系统工作电流为 9÷12×2＝1.5A，则

$$太阳电池组件功率=\frac{12\times1.5\times6}{600}\times251\mathrm{W}=45.18\mathrm{W}$$

$$蓄电池容量=1.5\times6\times4\times1.8\mathrm{A\cdot h}=64.8\mathrm{A\cdot h}$$

3.8 PVsyst 光伏发电系统设计软件

无论是光伏离网系统还是并网系统，要做一个良好的设计，考虑的因素非常多，要收集的数据也非常多，相关的设计软件应运而生。这些设计软件有开放的接口，用户可以增加自己的模型与数据，软件中也集成了很多太阳电池、并网逆变器、离网控制器、蓄电池、地区气象资料等相关模型与数据，较大简化了相关的设计过程。其中，PVsyst 是得到广泛应用的一款设计软件。

PVsyst 软件主要用来对光伏发电系统进行建模仿真，分析影响发电量的各种因素，并最终计算得出光伏发电系统的发电量，可应用于并网系统、离网系统、光伏水泵和直流系统等。

仿真结果的可信度是仿真软件使用者最为关注的问题，PVsyst 官方在瑞士建立了多个实验验证电站，测试结果表明：在有完整、准确的气象实测数据的情况下，软件的仿真结果与实际运行结果相比，全年小时发电量的方均根偏差最小可以达到 5.1%，全年发电量偏差最小可以达到−0.9%。

PVsyst 启动主界面里有四个按钮，前两个按钮是 PVsyst 根据项目的阶段来划分的：

1）项目信息很少，初步估算，用 Preliminary design，如图 3-57 所示。

2）项目设计阶段，详细计算，用 Project design，如图 3-58 所示。

3）Databases 与 Tools 是穿插在 Project design 中使用的，也可以单独使用。Databases 包括气象数据，各种类型、各个主要厂家的太阳电池组件、离网控制器、并网逆变器、储能蓄电池等的模型；Tools 包括一些分析、导入工具。

以并网系统设计为例，PVsyst 设计的主要步骤（见图 3-59）如下：

1）确定系统的地理位置，得到或输入相关的地理气象数据。

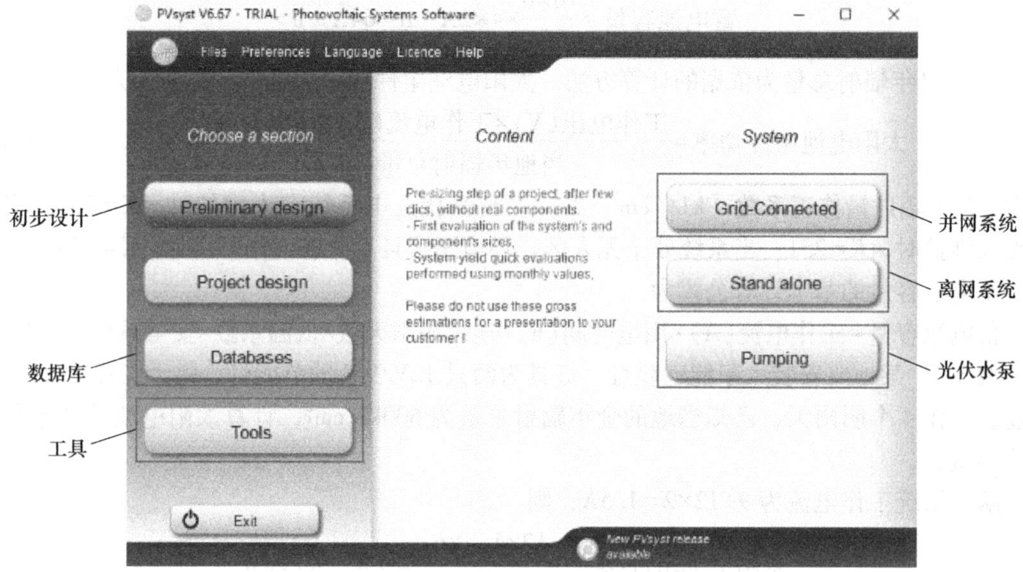

图 3-57 PVsyst 初步设计界面

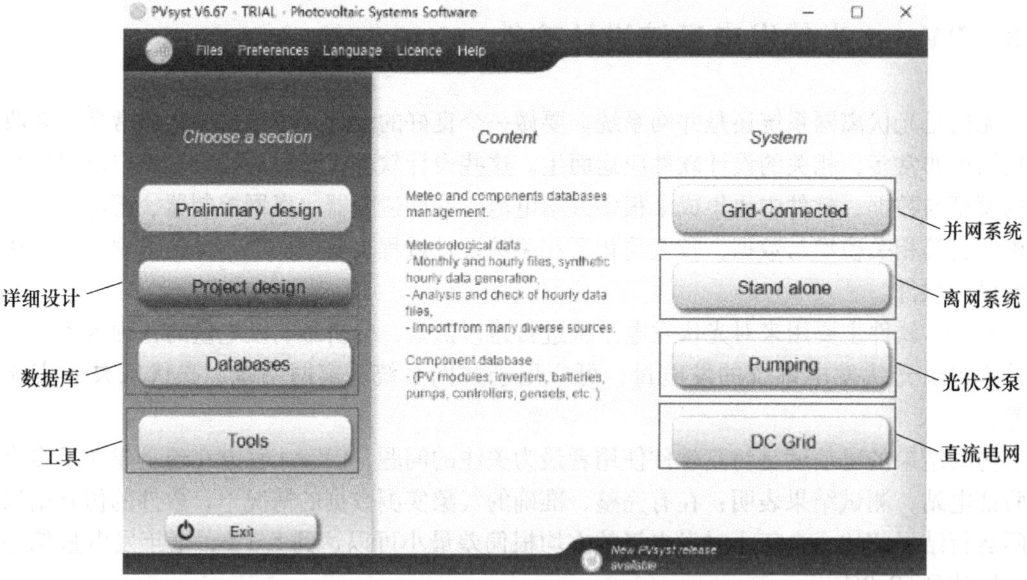

图 3-58 PVsyst 详细设计界面

2）系统仿真建模必填部分，这部分的内容有：Orientation—可按月份设置太阳电池组件的跟踪方式、方位角与倾角；System—对并网系统，可选定具体的太阳电池组件型号、太阳电池组件的串并联方式、并网逆变器的型号，可以查看所选组件、逆变器的具体参数指标；Detailed losses—系统的各种损耗。

3）系统仿真建模选填部分，这部分内容为光伏发电系统如果有遮挡时需要设置。

4）仿真运行。运行后，在右边会给出仿真结果概况，也可单击相关按钮，查看详细的仿真报告。详细设计阶段，PVsyst 每小时计算一次发电量。

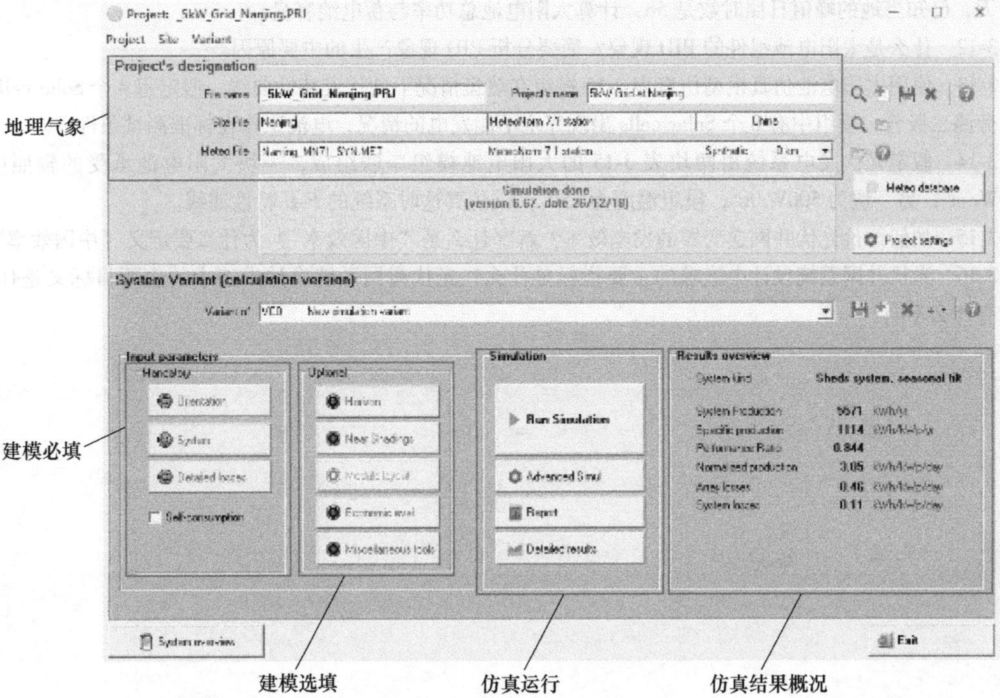

图 3-59 PVsyst 并网系统详细设计界面

5）仿真结果概况。给出了并网系统的仿真结果概况，有系统年发电量、每千瓦太阳电池年发电量、实际发电量与理论发电量的比值、每千瓦太阳电池每天实际平均发电量、每千瓦太阳电池阵列每天损失、每千瓦太阳电池每天系统损失等参数。

思考题与习题

3-1 太阳能利用的主要方式有哪几种？试列举一例。

3-2 简述我国太阳能资源分布情况。

3-3 试计算南京地区 7 月 30 日的日出时角、日落时角及全天日照时间。

3-4 太阳能光热发电技术可分成哪几类？简述塔式太阳能光热发电系统主要子系统的构成。

3-5 太阳电池可分成哪几类？目前市场上占有率最高的是哪类太阳电池？

3-6 解释太阳电池填充因子的意义。

3-7 太阳电池的模型可用四个有明确意义的公式表示，试根据这四个公式，用书中给出的典型参数，用 MATLAB 搭建太阳电池的仿真模型。

3-8 在太阳电池诸多最大功率点跟踪（MPPT）方法中，扰动与观察法（爬山法）是使用最为广泛的一种，试分析该方法中，太阳电池最少的工作点要有几个？为什么？

3-9 光伏并网逆变器有几种与电网的隔离方式？各有什么优缺点？

3-10 某移动基站，采用 48V 直流供电，有两套设备，一套工作电流为 2A，工作 24h，另一套工作电流为 6A，每天工作 10h。这一地区最低温度为-16℃，最大连续阴雨天数为 10 天，放电深度设计为 0.7，计算所需蓄电池组件。

3-11 某校园安装太阳能庭院灯，灯具为两只 12V/9W 的节能灯，每天工作 8h，要求能连续工作 6 个阴雨天，已知当地的峰值日照时数是5h，计算太阳电池总功率与蓄电池容量。

3-12 什么是太阳电池组件的PID现象？简要分析PID现象产生的主要原因。

3-13 使用太阳电池仿真模型仿真表3-15模组在热斑情况下的伏安特性曲线，假定每4个Solar cells有一个旁路二极管，模组中有8个Solar cells出现完全不能发电的情况，电池工作在标准测试条件下。

3-14 假定光伏发电系统由两块表3-15的太阳电池模组串联组成，一块太阳电池承受的辐照度为1000W/m^2，另一块为500W/m^2，模组温度为25℃，试仿真这时系统的P-U特性曲线。

3-15 如何评价光伏并网逆变器的发电效率？解释什么是“中国效率”？为什么要定义“中国效率”？

3-16 光伏并网系统设计中追求的主要指标是什么？光伏离网系统设计中追求的主要目标又是什么？两者有什么不同？

第 4 章

海洋能发电

4.1 概述

海洋能（Ocean Energy）是指依附在海水中的可再生能源。海洋能主要以潮汐、波浪、海流、温度差、盐度梯度等形式存在于海洋之中。潮汐能和海流能源自月球、太阳和其他星球引力，其他海洋能均源自太阳辐射。海水温差能是一种热能，低纬度的海面水温较高，与深层水形成温度差，可产生热交换，其能量与温差的大小和热交换水量成正比。潮汐能、海流能、波浪能都是机械能。潮汐的能量与潮差和潮量成正比。波浪的能量与波高的二次方和波动水域面积成正比。在河口水域还存在海水盐差能（又称海水化学能），入海径流的淡水与海洋盐水间有盐度差，若隔以半透膜，淡水向海水一侧渗透，可产生渗透压力，其能量与压力差和渗透能量成正比。目前开发利用海洋能的主要方式是发电。

地球表面积约为 $5.1\times10^8 km^2$，其中海洋面积为 $3.61\times10^8 km^2$，约占地球表面积的 70%；以海平面计，海洋的平均深度为 3800m，整个海水的容积多达 $1.37\times10^9 km^3$。一望无际的大海，不仅为人类提供航运、水源和丰富的矿藏，而且还蕴藏着巨大的能量，它将太阳能以及派生的风能等以热能、机械能等形式蓄在海水中，不像在陆地和空中那样容易散失。

海洋能具有如下特点：

1）在海洋总水体中的蕴藏量巨大，但单位体积、单位面积、单位长度所拥有的能量较小，利用效率不高，经济性差。

2）具有可再生性。海洋能来源于太阳辐射能与天体间的万有引力，只要太阳、月球等天体与地球共存，这种能源就会再生，就会取之不尽、用之不竭。

3）能量多变，具有不稳定性。潮汐能与潮流能不稳定但其变化有一定规律，人们可根据潮汐和潮流的变化规律，编制出各地逐日逐时的潮汐与潮流预报，潮汐电站与潮流电站可根据预报表安排发电运行。波浪能是既不稳定又无变化规律可循的能源，而海水温差能、盐差能和海流能变化较为缓慢。

4）属于一种洁净能源，海洋能一旦开发后，其本身对环境污染影响很小。

4.1.1 海洋能的分类

根据呈现方式的不同，海洋能一般分为潮汐能、波浪能、海流能、海水温差能、盐差能等几种。

（1）潮汐能　因月球、太阳引力的变化引起潮汐现象，潮汐导致海平面周期性地升降，因海水涨落及潮水流动所形成的水的势能即为潮汐能。潮汐能利用的原理与水力发电的原理类似，而且潮汐能的能量与潮量和潮差成正比。我国潮汐能理论蕴藏量为 1.929×10^5MW，近海可开发装机容量大于500kW 的坝址共171个，总计 2.28×10^4MW。我国潮汐能资源丰富地区主要集中在福建、浙江等地，仅福建省可开发装机容量即可达到 1.2×10^4MW，占总储量的52.6%。

（2）波浪能　波浪能是指海洋表面波浪所具有的动能和势能，是一种在风的作用下产生的，并以势能和动能的形式由短周期波储存的机械能。波浪的能量与波高的二次方、波浪的运动周期以及迎波面的宽度成正比。世界上可利用的波浪能为25亿kW，其中我国就有1285万kW。波浪能是海洋能源中能量最不稳定的一种能源。波浪发电是波浪能利用的主要方式，目前世界上已有英国、葡萄牙和美国等多个国家和地区在海上研建了50多个波浪能发电装置。此外，波浪能还可以用于抽水、供热、海水淡化以及制氢等。

（3）海流能　海流能是指海水流动的动能，主要是指海底水道和海峡中较为稳定的流动以及由于潮汐导致的有规律的海水流动所产生的能量，是另一种以动能形态出现的海洋能。海流能的利用方式主要是发电，其原理和风力发电相似。全世界海流能的理论估算值为 10^8kW 量级。我国沿海海流能的年平均功率理论值约为 1.4×10^7kW，属于世界上功率密度最大的地区之一，其中辽宁、山东、浙江、福建和台湾沿海的海流能较为丰富，不少水道的能量密度为15~30kW/m²，具有较高的开发价值。

（4）海水温差能　海水温差能是指海洋表层海水和深层海水之间温差的热能，是海洋能的一种重要形式。低纬度的海面水温较高，与深层冷水存在的温差，蕴藏着丰富的热能资源，其能量与温差的大小和水量成正比。世界海洋的温差能达 5×10^7MW，而可能转换为电能的海水温差能仅为 2×10^6MW。我国南海地处热带、亚热带，可利用的海水温差能有 1.5×10^5MW。温差能利用的最大困难是温差太小、能量密度低、建设费用高、目前该能量的利用各国仍在积极探索中。

（5）盐差能　盐差能是指海水和淡水之间或两种含盐浓度不同的海水之间的化学电位差能，是以化学能形态出现的海洋能，主要存在于河海交接处。世界海洋可利用盐差能约为 2.6×10^6MW，我国的盐差能蕴藏量约为 1.1×10^5MW。总体上，各国对盐差能这种新能源的研究还处于实验阶段，离示范应用还有较长的距离。

4.1.2 海洋能的开发

人类开发海洋能的历史和水能利用差不多。1930年在法国首次试验成功海水温差发电，现在，许多国家都在进行海水温差发电研究。利用海水的温差来进行发电还兼有海水淡化的功能。另一方面，由于电站抽取的深层冷海水中富含营养盐类，所以海水温差发电站的周围，正是浮游生物及鱼类栖息的理想场所，这将有利于提高鱼类的近海捕捞量。

早在12世纪，人类就开始利用潮汐能。当时法国沿海就建起了“潮磨”，利用潮汐能代替人力推磨。随着科学技术的进步，人们开始筑坝拦水，建起潮汐电站。目前世界上最大的潮汐电站是法国的朗斯潮汐电站，我国浙江省的江厦潮汐电站为国内最大。潮汐发电有许多优点，例如，潮水来去有规律，不受洪水或枯水的影响；以河口或海湾为天然水库，不会淹没大量土地，也不污染环境，而且不消耗任何燃料等。但潮汐电站的缺点也很明显，工程艰巨、造价高、海水对水下设备有腐蚀作用等。但综合经济比较结果，潮汐发电成本低于火力发电。

各种海洋能的蕴藏量非常巨大，很多海洋能至今没被利用的原因主要有两方面：一是经济效益差、成本高，以法国朗斯潮汐电站为例，其单位千瓦装机投资合 1500 美元（1980 年价格），高出常规火力发电站；二是仍有一些技术问题没有过关。尽管如此，沿海各国，特别是美国、俄罗斯、日本、法国等都非常重视海洋能的开发。从各国的情况看，潮汐发电技术比较成熟，利用波浪能、盐差能、海水温差能等海洋能进行发电还不成熟，目前仍处于研究试验阶段。不少国家一方面在组织研究解决海洋能开发面临的问题，另一方面在制定宏伟的海洋能利用计划。从发展趋势来看，海洋能必将成为沿海国家，特别是那些发达沿海国家的重要能源之一。

海洋能开发作为未来的海洋产业，将给海洋经济的发展带来新的活力。海洋资源的综合利用，要把海洋能发电技术与各种海洋能系统副产品的开发结合起来，如潮汐发电，可与海水养殖业、滨海旅游业相结合；海水温差发电、波浪能发电可与海水淡化、渔业和养殖业相结合。目前，如果把发电以外的海洋能综合利用收益加在一起，开发利用海洋能的综合成本已具有和常规能源相竞争的能力，而且还没有使用常规能源而造成的环境污染及治理所付出的代价。这些特点为海洋能的开发利用提供了坚实的基础和广阔的产业市场，海洋能将会成为 21 世纪实用的新能源之一。

4.1.3　我国海洋能资源及开发利用概况

我国从北向南分布着四个内海和近海，分别是渤海、黄海、东海和南海。渤海三面环陆，在辽宁、河北、山东、天津三省一市之间。辽东半岛南端老铁山与山东半岛北岸蓬莱遥相对峙，像一双巨臂把渤海紧紧地抱在怀里，把渤海隔成如葫芦一般的形状。渤海通过渤海海峡与黄海相通，渤海海峡由南长山岛、砣矶岛、钦岛和隍城岛等 30 多个岛屿构成的 8 条宽狭不等的水道组成，扼守渤海的咽喉，是京津地区的海上门户。渤海的面积较小，约为 9 万 km^2。渤海平均水深为 2.5m，渤海总容量不过 1730km^3。辽东半岛南端老铁山角与山东半岛北岸蓬莱角的连线是渤海与黄海的分界线。黄海西临山东半岛和苏北平原，东边是朝鲜半岛，北端是辽东半岛。黄海面积约为 40 万 km^2，最深处在黄海东南部，约为 140m。东海北连黄海，东到琉球群岛，西接中国大陆，南临南海，南北长约 1300km，东西宽约 740km。东海海域面积约为 70 万 km^2、平均水深为 350m 左右，最大水深为 2719m。东海海域比较开阔，海岸线曲折，港湾众多，岛屿星罗棋布，我国一半以上的岛屿分布在这里。我国流入东海的河流多达 40 余条，其中长江、钱塘江、瓯江、闽江四大水系是注入东海的主要江河。因而，东海形成一支巨大的低盐水系，成为我国近海营养盐比较丰富的水域，其盐度在 34‰以上。东海位于亚热带，因此年平均水温为 20~24℃，年温差为 7~9℃。与渤海和黄海相比，东海有较高的水温和较高的盐度，潮差为 6~8m。同时，又因为东海属于亚热带和温带气候，有利于浮游生物的生长和繁殖，是各种鱼虾繁殖和栖息的良好场所，也是我国海洋生产力最高的海域，我国著名的舟山渔场就在这里。从东海往南穿过狭长的台湾海峡，就进入了南海。南海是我国最深、最大的海，也是仅次于珊瑚海和阿拉伯海的世界第三大大陆缘海。南海位于中国大陆的南方，北边是我国广东、广西、福建和台湾四省，东南边至菲律宾群岛，西南边至越南和马来半岛，最南边的曾母暗沙靠近加里曼丹岛。浩瀚的南海面积最广，约为 356 万 km^2，其中我国管辖海域约为 200 万 km^2。南海也是邻接我国最深的海区，平均水深约为1212m，中部深海平原中最深处达5567m，超过了西藏高原的高度。南海四周大部分是半岛和岛屿，陆地面积与海洋面积相比显得很小。注入南海的河流主要分布于北部，包括珠江、红河、湄公河等。由于这些河流的含砂量很小，所以海阔水深的南海清澈度较高，总是呈现碧绿色或深蓝色。南海地处低纬度地域，是我国海区中气候最暖和的热带深海。

我国分别于1985年完成《中国沿海潮汐能资源普查》和1989年完成《中国沿海农村海洋能资源区划》。总体上看，我国沿海岸可开发潮汐能资源较丰富，有很多能量密度高、自然环境条件优越的坝址，可供近期开发利用。据1985年普查结果估计，我国长达18000km的海岸线，至少有2000万kW潮汐电力资源，潜在的年发电量在600亿kW·h以上。其中，仅长江口北支就能建70万kW潮汐电站，年发电量为22.8亿kW·h，接近新安江水电站和富春江水电站的发电总量；杭州湾的“钱塘潮”的潮差达9m，钱塘江口可建500万kW潮汐电站，年发电量约为160亿kW·h，约相当于10个新安江水电站的发电能力。我国潮汐能资源具有以下特点：

1）资源分布极不均匀。全国潮汐能资源主要集中在东海沿岸，又以福建、浙江两省最多。值得指出的是，潮汐能资源最丰富的东南沿海地区正是我国经济发达、能耗量大、常规能源十分缺乏的地区，如能开发沪浙闽的潮汐能资源，则可为缓解东南沿海地区的能源供求矛盾做出贡献。

2）资源开发条件以浙江、福建最好。从潮差（能量密度）和海岸类型（地质条件）来看，以福建、浙江沿岸最好，其次是辽东半岛南岸东侧、山东半岛南岸东侧和广西东部岸段。这些地区潮差较大，为基岩港湾海岸，海岸曲折多海湾，具有很好的潮汐电站建站条件。

3）能量密度较低。我国沿岸潮差较大的地区，浙江的三门湾至福建的海坛岛沿岸平均潮差为4~5m，最大潮差为7~8.5m，仅为世界最大潮差的1/2，在世界上处于中等水平，这是我国潮汐电站单位装机容量造价高的原因之一。

资料显示，我国从20世纪80年代开始，在沿海各地区陆续兴建了一批中小型潮汐电站并投入运行发电。其中最大的潮汐电站是1980年5月建成的浙江省温岭市江厦潮汐电站，它也是世界已建成的较大双向潮汐电站之一。总库容490万m^3，发电有效库容270万m^3。该电站装有6台500kW水轮发电机组，总装机容量为3000kW，拦潮坝全长670m。江厦潮汐电站的单位造价为2500元/kW，与小型水电站的造价相当。

除潮汐能外，我国波浪能和海水温差能也较为丰富。统计显示，我国沿岸波浪能的蕴藏量约为1.5亿kW，可开发利用量为3000~3500万kW。这些资源在沿岸的分布很不均匀，以台湾省沿岸为最多，占全国总量的1/3，其次是浙江、广东、福建和山东沿岸，约占全国总量的55%，其他省市沿岸则很少。目前，一些发达国家已经开始建造小型的波浪发电站。我国也是世界上主要的波浪能研究开发国家之一，波浪发电技术研究始于20世纪70年代，从80年代初开始主要对固定式和漂浮式振荡水柱波能装置以及摆式波能装置等进行研究，且获得较快发展，微型波浪发电技术已经成熟，小型岸式波浪发电技术已进入世界先进行列。而海水温差能的主要利用方式为：海面上的海水被太阳晒热后，在真空泵中减压，使海水变为蒸汽，然后推动蒸汽轮机而发电；同时，蒸汽冷却后回收为淡水。这项技术我国正在研究和开发中。

海流发电研究国际上开始于20世纪70年代中期，主要有美国、日本和英国等进行海流发电试验研究，至今尚未见有关发电实体装置的报导。我国海流发电研究始于20世纪70年代末，首先在舟山海域进行了8kW海流发电机组原理性试验；80年代一直进行立轴自调直叶水轮机海流发电装置试验研究，目前正在采用此原理进行70kW海流试验电站的研究工作，在舟山海域的站址已经选定。我国已经开始研建实体电站，在国际上居领先地位，但尚有一系列技术问题有待解决。

在我国海洋能的开发利用中，潮汐发电技术已基本成熟，波浪能开发中的浮式和岸式波浪发电技术已具备一定生产能力，并有产品出口。但从总体上说，我国海洋能产业仍处在初始发展阶段。要加快我国海洋能开发利用技术的发展，必须在现有基础上，抓好海洋能技术科技攻关，同时要通过市场机制，大力促进海洋能技术的产业化。

4.2 海洋能发电技术

4.2.1 潮汐发电

潮汐是海洋的基本特征。和波浪在海面上不同，潮汐现象主要表现在海岸边。到了一定的时间，潮水低落了，沙滩慢慢露出了水面，人们在沙滩上捕捞贝壳，又过了一段时间，潮水又奔腾而来。这样，海水日复一日、年复一年地上涨、下降着，人们把白天海面的涨落现象称作“潮”，晚上海面的涨落称作“汐”，合起来就为“潮汐”。

潮汐是海水受太阳、月球和地球引力相互作用后所发生的周期性涨落现象。尽管太阳比月球大得多，但月球距离地球近，地球和月球的中心距离约为38万km，而太阳离地球就比月球远多了。太阳和地球的中心距离大概是1.5亿km，几乎是地球与月球距离的390倍。因此，对潮汐的影响，月球充当了主要力量，而其他天体（如金星、木星等星球），在潮汐现象上影响不大，可以忽略不计。潮汐作为一种自然现象，为人类的航海、捕捞和晒盐提供了方便，同时它还可以转变为电能，给人类带来光明和动力。

潮汐振动以潮汐波的形式从大洋、外海向浅海和岸边传播，进入大陆架海岸边时，由于受到所处地球上位置、海底地形、海岸形态的影响，各地发生上升、收聚和共振等不同变化，从而形成了各地不同的潮汐现象。潮波周期和潮汐周期一致，主要为12.4h（半日潮）和24.8h（全日潮）。潮波是一种典型的长波，波长在大洋上可达100km以上，传至浅海后波长大幅度减小。潮波波高在大洋上很小，只有几厘米，传至岸边后在地形、海岸形态的影响下变大，可达几米，甚至十几米。潮波波峰到达某地时，表现为高潮位，波谷到达时，表现为低潮位。

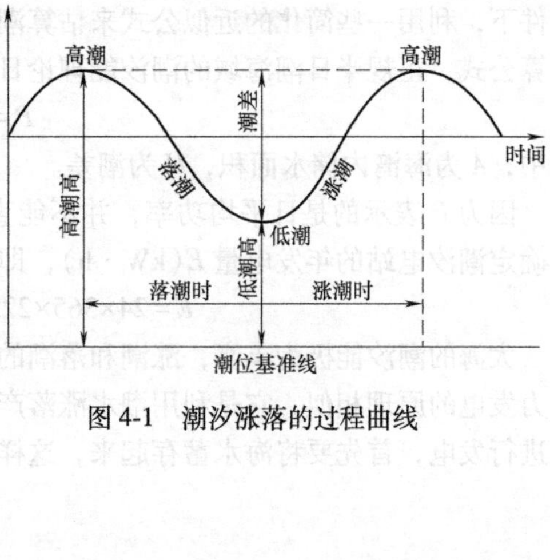

图4-1 潮汐涨落的过程曲线

图4-1所示为潮汐涨落的过程曲线，它表现为海面相对于某一基准面的垂直高度。从低潮到高潮，海面上涨过程称为涨潮。从低潮开始，海水起初涨得较慢，接着越涨越快，到低潮和高潮中间时刻涨得最快，

随后涨速开始下降，直至发生高潮为止，这时海面在短时间内处于不涨不落的平衡状态，称为平潮。把平潮的中间时刻定为高潮时。从高潮到低潮，海面的下落过程称为落潮。当海面下落到最低位置时，海面也有一个短时间处于不涨不落的平衡状态，称为停潮。把停潮的中间时刻称为低潮时。

在潮汐涨落过程中，海面上涨到最高位置时的高度称为高潮高，下降到最低位置时的高度称为低潮高，相邻的高潮高与低潮高之差称为潮差 H。高潮高或低潮高相对于平均潮高的高度，称为潮幅 $H/2$。

从低潮到高潮的潮位差称为涨潮潮差，从高潮到低潮的潮位差称落潮潮差，两者的平均值即为这个潮汐循环的潮差。从低潮时到高潮时的时间间隔，称为涨潮时，从高潮时到低潮时的时间间隔，称为落潮时，两者之和为潮汐周期。

一般而言，大洋、外海潮差较小，越接近海岸，潮差越大，尤其是在伸入陆地的海湾，潮差从湾口向湾顶递增，海湾两岸呈对称分布。潮汐不仅有地域的差别，在同一地点还随时间明显变化。由于运动着的地球、月球和太阳的相对位置存在着多种周期性变化，所以由月球和太阳引潮力产生的潮汐也存在多种周期组合在一起的复杂周期性变化，从而产生了潮汐各种周期性的不等现象，如日不等现象、半月不等现象、月不等现象和年不等现象等。根据潮汐涨落周期和相邻潮差的不同，可以把潮汐现象分为以下三种类型：

1）正规半日潮。一个地点在一个太阴日（24h50min）内，发生两次高潮和两次低潮，两次高潮和低潮的潮高近似相等，涨潮时和落潮时也近似相等，这种类型的潮汐称为正规半日潮。

2）混合潮。一般可分为不正规半日潮和不正规日潮两种情况。不正规半日潮是在一个太阴日内有两次高潮和两次低潮，但两次高潮和低潮的潮高均不相等，涨潮时和落潮时也不相等；不正规日潮是在半个月内，大多数天数为不正规半日潮，少数天数在一个太阴日内会出现一次高潮和一次低潮的日潮现象，但日潮的天数不超过7天。

3）全日潮。在半个月内，有连续1/2以上天数，在一个太阴日内出现一次高潮和一次低潮，而少数天数为半日潮，这种类型的潮汐，称为全日潮。

由于潮汐电站的建筑物及机组的运行会对潮汐过程产生反作用，以致影响潮波结构并使潮汐过程产生一定变化，所以估算一个具体潮汐电站从自然潮汐过程中获得的能量是极其困难的。为了估算潮汐电站的发电量，除了要了解潮汐电站的技术特性，还必须预测潮汐过程可能发生的变化，这就需要进行大量的复杂模拟计算。在初步设计阶段，可以在一些假定的条件下，利用一些简化的近似公式来估算潮汐电站的功率。根据国际常用的伯恩斯坦潮汐能估算公式，正规半日潮海域的潮汐能理论日平均功率 P(kW) 可以表示为

$$P=225AH^2 \tag{4-1}$$

式中，A 为海湾内储水面积，H 为潮差。

因为 P 表示的是日平均功率，并不能直接用来确定潮汐电站的装机容量，但是可以用于确定潮汐电站的年发电量 E(kW·h)，即将式（4-1）乘以365d和24h可得

$$E=24\times365\times225AH^2\approx1.97\times10^6AH^2 \tag{4-2}$$

大海的潮汐能极为丰富，涨潮和落潮的水位差越大，所具有的能量就越大。潮汐发电与水力发电的原理相似，它是利用潮水涨落产生的水位差所具有的势能来发电的。为了利用潮汐进行发电，首先要将海水蓄存起来，这样便可以利用海水出现的落差产生的能量来带动发

电机发电。因此潮汐电站一般建在潮差比较大的海湾或河口，在海湾或有潮汐的河口建一个拦水大坝，将海湾或河口与海洋隔开，构成水库，再在坝内或者坝房安装水轮发电机组，就可利用潮汐涨落时海水水位的升降，使海水通过水轮机推动发电机发电，如图4-2所示。当海水上涨时，闸门外的海面升高，打开闸门，海水向库内流动，水流带动水轮机并拖动发电机发电；当海水下降时，把先前的闸门关闭，把另外的闸门打开，海水从库内向外流动，又能推动水轮机拖动发电机继续发电。

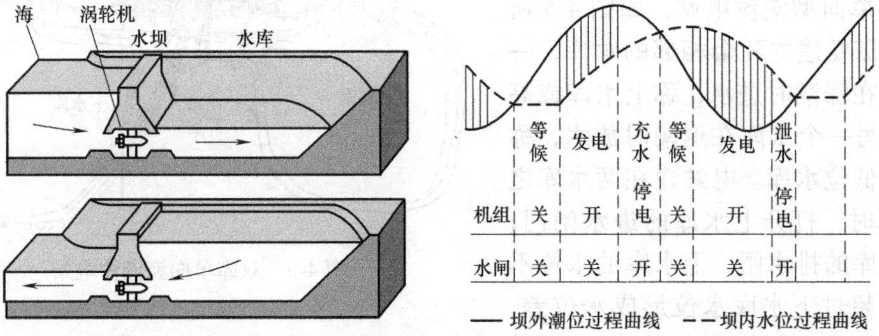

图4-2 潮汐发电

1. 潮汐电站的分类

潮汐电站通常由七部分组成：潮汐水库，闸门和泄洪建筑，堤坝，输电、交通和控制设施，发电机组和厂房，航道及鱼道。按照运行方式及设备要求的不同，潮汐电站分单库和双库两种。

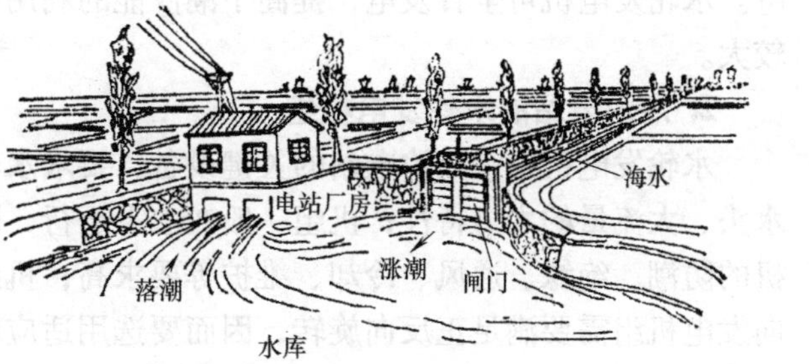

图4-3 单库单向型潮汐电站

（1）单库单向型潮汐电站 如图4-3所示，单库单向型潮汐电站一般只有一个水库，水轮机采用单向式。这种电站只需建设一个水库，在水库大坝上分别建一个进水闸门和一个排水闸门，发电站的厂房建在排水闸处。当涨潮时，打开进水闸门，关闭排水闸门，这样就可以在涨潮时使水库蓄满海水。当落潮时，打开排水闸门，关闭进水闸门，水库内外形成一定的水位差，水从排水闸门流出时，带动水轮机转动并拖动发电机发电。由于落潮时水库容量和水位差较大，所以通常选择在落潮时发电。在整个潮汐周期内，电站共存在充水、等候、发电和等候四个工况。单库单向型潮汐电站只要求水轮机组满足单方向的水流发电，只需安装常规贯流式水轮机即可，因此机组结构和水工建筑物简单，投资较少。由于只能在落潮时发电，当每天有两次潮汐涨落时，一般仅有10~20h的发电时间，所以潮汐能未被充分利用。

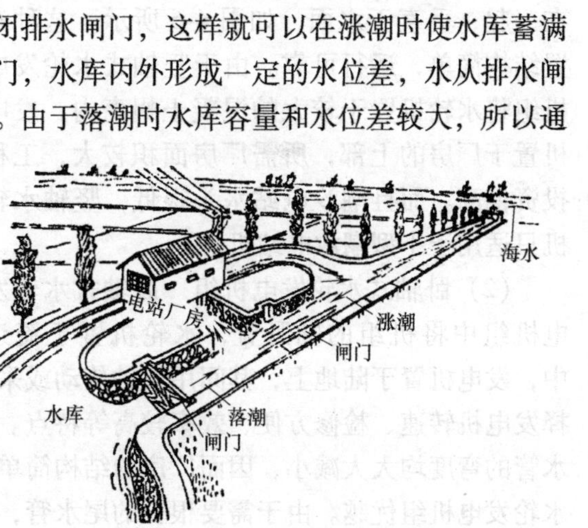

图4-4 单库双向型潮汐电站

（2）单库双向型潮汐电站 如图4-4

所示，单库双向型潮汐电站采用一个单库和双向水轮机，涨潮和落潮时都可以进行发电。这种电站的特点是水轮机和发电机组的结构较复杂，能满足正、反双向运转的要求。单库双向型潮汐电站有等待、涨潮发电、充水、等待、落潮发电和泄水六个工况。在海-库水位接近相等的时间内，机组无法发电，一般每天能发电 16~20h。

（3）双库单向型潮汐电站　为了提高潮汐能的利用率，在有条件的地方可建立双库单向型潮汐电站，如图 4-5 所示。电站需要建立两个相邻的水库，一个水库仅在涨潮时进水，称上水库或高位水库。另一个水库在退潮时放水，称下水库或低位水库。电站建在两水库之间。涨潮时，打开上水库的进水闸门，关闭下水库的排水闸，上水库的水位不断升高，超过下水库水位形成水位差，水从上水库通过电站流向下水库，水流带动水轮机并拖动发电机发电。落潮时，打开下水库的排水闸门，下水库的水位不断下降，与上水库仍保持水位差，水轮机继续拖动发电机发电。水轮发电机可全日发电，提高了潮汐能的利用率。但由于需建造两个水库，一次性投资较大。

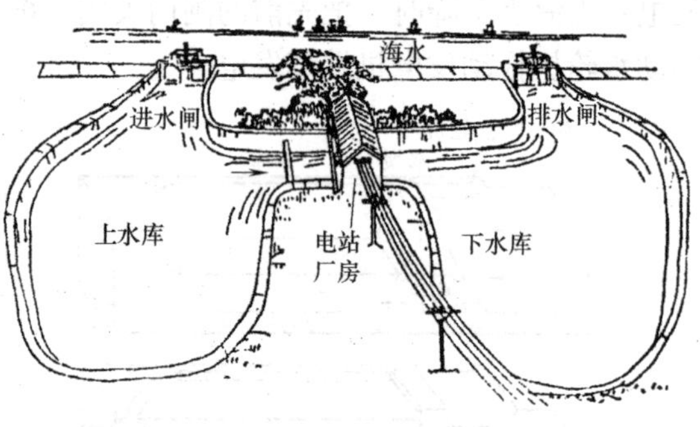

图 4-5　双库单向型潮汐电站

2. 潮汐电站的水轮发电机组

水轮发电机组是潮汐电站的关键设备，要求水轮发电机组具有以下特点：应满足潮汐低水头、大流量的水力特性；机组一般在水下运行，因而对机组的防腐、防污、密封和对发电机的防潮、绝缘、通风、冷却、维护等要求高；机组随潮汐涨落发电，开停机运行频繁，双向发电机组需要满足正反向旋转，因而要选用适应频繁起停的开关设备。潮汐电站的水轮发电机组主要有以下几种基本结构。

（1）竖轴式水轮发电机组　竖轴式水轮发电机组将轴流式水轮机和发电机的轴竖向连接在一起，垂直于水面，如图 4-6 所示。这种布置结构简单，运行可靠。由于竖轴式水轮发电机组将水轮机置于较大的混凝土蜗壳内，发电机置于厂房的上部，所需厂房面积较大，工程投资偏高。而且潮汐电站水头很低，竖轴水轮机只适用于小型潮汐电站机组。

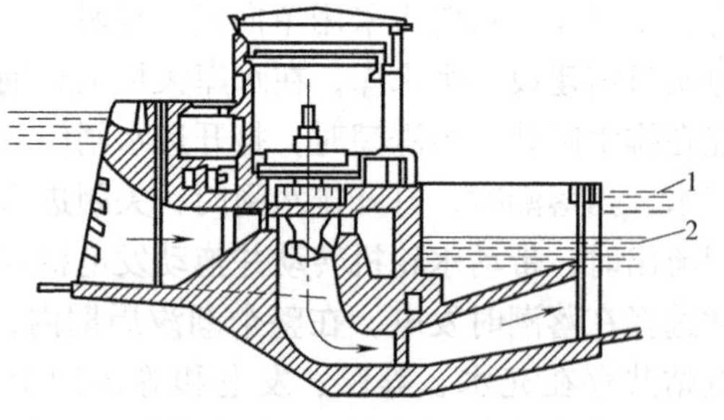

图 4-6　竖轴式水轮发电机组
1—最高水位　2—最低水位

（2）卧轴式水轮发电机组　卧轴式水轮发电机组中将机组的轴卧置，水轮机置于流道中，发电机置于陆地上，其间用长轴传动或采用齿轮增速器使发电机增速，具有可以合理选择发电机转速、检修方便、效率较高等特点。这种型式的机组进水管较短，并且进水管和尾水管的弯度均大大减小，因而厂房的结构简单，水流能量损失也较少，所以其性能比竖轴式水轮发电机组优越。由于需要很长的尾水管，故其所需厂房仍然较长。卧轴式水轮发电机组如图 4-7 所示，适用于潮差为 5m 以下的中小型机组。

（3）灯泡贯流式水轮发电机组　贯流式水轮发电机组是为了提高机组的发电效率、缩短输水管的长度以及减小厂房面积，而在卧轴式水轮发电机组的基础上发展而来的一种新型机组。灯泡贯流式水轮发电机组是两种贯流式水轮发电机组的一种，灯泡贯流式水轮发电机组将水轮机、变速箱、发电机全部放在一个用混凝土做成的密封灯泡体内，只将水轮机的桨叶露在外面，整个灯泡体设置于发电机厂房的水流道内，如图4-8所示。与竖轴式水轮发电机组相比，灯泡贯流式水轮发电机组具有流道顺直、水头损失小、单位流量大、效率较高、体积较小及厂房空间较小等优点，适合用作低水头的大中型潮汐电站机组。目前世界上运行和在建的潮汐电站多采用灯泡贯流式水轮发电机组。灯泡贯流式水轮发电机组的缺点是安装操作不便、占用水道太多。

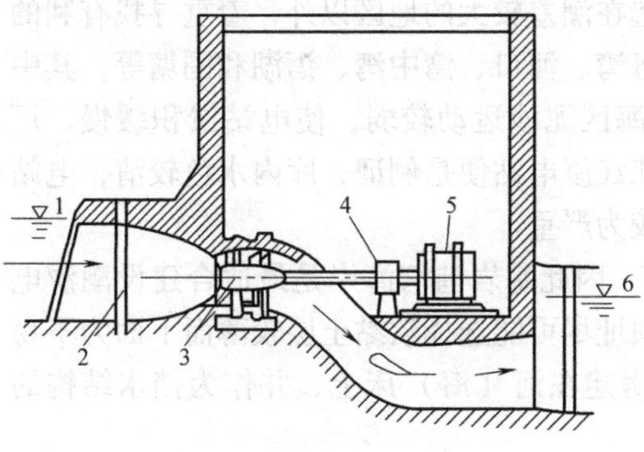

图4-7　卧轴式水轮发电机组

1—上游水位　2—闸门槽　3—水轮机　4—调速器　5—发电机　6—下游水位

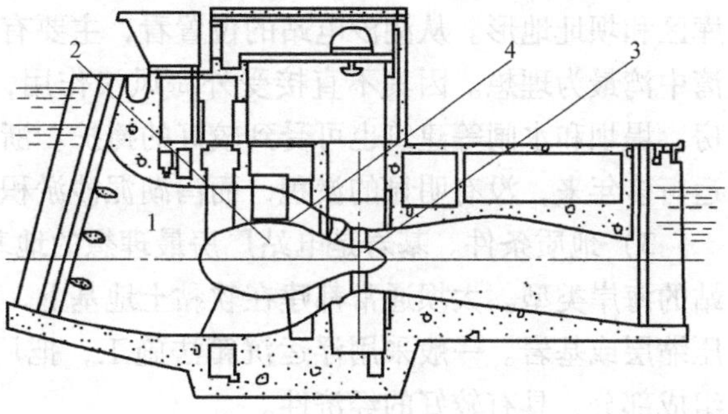

图4-8　灯泡贯流式水轮发电机组

1—流道　2—发电机　3—水轮机　4—灯泡体

（4）全贯流式水轮发电机组　如图4-9所示，全贯流式水轮发电机组将水轮机和发电机的转子装在水流通道中的一个密封体内，水轮机转子的外轮缘同时构成发电机转子的磁轭，而发电机定子同心地布置在发电机转子外面，并固定在水流道的周壁基础上，因而在水流道中所占的体积较灯泡贯流式水轮发电机组小、操作运行方便。全贯流式水轮发电机组具有外形小、质量轻、发电机布置方便、机组紧凑、经济性较好等优点，厂房的面积可以大为缩小，进水管道和尾水管道短而直，因而水流能量损失小、发电效率高。全贯流式水轮发电机组的发电机转子和定子之间为动密封结构，技术难度大，这使得设备的加工难度加大。

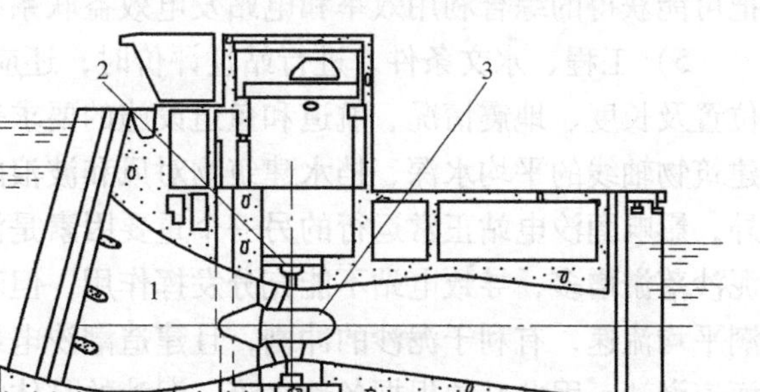

图4-9　全贯流式水轮发电机组

1—流道　2—发电机　3—水轮机

3. 潮汐电站的站址选择

潮汐电站的站址选择应当综合考虑以下条件：

1）潮汐条件。潮汐条件是选择潮汐电站站址的最主要因素。潮汐电站的可利用水头与发电水量主要取决于潮汐情况，也与库区地形和大坝的位置有关。潮汐能的强度与潮差有关。

潮汐电站可利用水头主要取决于外海传入的潮汐情况。确定库区以后，潮汐电站的发电水量取决于天文因素。潮差是反映潮汐能量密度的指标，通常取其多年平均值作为电站站址比较时的衡量指标。

2）地貌条件。总体来说，应选择那些口门小而水库水域面积大，可储备大量海水和易于修建土建工程的地域。

有较大的海湾和适度的湾口，有良好的坝基和环境条件；当地较大的潮差与有利的地理环境相配合，往往成为优良的站址。由于潮汐电站所利用的水头较小，所以其单位电能建设成本较一般水电站高，有开发价值的潮汐电站除选在潮差较大的地区以外，着重寻找有利的库区和坝址地形。从潮汐电站的位置看，主要有海湾、河口、湾中湾、泻湖和围塘等，其中湾中湾最为理想。因其不直接受外海风浪作用，海区泥沙运动较弱，使电站淤积缓慢，厂房、堤坝和水闸等建筑也可受到较好的掩护。浙江江厦电站便是例证，库内水色较清，电站运行多年来，没有明显的淤积，而泻湖泥沙淤积较为严重。

3）地质条件。基岩是电站厂房最理想的地基，因此基岩港湾海岸是最适合建设潮汐电站的海岸类型。大坝通常都建在软黏土地基上，坝址尽可能选择软黏土层较薄而下面为不易压缩层或基岩。一般采用浮运沉箱法施工，把厂房建在河（海）床上，并作为挡水结构的组成部分，具有较好的经济性。

4）综合利用条件。潮汐电站工程的综合利用，不仅会增加经济效益，而且还会大幅度降低工程单位投资。因此，潮汐电站应以水库、堤坝和岸滩为依托，提高除发电以外的综合效益，包括养殖水产、围垦海滩、改善交通及发展旅游等多方面。综合利用条件要好，距离负荷中心和电网尽量近，社会经济和生态条件要好；充分利用自身的水土资源优势，因地制宜地开展多种经营，方能具有生命力，并求得发展。在电站规划选址过程中，对不同坝址需把可能获得的综合利用效率和电站发电效益联系在一起加以综合比较。

5）工程、水文条件。进行站址评价时，还应该考虑潮汐挡水建筑物的总长度、厂房的位置及长度、地震情况、航道和鱼道设施的要求等工程条件，以及潮汐水库的规模、沿挡水建筑物轴线的平均水深、挡水建筑物对风和波浪的方位、潮流和截流的流速等水文条件。此外，影响潮汐电站正常运行的另一个重要因素是泥沙淤积问题。潮汐电站建成后可能会促进泥沙落淤增多，导致电站不能充分发挥作用，但若潮汐电站选择适当，落潮平均流速大于涨潮平均流速，有利于泥沙的冲刷，且建造潮汐电站后，可利用水闸控制进出水量，冲刷现有河道淤沙。因此必须根据各地水流、泥沙的具体情况，利用潮汐能量和泥沙冲淤规律加以研究解决。

6）社会经济条件。除此之外，潮汐电站站址选择必须综合考虑腹地社会经济状况、电力供需条件以及负荷输送距离等因素。

据海洋学家计算，世界上潮汐发电的资源量在10亿kW以上，世界上适于建设大型潮汐电站的地方都在研究、设计建设潮汐电站，其中包括美国阿拉斯加州的库克湾、加拿大芬地湾、英国赛文河口、阿根廷圣约瑟湾、澳大利亚达尔文范迪门湾、印度坎贝河口、俄罗斯远东鄂霍茨克海品仁湾、韩国仁川湾等地。随着技术进步、潮汐发电成本的不断降低，将会有大型现代潮汐电站建成使用。

4.2.2　波浪发电

水在风和重力的作用下发生的起伏运动称为波浪。江河海都有波浪现象，因为海洋的水面最广阔，水量巨大，更容易产生波浪，故海洋中的波浪起伏最大。

波浪能是由风把能量传递给海洋而产生的，是海洋能源的一个主要种类。它主要是由海面上风吹动以及大气压力变化而引起的海水有规则的周期性运动。根据波动理论，波浪能与波高的二次方成比例。波浪功率不仅与波浪中的能量有关，而且与波浪达到某一给定位置的速度有关。一个严格简单正弦波单位波峰宽度的波浪功率 P_w 为

$$P_w = \rho g h^2 T/(32\pi) \tag{4-3}$$

式中，ρ 为海水密度（kg/m^3）；g 为重力加速度（$g=9.8m/s^2$）；h 为波高（m）；T 为周期（s）。

习惯上把海浪分为风浪、涌浪和近岸浪三种。风浪是在风直接作用下生成的海水波动现象，风越大，浪就越高，波浪的高度基本与风速成正比，风浪瞬息万变、波面粗糙、周期较短。涌浪是在风停以后或风速风向突然变化时，在原来的海区内剩余的波浪，还有从海区传来的风浪。涌浪的外形圆滑规则、排列整齐、周期比较长。风浪和涌浪传到海岸边的浅水地区变成近岸浪。在水深是波长的 1/2 时，海浪发生触底，波谷展宽变平，波峰发生倒卷破碎。为了表示海浪的大小，按照海浪征状和波高把海浪分成 10 级，见表 4-1。

表 4-1　海浪波级

波　级	波高范围/m	波浪名称	波　级	波高范围/m	波浪名称
0	0	无浪	5	$4>h\geqslant 2.5$	大浪
1	$h<0.1$	微浪	6	$6>h\geqslant 4$	巨浪
2	$0.1\leqslant h<0.5$	小浪	7	$9>h\geqslant 6$	狂浪
3	$1.25>h\geqslant 0.5$	轻浪	8	$14>h\geqslant 9$	狂涛
4	$2.5>h\geqslant 1.25$	中浪	9	$h\geqslant 14$	凶涛

1. 波能转换的基本原理

波能转换一般可以分为两个阶段，首先通过波浪能采集系统俘获波能，将波能转换为机械能——有质量物体的动能，此为一次转换；然后将机械能转换为电能，此为波能的二次转换，主要是涡轮平式发电机组，可以是空气涡轮机、水轮机、液压马达等动力机械。两次转换之间有时还有中间环节，其目的是传递能量，并用于提高一次转换所得能量载体的速度，例如用收缩道对流体加速或者用齿轮对轴加速等。

波能的利用研究已有相当长的历史，波能吸收的方案也是五花八门，经过半个多世纪的理论与实践，作为波能的一次转换，可以筛选并概括出以下几类吸收方式。

（1）冲箱式　冲箱式波能吸收装置是指通过水面上可运动的浮子来吸收波能，如图 4-10a 所示。典型的冲箱式波能吸收装置分为筏式、振荡浮子式和鸭式等。

图 4-11 所示为筏式波能吸收装置示意图，它由铰接的筏式浮体和液压系统组成。筏式波能吸收装置顺浪向布置，筏式浮体随波运动，将波浪能转换为筏式浮体运动的机械能（一级转换）；然后，驱动液压泵，将机械能转换为液压能，驱动液压发电机转动，即将阀体运动的机械能转换为旋转机械能（二级转换）；最后，通过液压发电机发电，将旋转机械能转换为电能（三级转换）。筏式浮体利用纵摇运动吸收波能，不会向后方兴波，吸波效率

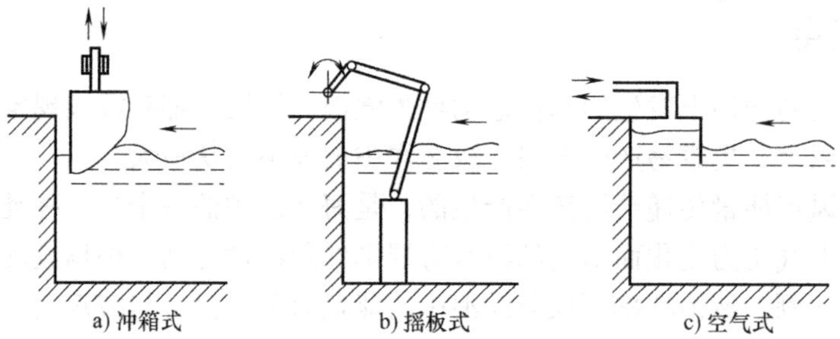

图 4-10 三种波能吸收方式

很高。筏式波能吸收装置的优点是筏式浮体之间仅有角位移，即使在大浪下，该位移也不会过大，因此抗浪性能较好；缺点是装置需顺浪向布置，单位功率下材料的用量比垂直浪向布置的装置大，增加了装置成本。

振荡浮子式波能吸收装置又称点吸收式波能吸收装置或波马达，其浮体在波上做垂直方向的升沉运动。振荡浮子式波能吸收装置由相对运动的浮体、锚链、液压或发电装置组成，这些浮体中有动浮体和相对稳定的静浮体，依靠动浮体与静浮体之间的相对运动吸收波浪能，如图 4-12 所示。为了提高波能吸收效果，浮体的形状设计极为关键。

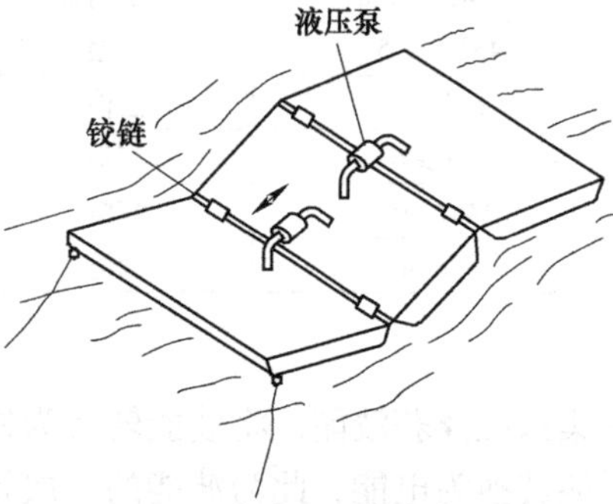

图 4-11 筏式波能吸收装置示意图

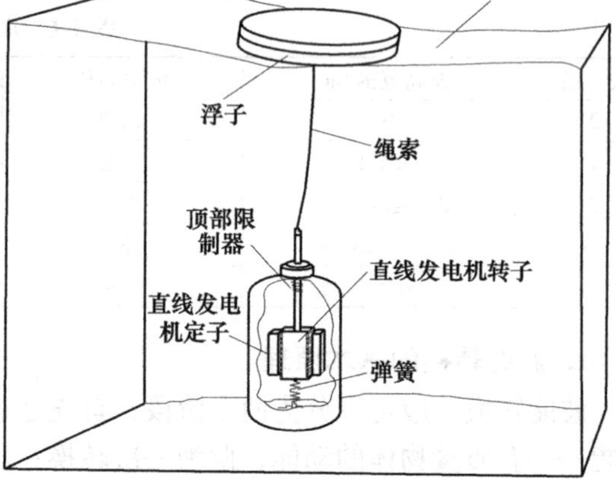

图 4-12 振荡浮子式波能吸收装置示意图

英国爱丁堡大学斯蒂芬·索尔特教授所设计的“点头鸭”用浮子绕轴心的纵摇代替升沉，其形状合理，吸波效率极高。鸭式波能吸收装置如图 4-13 所示，该装置具有一个垂直于来波方向安装的转动轴，装置的横截面轮廓呈鸭蛋形，其前端（迎浪面）较小，形状可根据需要随意设计，其后部（背浪面）较大，水下部分为圆弧形，圆心在转动轴心处。装置在波浪

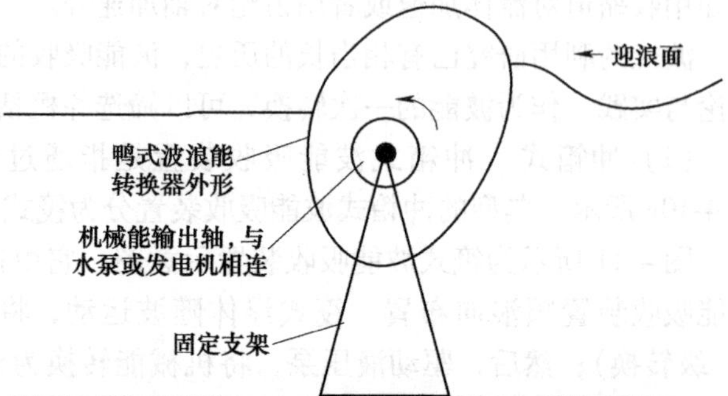

图 4-13 鸭式波能吸收装置示意图

作用下绕转动轴往复转动时，装置的后部因为是圆弧形，不产生向后行进的波，又由于鸭式波能吸收装置吃水较深，海水靠近表面的波难以从装置下方越过跑到装置的后面，故鸭式波能吸收装置的背后往往为无浪区，这使得鸭式波能吸收装置几乎可以将所有的短波拦截下来，如果设计得当，鸭式波能吸收装置在短波时的一级转换效率接近100%。

由于冲箱式波能吸收装置结构复杂，又有不少活动部件暴露在海水中，故其在经受风浪袭击等方面稳定性稍差，实际的应用较少。

（2）摇板式　如图4-10b所示，在摇板式波浪电站中，吸能装置由水室与摆板组成，水室的作用是聚波形成立波，以增加波能密度；摆板则是与波浪直接接触的部分，波浪通过摆板做功，转化为机械能。该方式可以增加波能吸收的水深，但是由于摆板的双向摆动，所以会降低其吸收效率，增加后壁可对此加以改善。此外，在工艺上摆轴宜置于水面以上，这在理论上导致摆板质点的线速度上小下大、而与波质点线速度上大下小相矛盾，因此效率更差。

（3）空气式　空气式波能吸收装置又称振荡水柱式波能吸收装置，如图4-10c所示。目前已建成的振荡水柱式波能吸收装置都利用空气作为转换的介质。图4-14所示为空气式波能吸收装置示意图，其一级能量转换机构为气室，二级能量转换机构为空气涡轮机。气室的下部开口在水下与海水连通，气室的上部与大气连通，在开口处形成喷嘴。在波浪力的作用下，气室下部的水柱在气室内做强迫振动，压缩气室的空气往复通过喷嘴，将波浪能转换成空气的压能和动能。空气涡轮机安装在喷嘴处并将涡轮机转轴与发电机相连，则可利用压缩气流驱动涡轮机旋转并带动发电机发电。

图4-14　空气式波能吸收装置示意图

空气式波能吸收装置的优势主要在于两点：第一，它没有任何水下活动部件，结构安全，维护方便；第二，它将空气作为能量载体，传递方便，而且可以简单地通过一个收缩段而提高气流速度，从而与二次转换能很好的匹配。

空气式波能吸收装置可分为两大类：漂浮式和固定式。

1）漂浮式波能吸收装置的一次转换装置由重物系泊漂浮于海上。漂浮式波能吸收装置由于它本身的运动，难免会向后方兴波而影响吸收效率，但是利用能做多自由度运动的浮体，可以在一定程度上提高吸波效率。漂浮式波能吸收装置的主要优点是其建造方便、投放点灵活，对潮位变化具有很强的适应性。由于波浪的表面性，希望波能吸收装置要尽量接近水面，而漂浮式波能装置则能在任何潮位下实现这一要求。相比之下，固定式波能吸收装置的吸波开口无法适应潮位的改变，不能始终处于理想的工作状态。漂浮式波能吸收装置的主要缺点在于系泊与输电较为困难。

2）固定式波能吸收装置（也称岸式波能吸收装置）一般建在岸边迎浪侧，在岸上施工较为方便，且并网输电也更为简单，但是一般岸式波浪电站选址在风浪较大的区域，给电站施工带来不利，往往会使施工质量受到一定影响，电站建成后，由于波浪拍岸时会出现高度的非线性现象，其作用力很难估算，所以如何抵御风浪破坏是其面对的主要困境。

（4）聚波储能式　除通过以上三种波能吸收装置进行能量转换以外，聚波储能波浪发电方式则舍弃波浪的动能，利用波浪在沿岸的爬升将波浪能转换成水的势能。它利用狭道将波能集中，使波高增高至3~8m而溢出蓄水池，然后像潮汐发电一样用蓄水池内的水推动水轮发电机，其二次转换实际上就是一般的水力发电，技术较为成熟。其不足之处是对于地形有一定的要求，如图4-15所示。

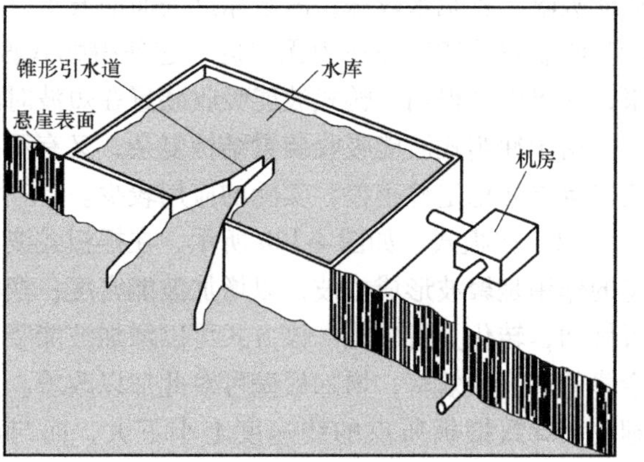

图4-15　聚波储能式

（5）其他　随着人们对波浪能利用技术的深入研究，一些新型的波能转换装置也相继出现。

世界上第一个商业海浪发电厂——“海蛇”位于葡萄牙北部海岸，2008年投入运转。“海蛇”设备由Pelamis波浪发电公司完成研制，由一串四个相连的管道组成，四部分之间铰链连接的三个能量模块对波浪能进行捕捉，如图4-16所示。能量模块中插有大型液压滑块，当长长的蛇体在波浪中扭曲翻转时，它们把滑块像活塞一样从模块中拖进拖出。滑块的巨大力量被加以利用，使得能量模块中的发电机发出电力并通过海底电缆送入电网中。

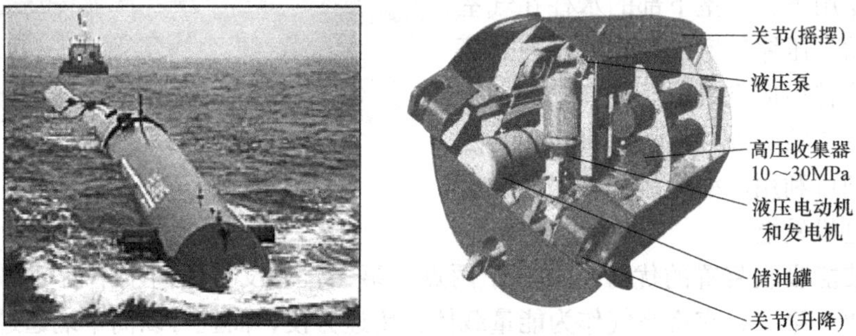

图4-16　海蛇海浪发电机

另一种名为“巨蟒”的海浪发电机由英国Checkmate海洋能源公司设计，是一种类似蟒蛇的大型发电设备，由橡胶而不是钢铁制成。“巨蟒”实际上是一根装满水的橡皮管，两头封闭。按照设计，此装置的一头停泊在即将来临的波浪中，当海浪在上方经过对其产生挤压时，内部可产生压力波，压力波向前行进，到达尾端时可带动发电机发电。

据悉，英国正在研制一种名为牡蛎（Oyster）的波浪发电机。在沿岸深10~12m的海面下装有振荡波能转换器，它是安装在海底的一个巨大杠杆，可随海浪来回摇摆。这样的机器可以成群安放，在极端天气下也能正常工作。海浪的冲击力使阻力板前后摆动并推动活塞系统，造成高压的海流，高压海水经由管线送往岸边，可用来推动岸边的水力发电机发电。

近年来，随着发电机技术的发展，一种简单的利用波浪能的方式——漂浮式波浪发电装置（即利用漂浮物的移动带动直线发电机发电）引起了人们越来越多的注意。据悉，英国

Trident Energy 公司设计了一种水翼艇状的漂浮物，可在海浪通过时产生上升力以及推进力。Trident Energy 公司所设计的漂浮式波浪发电装置内部安装有一个直线永磁发电机。另外，阿基米德浮筒装置是另一种位于水下的漂浮物。阿基米德浮筒整体要潜入水下数米，上部可像活塞一样相对于下部上下移动，当海浪经过时，浮筒上下推动直线发电机发电。

2. 波浪发电技术的发展应用情况

波浪发电始于20世纪70年代，以日、美、英、挪威等国为代表，研究了各式集波装置，进行了规模不同的波浪发电，其中有点头鸭式、波面筏式、环礁式、整流器式、海蚌式、软袋式、振荡水柱式、收缩水道式等。我国也是世界上主要的波能研究开发国家之一，波浪发电技术研究始于20世纪70年代，从80年代初开始主要对固定式和漂浮式振荡水柱波能装置以及摆式波能装置等进行研究，且获得较快发展。但我国波浪能开发的规模远小于挪威和英国，小型波浪发电距实用化尚有一定的距离。

虽然世界上对波浪能发电装置的研究开发历史不短，也研制了不少试验发电装置，有的容量还相当大，但是它离商业化及广泛应用还有相当长的距离，在波浪能利用的研究方面还存在许多问题有待解决。由于波浪能是一种密度低、不稳定、无污染、可再生、储量大、分布广、利用难的能源，且波浪能的利用地点局限在海岸附近，还容易受到海洋灾害性气候的侵袭，所以波浪能开发成本高、投资回收期长，一直束缚着波浪能的大规模商业化开发利用和发展。尽管如此，长期以来，世界各国还投入了很大的力量进行了不懈的探索和研究。近年来，世界各国都制定了开发海洋能源的规划。我国也制定了波浪发电以福建、广东、海南和山东沿岸为主的发展目标，着重研制建设100kW以上的岸式波浪发电站。因此波浪发电的前景十分广阔。

4.2.3 海洋温差发电

海洋热能主要来自太阳能。辐射到海面上的太阳能一部分被海面反射回大气，一部分进入海水。进入海水的太阳辐射能除很少部分再次返回大气外，其余部分都被海水吸收，转化为海水的热能。被海水吸收的太阳能，约有60%被1m厚的表层海水所吸收，因此海洋表层水温较高。图4-17所示为大洋平均水温典型垂直分布图（低纬），由图可见，海洋水温在垂直方向上基本呈层化分布，随着海水深度的增加，水温大体呈不均匀递减，且水平差异逐渐缩小，至深层水温分布趋于均匀。由于海水的热传导率较低，而海水垂直方向的运动比水平方向的运动要弱很多，所以表层的热量很难传导到深层去，故在表层形成一个温度较高、垂直梯度很小、几近均匀的上均匀层。上均匀层下方是温度垂直梯度较大的水层，在不太厚的深度（500~1000m）内，水温迅速下降，被称为主温跃层。在赤道附近的低纬度海域，以主温跃层为界，终年存在着表层和深层温差，其中蕴藏着数量巨大的海洋热能。因此，海洋热能的利用，主要集中在地球低纬度海域。

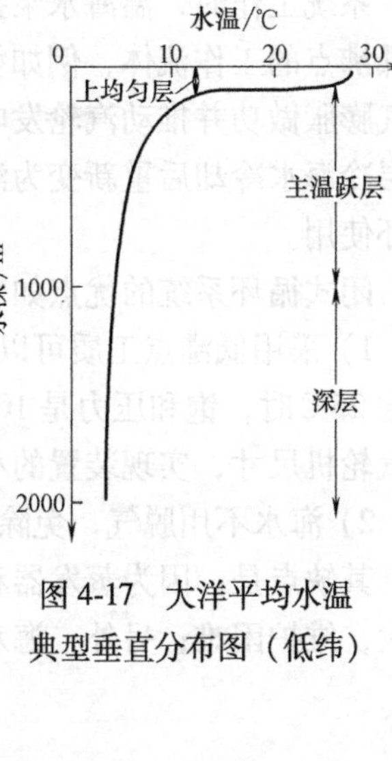

图4-17　大洋平均水温典型垂直分布图（低纬）

1. 海洋热能转换原理

海洋热能转换是将海洋热能转换为机械能，再把机械能转换为电能。在第一步热能转换中，以海洋受太阳辐射加热的表层海水（温度为25~28℃）作为高温热源，而以500~1000m深处的海水（温度为4~7℃）作为低温热源，然后用热机构成一种热力循环。从高温热源到低温热源，可获得总温差15~20℃的有效能量。根据所用工质及流程的不同，一般可分为开式循环系统、闭式循环系统和混合式循环系统。

（1）开式循环系统　开式循环系统主要由真空泵（图中未示出）、冷海水泵、温海水泵、冷凝器、闪蒸器、汽轮机、发电机组等组成，如图4-18所示。当系统工作时，真空泵将系统内抽到一定真空，起动温海水泵把表层的温海水抽入闪蒸器，由于系统内保持有一定的真空度，所以温海水就在闪蒸器内沸腾蒸发，变为蒸汽。蒸汽经管道由喷嘴喷出推动汽轮机运转，带动发电机发电。从汽轮机排出的废汽进入冷凝器，被由冷海水泵从深层海水中抽上的冷海水所冷却，重新凝结为水，并排入海中。在该系统中作为工质的海水，由泵吸入闪蒸器蒸发到最后排回大海，并未循环利用，故该工作系统称为开式循环系统。开式循环系统不仅能够发电，而且还能得到大量淡水副产品，但因以海水作为工作流体和介质，闪蒸器与冷凝器之间的压力非常小，所以必须充分降低管道等的压力损耗。为了获得预期的输出功率，必须使用极大的汽轮机，其大小可以和风力涡轮机相比。

（2）闭式循环系统　闭式循环系统如图4-19所示，该系统不以海水而采用一些低沸点的物质（如丙烷、异丁烷、氟利昂、氨等）作为工作流体，在闭合回路中反复进行蒸发、膨胀、冷凝。因为系统使用低沸点工作流体，所以蒸气的压力得到提高。

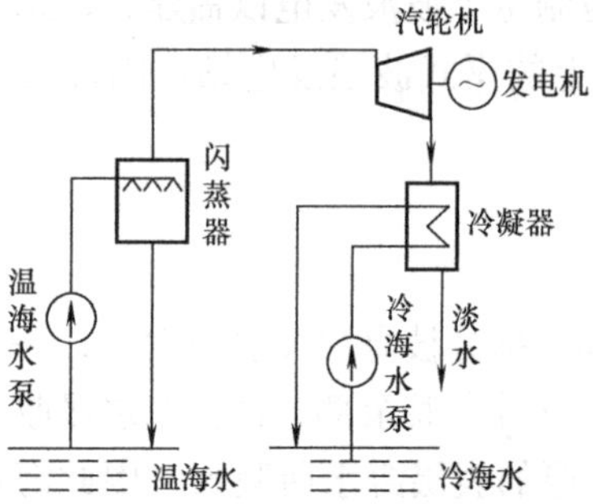

图4-18　开式循环系统

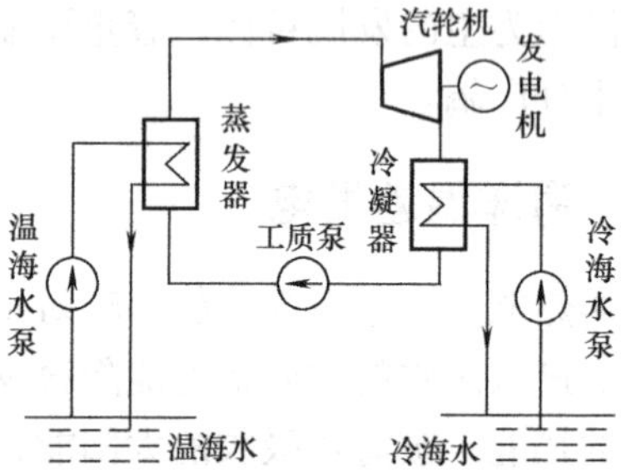

图4-19　闭式循环系统

系统工作时，温海水泵把表层温海水抽上送往蒸发器，通过蒸发器内的盘管把热量传递给低沸点的工作流体，例如氨水，氨水从温海水中得到足够的热量后开始沸腾并成为氨气，氨气膨胀做功并推动汽轮发电机组发电。汽轮机排出的氨气进入冷凝器，被冷海水泵抽上的深层冷海水冷却后重新变为液态氨，通过工质泵把冷凝器中的液态氨重新打入蒸发器，以供循环使用。

闭式循环系统的优点如下：

1）采用低沸点工质可以提高压力差和压力水平，同样温度下蒸气压力比水高得多，如氨在25℃时，饱和压力是1005.1kPa，是同温下水饱和压力的34.6倍，因此可以极大地缩小汽轮机尺寸，实现装置的小型化。

2）海水不用脱气，免除了这一部分的动力需求。

其缺点是：因为蒸发器和冷凝器采用表面式换热器，导致这一部分体积巨大，金属消耗量大，维护困难；另外，海水与工质之间需要二次换热，减小了可利用温差。

（3）混合循环系统 混合循环系统是在闭式循环的基础上结合开式循环改造而成的。该系统与闭式循环基本相同，但用温海水闪蒸出来的低压蒸汽来加热低沸点工质。这样做的好处在于减小了蒸发器的体积，可节省材料，便于维护。

混合系统有两种形式，如图4-20所示。图4-20a中，温海水先闪蒸，闪蒸出来的蒸汽在蒸发器内加热工质的同时被冷凝成水。优点是蒸发器内工质采用蒸汽加热，换热系数较高，可使换热面积减小、蒸发设备体积减小，且淡水产量较高；缺点是闪蒸系统需要脱气，且存在着二次换热，闭路系统有效利用温差降低。图4-20b所示系统的温海水通过闪蒸器加热工质，然后再在闪蒸器内闪蒸，闪蒸出来的蒸汽用从冷凝器出来的冷海水冷凝。该系统的优点是没有影响发电系统的有效温差，因此系统效率较高，而且可以根据需要调节进入闪蒸器的海水流量，从而控制淡水产率；缺点是系统布置比较复杂，需配备淡水冷凝器，系统的初始投资更大。

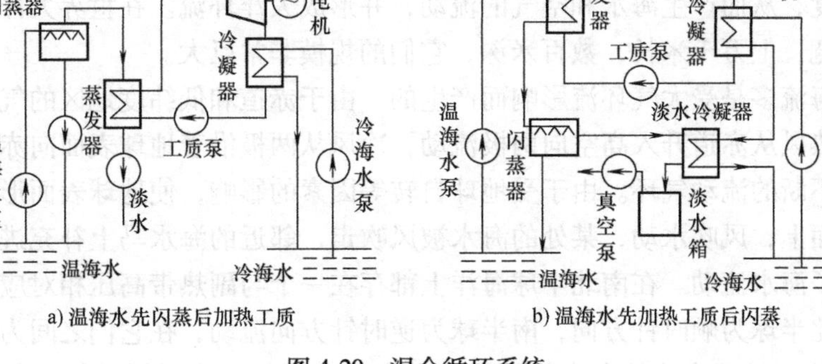

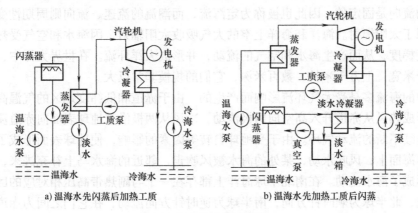

a) 温海水先闪蒸后加热工质　　b) 温海水先加热工质后闪蒸

图4-20 混合循环系统

2. 海洋温差发电装置

从海洋温差发电装置的设置形式来看，大致分成陆上型和海上型两类。陆上型是把发电机设置在海岸，而把取水泵延伸到500~1000m或更深的深海处。1981年，日本东京电力事业公司在太平洋赤道地区的瑙鲁共和国建起了世界上第一座功率为100kW的岸式海洋温差发电装置，即采用一条外径为0.75m、长1250m的聚乙烯管深入580m的海底设置取水口。接着，1990年又在鹿儿岛建起了一座兆瓦级的同类电站。日本这两座海洋温差发电装置都是岸式电站，鹿儿岛取用370m深处的海水（温度为15℃），再利用柴油机发电的余热将表面海水加温到40℃，使温差达到具有利用价值的25℃。海上型又可分成三类，即浮体式（包括表面浮体式、半潜式、潜水式）、着底式和海上移动式，图4-21所示为浮体式海洋温差发电装置示意图。1979年在美国夏威夷建成的“mini OTEC”海洋温差发电装置，即安装在一艘268t的海军驳船上，利用一根直径0.6m、长670m的聚乙

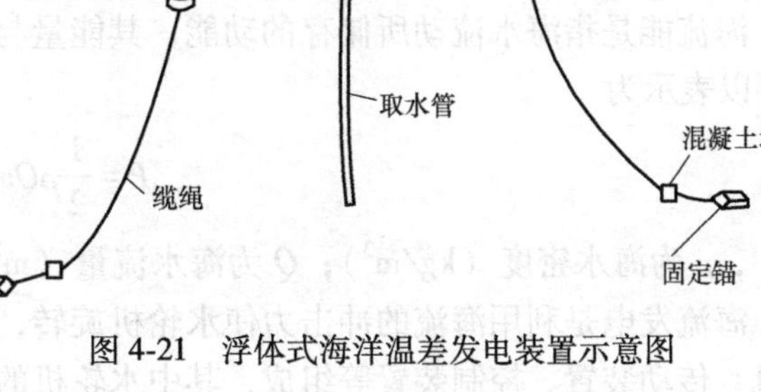

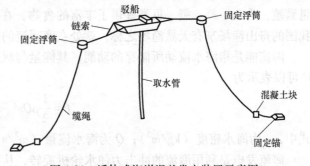

图4-21 浮体式海洋温差发电装置示意图

烯冷水管垂直伸向海底吸取冷水，表面海水温度为28℃，冷水温度为7℃。该温差发电装置采用液氨为工质，以闭式循环方式完成海洋温差发电，设计功率为50kW，实际发电功率为53.6kW，减去水泵等自耗电35.1kW，实现净输出功率18.5kW。所发出的电可用来供给岛上的车站、码头和部分企业照明。总的来说，各国对海洋温差能的利用都还处于试验阶段。

沿海海域南北纬在20℃以内的地区，包括古巴、巴西、安哥拉、西非、阿拉伯地区、斯里兰卡、印尼、菲律宾以及澳大利亚北部等热带海洋都适合发展温差发电。我国南海地处北回归线以南，太阳辐射强烈，表层海水温度全年在25℃以上，500m以下的深层海水水温在5℃以下，可利用温差达20~24℃，其间蕴藏着丰富的海洋热能资源。

4.2.4 海流发电

海（潮）流主要是指海水大规模相对稳定的流动以及由于潮汐导致的有规律的海水流动。海流的流向是固定的，因此也被称为定海流，而潮流的流速、流向则周期性变化。海流的能量来源于太阳辐射。海洋和海洋上空的大气吸收太阳辐射，因海水和空气受热不均而形成温度密度梯度，从而产生海水和空气的流动，并形成大洋环流。在世界大洋中，最大的海流有数百千米宽，上万千米长，数百米深，它们的规模非常巨大。

大洋中的海流多是受大气环流影响而产生的。由于赤道和低纬度地区的气温高，空气受热膨胀，形成热风从赤道升入高空向两极流动，冷风从两极沿着地球表面向赤道流动，这就构成一个连续不断的流动气环。由于受地球自转等因素的影响，使地球表面形成了风带，在广阔的大洋海面上，风吹水动，某处的海水被风吹走，邻近的海水马上补充进来，这样连续不断，便形成了海水流动。在南北半球海洋上都存在一个与副热带高压相对应的巨大的反气旋式大环流，北半球为顺时针方向，南半球为逆时针方向流动，在它们之间为赤道逆流，如图4-22所示。由于地球自旋偏向力的作用，形成了大洋环流的西部强化现象。大西洋和太平洋北半球的西边界流，如大西洋的墨西哥湾流、太平洋的黑潮都非常强。而南半球的西边界流，如大西洋的巴西海流、太平洋的东澳大利亚海流、印度洋的莫桑比克海流则相对较弱。另外，印度洋西侧还有跨越赤道的索马里-厄加勒斯海流，北太平洋和北大西洋沿洋西侧有来自北方的寒流。在全球大洋环流中的强海流，尤其是位于墨西哥湾属于湾流系统的佛罗里达海流和黑潮，流速强、流量大，最为引人注目，将有可能成为首先被人类所利用的海洋流资源。其他很多海流或者因流速较低，或者因远离陆地，近期很难开发利用。

海水的流动就像大气中的气流一样，它对物质和能量有输送作用。在寒暖流交汇处，海水上下翻动，下层丰富的营养物质来到了表层，再加上水温综合不冷不热，促使浮游生物大量繁殖，为鱼、虾、蟹、贝类提供了丰富的食物，在这样的条件下就可以形成优良的渔场。我国的舟山渔场享有天然渔场之称，就处在寒暖流的交汇地点，因此一年四季鱼虾不断。

海流能是指海水流动所储存的动能，其能量与流速的二次方和流量成正比，海流能功率P可以表示为

$$P=\frac{1}{2}\rho Qv^3 \tag{4-4}$$

式中，ρ为海水密度（kg/m^3）；Q为海水流量（m^3/s）；v为海水流速（m/s）。

海流发电是利用海流的冲击力使水轮机旋转，从而驱动发电机发电。海流发电系统由水轮机、传动装置、控制装置等组成，其中水轮机的设计是海流发电系统的关键，其性能优劣

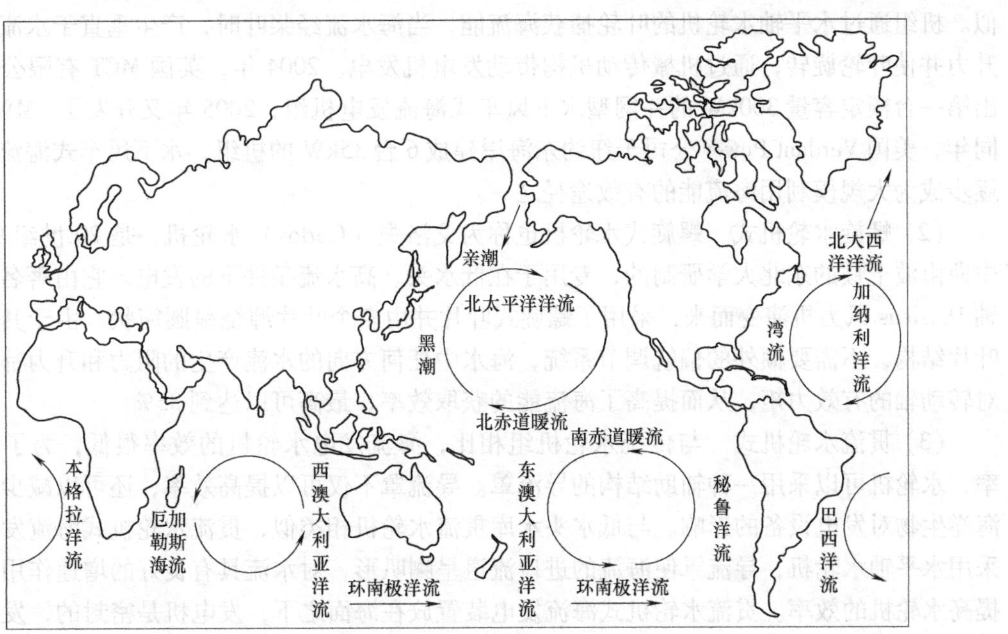

图4-22 冬季大洋环流

直接决定着发电系统效率的高低。与传统建有水库的水轮机通过水压力差来推动叶片旋转不同，海流发电的水轮机直接将水流的动能转化为机械能，从而带动发电机发电。因此，海流发电的水轮机是一种无压降低水头的水轮机，发电机组的输出电能主要取决于海流的速度。一般来说，海流速度为2m/s及以上的海区，其海流能才具有实际开发的价值。

海流发电的原理和风力发电相似，几乎任何一个风力发电装置都可以改造成海流能发电装置。由于海水的密度约为空气的1000倍，尽管海流速度要比风速低很多，但是产生相同功率的水轮机叶轮直径为风力机叶轮直径的1/2，因此海流能发电机组之间的间距可小于50m，使得安装紧凑，既可节省电缆又可节约安装费用。此外，海流能要比风能稳定性好，而且发电机组出力可以事先比较准确地计算出来，便于制定电网供电计划。但是，海流发电装置需要放置于水下，因此海流发电存在着一系列的关键技术问题，包括安装维护、电力输送、防腐、海洋环境中的载荷与安全性能等。

海流发电的水轮机可分为水平轴和垂直轴两类。水平轴水轮机的旋转轴与海流方向平行，其获取功率与海流流向有关，因此一般需要加装偏航调节机构，根据水流方向控制水轮机旋转轴方向。水平轴式海流发电装置因效率高、自起动性能强而成为目前国内外海流发电装置的主流研究方向。垂直轴水轮机的旋转轴与水流方向垂直，根据旋转轴与水平面所成夹角不同，又可以分为横轴和竖轴两类：横轴水轮机的旋转轴与水平面平行，叶片获得的能量大小与水流方向有关，因此也需要有偏航调节系统；竖轴水轮机的旋转轴与水平面垂直，叶片获得的能量大小不受水流方向的影响，不需要安装偏航调节系统，而且竖轴水轮机还便于和发电机连接实现转矩输出。因此，竖轴水轮机比横轴水轮机获得更为广泛的应用。

如今，人们已经提出了多种海流发电的设计方案，其中有采用水轮机进行能量转换的，也有采用其他结构进行能量转换的，下面做一简要介绍。

（1）水下风车式　水下风车海流发电装置由于其结构、工作原理与现代风力机基本相似。机组通过水平轴水轮机的叶轮捕获海流能，当海水流经桨叶时，产生垂直于水流方向的升力并使叶轮旋转，通过机械传动机构带动发电机发电。2004 年，英国 MCT 有限公司制造出第一台额定容量 300kW 的并网型水下风车式海流发电机组，2005 年又开发了 1MW 机组。同年，美国 Verdant Power 公司于纽约东海岸建成 6 台 35kW 的机组，水下风车式海流发电将逐步成为大规模利用海流能的有效途径之一。

（2）螺旋水轮机式　螺旋式水轮机也称为戈洛夫（Gorlov）水轮机，是 20 世纪 90 年代中期由波士顿的东北大学研制的，专用于在低水头、高水流条件下的发电。它由著名的垂直轴 Darrieus 风力机演变而来，采用了螺旋式叶片并由多个叶片缠绕呈圆筒状。由于其特殊的叶片结构，不需要额外的偏航调节系统，海水中任何方向的水流产生的阻力和升力都能产生对转动轴的有效力矩，从而提高了海流能的获取效率，最高可以达到 35%。

（3）贯流水轮机式　与传统水轮机组相比，海流发电水轮机的效率很低，为了提高效率，水轮机可以采用一种辅助结构的导流罩。导流罩不仅可以提高效率，还可以减少海草等海洋生物对发电设备的影响。与低水头水库贯流水轮机相类似，贯流水轮机式海流发电装置采用水平轴水轮机，导流罩使海流的进口流道呈喇叭形，对水流具有良好的增速作用，可以提高水轮机的效率。贯流水轮机式海流发电装置放在海面之下，发电机是密封的，发出的电通过海底电缆输送到陆上的变电站。

（4）花环式　有一种浮在海面上的海流发电站看上去像花环，被称为花环式海流发电站。这种发电站是由一串螺旋桨组成的，它的两端固定在浮筒上，浮筒里装有发电机。整个电站迎着海流的方向漂浮在海面上，就像献给客人的花环一样。这种发电站之所以由一串螺旋桨组成，主要是因为海流的速度小，单位体积内所具有的能量小。它的发电能力通常较小，一般只能为灯塔和灯船提供电力，至多不过为潜水艇上的蓄电池充电而已。

（5）驳船式　驳船式海流发电站是由美国设计的，这种发电站实际上是一艘船，所以叫发电船更合适些。船舷两侧装着巨大的水轮，在海流推动下不断地转动，进而带动发电机发电。这种发电船的发电能力约为 5 万 kW，发出的电力通过海底电缆送到岸上。当有狂风巨浪袭击时，它可以驶到附近港口避风，以保证发电设备的安全。

（6）降落伞式　20 世纪 70 年代末期，诞生了一种设计新颖的降落伞式海流发电站。这种电站也是建在船上的。这是将 50 个降落伞串在一根长 154m 的绳子上，用来集聚海流能量。绳子的两端相连，形成环形，然后将绳子套在锚泊于海流中的船尾两个轮子上，置于海流中，串起来的 50 个降落伞由强大的海流推动着。在环形绳子的一侧，海流就像大风那样把伞吹胀撑开，顺着海流方向运动。在环形绳子的另一侧，绳子牵引着伞顶向船运动，伞不张开。于是，拴着降落伞的绳子在海流的作用下周而复始地运动，带动船上两个轮子旋转，连接着轮子的发电机也就跟着转动而发出电来，如图 4-23 所示。

（7）科里欧利斯式　美国 1973 年提出，采用顺流悬在海水中的伞式巨型水轮机组——科里欧利斯（Coriolis）发电装置利用佛罗里达海流能的方案。科里欧利斯发电装置是拥有一套外径 171m、长 110m、重 6000t 大型管道的大规模海流发电系统。该系统可在海流流速为 2.3m/s 的条件下输出功率 83MW。其原理是：在一个大型轮缘罩中装有若干个发电装置，中心大型叶片的轮缘在海流的作用下缓慢转动，轮缘通过摩擦力带动发电机驱动部分运动，经过增速传动装置后，驱动发电机旋转发电，以此将大型叶片的转动能变换为电能。

（8）超导磁体　今天，超导技术已得到了迅速发展，超导磁体已得到实际应用，利用人

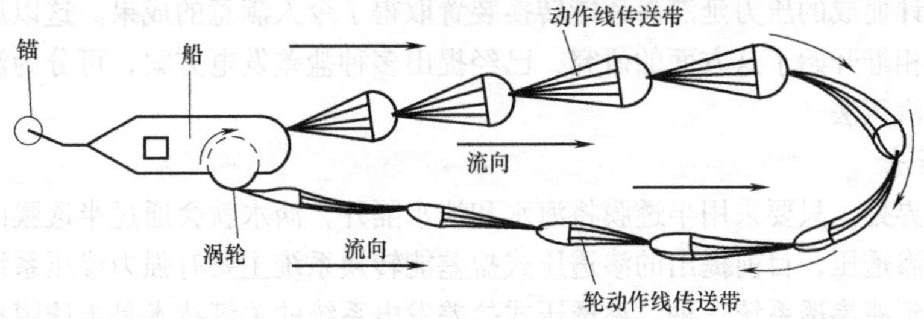

图 4-23 降落伞式海流发电装置

工形成强大的磁场已不再是梦想。因此，有专家提出，只要将一个磁通量密度达 3.1T 的超导磁体放入黑潮海流中，海流在通过强磁场时切割磁力线，就会发出 1500kW 的电力。

由于海流发电装置在海水下运行，在实际运行时会遇到很多风力发电不会存在的问题，目前相关技术还不成熟，不但建设电站的经费无法估算，一些未知因素和可能造成的危险也尚待克服。比如，海底运转的水轮机叶轮有可能让鱼类和其他海洋生物致死，转速较快时还会产生严重的空蚀现象，影响水轮机叶片的使用寿命，因此要对海流发电水轮机的转速进行限制，目前一般取为 10~30r/min。密封问题一直是水力机械方面的关键技术难点，另外，置于海水中的海流发电装置在防腐降噪、减少海洋的生态破坏和周围环境污染等方面还存在很多困难，需要进一步解决。

4.2.5 盐差发电

在海洋咸水和江河淡水交汇处，蕴含着一种盐差能。盐差能是两种浓度不同的溶液间以物理化学形态储存的能量，这种能量有渗透压、稀释热、吸收热、浓淡电位差及机械化学能等多种表现形式。盐差能的利用方式主要是发电，其基本方式是将不同盐浓度的海水之间的化学电位差能转换成水的势能，再利用水轮机发电，具体主要有渗透压式、蒸汽压式和机械—化学式等，其中渗透压式方案最受重视。将一层半透膜放在海水和淡水之间，通过这个膜会产生一个压力梯度，迫使淡水通过半透膜向海水一侧渗透，从而使海水侧的水面升高，当海水和淡水水位差达到一定高度 h 时，淡水停止向海水一侧的渗透。此时，海水和淡水水位差 h 所产生的压强差即为两种溶液浓度差所对应的渗透压。盐差能的大小取决于渗透压和向海水渗透的淡水量，即盐差能与入海的淡水量和当地海水盐度有关。

渗透压有多大呢？以世界大洋海水的平均盐度 35 为计（即平均每千克海水中约有 35g 盐），在水温为 20℃时，这种盐分浓度的渗透压为 2.418×10^{8}Pa。因此从理论上讲，在河海交界处，海水和河水之间相当于有约 240m 高的水头差。而在死海和红海的个别地点，在近海底的盐度达 270，流入死海的约旦河口的渗透压为 500atm㊀（大气压），这个压强相当于约 5000m 高坝的水头。

盐差能发电的设想是 1939 年由美国人首先提出的。自 20 世纪 70 年代以来，世界上如美国、瑞典、日本等沿海的发达工业国家开展了许多调查研究，以寻求提取盐差能的方法。1973 年，以色列科学家洛布（Loeb）在死海与约旦河交汇的地方进行了盐差能发电，利用

㊀ 非法定计量单位，1atm = 101.325kPa。

渗透压原理设计而成的压力延滞渗透能转换装置取得了令人满意的成果。这以后，美国、瑞典、日本等国相继开始了这方面的研究，已经提出多种盐差发电方案，可分为渗透压法、渗析电池法和蒸汽压法。

1. 渗透压法

在河海交界处，只要采用半透膜将海水和淡水隔开，淡水就会通过半透膜向海水一侧渗透并由此产生渗透压，目前提出的渗透压式盐差能转换系统主要有强力渗压系统、水压塔渗压系统和压力延滞渗透系统三种。渗透压式盐差发电系统的关键技术是半透膜技术和膜与海水界面间的流体交换技术，技术难点在于如何制造有足够强度、性能优良、成本适宜的半透膜。

（1）强力渗压盐差发电系统　美国科学家研制出了一种基于渗透原理的强力渗压盐差发电系统，如图4-24所示。该系统由前坝、后坝、水轮机、深水池、渗流器等部分组成，其中渗流器由半透膜构成。前、后大坝建在水深为228m以上的海床上，河流的淡水从管道输送到发电机组并流入深水池。系统的工作流程是：后坝和渗流器隔开了位于外海的海水和深水池的淡水，由于渗流器和海水、淡水之间渗透压的存在，深水池中的淡水会通过渗流器不断向海水侧迁移。由于理论上海水相对于河水是无穷多的，深水池淡水向海水的渗透基本不会改变海平面的高度，而深水池中的淡水是有限的，这样深水池中水位将下降很多，最终可形成一个低于海平面约200m的水库，所以深水池的水位与河水的水位在前坝形成一个较大的落差。这个水位落差就可以让河水流经水轮机带动发电机发电，然后排入深水池，盐度差产生的渗透压将保持深水池与海平面的高度差。

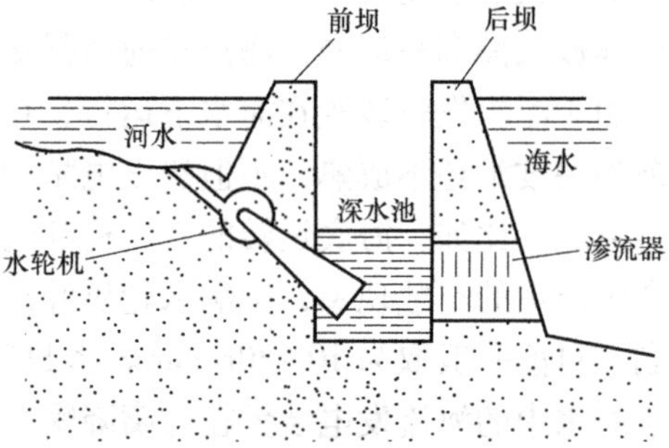

图4-24　强力渗压盐差发电系统

从理论上讲，由渗透压产生的水头差可达240m，但是实际工作中这个压力要略小才可保证淡水顺利通过半透膜排入海中（本例深水池深度为228m）。这是由于渗流器隔开的淡水和海水随着淡水经半透膜渗入海水，会使薄膜表面附近的盐水被稀释，海水侧盐浓度下降，即浓度极化现象。使用中必须用大量海水不断地冲洗半透膜海水侧，以将渗透过薄膜特别是薄膜附近的淡水带走，以保证海水理论上相对淡水无限多，淡水向海水的渗透不改变海水盐浓度的假设。

（2）水压塔渗压盐差发电系统　水压塔渗压盐差发电系统如图4-25所示，主要由水压塔、水轮机、海水泵、半透膜、发电机等组成。水压塔的淡水一侧水位以下部分由半透膜组成，向水压塔内充入海水，由于盐差产生渗透压，在此作用下，淡水通过半透膜向水压塔内渗透，水压塔内的水位逐渐升高，当塔内水位上升到水塔最高端

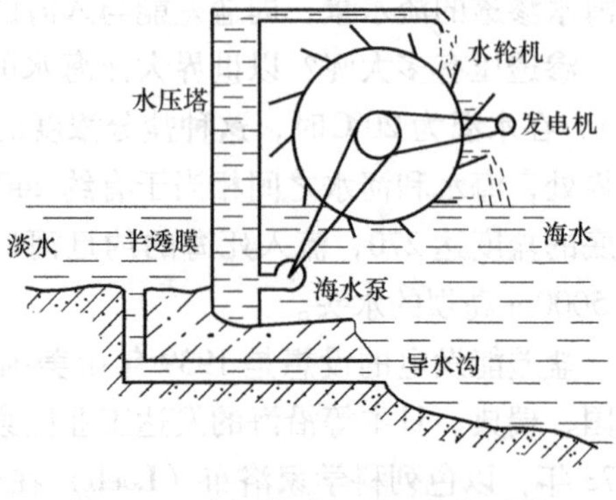

图4-25　水压塔渗压盐差发电系统

时，水从海水导出管喷射出来，冲击水轮机叶片旋转并带动发电机发电。为了防止产生和强力渗压盐差发电系统类似的浓度极化现象，在发电过程中要使水压塔内的海水保持稳定的盐浓度，因此采用海水泵不断向水压塔内注入海水。根据试验结果，扣除各种动力消耗后该装置的总效率约为20%。

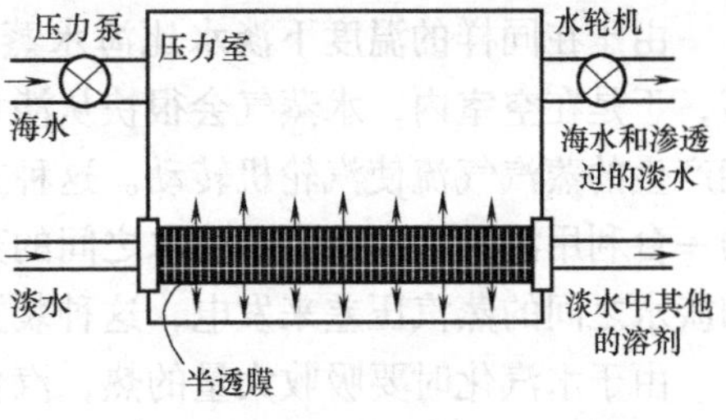

图4-26 压力延滞渗透盐差发电系统

(3) 压力延滞渗透盐差发电系统 压力延滞渗透盐差发电系统如图4-26所示。运行前，压力泵先把海水泵入压力室，使压力室的海水压力不超过海水和淡水的渗透压差；运行时，在渗透压的作用下，淡水通过半透膜渗透到压力室同海水混合，混合淡水后的海水将具有更高的压力，由此驱动安装在压力室海水出口处的水轮机发电。

2. 渗析电池法

渗析电池法也称浓差电池法。这种电池利用由带电薄膜分隔的盐浓度不同的溶液间形成的电位差，直接将化学能转化为电能。浓度为0.085%的淡水和海水作为膜两侧溶液的情况下，可在界面产生约为80mV的电位差，如果把多个这类电池串联起来，可以形成较高的电压。这种电池采用了两种渗透膜，即阴离子渗透膜和阳离子渗透膜。阳离子渗透膜允许阳离子（主要是Na^+）通过，阴离子渗透膜允许阴离子（主要是Cl^-）通过。阳离子渗透膜和阴离子渗透膜交替放置，中间的间隔交替充以淡水和海水，这样，就可以得到串联电池，如图4-27所示。由于该系统需要采用面积大而且昂贵的渗透膜，所以发电成本很高。不过这种离子渗透膜的使用寿命很长，而且即使渗透膜破裂了也不会给整个电池带来严重影响。例如，1000只串联电池组成的电池组电压为80V，如果有一个膜损坏，输出电压仅损失0.1%。另外，这种电池在发电过程中电极上会产生有用的副产品——Cl_2和H_2，产生额外的经济效益。

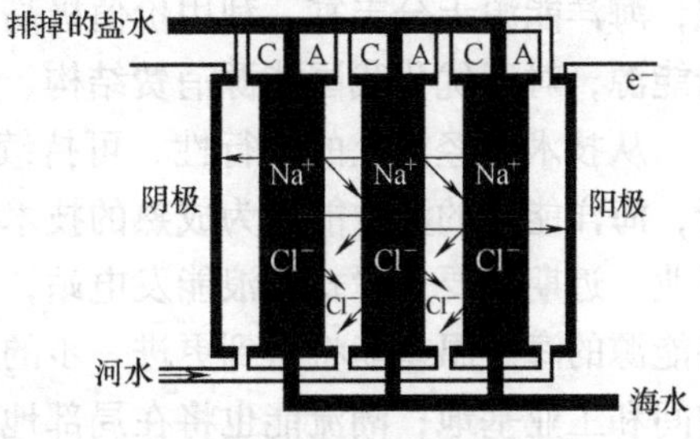

图4-27 浓差电池示意图

3. 蒸汽压法

蒸汽压法是根据淡水和海水具有不同蒸汽压力的原理研究出来的。蒸汽压发电装置为一个桶状物，它由树脂玻璃、PVC管、热交换器（薄铜片）、汽轮机组成，如图4-28所示。

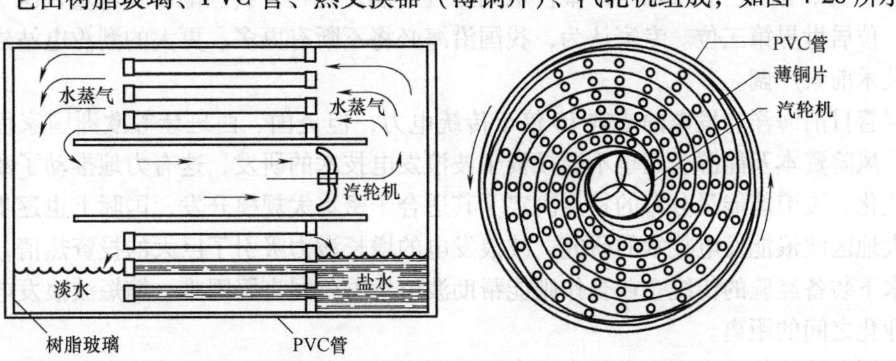

图4-28 蒸汽压发电装置

由于在同样的温度下淡水比海水蒸发得快，所以淡水侧的气压要比海水侧的气压高得多，于是在空室内，水蒸气会很快从淡水上方流向海水上方，装上汽轮机，就可以利用盐差能产生的蒸汽气流使汽轮机转动。这种方法的产生源自于20世纪初法国工程师克劳德建造的一台利用深海冷水和表海热水之间的蒸汽压差发电装置，后来研究人员发现，如果用海水和淡水之间的蒸汽压差来发电，这种装置更具有发展前景。

由于水汽化时要吸收大量的热，汽化过程导致的热量转移会使系统工作过程减慢并且最终停止，采用旋转桶状物的目的就是使海水和淡水溶液分别浸湿热交换器表面，用于海水向淡水传递水汽化所要吸收的潜热，这样蒸汽就会不断地从淡水侧向海水侧流动以驱动汽轮机。有关试验表明，蒸汽压盐差发电装置每平方米热交换器表面积的功率密度可达10W/m^2，是渗析电池法的10倍，而且蒸汽压法不需要使用半透膜，在成本方面占有一定优势，也不存在与半透膜有关的诸如膜性能退化、水的预处理等有关问题。

4.3 海洋能发电的未来展望

海洋被认为是地球上最后的资源宝库，21世纪海洋将在为人类提供生存空间、食品、矿物、能源及水资源等方面发挥重要作用，而海洋能源也将扮演重要角色。海洋能源都具有可再生性和不污染环境等优点，是亟待开发利用并具有战略意义的新能源。世界各主要海洋国家目前普遍重视对海洋的开发利用。我国有18000km的海岸线、300多万km^2的管辖海域，海洋能源十分丰富，利用价值极高。同时，我国又是世界能源消费大国，大力发展海洋新能源，对于优化我国能源消费结构、支撑经济社会可持续发展意义重大。

从技术及经济上的可行性、可持续发展的能源资源以及地球环境的生态平衡等方面分析，海洋能中的潮汐能作为成熟的技术将得到更大规模的利用；波浪能将逐步发展成为独立行业，近期主要是岸式波浪能发电站，但大规模利用要发展漂浮式波浪能发电站；可作为战略能源的海洋温差能将得到更进一步的发展，并将与海洋开发综合实施，建立海上独立生存空间和工业基地；潮流能也将在局部地区得到规模化应用。

经过多年研究试点，潮汐发电行业在技术上日趋成熟，在降低成本、提高经济效益方面也取得了较大进展。近年来，我国潮汐能开发进程加速，潮汐电站建设掀起新高潮，已经建成一批性能良好、效益显著的潮汐电站。如2008年，福建八尺门潮汐能发电项目正式启动；2009年5月，浙江三门2万kW潮汐电站工程启动。现在，我国潮汐发电量仅次于法国、加拿大，位居世界第三位。专家认为，我国沿海必将不断有更多、更大的潮汐电站建成，潮汐发电技术前景广阔。

尽管目前海洋能发电的成本10倍于传统电力，但英国、西班牙等欧洲国家仍提供政府补贴，风险资本及能源公司也不断投资于波浪发电技术的研发，这有力地推动了欧洲波浪发电产业化。波浪能能量分布的特点决定了其适合于密集大规模开发，国际上也逐步加强对负荷较大地区波浪能发电技术的研究。波浪发电的增长潜力吸引了巨大的投资热情，而与拥有丰富水下装备经验的传统企业合作则能帮助波浪发电公司克服困难、缩短波浪发电技术研发与产业化之间的距离。

我国在波能技术方面与世界先进水平差距不大。考虑到世界上波能丰富地区的资源是我国的5~10倍，以及我国在制造成本上的优势，因此发展外向型的波能利用行业大有可为，并且已在小型航标灯用波浪发电装置方面有良好的开端。因此，当前应加强百千瓦级机组的商业化工作，经小批量推广后，再根据欧洲的波能资源，设计制造出口型的装置。2020 年由中科院广州能源研究所研发设计的“舟山号”波浪能发电装置在珠海市大万山岛波浪能发电试验场建成，装机容量达 500kW，这是目前我国装机容量最大的波浪能发电装置，将来还将设计建造单台兆瓦级波浪能发电装置。这意味着我国波浪能发电技术已取得了突破性进展。

从 21 世纪的观点和需求看，海洋温差能利用应放到相当重要的位置，与能源利用、海洋高技术和国防科技综合考虑。海洋温差能的利用可以提供可持续发展的能源、淡水、生存空间，并可以和海洋采矿与海洋养殖业共同发展，解决人类生存和发展的资源问题。

我国是世界上海流能量资源密度最高的国家之一，发展海流发电有良好的资源优势。海流发电也应先建设百千瓦级的示范装置，解决机组的水下安装、维护和海洋环境中的生存问题。海流能和风能一样，可以发展“机群”，以一定的单机容量发展标准化设备，从而达到工业化生产以降低成本的目的。

据估计，世界各河口区的盐差能达 30TW，其中可供利用的大约有 2. 6TW。我国的盐差能估计为 1. 1 亿 kW，主要集中在各大江河的出海处，同时，我国青海省等地还有不少内陆盐湖可以利用。人类要大规模地利用盐差能发电，还有一个相当长的过程。从全球情况来看，盐差能发电的研究都还处于不成熟的小规模实验室研究阶段。目前，世界上只有以色列建了一座 1. 5kW 的盐差能发电实验装置，实用型盐差能发电站还未问世，但现在已经具备建立 3 万 kW 级发电站的能力。随着对能源越来越迫切的需求和各国政府及科研力量的重视，盐差能发电技术研究必将有新的突破。

我国海洋能发电总体思路为重点开发潮汐发电技术，积极进行波浪和潮流发电技术实用化研究，适当兼顾海洋温差能和盐差能发电技术的试验研究。其中，潮汐发电探索性地向大中规模电站发展，建设近岸万千瓦级潮汐示范电站，实现潮汐电站的并网规模化应用，建立并充分利用基础设施，积极推动技术和经验的发展和推广。波浪发电在示范电站实现应用的基础上，逐步推进小规模电站的商业化试运营，建设百千瓦级波浪发电示范项目。建设兆瓦级潮流发电示范项目，探索开展海洋温差能利用研究，鼓励开发温差能综合海上生存空间系统，开展盐差发电原理及试验样机研究。

海洋能发电技术是多种学科技术的综合，涵盖了动力学、结构学、化学、材料学等各方面的内容，只要其中一项技术达不到国际水平，如防腐材料技术欠缺，就会导致最终的技术水平差距。而装备制造业的发展水平不够，对于海洋能发电技术提高的制约也是显而易见的。由于缺乏行业标准，以及尚未到大规模应用阶段等原因，我国目前与海洋能发电技术相关的装备制造业尚未形成，除了小型的海洋能发电装置，基本没有批量生产的海洋能发电装置。因此，加工水平、精细程度等实验室不可控因素也在很大程度上制约了我国海洋能发电技术的进步。

思考题与习题

4-1　什么是海洋能？开发海洋能具有何种重要意义？

4-2　海洋能具有什么特点？

4-3 海洋能可分为哪些种类？

4-4 常见的波浪发电装置有哪些类型？各自具有什么特点？

4-5 潮汐电站有哪些种类？它们有何运行特点？

4-6 简述海洋温差发电闭式循环系统的原理和优缺点。

4-7 什么是海流？海流能如何发电？

4-8 什么是盐差能？有哪些盐差发电的方案？

第 5 章

生物质发电

5.1 概述

地球上能量的终极来源，除地球形成之初聚集的核能与地热之外，与我们关系最密切的是来自太阳的辐射。在绿色植物出现之前，辐射能都散失于大气，而绿色植物可利用日光将吸收的二氧化碳和水合成为有机物——碳水化合物，将光能转化为化学能并储存下来。因此，绿色植物成为地球上最重要的光能转换器和能量之源。碳水化合物是光能储藏库，生物质是光能循环转化的载体。此外，煤炭、石油和天然气也是远古时代的绿色植物在地质作用影响下转化而成的。

5.1.1 生物质和生物质能

通过太阳的光合作用而形成的各种有机体总称为生物质，包括所有动植物和微生物。而所谓生物质能（Biomass Energy），就是太阳能以化学能形式储存于生物质中的能量形式，即以生物质为载体的能量。它直接或间接地来源于绿色植物的光合作用，可转化为常规的固态、液态和气态燃料，取之不尽、用之不竭，是一种可再生能源，同时也是唯一一种可再生的碳源。生物质能的原始能量来源于太阳，所以从广义上讲，生物质能是太阳能的一种表现形式。目前，很多国家都在积极研究和开发利用生物质能。

生物质种类和蕴藏量极其丰富，据估计，地球上蕴藏的生物质达 18000 亿 t，而植物每年经光合作用合成的生物质总量有 1440~1800 亿 t（干重），其中海洋年生产 500 亿 t 生物质。生物质能源的年产量远超过全世界总能源需求量，大约相当于现在世界能源消费总和的 10 倍。

世界上生物质资源不仅数量庞大，而且种类繁多、形式多样。它包括所有的陆生、水生植物，人类和动物的排泄物以及工业有机废物等。依据来源不同，可将生物质分为林业资源、农业资源、生活污水和工业有机废水、城市固体废物、畜禽粪便五大类。

煤、石油和天然气等化石能源也是由生物质能转变而来的，相比化石燃料而言，生物质能具有以下特点：

1）生物质利用过程中具有二氧化碳零排放的特性。由于生物质在生长期需要的 CO_2 相当于它排放的 CO_2 量，所以生物质能的利用对大气的 CO_2 净排放量近似等于零，可有效降低温室效应。

2）生物质硫氮含量都较低，灰分含量也较少，燃烧后的 SO_x、NO_x 和灰尘排放量都较化石燃料少得多，是一种清洁的燃料。

3）生物质资源分布广、产量大、转化方式多种多样。

4）生物质单位质量热值较低，而且一般生物质中水分含量大，进而影响了生物质的燃烧和热解特性。

5）生物质的分布比较分散，收集、运输和预处理的成本较高。

6）可再生性。生物质通过植物的光合作用可以再生，与风能、太阳能等同属于可再生能源，其资源丰富，可保证能源的永续利用。

在世界能源消耗中，生物质能约占14%。生物质的优点是燃烧容易、污染少、灰分较低，缺点是热值及热效率低、体积大且不易运输。生物质直接燃烧的热效率仅为10%~30%，随着现代科技的发展，已具有更高的利用生物质能的能力。通过对包括农作物、树木和其他植物及其残体、畜禽粪便、有机废弃物以及边缘性土地种植能源植物的加工，不仅能开发出燃料酒精、生物柴油等清洁能源，还能制造出生物塑料、聚乳酸等多种精细化工产品。世界上生物质能蕴藏量极大，仅地球上植物每年的生物质能生产量就相当于目前人类消耗矿物质能的20倍。生物质能既是可再生能源，又是无污染的清洁能源，因此开发利用生物质能已成为解决全球能源问题和改善生态环境不可缺少的重要途径。

5.1.2 生物质能转化利用技术

生物质能的载体是各种形式的生物质，它以实物形式存在，因此，相对于其他可再生能源，如风能、太阳能、潮汐能等，生物质能是唯一可存储和运输的可再生能源。生物质能的利用方式相似于常规化石燃料，因此常规能源的利用技术无须做大的变动，就可以应用于生物质能的利用。但是生物质的种类各异，分别具有不同的特点和属性，利用技术远比化石燃料复杂与多样，除了利用常规能源的利用技术以外，还有其独特的利用技术。

生物质能的转化利用途径主要包括物理转化、热化学转化、化学转化和生化转化等，转化为多种形式的二次能源，如图5-1所示。

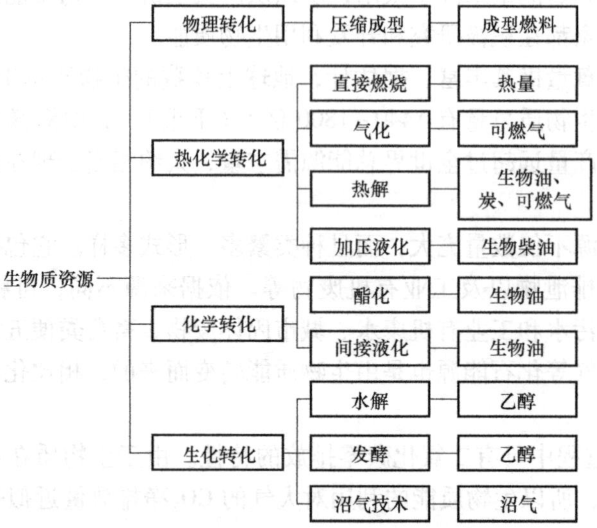

图5-1 生物质能主要转化利用途径

生物质的物理转化是指生物质的成型，生物质成型是生物质能利用技术的一个重要方面。生物质成型是指将各类生物质粉碎至一定的平均颗粒，不添加黏结剂，在一定压力作用下（加热或不加热），使原来松散、细碎、无定形的生物质原料压缩成密度较大的棒状、粒状、块状等各种成型燃料。生物质的物理转化解决了生物质形状各异、能量密度小、采集和储存使用不方便等问题，加工后的生物质成型燃料，粒度均匀，密度和强度增加，运输和储存方便。虽然其热值并没有明显增加，但其燃烧特性却大为改善，可替代薪柴和煤作为生活及生产用能源，尤其是成型燃料经炭化变为机制木炭后，更具有良好的商品价值和市场。

生物质的热化学转化包括直接燃烧、气化、热解和加压液化，除了能够直接提供热能外，还能以连续的工艺和工厂化的生产方式，将低品位的生物质转化为高品质的易储存、易运输、能量密度高的固态、液态及气态燃料，最终生成热能、电能等能源产品。

生物质的直接燃烧是最普通的生物质能转化方式，直接燃烧是指燃料中的可燃成分和氧化剂（一般为空气中的氧气）进行化合的化学反应过程，在反应过程中放出强烈的热量，并使燃烧产物的温度升高。直接燃烧的主要目的就是取得热量。

生物质的气化是以氧气、水蒸气或氢气作为气化剂，在高温下通过热化学反应将生物质的可燃部分转化为可燃气。通过气化，原先的固态生物质被转化为更便于使用的气态燃料，可用来供热、加热水蒸气或者直接供给燃气轮机以产生电能，其能量转换效率比固态生物质的直接燃烧有较大提高。气化技术是目前生物质利用技术研究的重要方向之一。

生物质的热解是指生物质在完全没有氧或缺氧条件下热降解，最终生成生物油、木炭和可燃气的过程。三种产物的比例取决于热裂解工艺和反应条件。一般来说，低温慢速热解，产物以木炭为主；高温闪速热解，产物以可燃气体为主；中温快速热解，产物以生物油为主。近年来国际上开发的快速热解制取生物油技术，可获得原生物质80%~85%的能量，生物油产率可达70%以上。

生物质的加压液化是在较高压力下的热化学转化过程，温度一般低于快速热解。与热解相比，加压液化可以生产出物理稳定性和化学稳定性都较好的产品。生物质加压液化技术因为成本高，目前还难以商业化。

生物质的化学转化包括酯化和间接液化。

生物质的酯化是将植物油与甲醇或乙醇等短链醇在催化剂或者无催化剂超临界甲醇状态下进行酯化反应，生成生物柴油，并获得副产品甘油。生物柴油可单独使用以替代柴油，又可以一定比例（2%~30%）和柴油混合使用。除了为公共汽车、货车等柴油机车提供替代燃料外，又可以为海洋运输业、采矿业、发电厂等行业提供燃料。

生物质的间接液化是将由生物质气化得到的合成气（$CO+H_2$），经催化合成为液体燃料（甲醇或二甲醚）。生产合成气的原料包括煤炭、石油、天然气、泥炭、木材、农作物秸秆及城市固体废物等。生物质间接液化主要有两种技术路线：一种是合成气-甲醇-汽油的Mobil 工艺；另一种是合成气费托（Fischer-Tropsch）合成工艺。

生物质的生化转化是利用微生物或酶的作用，对生物质能进行生物转化，生产出如乙醇、氢、甲烷等液体或气体燃料，通常分为水解、发酵生产乙醇和沼气技术。主要针对农业生产和加工过程中产生的生物质，如农作物秸秆、畜禽粪便、生活污水、工业有机废水和其他农业废弃物等。

5.1.3 我国的生物质资源

我国生物质资源数量巨大，可作为能源的生物质资源主要来自农作物秸秆、林业废弃物及薪炭林、畜禽粪便、生活垃圾、工业有机废弃物、城市固体废弃物和能源作物。我国是一个农业大国，稻谷、小麦和玉米是三大主要粮食作物，农作物秸秆占生物质资源的比重很大。作为一种资源，农作物秸秆含有丰富的营养和可利用的化学成分，可用作肥料、饲料、生活燃料及工农业生产的原料。目前我国粮食年产6亿t，按谷草比1：1.5计算，每年的秸秆资源总量约9亿t，但秸秆有效利用率较低，焚烧现象普遍。究其原因，除了技术因素外，关键是观念落后，没有充分认识到秸秆的利用价值。这么多秸秆如果能得到资源化利用，实现变废为宝，对于农业可持续发展、农民增收以及减排防霾都是重大利好。值得指出的是，我国秸秆资源的最大特点是既分散又集中，特别是一些粮食产区，几乎都是秸秆资源最富裕的地区。黑龙江和黄淮海地区的河北、山东、河南，东南地区的江苏、安徽，西南地区的四川、云南、广西、广东等省区，其秸秆资源量几乎占全国总量的一半。考虑还田、饲料和工业原料等其他用途消耗量，当前可用作能源用途的秸秆资源量估计约为3.4亿t，折合1.7亿t标准煤。

占据我国生物质资源第二位的是各种森林废弃物及薪炭林。第8次国家森林资源调查中，我国共有森林面积2.08亿hm^2，森林覆盖率21.63%，一年可用作能源使用的森林废弃物及薪炭林资源总量为3.5亿t，折合1.5亿t标准煤。此外，我国拥有宜林宜牧荒山荒地9000多万hm^2，边际性土地近1亿hm^2，发展能源作物潜力巨大。目前，我国可转换为能源用途的作物和植物品种有200多种，适宜开发用于生产燃料乙醇的农作物主要有甘蔗、甜高粱、木薯、甘薯等，用于生产生物柴油的农作物主要有油菜等。

我国畜禽养殖业每年产生约38亿t粪便，据测算，全国畜禽粪污若全部利用，理论上可产生沼气超过1000亿m^3，替代0.7亿t标准煤，减少二氧化碳排放1.8亿t，同时沼渣能产生1.7亿t有机肥。

我国城市生活垃圾产生量随人口和城市化进程而快速增加，2005年全国垃圾生成量已经超过1.5亿t。目前，垃圾无害化处理的比例仍然很小，2005年全国垃圾无害化处理量仅为8107.8万t，约占垃圾生成量的54%。处理方法主要是卫生填埋、堆肥和焚烧发电三种方式。城市生活垃圾中含有大量有机物，可以作为一种能源资源，我国城市生活垃圾的热值为900~1500kcal/kg。若全国每年垃圾生成量按1.5亿t计，则垃圾资源量可折合2357万t标准煤。

由于我国生物质资源主要集中在农村，开发利用农村丰富的生物质资源，可以缓解农村及边远地区的用能问题，显著改进农村的用能方式，改善农村生活条件，提高农民收入，增加农民就业机会，开辟农业经济和县域经济新的领域。

我国生物质能源产业刚刚起步，但势头很好。根据我国生物质资源的特点和技术潜在优势，可以将燃料乙醇、生物柴油、生物塑料，以及沼气发电和固化成型燃烧作为主产品。如果能利用全国每年50%的作物秸秆、40%的畜禽粪便、30%的林业废弃物，开发5%的边际性土地种植能源植物，建设约1000个生物质转化工厂，那么其生产能力可相当于每年5000万t石油。每增加1000万hm^2能源植物的种植与加工，就相当于增加4500万t石油的年生产能力，可见生物质产业的潜力之大。

发展生物质发电，是构筑稳定、经济、清洁、安全能源供应体系，突破经济社会发展资源环境制约的重要途径。我国生物质资源丰富，能源化利用潜力大。全国可作为能源利用的农作物秸秆及农产品加工剩余物、林业剩余物和能源作物、生活垃圾与有机废弃物等生物质资源总量每年约 4.6 亿 t 标准煤。截至 2015 年，生物质能利用量约 3500 万 t 标准煤，其中商品化的生物质能利用量约 1800 万 t 标准煤。生物质发电和液体燃料产业已形成一定规模，生物质成型燃料、生物天然气等产业已起步并呈现良好发展势头。我国生物质发电总装机容量约 1030 万 kW，其中，农林生物质直燃发电约 530 万 kW，垃圾焚烧发电约 470 万 kW，沼气发电约 30 万 kW，年发电量约 520 亿 kW · h，生物质发电技术基本成熟。如果到 2020 年，生物质能开发利用量达到 5 亿 t 标煤，就相当于增加 15%以上的供应，并且生物质能含硫量极低，仅为 3%，不到煤炭含硫量的 1/4。发展生物质发电，实施煤炭替代，可显著减少 CO_2 和 SO_2 排放，产生巨大的环境效益。

5.2　生物质燃烧发电技术

生物质燃烧作为能源转化的形式具有相当古老的历史，人类对能源的最初利用就是从木材燃火开始的。所谓燃烧，就是燃料中的可燃成分与氧发生激烈的氧化反应，在反应过程中释放出大量热量，并使燃烧产物的温度升高。由燃料获取热能在技术上是可以被利用的，在经济上是合理的。生物质固体燃料包括农作物秸秆、稻壳、锯末、果壳、果核、木屑、薪材和木炭等。

生物质燃料与化石燃料相比存在明显的差异，由于生物质组成成分中含碳量少，含氢、氧量多，含硫量低，所以生物质在燃烧过程中表现出不同于化石燃料的燃烧特性。主要表现为生物质燃料热值低，但易于燃烧和燃尽，燃烧时可相对减少供给空气量，燃烧初期析出量较大，在空气和温度不足的情况下易产生镶黑边的火焰，灰烬中残留的碳量较煤炭少，不必设置气体脱硫装置，降低了成本并有利于环境保护。

生物质燃烧的过程可以分为以下四个阶段：预热和干燥阶段，挥发分析出及木炭形成阶段，挥发分燃烧阶段，固定碳燃烧阶段。

1）预热和干燥阶段。在该阶段，生物质被加热，温度逐渐升高。当温度达到 100℃左右时，生物质表面和生物质颗粒缝隙的水被逐渐蒸发出来，生物质被干燥。生物质的水分越多，干燥所消耗的热量越多。

2）挥发分析出及木炭形成阶段。生物质继续被加热，温度继续升高，到达一定温度时便开始析出挥发分，并形成焦炭。

3）挥发分燃烧阶段。生物质高温热解析出的挥发分在高温下开始燃烧，同时释放大量热量，一般可提供占总热量 70%份额的热量。

4）固定碳燃烧阶段。生物质中剩下的固定碳被燃烧着的挥发分包围着，减少了扩散到碳表面的氧的含量，抑制了固定碳的燃烧；随着挥发分的燃尽，炽热的固定碳开始和氧气发生激烈的氧化反应，且逐渐燃尽，形成灰分。生物质固定碳含量较低，在燃烧中不起主要作用。

由于生物质中含有较多的碱金属，在高温燃烧过程中会给燃烧装置正常运行带来许多问题，其中一个很重要的问题就是积灰结渣。积灰是指温度低于灰熔点的灰粒在受热面上的沉积，多发生在锅炉对流受热面上。结渣主要是指烟气中夹带的熔化或半熔化的灰粒接触到受热面凝结下来，并在受热面上不断生长、积聚，多发生在炉内辐射受热面上。积灰结渣是一个复杂的物理化学过程。

5.2.1 生物质燃烧技术

生物质直接燃烧主要分为炉灶燃烧和锅炉燃烧。炉灶燃烧投资小、操作简便，但燃烧效率较低，造成生物质资源的浪费。当生物质燃烧系统的功率大于100kW时，一般采用现代化的锅炉燃烧，适合生物质大规模利用。

生物质现代燃烧技术主要分为层燃、流化床和悬浮燃烧三种形式。

1. 层燃技术

在层燃方式中，生物质平铺在炉排上形成一定厚度的燃料层，进行干燥、干馏、燃烧及还原过程。层燃过程分为灰渣层、氧化层、还原层、干馏层、干燥层和新燃料层等区域，如图5-2所示。

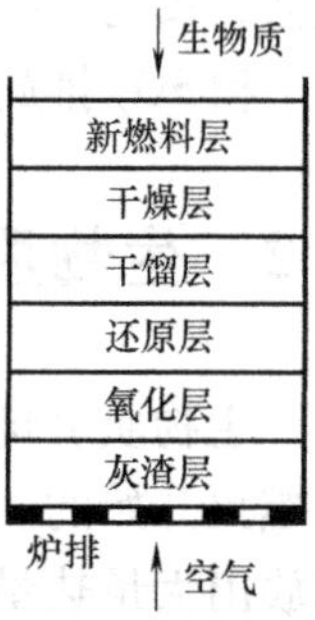

图5-2 层燃过程

进入的冷空气首先通过炉排和灰渣层而被预热；预热的空气在氧化层与炽热的木炭相遇，发生剧烈的氧化反应，大量消耗氧气并生成二氧化碳和一氧化碳，在氧化层末端气体的温度将达到最高；在还原层，气流中二氧化碳与碳起还原反应，即 $CO_2+C\rightarrow 2CO$，温度越高，速度越快；生物质投入炉中形成的新燃料层被加热干燥、干馏，将水蒸气、挥发分等带离燃料层进入炉膛空间，挥发分及一氧化碳着火燃烧，形成木炭。

层燃技术的种类较多，主要包括固定炉排、滚动炉排、振动炉排、往复推动炉排等，层燃方式的主要特点是生物质无需严格的预处理，滚动炉排和往复推动炉排的拨火作用强，比较适用于低热值、高灰分生物质的焚烧。炉排系统可以采用水冷方式，以减轻结渣现象，延长使用寿命。

2. 流化床技术

流化床是基于气固流态化的一项技术，即当气流流过一个固体颗粒的床层时，若其流速达到使气流流阻压降等于固体颗粒层的重力时，固体床料被流态化。其适应范围广，能够使用一般燃烧方式无法燃烧的石煤等劣质燃料、含水率较高的生物质及混合燃料等，此外，流化床燃烧技术还可以降低尾气中氮与硫的氧化物等有害气体含量，保护环境，是一种清洁燃烧技术。

流化床的下部装有布风板，空气从风室通过布风板向上进入流化床，当气流速度发生变化时，流化床上的固体燃料层将先后出现固定床、流化床和气流输送三种不同的状态。当气流速度较低时，燃料颗粒的重力大于气流的向上浮力，燃料颗粒处于静止状态，称为固定床。当气流速度逐渐增加到某一临界值时，颗粒出现松动，颗粒间空隙增大，床层体积出现膨胀；如果再进一步提高流体速度，燃料颗粒由气流托起上下翻腾，呈现不规则运动，燃料层表现出流体特性，称为流化床。随着流速的提高，颗粒的运动越加剧烈，床层的膨胀也随之增大。当气流速度进一步增加、超过携带速度时，燃料颗粒将被气流携带离开燃烧室，燃料颗粒的流化状态遭到破坏。对于流化床燃烧技术，气流速度要把床层控制在流态化状态。根据流化风速的不同，可以分为鼓泡流化床和循环流化床。

为了保证流化床内稳定的燃烧，流化床内常加入大量的惰性床料来蓄存热量，占总床料的90%~98%，惰性床料有石英砂、石灰石和高铝矾土等。炽热的床料具有很大的热容量，仅占床料5%左右的新燃料进入流化床后，燃料颗粒与气流的强烈混合，不仅使燃料颗粒迅速升温和着火燃烧，而且可以在较低的过量空气系数下保证燃料充分燃烧。流化床床温一般控制在800~900℃，属于低温燃烧，可显著减少NO_x的排放，同时也可以防止炉温过高导致的料层结渣，破坏正常流化。

当选用石英砂（主要成分为SiO_2，熔点为1450℃）作为床料时，会与秸秆灰中的Na_2CO_3或K_2CO_3发生化学反应，生成了熔点为874℃和764℃的低温共熔混合物，并与床料相互粘结，导致流化床温度和压力波动，影响流化床的安全性和经济性。所以，对生物质流化床燃烧，可用长石、白云石、氧化铝等取代石英砂作为床料。

鼓泡流化床燃烧存在一些问题，如飞灰可燃物大、埋管受热面磨损严重、大型化困难、石灰石脱硫时钙的利用率较低等，制约了其进一步发展。为了解决上述问题，20世纪80年代循环流化床锅炉应运而生。循环流化床的主要优点是燃料适应性广，几乎可以燃烧所有的固体燃料，燃烧效率也更高，能达到95%~99%。它的这一优点对于充分利用劣质燃料、开发和节约能源具有重要意义。

3. 悬浮燃烧技术

悬浮燃烧是指首先将燃料磨成细粉，然后用空气流经燃烧器将燃料喷入炉膛，并在炉膛内进行燃烧。其特点是将燃料投入连续、缓慢转动的筒体内焚烧直到燃烬，因此能够实现燃料与空气的良好接触和均匀充分的燃烧。西方国家多将该类焚烧炉用于有毒、有害工业垃圾的处理。悬浮燃烧时，虽气流与燃料颗粒间的相对速度最小，但由于燃烧反应面积的极大增加，使得反应速度极快，燃烧强度和燃烧效率都很高。

5.2.2 固体燃料成型技术

生物质固体燃料成型技术，就是将各类生物质废弃物，如秸秆、稻壳、锯末、木屑等，经干燥并粉碎到一定粒度，在一定温度、湿度和压力条件下，挤压成规则的、较大密度的固体成型燃料。生物质固体燃料成型是生物质能源转化利用的一种重要方式。

生物质原料经挤压成型后，体积缩小，密度可达$1t/m^3$左右，含水率在20%以下，便于储存和运输。成型燃料在燃烧过程中的热值可达16000kJ/kg左右，并且零排放，即基本不排渣、无烟尘、无SO_2等有害气体，热性能优于木材，体积发热量与中质煤相当，可广泛用于民用炉、小型锅炉，是易于进行商品化生产和销售的可再生能源。

截至2015年，我国生物质成型燃料年利用量约800万t，主要用于城镇供暖和工业供热等领域。生物质成型燃料供热产业处于规模化发展初期，成型燃料机械制造、专用锅炉制造、燃料燃烧等技术日益成熟，具备规模化、产业化发展基础。

1. 生物质燃料成型机理

生物质压缩成型原理可以解释为密实填充、表面变形与破坏、塑性变形三种原因。从结构上看，生物质原料的结构通常都比较疏松，堆积时具有较高的空隙率，密度较小。松散细碎的生物质颗粒之间被大量的空隙隔开，仅在一些点、线或者很小的面上有所接触。在外力作用下，颗粒发生位移并重新排列，使空隙减小、颗粒间的接触状态发生变化。在完成对模具有限空间的填充后，颗粒达到了在原始微粒尺度上的重新排列和密实化，实现密实填充。这一过程中通常伴随着原始微粒的弹性变形和因相对位移而造成的表面破坏，此过程为表面变形与破坏。在外部压力进一步增大之后，由应力产生的塑性变形使空隙率进一步降低，密度继续增大，颗粒间接触面积的增加比密度的提高要大几百甚至几千倍，将产生复杂的机械啮合和分子间的结合力，特别是添加黏结剂时，此过程为塑性变形。

植物细胞中除含有纤维素、半纤维素外，还含有木质素。木质素为光合作用形成的天然聚合体，具有复杂的三维结构，属于高分子化合物，它在植物中的含量一般为15%~30%。木质素不是晶体，没有熔点但有软化点，当温度为70~110℃时，开始软化具有黏性；当温度达到200~300℃时，呈熔融状且黏性高，此时施加一定的压力，增强分子间的内聚力，就可将它与纤维素紧密粘结并与相邻颗粒互相粘接，使植物体变得致密均匀，体积大幅度减小，密度显著增大。由于非弹性或粘弹性的纤维分子之间的相互缠绕和绞合，在去除外部压力后，燃料一般不能再恢复原来的结构形状。在冷却以后强度增大，成为成型燃料。生物质压缩成型燃料就是利用这一原理，用压缩成型机将松散的生物质在一定的温度、压力条件下，靠机械与生物质之间及生物质相互之间摩擦产生的热量或外部加热，使木质素软化，经挤压成型而得到具有一定形状的新型燃料。

2. 生物质燃料成型工艺及设备

生物质燃料成型工艺有多种，根据成型主要工艺特征的差别，生物质燃料成型工艺大致可以分为常温压缩成型、热压成型和炭化成型三种，可制成棒状、块状、颗粒状等各种成型燃料。生物质燃料成型的工艺流程如下：

生物质→干燥→粉碎→调湿→成型→冷却→成型燃料

按成型加压的方法不同来区分，目前技术较为成熟、应用较多的燃料成型加工机有螺旋挤压式、活塞冲压式、辊模挤压式等。

生物质通过压缩成型，一般不使用添加剂，此时木质素充当了黏结剂。生物质压缩成型设备主要包括干燥设备、固化成型机和炭化成型设备。

（1）干燥设备　生物质固化成型要求原料的含水率小于10%。当物料的含水率太高时，无法保证物料成型以及成型产品的质量，因此必须对原料进行干燥。

（2）固化成型机　固化成型机是生物质固化成型的关键设备，由挤压螺杆、成型套筒、支承托架、减速传动部分、电加热套圈、电动机和电控箱等组成。目前技术较为成熟、应用较多的成型机有螺旋挤压成型机、活塞冲压成型机、辊模挤压成型机等。

螺旋挤压成型源于日本，是目前国内比较常见的技术，生产的成型燃料为棒状，直径为50~70mm。将已经粉碎的生物质通过螺旋推进器连续不断地推向锥形成型筒的前端，挤压成型。因为生产过程是连续进行的，所以成型燃料的质量比较均匀，外表面在挤压过程中发生炭化，容易点燃。

锥形螺旋挤压成型机如图5-3所示。生物质原料被旋转的锥形螺杆压入压缩室，然后被螺杆挤压头挤入模具，模具可为单孔或多孔。切刀将成品切成一定长度的成型棒。外部加热的螺旋挤压成型是将生物质压入横截面为方形、六边形或八边形的模具内，模具通常采用外部电加热的方式，成品为具有中心孔的燃料棒。

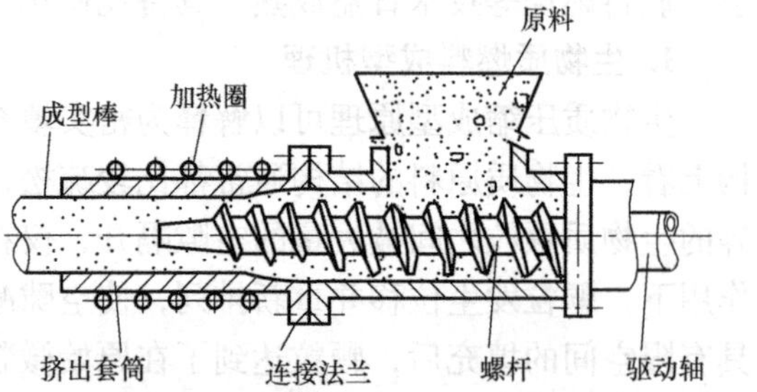

图5-3　锥形螺旋挤压成型机

活塞冲压成型机的燃料成型是靠活塞的往复运动实现的，如图5-4所示。活塞冲压成型机首先将已粉碎的生物质通过机械送入预压室形成预压块，当活塞后退时，预压块进入压缩筒，当活塞向前运动时，将生物质挤压成型，然后送入保型筒。活塞冲压成型机通常不使用电加热装置，工作为间断式冲击，容易出现不平衡现象，成型燃料的密度稍小，容易松散。

环形辊模挤压成型机如图5-5所示，松散的生物质被送入压模和滚筒之间的空腔，在滚筒的压力作用下被挤入成型孔，压缩成条状，可调整的刀具将其切割成合适的长度。环形辊模挤压成型机可分为卧式和立式两种形式。

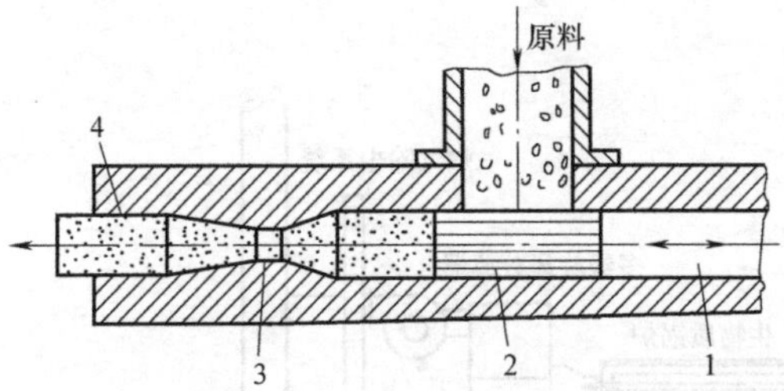

图5-4 活塞冲压成型机

1—液压或机械驱动 2—活塞 3—喉管 4—成型块

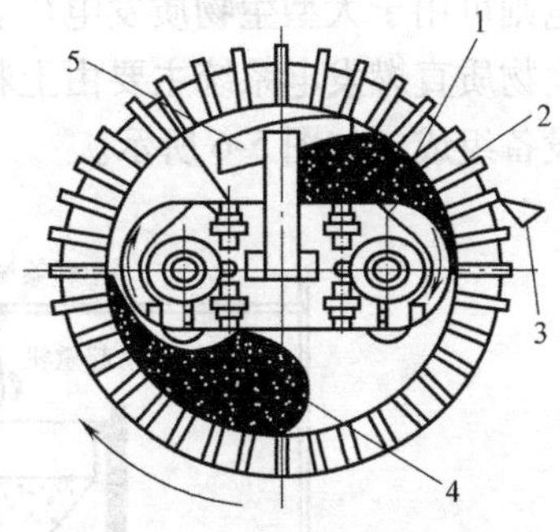

图5-5 环形辊模挤压成型机

1—压辊 2—环模 3—切刀 4—原料 5—进料刮板

(3) 炭化设备 该设备可把成型燃料棒通过热裂解制成机制木炭，能够提高生物质成型燃料的价值品位，扩大其应用领域。生物质炭化后的燃烧效果显著改善，烟气中的污染物含量明显降低，是一种高品质的民用燃料，优质的生物质木炭还可以用于冶金工业。碳化设备采用炭化炉。

炭化成型工艺的基本特征是，首先将生物质原料在炭化炉中炭化或部分炭化，然后再加入一定量的黏结剂挤压成型。由于原料纤维素结构在炭化过程中受到破坏，高分子组分受热裂解转化成炭，并放出挥发分，使成型部件的磨损和能耗都明显降低。但炭化后的原料维持既定形状的能力较差，所以一般要加入黏结剂。炭化成型设备比较简单，类似于型煤成型设备。

5.2.3 生物质燃烧发电

生物质发电技术主要是利用农业、林业和工业废弃物为原料，也可以将城市废弃物作为原料，采取直接燃烧或气化的发电方式。生物质燃烧发电主要有生物质直燃发电、生物质与煤混燃发电、城市废弃物焚烧发电。

1. 生物质直燃发电

利用生物质原料生产热能的传统办法是直接燃烧。生物质直接燃烧发电技术类似于传统的燃煤技术，现在已经基本达到成熟阶段。在发达国家，目前生物质燃烧发电方式占可再生能源（不含水电）发电量的70%左右。丹麦的BME公司率先研究开发了秸秆燃烧发电技术，其秸秆焚烧炉采用水冷式振动炉排，迄今在这一领域仍保持着世界最高水平。除了丹麦，瑞典、芬兰、西班牙、德国和意大利等多个欧洲国家都建成了多家秸秆发电厂。自

2004年以来，秸秆发电技术开始在我国推广普及，目前，在我国江苏、山东、河北等地建有多个生物质秸秆发电厂。

生物质直接燃烧发电的原理是：生物质燃料与过量空气在锅炉中燃烧，产生的热烟气和锅炉的热交换部件换热，产生的高温高压蒸汽在蒸汽轮机中膨胀做功，带动发电机发电。在原理上生物质直燃发电和燃煤锅炉火力发电没有什么区别。锅炉燃用生物质发电与煤发电相比，在生产规模上受到一定限制。目前，纯生物质燃烧发电技术基本用于小型生物质发电厂，由于燃料的来源、运输和储存等问题，单台机组一般不超过35MW。生物质与煤混合燃烧发电则可用于大型生物质发电厂。

生物质直燃发电系统主要由上料系统、生物质锅炉、汽轮发电机组、烟气除尘装置及其辅助设备组成，如图5-6所示。

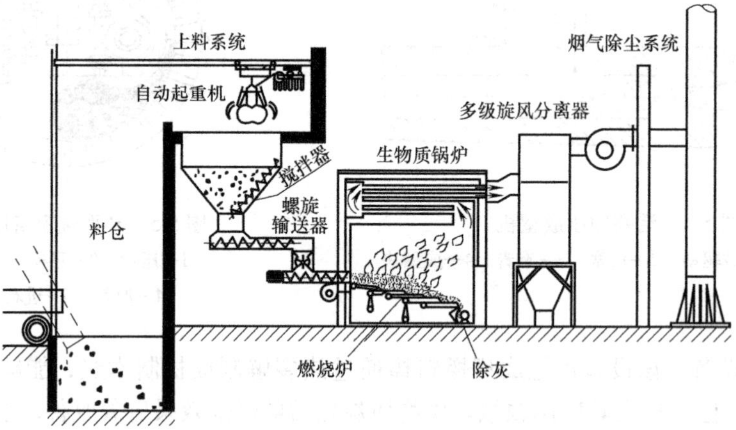

图5-6 生物质直燃发电系统

生物质直燃发电系统的上料系统是指燃料从进电厂卸料至进入炉前料仓为止的整个系统，上料系统是生物质直燃电厂区别于常规燃煤电厂的重要部分。根据燃料的不同，需要设置不同形式的上料系统，主要是秸秆上料系统和木质燃料上料系统两种。

生物质锅炉是生物质直燃电厂的关键设备，功能上类似于常规燃煤电厂的锅炉，但是其结构和材质要适合农林生物质燃料的特点，应具有抗腐蚀等功能。

汽轮发电机组与常规燃煤电厂所采用的机组相同。

烟气除尘装置用来去除并回收燃烧烟气中的飞灰，是生物质直燃电厂重要的环境保护装置。由于生物质直燃电厂的燃料与常规燃煤电厂不同，草木灰与常规电厂的粉煤灰的性质不同，所以通常采用布袋除尘方式。

2. 生物质与煤混燃发电

可再生生物质能源应用的低效率、高成本及高风险，使其在能源市场的竞争中处于不利地位。而生物质与煤的混合燃烧技术，则充分利用了现有技术和设备，在现阶段是一种低成本、低风险的可再生能源利用方式，并可实现燃料燃烧特性的互补，使得混合燃烧容易着火燃烧。全世界现在共有150多套大容量燃煤电厂煤与生物质混合燃烧发电的实例，其中100多套在欧盟国家，欧盟具有最丰富的煤与生物质混燃发电的经验。参与生物质和煤混燃的电厂单机容量通常为5万~80万kW。混燃的生物质燃料主要是木本和草本生物质，燃烧锅炉的炉型包括煤粉炉、炉排炉和流化床锅炉等。混合燃烧常见掺烧比例在1%~20%之间。这一技术在北欧和北美地区使用相当普遍，可替代常规能源，减少CO_2、NO_x和SO_2的排放。同时，建立的生物质燃料市场，促进了当地经济的发展，提供了大量的就业机会。

但是，混合燃烧存在以下缺点：生物质含水量高，产生的烟气体积大，影响现有锅炉热交换系统的正常运行；生物质燃料的不稳定性使锅炉的稳定燃烧复杂化；生物质灰的熔点低，容易产生结渣问题；生物质如秸秆、稻草等含有氯化物，当热交换器表面温度超过400℃时，会发生高温腐蚀；生物质燃烧生成的碱，会使燃煤电厂中脱硝催化剂失活。

生物质与煤混燃的技术大体上可以分为生物质与煤直接混燃和生物质与煤间接混燃两类。直接混燃是指经前期处理的生物质直接输入燃煤锅炉中燃烧，根据混燃给料方式的不同，直接混燃可以分为生物质与煤使用同一加料设备及燃烧器、生物质与煤使用不同的加料设备及相同的燃烧器、生物质与煤使用不同的预处理装置及不同的燃烧器三种形式。间接混燃是指生物质在气化炉中气化之后，将产生的生物质燃气输送至锅炉燃烧。这相当于用气化器替代粉碎设备，即将气化作为生物质燃料的一种前期处理方式。

在传统火电厂中进行混合燃烧，遵从生物质发电的工艺路线，既不需要气体净化和冷却设备，也不需要投资额外的小型生物质发电系统，即可从大型传统火电厂中直接获利。生物质混燃发电方式的比较见表5-1。

表5-1 生物质混燃发电方式的比较

发电方式	直接混燃	间接混燃
技术特点	生物质与煤直接混合后在锅炉中燃烧	生物质气化后与煤在锅炉中一起燃烧
主要优点	技术简单、使用方便；不改造设备情况下投资最少	通用性较好，对原燃煤系统影响很小；经济效益明显
主要缺点	生物质处理要求较严，对原系统有些影响	增加气化设备，管理较复杂；有一定的金属腐蚀问题
应用条件	木材类原料、特种锅炉	要求处理大量生物质的发电系统

图5-7所示为生物质气化/煤粉混合燃烧发电系统。图中，生物质首先在循环流化床气化炉中进行气化，产生生物质煤气，然后将生物质煤气送入煤粉炉中与煤粉混烧。煤气与煤粉混烧，不但不会对煤粉燃烧产生不利的影响，而且有助于加强煤粉燃烧和降低CO_2和NO_x的排放。

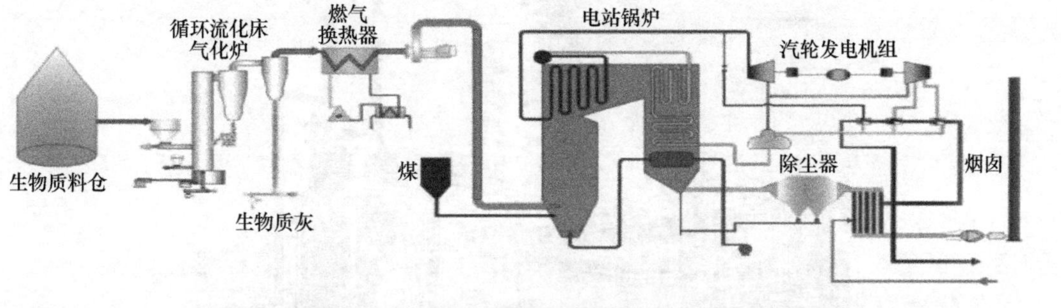

图5-7 生物质气化/煤粉混合燃烧发电系统

自1997年12月在日本京都通过《联合国气候变化框架公约的京都议定书》，发达国家，尤其是欧盟国家就开始在法规政策和技术上采取各种措施以降低煤电的 CO_2 排放，其中一个主要的技术措施就是生物质与煤混燃发电。由于有了碳减排的具体指标，加上政府促进生物质与煤混燃发电的政策驱动，多年来，在欧盟等国家和地区，生物质与煤混燃发电得到很好的推广应用，而且无论是政策法规还是生物质与煤在大型燃煤电厂进行混燃的技术，均取得许多宝贵经验。例如，英国几乎100%的燃煤电厂均采用生物质与煤混燃发电，包括其容量为400万kW的最大燃煤电厂。丹麦哥本哈根DONG Energy 2×430MW超临界燃烧多种燃料/生物质电厂，采用多种生物质混燃方式，燃烧多种燃料/生物质，包括专门燃烧秸秆的生物质往复炉排锅炉，每年燃烧17万t秸秆，产生超临界参数的蒸汽，在蒸汽侧和超临界煤粉炉产生的蒸汽混合发电。同时，在超临界煤粉炉中，混燃废木材成型颗粒，每年消耗废木材16万t、煤50万t。

我国已积累了一定的生物质与煤混燃发电的经验，特别是在大型煤粉炉电厂采用循环流化床气化炉对生物质进行气化，以实现生物质与煤混燃发电。2013年建成的国电荆门发电厂660MW机组，以秸秆为混燃发电的生物质燃料，采用间接混合燃烧方式，即生物质先在循环流化床气化炉中进行气化，气化产生的生物质煤气喷入煤粉炉中实现混燃。气化装置生物质处理量8t/h，产气量约1.8万 m^3/h，产生的燃气发电量10.8MW。按照政策，生物质发电部分的上网电价按照0.75元/(kW·h)计，超出当地燃煤标杆电价部分，由可再生能源发展基金补贴，电厂每年均可实现盈利。为应对气候变化，加速煤电的碳减排，近年来我国政府颁布了一系列政策文件，包括《国务院关于印发"十三五"国家战略性新兴产业发展规划的通知》（国发〔2016〕74号）、《国家发展改革委国家能源局关于印发能源发展"十三五"规划的通知》（发改能源〔2016〕2744号）等，明确指出将生物质与煤混燃发电作为支持项目，《国家能源局关于印发能源技术创新"十三五"规划的通知》（国能科技〔2016〕397号）将生物质与煤混燃发电作为重点任务等，体现了我国政府极其重视发展生物质与煤混燃发电技术。

3. 城市废弃物焚烧发电

城市废弃物焚烧发电是利用焚烧炉对城市废弃物中可燃物质进行焚烧处理，通过高温焚烧后消除城市废弃物中大量的有害物质，达到无害化、减量化的目的，同时利用回收到的热能进行供热、供电，达到资源化利用。典型的城市废弃物焚烧发电厂如图5-8所示。城市废

图5-8 城市废弃物焚烧发电厂

弃物的处理方法与其成分有很大关系，而城市废弃物的成分则与燃料结构、消费水平、收集方式、地域和季节等多种因素有关。随着我国城市建设的发展和社会进步，城市废弃物的构成已发生了质的变化，有机物含量开始高于无机物含量。废弃物组成正由多灰、多水、低热值向较少灰、较高热值的方向发展，这给我国城市废弃物的焚烧处理奠定了基础。

城市废弃物焚烧发电的典型工艺流程如图5-9所示。焚烧发电对城市废弃物的发热值有一定的要求，当城市废弃物中低位发热值为3344kJ/kg时，焚烧需要掺煤或投油助燃；城市废弃物低位发热值大于5000kJ/kg时，燃烧效果较好。城市废弃物低位发热值一般在3344~8360kJ/kg范围内。焚烧炉根据其燃烧方式可分为炉排炉、转炉和流化床三种类型，国内外应用较多的是炉排炉和转炉。

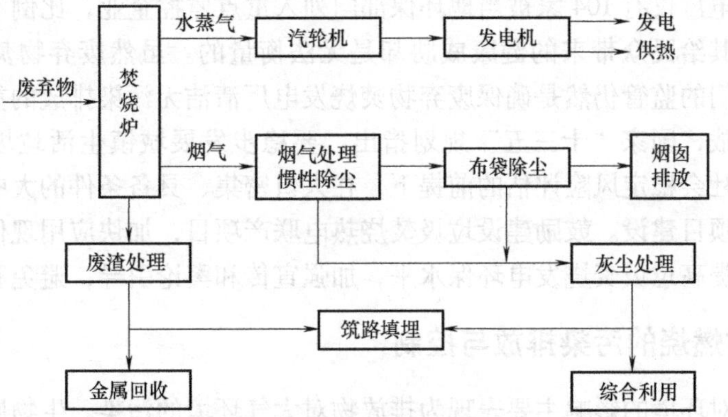

图5-9 城市废弃物焚烧发电的典型工艺流程

城市废弃物焚烧发电在垃圾减量化（减重80%，减容80%~90%）和热能利用方面有较大优势，但在发展中还存在一些问题。如焚烧设备投资成本高；废弃物热值受季节变化影响较大，使废弃物焚烧运行不很稳定；废弃物焚烧后产生的尾气中含有多种有害物质，特别是严重致癌物质二恶英，若处理不当将对环境造成二次污染。20世纪90年代以后，很多环保组织都反对将城市废弃物直接焚烧（反对垃圾焚烧的主要理由是空气污染问题），但鼓励循环利用以减少垃圾的产生。相比填埋处理，废弃物焚烧在短期内还是一个不错的废弃物处理方式。

至2015年年底，我国共建成废弃物焚烧设施257座，总处理能力23.5万t/日，年焚烧废弃物6577万t，占无害化处理总量的28.3%，废弃物焚烧行业规模持续扩大，行业上升态势明显。这主要是因为：①废弃物产生量和清运量持续提升，我国城市废弃物清运量由2010年的1.58亿t上升到1.91亿t，年均复合增速3.9%，②废弃物焚烧占有率快速提升，废弃物焚烧占废弃物无害化处理量的比例从2010年的19%增长到2015年的34%。根据“十三五”规划，到2020年底，全国城镇废弃物焚烧处理设施能力占无害化处理总能力50%以上，其中东部地区占60%以上。根据规划，2020年废弃物焚烧处理能力达59万t/日，“十三五”废弃物焚烧处理能力年复合增长率将达20%。

目前废弃物焚烧发电主要面临以下两大难题与挑战。

（1）群众的担忧　对城市废弃物采用焚烧发电的技术进行处置，可以实现废弃物的无害减量化以及废弃物资源的综合利用，然而其发展却面临诸多问题。近几年来，随着废弃物发电厂的不断建设，不少城市因废弃物发电厂的选址问题而面临窘境，尤为突出的是“邻避”现象。拟建废弃物发电厂地址周边居民对废弃物焚烧发电厂可能带来的环境污染、身心健康危害和房产地段的贬值产生深深的忧虑，因而造成了公众群体极力反对将废弃物焚烧发电厂建于自家周围。群众一方面主要是担忧废弃物焚烧发电厂所产生的环境污染以及对自己居住环境的健康危害，另一方面，是由于废弃物焚烧发电厂公示信息的缺乏以及已建废弃物焚烧发电厂带来的地域性污染先例。

（2）监督体制不完善 城市废弃物焚烧发电厂会产生大量的污染物，主要包括飞灰、渗滤液、废气等。对其清洁处理与处置是避免产生二次污染的关键所在。虽然国家明确规定废弃物焚烧发电厂是我国环保部门重点监控和管理企业，但是根据相关调查显示，全国231家废弃物焚烧发电厂仅有104家被当地环保部门列入重点监控企业，比例不足40%，环保部门的监管不力，其给民众带来的健康威胁却是无法衡量的。虽然废弃物焚烧技术已比较成熟，但是环保部门的监管仍然是确保废弃物焚烧发电厂清洁无污染排放的重要环节。

针对以上挑战，国家“十三五”规划指出，要稳步发展城镇生活垃圾焚烧发电。在做好环保、选址及社会稳定风险评估的前提下，在人口密集、具备条件的大中城市稳步推进生活垃圾焚烧发电项目建设。鼓励建设垃圾焚烧热电联产项目，加快应用现代垃圾焚烧处理及污染防治技术，提高垃圾焚烧发电环保水平，加强宣传和舆论引导，避免和减少邻避效应。

5.2.4 生物质燃烧的污染排放与控制

生物质燃烧对环境的影响主要表现为排放物对大气环境的污染。生物质燃烧污染物的数量和种类依赖于燃料的特性、燃烧技术、燃烧过程以及控制措施等诸多因素，主要包括烟尘、CO、NO_x及HCl等。生物质燃烧主要污染物及其对环境的影响见表5-2。

表5-2 生物质燃烧主要污染物及其对环境的影响

污染物	来源	对大气、环境和人类健康的影响
烟尘	未完全燃烧的炭颗粒、飞灰及盐分等	影响人类呼吸系统，致癌
CO_2	燃烧的主要产物	温室效应（生物质生长期要吸收CO_2，对环境的影响可抵消）
CO	未完全燃烧的产物	通过O_2形成非直接的温室效应
NO_x(NO、NO_2)	一般为生物质含有的N；另外，一定条件下可由空气中的N形成	温室效应，酸雨，破坏植被，形成烟雾，腐蚀材料；影响人类呼吸系统
SO_x(SO_2、SO_3)	生物质中含有的S	酸雨，破坏植被，形成烟雾，腐蚀材料；影响人类呼吸系统
HCl	生物质中含有Cl	酸雨，破坏植被，腐蚀材料；影响人类呼吸系统
重金属	生物质中含有的重金属	在食物链中积累，有毒素，致癌

生物质燃烧过程中，产生的污染物主要是颗粒物和有害气体，重金属和有机污染物很少，能实现达标排放。

颗粒物：生物质燃烧后被烟气带入大气的粉尘。

有害气体：主要包括CO、SO_2、NO_x及HCl等。

烟气中CO的产生主要是由不完全燃烧引起的，运行过程中要组织好炉膛内气氛、控制好炉膛温度和空气供给量。生物质中挥发分含量较多，合理设计二次风口位置和二次风量显得非常重要。

生物质燃料中硫和氮的含量一般都比较低，燃烧温度也不高，生成的氮氧化物基本上是燃料型 NO_x。因此，即使不安装额外减排设备，烟气中的 SO_2和 NO_x也能达标排放。

生物质中含有一定量的氯元素，烟气中也能测出少量的氯化氢（HCl），但低于排放标准。

综上所述，生物质燃烧时污染物的排放很少，在控制好运行工况的情况下，能做到烟气的达标排放，所以说生物质燃料是一种清洁能源实至名归。

5.3 生物质气化发电技术

生物质直接燃烧简化了环节和设备，减少了投资。生物质直接燃烧发电的技术已基本成熟，已进入推广应用阶段。这种技术大规模下效率较高，单位投资也较合理。但它要求生物质集中、数量巨大，适于现代化大农场或大型加工厂的废物处理，对生物质较分散的发展中国家并不适合。生物质气化发电是更洁净的利用方式，它几乎不排放任何有害气体，生物质气化技术能够在一定程度上缓解我国对气体燃料的需求，生物质气化后的利用途径也得到了扩展，提高了利用效率。

生物质气化技术已有一百多年的历史，早期的生物质气化技术主要是将木炭气化后用作内燃机燃料，在20世纪20年代大规模开发使用石油以前，气化器与内燃机的结合一直是人们获取动力的有效方法。第二次世界大战后，中东地区油田的大规模开发使世界经济的发展获得了廉价优质的能源，几乎所有发达国家的能源结构都转向了以石油为主，生物质气化技术在较长时期内陷于停顿状态。20世纪70年代以来，作为一种重要的新能源技术，世界各国对生物质气化的研究重新活跃起来，各学科技术的渗透使这一技术发展到新的高度。如德国鲁奇公司正在进行100MW生物质燃气联合循环（IGCC）的示范工程，美国可再生能源实验室（NREL）和夏威夷大学也在进行IGCC的蔗渣发电系统的研究，荷兰特温特（Twente）大学进行流化床气化器和焦油催化裂解装置的研究，推出了近于实用的无焦油气化系统。

5.3.1 生物质的气化技术

1. 生物质气化的基本原理

生物质气化是以生物质为原料，以氧气（空气或者富氧、纯氧）、水蒸气或氢气等作为气化剂，在高温条件下通过热化学反应将生物质中可燃的部分转化为可燃气的过程。生物质气化时产生的气体，主要有效成分为CO、H_2和 CH_4等，称为生物质燃气。

生物质气化的过程随反应器类型、反应条件和原料性质而变化，对于单个生物质颗粒而言，其主要经历如下反应过程：

1）干燥。生物质进入反应器后受热干燥，此过程一般发生温度为100~300℃。

2）热解。干燥后的生物质继续受热，温度达到300℃以上时，开始发生裂解，大部分挥发分从固体中析出，主要产物为木炭、焦油、水蒸气和挥发分气体（CO_2、CO、H_2、CH_4、C_2H_4）。

3）焦油二次裂解。热解产生的焦油在超过600℃的高温下发生二次裂解，主要生成木炭和小分子气体，如 CO、H_2、CH_4、C_2H_4、C_2H_6等。

4）木炭、气态产物的氧化反应。木炭在氧气充足的情况下发生氧化反应，燃烧生成 CO_2，同时释放出大量热量，以保证各区域的反应能正常进行，气态产物燃烧后进一步降解，主要化学反应为

$$C+O_2 \longrightarrow CO_2 \tag{5-1}$$

$$2C+O_2 \longrightarrow 2CO \tag{5-2}$$

$$2CO+O_2 \longrightarrow 2CO_2 \tag{5-3}$$

$$2H_2+O_2 \longrightarrow 2H_2O \tag{5-4}$$

5）木炭、气态产物的还原反应。上述氧化反应已经耗尽供给的氧气，CO_2及水蒸气与木炭会在反应器内继续发生还原反应，生成 CO、H_2、CH_4 等可燃气体，它们是生物质燃气的主要可燃部分。还原反应发生在气化器的还原区，这些反应都需要在高温下进行并吸收热量，所需热量由氧化反应提供，主要化学反应为

$$C+H_2O \longrightarrow CO+H_2 \tag{5-5}$$

$$C+CO_2 \longrightarrow 2CO \tag{5-6}$$

$$C+2H_2 \longrightarrow CH_4 \tag{5-7}$$

2. 生物质气化的工艺

根据所处气体的环境，生物质气化可分为空气气化、富氧气化、水蒸气气化和热解气化。

（1）空气气化　空气气化技术直接以空气为气化剂，气化效率较高，是目前应用最广，也是所有气化技术中最简单、最经济的一种。由于大量氮气（占总体积的50%~55%）的存在，稀释了燃气中可燃气体的含量，燃气热值较低，通常为 $5\sim6MJ/m^3$。

（2）富氧气化　富氧气化使用富氧气体作为气化剂，在与空气气化相同的当量比下，反应温度提高，反应速率加快，可得到焦油含量低的中热值燃气。燃气发热值一般为 $10\sim18MJ/m^3$，与城市煤气相当。富氧气化需要增加制氧设备，电耗和成本增加，在一定场合下，生产的总成本降低，具有显著的效益。富氧气化可用于大型整体气化联合循环系统、城市固体废弃物气化发电等。

（3）水蒸气气化　水蒸气气化是指在高温下水蒸气同生物质发生反应，涉及水蒸气和炭的还原反应、CO 与水蒸气的变换反应等甲烷化反应，以及生物质在气化炉内的热分解反应。燃气质量好，H_2含量高（30%~60%），热值在 $10\sim16MJ/m^3$。由于系统需要蒸汽发生器和过热设备，一般需要外供热源，系统独立性差，技术较复杂。

（4）热解气化　热解气化不使用气化介质，又称干馏气化。产生固定炭、焦油和可燃气，热值为 $10\sim13MJ/m^3$。

3. 生物质气化反应设备

气化炉是气化反应的主要设备。根据气化炉运行方式的不同，可将气化炉分为固定床气化炉和流化床气化炉两种，而固定床气化炉和流化床气化炉又分别具有多种不同的形式。

（1）固定床气化炉　在固定床气化炉中，生物质原料的气化反应是在相对静止的床层中进行的，其结构紧凑，易于操作并具有较高热效率。固定床气化炉具有一个容纳原料的炉膛和承托反应料层的炉栅，应用较广泛的是下吸式固定床气化炉和上吸式固定床气化炉，分别如图 5-10 和图 5-11 所示。下吸式固定床气化炉中，原料由上部加入，依靠重力下落，经

过干燥区后水分蒸发，进入温度较高的热解区生成炭、裂解气、焦油等，继续下落经过氧化还原区将炭和焦油等转化为 CO、CO_2、CH_4和 H_2等气体。炉内运行温度为 400~1200℃，燃气从反应层下部吸出，灰渣从底部排出。下吸式固定床气化炉工作稳定，气化产生的焦油在通过下部高温区时，一部分可被裂解为永久性小分子气体，使气体热值提高，并降低了出炉燃气中焦油含量。上吸式固定床气化炉中，原料移动方向与气流方向相反，气化剂由炉体底部进气口进入炉内，产生的燃气自下而上流动，由燃气口排出。上吸式固定床气化炉的氧化区在还原区的下面，位于四个反应区的最底部，其反应温度最高。还原区产生的生物质燃气向上经过热解区和干燥区，其携带的热量传递给原料并使原料干燥和发生热解，降低了燃气的温度，气化炉热效率较高。同时，热解区和干燥区的原料对燃气有一定的过滤作用，使出炉燃气灰分少，但存在燃气焦油含量高、不易燃气净化的缺点。

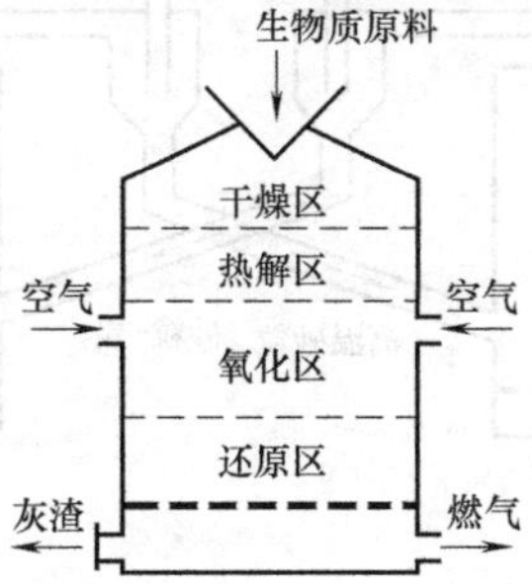

图 5-10　下吸式固定床气化炉

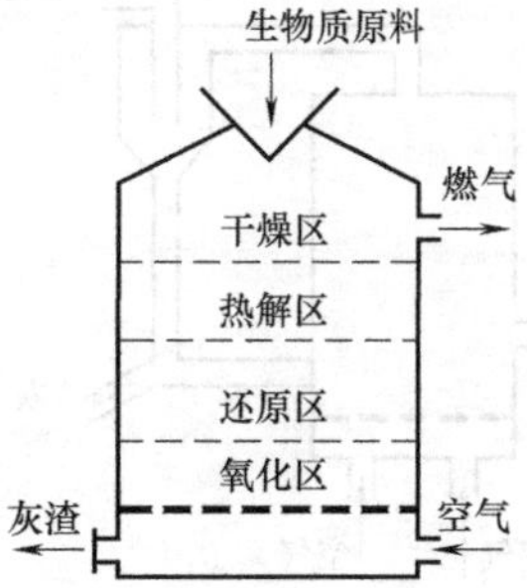

图 5-11　上吸式固定床气化炉

（2）流化床气化炉　流化床气化炉在吹入的气化剂作用下，原料颗粒、惰性床料与气化剂充分接触，受热均匀，在炉内呈“沸腾”状态，气化反应速度快，产气率高。按气化炉结构和气化过程，可将流化床分为鼓泡流化床、循环流化床和双循环流化床。

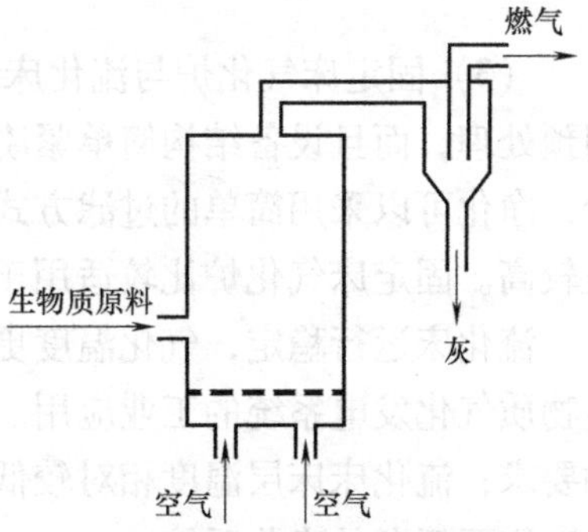

图 5-12　鼓泡流化床气化炉的工作原理

鼓泡流化床气化炉是最简单的流化床气化炉，其工作原理如图 5-12 所示。在鼓泡流化床气化炉中，气化剂从位于气化炉底部的气体分布板吹入，在流化床上同生物质原料进行气化反应，生成的燃气直接由气化炉出口送入气体净化系统，气化炉的反应温度一般为 800℃左右。鼓泡流化床气化炉的流化速度比较小，比较适用于颗粒较大的生物质原料，同时需要向反应床内加入热载体，即惰性床料（如石英砂）。总的来说，鼓泡流化床气化炉由于存在飞灰和夹带炭颗粒严重、运行费用较大等问题，不适用小型气化系统，只适用于大中型气化系统。

循环流化床气化炉的工作原理图如图 5-13 所示。与鼓泡流化床气化炉的主要区别是，在气化炉的出口处设有旋风分离器或袋式分离器。循环流化床气化炉的流化速度较大，致使燃气中含有大量的固体颗粒，燃气经过旋风分离器或袋式分离器后，通过回料腿将这些固体颗粒返回到流化床气化炉中，再重新进行气化反应，这样大大地提高了碳的转化率。循环流化床气化炉的反应温度一般控制为 700~900℃。它适用于较小的生物质颗粒，在一般情况下，它不需要加流化床热载体，所以运行简单，有良好的混合特性和较高的气固反应速率。循环流化床气化炉适用于水分含量大、热值低、着火困难的生物质燃料。

双循环流化床气化炉的工作原理图如图 5-14 所示，由两个反应炉组成一个整体的气化炉。生物质原料在气化反应炉内发生裂解反应，产生的可燃气体送到净化系统进行净化处理，生成的炭颗粒送到燃烧反应炉进行氧化反应，燃烧反应炉为气化反应炉提供气化所需的热量。两个反应炉之间的热量传递是通过气化反应炉中的循环砂粒来完成的。双循环流化床气化炉的碳转化率很高，其运行方式和循环流化床气化炉类似，不同之处在于气化反应炉的床料由燃烧反应炉加热，利用循环砂粒间接加热的高加热速率和较短的驻留时间，有效减少了类似焦油物质的形成。

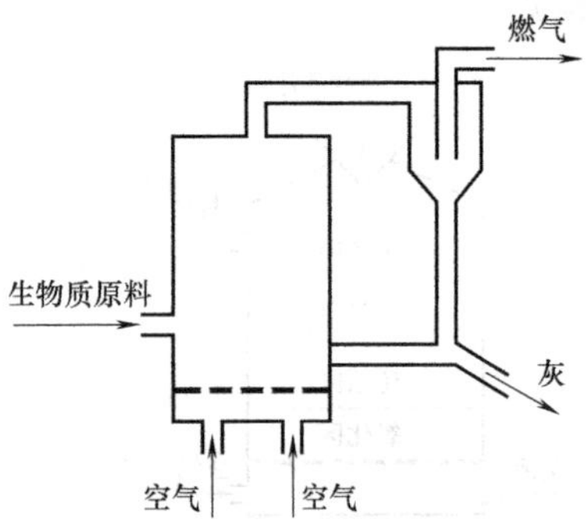

图 5-13 循环流化床气化炉的工作原理

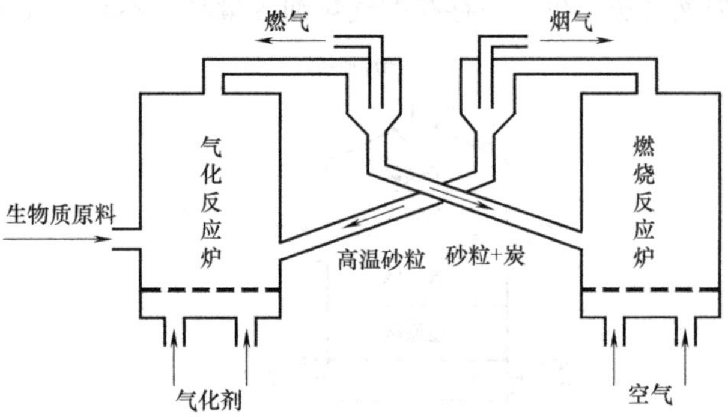

图 5-14 双循环流化床气化炉工作原理图

（3）固定床气化炉与流化床气化炉的适用范围 固定床气化对原料适应性强，原料不用预处理，而且设备结构简单紧凑，反应区温度较高，有利于焦油的裂解，出炉灰分相对较少，净化可以采用简单的过滤方式。但固定床气化强度不高，难以实现工业化，发电成本一般较高。固定床气化炉比较适用于小型、间歇性运行的气化发电系统。

流化床运行稳定，气化温度更均匀，气化强度更高，而且连续可调，便于放大，适用于生物质气化发电系统的工业应用。但其缺点是原料一般需进行预处理，以满足流化床与加料的要求；流化床床层温度相对较低，焦油裂解受到抑制，产出燃气中焦油含量较高，用于发电时需要复杂的净化系统。

（4）生物质气体净化 在气化炉反应过程中，燃气中带有一部分杂质，包括灰分和焦油，必须从中分离出来，避免堵塞输气管道和阀门，影响系统的正常运行。燃气的除尘与生物质燃烧过程中的除尘技术相同，不同点是气化产物可燃气体在较高温度下进行净化，应考虑和解决高温下除尘器材料的寿命问题。

焦油的处理则较复杂，焦油的成分十分复杂，主要为苯的衍生物和多环芳香烃，它们在高温下呈气态，在温度低于200℃时凝结为液体。一般而言，焦油的含量与反应温度、加热速率和气化过程的滞留时间有关，焦油所含能量一般占可燃气体总能量的5%~15%，这部分能量在低温时难与可燃气体一起被利用，大大降低了气化效率。目前使用的生物质气化焦油去除方法主要有普通法和催化裂解法，普通法除焦油可分为湿法和干法两种。

湿法去除焦油是生物质气化燃气净化技术中最为普通的方法，它利用水洗燃气，使之快速降温，从而达到焦油冷凝并从燃气中分离的目的。中小型气化发电或集中供气系统出于成本方面的考虑，大多采用水洗法。水洗法的优点是同时有除焦、除尘和降温三方面的效果；其缺点则是产生的洗焦废水会造成一定的二次污染。

干法去除焦油是将吸附性强的物质（如炭粒、玉米芯等）装在容器中，当燃气穿过吸附材料和过滤器时，把其中的焦油过滤出来。

催化裂解法是在一定温度下，使用白云石（$MgCO_3 \cdot CaCO_3$）和镍基等催化剂把焦油分解成永久性小分子气体，裂解后的产物与燃气成分相似。催化裂解的技术相当复杂，多用于大中型生物质气化系统。

5.3.2 生物质气化发电

生物质气化发电的基本原理是把生物质原料在气化炉中气化生成可燃气体并净化，再利用可燃气体推动燃气发电设备进行发电。这是一种最有效和最洁净的现代化生物质能利用方式。设备紧凑、污染少，可以克服生物质燃料的能量密度低和资源分散的缺点。目前，国际上有很多发达国家在开展提高生物质发电效率方面的研究，其中代表性的项目如美国Battelle（63MW）项目、欧洲英国（8MW）和芬兰（6MW）的示范工程。大规模生物质气化发电系统适用于生物质的大规模利用，发电效率高，已经进入研究示范阶段，是今后生物质气化发电的主要发展方向。

生物质气化发电技术按燃气发电方式，可分为内燃机发电系统、燃气轮机发电系统及燃气-蒸汽联合循环发电系统。表5-3为不同规模生物质气化发电技术的比较，可见不同规模和技术对发电效率有较大影响。由于固定床气化工艺发电效率较低，一般为11%~14%，而且规模难以放大，主要用于小规模生物质气化发电。中小规模气化发电一般采用简单的气化-内燃机发电工艺，规模一般小于3MW，发电效率低于20%。大规模生物质气化发电引入了先进的生物质燃气联合循环（BIGCC）发电技术，增加了余热回收和发电系统，气化发电系统的总效率可达到40%左右。典型的生物质燃气联合循环发电技术工艺流程如图5-15所示。

表5-3 不同规模生物质气化发电技术的比较

性能参数	小规模	中等规模	大规模
装机容量/kW	<200	500~3000	>5000
气化技术	固定床	循环流化床	循环流化床
发电技术	内燃机、微型燃气轮机	内燃机	整体燃气联合循环
系统发电效率（%）	11~14	15~20	35~45
主要用途	适用于生物质丰富的缺电地区	适用于山区、农场、林场的照明和小型工业用电	电厂、热电联产

由于生物质燃气热值低，气化炉出口气体温度较高（800℃以上），要使生物质燃气联合循环达到较高效率，需具备两个条件：一是燃气进入燃气轮机之前不能降温，二是燃气必须是高压的。这就要求系统必须采用生物质高压气化和燃气高温净化两种技术，才能使生物质燃气联合循环的总体效率较高（40%以上）。目前欧美一些国家正开展这方面研究。

5.3.3 城市固体废弃物气化熔融技术

欧洲在世界上最早开发了城市固体废弃物焚烧技术，并将固体废弃物焚烧余热用于发电

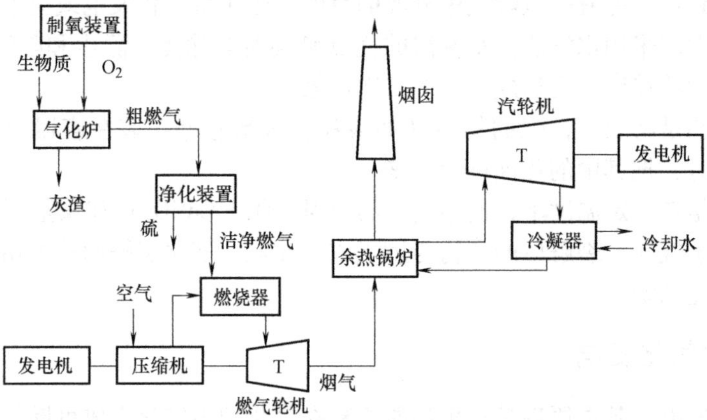

图 5-15　生物质燃气联合循环发电工艺流程

和区域性集中供热。但是，焚烧过程对大气环境造成的二次污染一直是人们关注的热点。城市固体废弃物气化熔融技术正是在此背景下，结合生物质热解气化技术和高温熔融技术，提出并发展起来的。它实现了彻底的无害化、显著的减容性、广泛的物料适应性和高效的能源与物资回收，因此气化熔融技术被称为新一代废物处理技术，发展潜力巨大。目前该技术应用主要集中在西欧、美国、日本等发达国家和地区。

1. 气化熔融技术的原理

气化熔融技术是先将废弃物送入气化炉，在400~700℃的还原性气氛下，废弃物中的有机物迅速热解或者气化，产生可燃气体，大部分金属在还原性气氛中不会被氧化，可以随底渣排出，经过磁选或重力分离后可进一步回收利用。分选后的底渣中所含二恶英和重金属都很少，可以直接填埋。气化炉中生成的可燃气体进入燃烧熔融炉，在较低的过量空气系数下完全燃烧，使含碳灰渣在1350~1400℃条件下熔融，成为玻璃态物质，二恶英完全分解、重金属被固化到熔渣中，高温烟气经过余热锅炉和烟气净化处理系统后排出。烟气中的重金属和二恶英含量很少，大大降低了烟气处理系统的投资和运行成本。城市固体废弃物气化熔融系统如图5-16所示，废弃物的气化熔融包括废弃物低温气化和高温熔融两个过程，该技术也称两步法气化熔融焚烧技术。如果这两个过程集中在一个反应器内完成，则称为一步法气化熔融焚烧技术。

2. 气化熔融技术的分类

城市固体废弃物的气化熔融技术可以根据其装置的类型分为高炉型气化熔融、流化床气化熔融和回转窑气化熔融。

高炉型气化熔融系统是最常见的一步法气化熔融装置，它是由炼铁高炉演变而来的。固体废弃物、焦炭、石灰石从炉顶加入，在气化熔融炉的内部自上而下依次呈层状分成干燥预热段（200~300℃）、热分解气化段（300~1000℃）和熔融燃烧段（1500~1800℃）。固体废弃物在干燥带受高温烟气的预热将水分蒸发掉，被干燥后的垃圾依次降到热分解气化段进行气化，热分解气化产生的可燃气体从炉顶排向二次燃烧室进行完全燃烧，然后进入余热锅炉进行余热发电或供热。气化后的残留物和焦炭在熔融燃烧段与供入的富氧空气进行高温燃烧，熔融渣和金属从渣口中排出并被水急速冷却，被冷却的熔融渣和金属经分选机分选出金属和无机残渣，金属回收利用，无机残渣则作为建材。这种炉型不需要对废弃物进行特别的

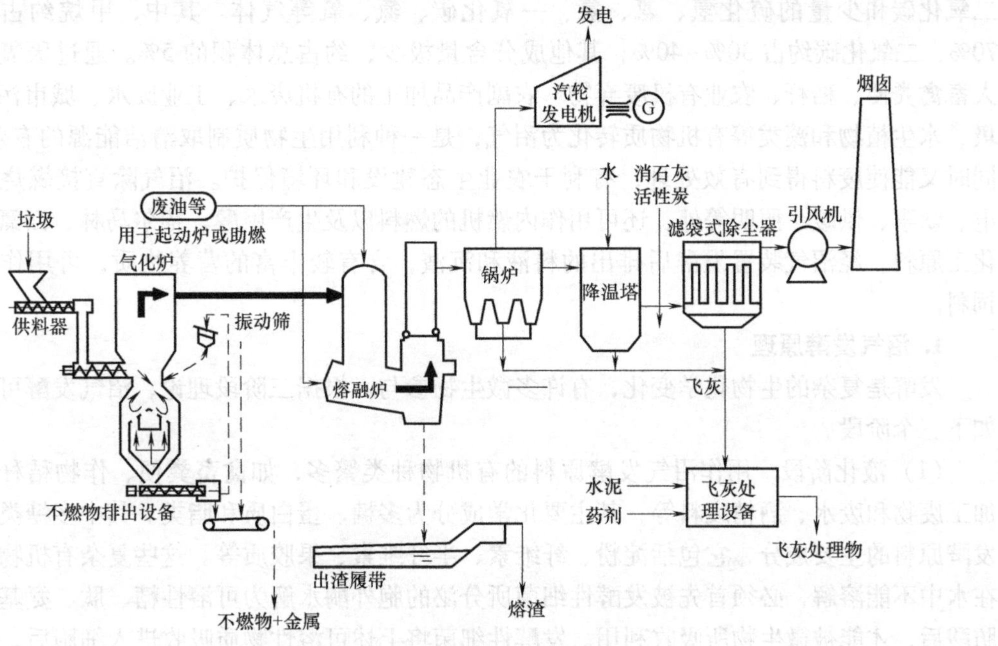

图 5-16　城市固体废弃物气化熔融系统

处理，该炉型的主要不足是无法灵活选择对无害底灰的处理方法。

固体废弃物的流化床气化熔融系统是一种两步法的低温气化高温熔融的气化熔融装置，经预处理的废弃物用加料器送入鼓泡流化床气化炉中，在600℃使用空气气化，从气化炉底将不燃物和砂子的混合物排出，采用分离装置将它们分离，砂子将重新送入炉内。生成的可燃气体进入旋风熔融炉在1300℃的高温下燃烧，熔渣经水冷后排出。该炉型的主要特点是废弃物先在流化床内较低的过量空气系数下气化燃烧，炉内温度保持在500~600℃。该炉型一般仅在废弃物热值较低时需要添加辅助燃料。废弃物的预处理要求与流化床焚烧要求相同。

回转窑气化熔融系统是另一种两步法气化熔融装置，废弃物在破碎后由给料器加入回转窑内，废弃物原料一边接受由回转形成的搅拌作用，一边在约500℃无氧气氛下缓慢进行热分解气化，从回转窑排出的可燃气体直接进入下游的回旋式熔融炉内。生成的半焦和不燃物从回转窑下部排出，经冷却器冷却后，由分离装置将粗大的不燃物和细小的半焦分离。然后将半焦用粉碎机粉碎并储存在筒仓中，经气力输送至回旋式熔融炉，与自回转窑排出的可燃气体一起在约1300℃下进行高温燃烧，因高温而形成熔融状态的炉渣从炉底排出。废弃物在回转窑内通过外部热源间接加热气化，使炉温保持在500℃左右。该炉型要求固体废弃物需先粉碎到粒径小于150mm。

5.4 生物质生物转化发电技术

5.4.1 沼气发电

沼气是一种微生物在厌氧条件下分解有机物产生的可燃性气体，它的主要成分是甲烷、二氧化碳和少量的硫化氢、氨、氢、一氧化碳、氮、氧等气体。其中，甲烷约占50%~70%，二氧化碳约占30%~40%，其他成分含量极少，约占总体积的5%。通过厌氧发酵将人畜禽粪便、秸秆、农业有机废弃物、农副产品加工的有机废水、工业废水、城市污水和垃圾、水生植物和藻类等有机物质转化为沼气，是一种利用生物质制取清洁能源的有效途径，同时又能使废料得到有效处理，有利于农业生态建设和环境保护。沼气除直接燃烧用于发电、炊事、供暖、照明等外，还可用作内燃机的燃料以及生产甲醇、福尔马林、四氯化碳等化工原料。经沼气装置发酵后排出的料液和沉渣，含有较丰富的营养物质，可用作肥料和饲料。

1. 沼气发酵原理

发酵是复杂的生物化学变化，有许多微生物参与。根据三阶段理论，沼气发酵可以分为如下三个阶段。

（1）液化阶段　用作沼气发酵原料的有机物种类繁多，如禽畜粪便、作物秸秆、食品加工废物和废水、酒精废料等，其主要化学成分为多糖、蛋白质和脂类。其中多糖类物质是发酵原料的主要成分，它包括淀粉、纤维素、半纤维素、果胶质等。这些复杂有机物大多数在水中不能溶解，必须首先被发酵性细菌所分泌的胞外酶水解为可溶性糖、肽、氨基酸和脂肪酸后，才能被微生物所吸收利用。发酵性细菌将上述可溶性物质吸收进入细胞后，经过发酵作用将它们转化为乙酸、丙酸、丁酸等脂肪酸和醇类及一定量的氢、二氧化碳。蛋白质类物质被发酵性细菌分解为氨基酸，又可被细菌合成细胞物质而加以利用，多余时也可以进一步被分解生成脂肪酸、氨和硫化氢等。蛋白质含量的多少，直接影响沼气中氨及硫化氢的含量，而氨基酸分解时所生成的有机酸类，则可继续转化而生成甲烷、二氧化碳和水。脂类物质在细菌脂肪酶的作用下，首先水解生成甘油和脂肪酸，甘油可进一步按糖代谢途径被分解，脂肪酸则进一步被微生物分解为乙酸。

（2）产酸阶段

1）产氢产乙酸菌。发酵性细菌将复杂有机物分解发酵所产生的有机酸和醇类，除甲酸、乙酸和甲醇外，均不能被产甲烷菌所利用，必须由产氢产乙酸菌将其分解转化为乙酸、氢和二氧化碳。

2）耗氢产乙酸菌。耗氢产乙酸菌也称同型乙酸菌，这是一类既能自养生活也能异养生活的混合营养型细菌。它们既能利用H_2+CO_2生成乙酸，也能代谢产生乙酸。通过上述微生物的活动，各种复杂有机物可生成有机酸和H_2/CO_2等。

（3）产甲烷阶段　在沼气发酵过程中，甲烷的形成是由一群生理上高度专业化的古细菌——产甲烷菌所引起的，产甲烷菌包括食氢产甲烷菌和食乙酸产甲烷菌，它们是厌氧消化过程食物链中的最后一组成员，尽管它们具有各种各样的形态，但它们在食物链中的地位使它们具有共同的生理特性。它们在厌氧条件下将前三群细菌（发酵性细菌、产氢产乙酸菌、耗氢产乙酸菌）代谢终产物，在没有外源受氢体的情况下把乙酸和H_2/CO_2转化为气体产生CH_4/CO_2，使有机物在厌氧条件下的分解作用顺利完成。

要正常产生沼气，必须为微生物创造良好的条件，使它能生存、繁殖。沼气池必须符合多种条件。首先，沼气池要密闭。有机物质发酵成沼气，是多种厌氧菌活动的结果，因此要创造一个厌氧菌活动的缺氧环境。在建造沼气池时要注意隔绝空气，不透气、不渗水。其次，沼气池里要维持适宜温度（20~40℃），因为通常在此温度下产气率最高。第三，沼气池要有充足的养分。微生物要生存、繁殖，必须从发酵物质中吸取养分。投入沼气池的原料比例，大体上要按照碳氮比等于 20∶1~25∶1。在沼气池的发酵原料中，人畜粪便能提供氮元素，农作物的秸秆等纤维素能提供碳元素。第四，发酵原料要含适量水，一般要求沼气池的发酵原料中含水 80%左右，过多或过少都对产气不利。第五，沼气池的 pH 值一般控制在 7~8.5。

2. 沼气工程的工艺流程

一个完整的沼气发酵工程，无论其规模大小，都包括如下工艺流程：原料（废水）收集、预处理、消化器（沼气池）、出料后处理、沼气净化、储存、输配以及利用等，如图 5-17 所示。

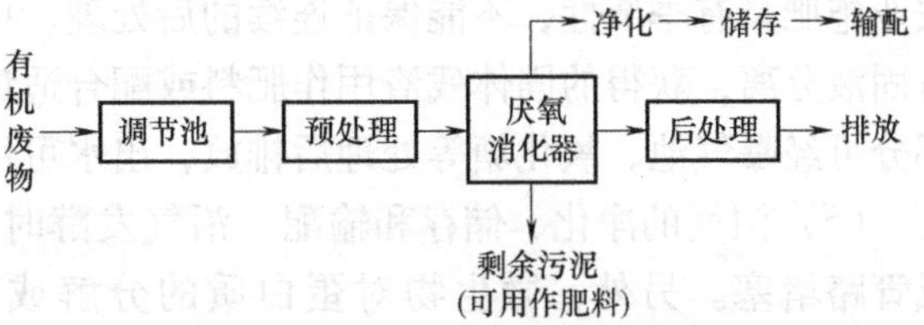

图 5-17 沼气发酵的基本工艺流程

（1）原料收集 充足而稳定的原料供应是沼气发酵工程的基础，不少沼气工程因原料来源的变化而被迫停止运转，甚至报废。原料的收集方式又直接影响原料的质量，例如采用自动化冲洗的养猪场，其原料浓度一般只有 1.5%~3.5%；若采用刮粪板刮出，则原料浓度可达 5%~6%，若手工清运，则浓度可达 20%左右。因此，在畜禽养殖场或工厂设计时就应根据当地条件合理安排废物的收集方式和集中地点，以便就近进行沼气发酵处理。

收集的原料一般要进入调节池储存，因为原料收集的时间往往比较集中，而消化器的进料常需要在一天内均匀分配，所以调节池的大小一般要能储存 24h 废水量。在温暖季节，调节池常可兼有酸化作用，可改善原料性能并加速厌氧消化。

（2）预处理 原料中常混有各种杂质，如牛粪中的杂草、鸡粪中的鸡毛和沙石等。为了便于用泵输送及防止发酵过程中出现故障，或为了减少原料中悬浮的固体含量，要对原料进行预处理，有的在进入消化器前还要进行升温或降温等。有条件时还可采用固液分离机将固体残渣分离出来用作饲料，有较好经济效益。

（3）消化器 要正常产生沼气，必须为微生物创造良好的条件，使它能生存、繁殖。消化器是各种有机质在微生物作用下，进行厌氧发酵制取沼气的密闭装置。它是沼气发酵的核心设备，又称沼气池。微生物的生长繁殖、有机物的分解转化、沼气的生产都是在消化器里进行的，因此消化器的结构和运行是沼气工程设计的重点。

根据消化器水力滞留期、固体滞留期和微生物滞留期的不同，可将厌氧消化器分为常规型消化器、污泥滞留型消化器、附着膜型消化器三种。常规型消化器的特征为水力滞留期、固体滞留期和微生物滞留期相等，即液体、固体和微生物混合在一起，在出料时同时被淘汰，消化器内没有足够的微生物，并且固体物质由于滞留期较短而得不到充分消化，因而效率较低。

污泥滞留型消化器的特征为通过各种固液分离方式，将水、固体、微生物加以分离，从而在较短的水力滞留期情况下获得较长的固体和微生物滞留时间，即在发酵液排出时，微生物和固体物质所构成的污泥得到保留。

附着膜型消化器是在消化器内安放有惰性支持物供微生物附着，使微生物呈膜状固着于支持物表面，从而在进料中的液体和固体穿流而过的情况下固着滞留微生物于消化器内，从而使消化器有较高的效率。

（4）出料后处理 出料后处理为大型沼气工程所不可缺少的组成部分，若沼气工程缺少出料后处理，不仅会造成出料的二次污染，而且白白浪费了本可作为生态农业建设生产用的优质肥料资源。

出料后处理的方式多种多样，最简便而有效的方法是直接用作肥料施入土壤或鱼塘。但农业施肥具有季节性，不能保证连续的后处理。可靠的方法是将出料进行沉淀，再将沉淀进行固液分离，获得的固体残渣用作肥料或配合适量化肥做成适用于农作物的复合肥料。清液部分可经曝气池、氧化塘等处理后排放，出水可用于灌溉或再回用为生产用水。

（5）沼气的净化、储存和输配 沼气发酵时会有水分蒸发进入沼气，而水的冷凝会造成管路堵塞。另外，微生物对蛋白质的分解或硫酸盐的还原作用也会使一定量硫化氢（H_2S）气体生成并进入沼气，H_2S 是一种腐蚀性很强的气体，会引起管道及仪表的快速腐蚀，H_2S 本身以及燃烧时生成的 SO_2 对人也有毒害作用。因此，大中型沼气工程，特别是用来进行集中供气的工程，必须设法脱除沼气中的水分和 H_2S。脱水通常采用脱水装置进行，H_2S 的脱除通常采用脱硫塔，内装脱硫剂进行脱硫。因脱硫剂使用一定时间后需要再生或更换，所以脱硫塔最少需要有两个轮流使用。

沼气的储存通常用浮罩式储气柜，以调节产气和用气的时间差别，储气柜的大小一般为日产沼气量的1/3~1/2，以便稳定供应用气。

沼气的输配是指将沼气输送分配至各用户，输送距离可达数千米。输送管道通常采用金属管，近年来已开始使用高压聚乙烯塑料管。用塑料管输气不仅避免了金属管的锈蚀，并且造价较低。气体输送所需的压力通常依靠沼气产生所提供的压力即可满足，远距离输送可采用增压措施。图5-18所示为典型的沼气工程现场图。

图 5-18 典型的沼气工程现场图

3. 沼气发电技术

沼气燃烧发电是随着大型沼气池建设和沼气综合利用的不断发展而出现的一项沼气利用技术，它是利用工业、农业或城镇生活中的大量有机废弃物，经厌氧发酵处理产生的沼气，驱动沼气发电机组发电，并可充分将发电机组的余热用于沼气生产或回收。沼气具有高效、节能、安全和环保等特点，是一种分布广泛且价廉的分布式能源。沼气发电在发达国家已受到广泛重视和积极推广。沼气发电热电联产项目的热效率，视发电设备的不同而有较大的区别，如使用燃气内燃机，其热效率为70%~75%，而如使用燃气涡轮机和余热锅炉，在补燃的情况下，热效率可以达到90%以上。

沼气发电技术本身提供的是清洁能源，不仅解决了沼气工程中的环境问题、消耗了大量废弃物、保护了环境、减少了温室气体的排放，而且变废为宝，产生了大量的热能和电能，符合能源再循环利用的环保理念，同时也带来巨大的经济效益。

我国广大农村生物质资源非常丰富，解决农村电气化，沼气发电是一个很重要的途径。但是，大中型沼气工程与沼气发电工程的一次性投资费用都相当大，而沼气工程投资费用是沼气发电工程的4倍左右。只有在推广沼气工程应用的同时，不断进行研究提高沼气池产气率，并积极推广应用沼气发电工程，才能在社会效益尽量保持不变的前提下，使经济效益不断提高，也才能使整个工程总的一次性投资回报率大大提高。

目前，我国沼气发电工程数量较少，装机规模较小，发展速度比较缓慢。原因是多方面的，但最主要的原因是现有机制严重制约沼气发电的发展。首先，我国尚未建立严格的环境污染处罚体系，禽畜粪便和工业有机废水超标排放的企业不需要为自身造成的环境污染等支付相应的成本，致使企业缺乏投资沼气工程治理污染的积极性；其次，目前沼气发电工程建设规模一般较小，潜在的电站数量较大，电网运行管理成本较高，属于典型的分布式发电；再者，我国目前尚缺乏大规模分布式电站运行管理的经验，致使沼气发电的并网和售电遇到许多困难。

自我国沼气发电市场起步以来，行业市场规模保持着稳定的增长速度。据国家统计局数据显示，2011~2017年我国沼气发电市场规模实现了跨越式增长，2011年的市场规模仅为7.89亿元左右，2013年突破10亿元，增速也达到了近年来的最高值19.32%。2014年以来，随着国家连续出台了多项沼气发电发展规划以及补贴政策，行业主体数量实现扩幅的同时，市场规模也实现了快速的增长，2014年行业市场达到了近12.3亿元，增幅保持在16%左右，2017年行业市场规模增长至18.12亿元。综合来看，沼气发电市场2011~2017年年均复合增长率为14.9%。

国家“十三五”规划提出，要结合城镇垃圾填埋场布局，建设垃圾填埋气发电项目，积极推动酿酒、皮革等工业有机废水和城市生活污水处理沼气设施热电联产，结合农村规模化沼气工程建设，新建或改造沼气发电项目，积极推动沼气发电无障碍接入城乡配电网和并网运行。到2020年，沼气发电装机容量将达到50万kW。

5.4.2　生物质燃料电池

早在19世纪初，英国化学家戴维就提出了燃料电池的设想，1839年英国人格拉夫发明了最早的氢燃料电池。可以说发展到今天，氢燃料电池已成为最成熟的燃料电池，但在氢气的制备、输送、电池的能量转化率、使用安全性等方面存在许多问题，陷入了尴尬的发展处境。生物燃料电池的出现又让我们充满了新的期待。

生物燃料电池（Biofuel Cell）是利用酶或者微生物组织为催化剂，将燃料的化学能转化为电能。生物燃料电池的发展可追溯到20世纪初，1910年，英国杜汉姆大学植物学教授Michael Cresse Potter用酵母和大肠杆菌进行试验时，发现了微生物也可以产生电流，从而拉开了生物燃料电池研究的序幕。20世纪60年代，为了将长途太空飞行中的有机废物转化成电能，美国航空航天管理局投入了大量的人力和物力进行研究，真正掀起了生物燃料电池研究的高潮。后来尽管由于技术原因，生物燃料电池曾一度陷入停滞状态，但七八十年代出现的石油危机又让电池家族的新成员成为人们瞩目的中心，自此之后迎来了更加广阔的发展前景。生物燃料电池目前尚处于试验阶段，已可提供稳定的电流，但工业化应用尚未成熟。

根据电池中使用的催化剂种类，可将生物燃料电池分为微生物燃料电池和酶燃料电池两类。

1. 微生物燃料电池

典型的微生物燃料电池如图5-19所示，它由阳极室和阴极室组成，质子交换膜将两室分隔开。它的基本工作原理可分为四步来描述：

1）在微生物的作用下，燃料发生氧化反应，同时释放出电子。

2）介体捕获电子并将其运送至阳极。

3）电子经外电路抵达阴极，质子通过质子交换膜由阳极室进入阴极室。

4）氧气在阴极接收电子，发生还原反应。

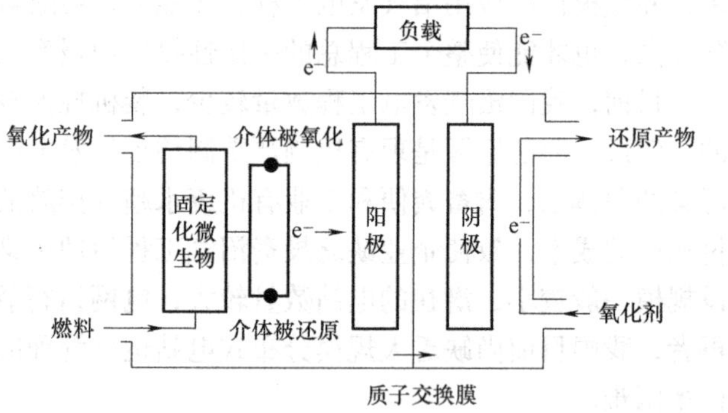

图5-19 微生物燃料电池

下面以葡萄糖为例来具体说明这个过程：

阳极半反应：

$$C_6H_{12}O_6+6H_2O \longrightarrow 6CO_2+24H^++24e^-$$

$$\text{氧化态介体} + e^- \longrightarrow \text{还原态介体}$$

阴极半反应：

$$6O_2+24H^++24e^- \longrightarrow 12H_2O$$

2. 酶燃料电池

典型酶燃料电池如图5-20所示，葡萄糖在葡萄糖氧化酶（GO_x）和辅酶的作用下失去电子而被氧化成葡萄糖酸，电子由介体运送至阳极，再经外电路到阴极。双氧水得到电子，并在微过氧化酶的作用下还原成水。

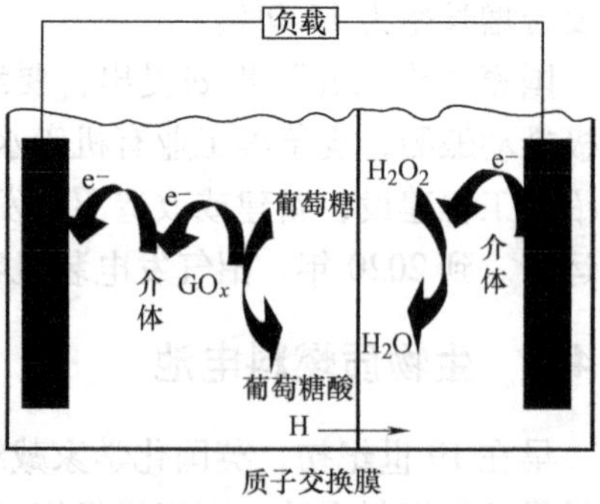

图5-20 酶燃料电池

阳极半反应：

$$\text{葡萄糖} \longrightarrow \text{葡萄糖酸}+2H^++2e^-$$

阴极半反应：

$$H_2O_2+2H^++2e^- \longrightarrow 2H_2O$$

3. 介体的作用

由于微生物细胞膜含有肽键或类聚糖等不导电物质，电子难以穿过，所以在生物燃料电池设计中的一个最大的技术瓶颈就是如何有效地将电子从底物运送至电池的阳极。科学家设想在阳极室加入一种或几种化学物质，作为运输电子的介体。介体的作用如图5-21所示。

经过研究发现，充当介体的分子必须具备严格的条件：

1）生物燃料电池中的介体应易于穿透细胞膜且对微生物无毒害作用。

2）生物燃料电池中的介体在得到电子后应易于从细胞膜中出来。

3）介体的电极反应快。

4）介体的氧化态和还原态都应易溶于电解质溶液。

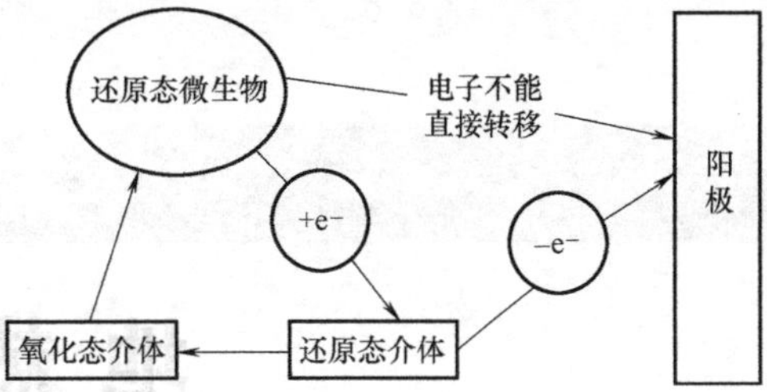

图 5-21　介体的作用

5）在溶液中有足够的稳定性且不能吸附在细菌细胞或电极的表面。

6）介体的任一种氧化态都不会对微生物的代谢过程造成干扰。

一些有机物和金属有机物可以用作生物燃料电池的介体，其中较为典型的有硫堇、EDTA-Fe（Ⅲ）、亚甲基蓝和中性红等。

介体大多有毒且易分解，这在很大程度上阻碍了生物燃料电池的商业化进程。近年来，人们陆续发现了几种特殊的细菌，这类细菌可以在无介体存在的情况下，将电子传递给阳极产生电流。这种无需介体参与的生物燃料电池又被称作直接生物燃料电池，目前直接生物燃料电池需要把广泛有机物作为电子供体的高活性微生物，发现和选择这种高活性微生物对发展直接生物燃料电池起到关键作用。

与传统的化学电池技术相比，生物燃料电池具有操作和功能上的优势。首先，它将底物直接转化为电能，保证了高的能量转化效率。其次，不同于现有的生物能处理，生物燃料电池在常温、常压甚至是低温的环境条件下都能够有效运作，电池维护成本低、安全性强。第三，生物燃料电池不需要进行废气处理，因为它所产生的废气的主要成分是二氧化碳，不会产生污染环境的副产物。第四，生物燃料电池具有生物相容性，利用人体内的葡萄糖和氧为原料的生物燃料电池可以直接植入人体。第五，在缺乏电力基础设施的局部地区，生物燃料电池具有广泛应用的潜力。

思考题与习题

5-1　什么是生物质和生物质能？

5-2　根据生物质的来源，可以把生物质分为哪些类别？

5-3　生物质固体成型燃料技术工艺类型有几种？

5-4　生物质现代化燃烧技术有几种形式？不同的燃烧技术有什么区别？

5-5　什么是生物质气化技术？生物质气化的原理是什么？

5-6　生物质燃气有何特性？为什么生物质燃气需要净化？

5-7　什么是沼气？沼气的主要成分有哪些？

5-8　简述沼气发电的几种形式及其各自的特点。

第 6 章

地热发电

6.1 概述

地热能是来自地球深处的热能，它源于地球的熔融岩浆和放射性物质的衰变。地下水深处的循环和来自极深处的岩浆侵入地壳后，把热量从地下深处带至近表层。在有些地方，热能随自然涌出的蒸汽和水到达地面。地热能不但是无污染的清洁能源，而且如果热量提取速度不超过补充的速度，那么热能还是可再生的。

地球是一个平均直径为 12742.2km 的巨大实心椭圆球体，其构造好似一只半熟的鸡蛋，主要分为三层，如图 6-1 所示。地球最外面一层是地壳，平均厚度约为 30km，主要成分是硅铝和硅镁盐；地壳下面是地幔，厚度约为 2900km，主要由铁、镍和镁硅酸盐构成，大部分是熔融状态的岩浆，温度在 1000℃以上；地幔以下是液态铁-镍物质构成的地核，其内还有一个呈固态的内核，地核的温度在 2000~5000℃之间，外核深 2900~5100km。

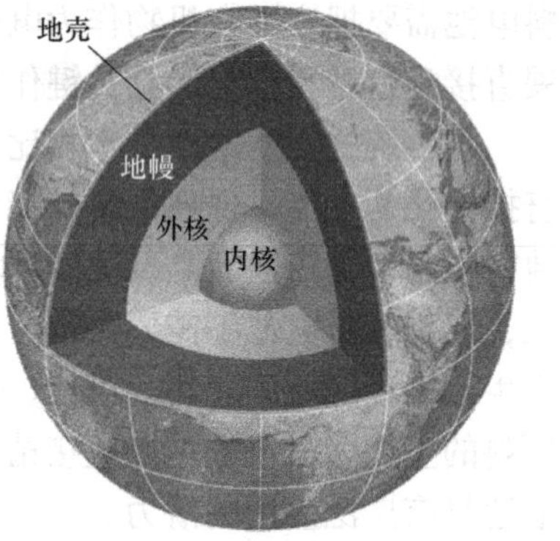

图 6-1　地球的构造

在地球物质中，放射性元素衰变产生的热量是地热的主要来源，包括放射性元素铀 238、铀 235、钍 232 和钾 40 等。每年放射性元素衰变所释放的热能大约为 8.6×10^{20}J，折合 205 亿 t 油当量，据此可推算出地热能的再生量为 256 亿 t 油当量每年，约相当于目前全球一次能源供应量的 2 倍。放射性物质的原子核，无需外力的作用，就能自发地放出电子、氦核和光子等高速粒子并形成射线。在地球内部，这些粒子和射线的动能和辐射能，在同地球物质的碰撞过程中便转变成了热能。地壳中的地热主要靠传导传输，但地壳岩石的平均热流密度低，一般无法开发利用，只有通过某种集热作用，才能开发利用。大盆地中深埋的含水层可大量集热，每当钻探到这种含水层，就会流出大量的高温热水，这是天然集热的常见形式。岩浆侵入地壳浅处，是地壳内最强的热传导形式。侵入的岩浆体形成局部高强度热源，为开发地热能提供了有利条件。地壳表层的温度为 0~50℃，地壳下层的温度为 500~1000℃。

地热资源是指在目前地质环境技术与经济条件下可供人工开发的，地壳岩石与地热流体中的热能量及其伴生的有用组分。全世界的地热资源达 1.26×10^{27}J，相当于 4.6×10^{16}t 标准煤，超过了当今世界技术和经济水平可采煤储量含热量的 70000 倍。国土资源部发布的官方数据显示，我国目前已探明的分布在3~10km深度范围内的地热能资源总量相当于26万倍中国大陆的年度能源消费量。地球内部所蕴藏的巨大热能，通过大地的热传导、火山喷发、地震、深层水循环、温泉等途径不断地向地表层散发，平均年流失热量达到1×10^{21}kJ。但是，由于目前经济上可行的钻探深度仅在3000m以内，再加上热储空间地质条件的限制，所以只有热能转移并在浅层局部地区富集时，才能形成可供开发利用的地热田。

地热能在很久以前就被人类所利用。1904年，意大利在拉德瑞罗地热田首次试验成功地热发电装置，此后新西兰、菲律宾、美国、日本等国都先后投入到地热发电的大潮中，其中美国地热发电的装机容量居世界首位。与此同时，地热能的直接利用，技术要求较低，所需设备也较为简易，因此获得了众多国家的重视。地热能直接利用于烹饪、沐浴及暖房，已有悠久的历史。至今，天然温泉与人工开采的地下热水，仍被人类广泛使用。

6.1.1 地热资源的分类

赋存于地球内部的热能，是一种巨大的自然能源，它通过火山爆发、温泉、间隙喷泉及岩石的热传导等形式不断地向地表传送和散失热量。地热资源是指在某一未来时间段内能被经济而合理地取出来的那部分地下热能，可见地热资源只是地热能中很小的一部分。

按照地热资源的温度不同，通常把热储温度大于150℃的称为高温地热资源，小于150℃而大于90℃的称为中温地热资源，小于90℃的称为低温地热资源。中低温地热资源分布较为广泛，我国已发现的地热田大多属于这种类型。高温地热资源位于地质活动带内，常表现为地震、活火山、热泉、喷泉和喷气等现象。地热带的分布与地球大构造板块或地壳板块的边缘有关，主要位于新的活火山区或地壳已经变薄的地区。

地质学上常把地热资源分为蒸汽型、热水型、地压型、干热岩型和岩浆型五类，见表6-1。

表6-1 地热资源分类

热储类型	简 介	蕴藏深度/km	热储状态	开发技术状况
蒸汽型	是理想的地热资源，是指以温度较高的饱和蒸汽或过热蒸汽形式存在的地下储热	3	200~240℃干蒸汽（含少量其他气体）	开发良好（分布区很少）
热水型	以热水形式存在的地热田	3	高温级≥150℃，中温级90~150℃，低温级<90℃	开发中，量大面广，是当前重点研究对象
地压型	以高压、高盐分热水的形式储存于地表以下	3~10	深层沉积地压水，溶解大量碳氢化合物，可同时得到压力能、热能、化学能，温度>150℃	初级热储实验
干热岩型	地层深处普遍存在的没有水或蒸汽的热岩石，其温度范围广	3~10	150~600℃干热岩体	应用研究阶段
岩浆型	蕴藏在地层更深处，处于动弹性状态或完全熔融状态的高温熔岩	10	600~1500℃熔岩	应用研究阶段

蒸汽型和热水型统称为水热型，是现在开发利用的主要地热资源。干热岩型和地压型两大类尚处于应用研究阶段，目前开发利用很少。由于干热岩型的储量十分丰富，目前大多数国家把这种资源作为地热开发的重点研究目标。地压型是目前尚未被人们充分认识的一种地热资源，它一般储存于地表以下2~3km的含油盆地深部，并被不透水的页岩所封闭，甚至可以形成长1000km、宽几百千米的巨大的热水体，而且除热能外，地压水中还有甲烷等碳氢化合物的化学能及高压所致的机械能。

6.1.2 我国的地热资源

从世界范围内来说，地热资源的分布是不平衡的。地热异常区主要分布在板块生长、开裂-大洋扩张脊和板块碰撞、衰亡-大洋削减带部位。环球性的地热带主要有环太平洋地热带、地中海-喜马拉雅地热带、大西洋中脊地热带和红海-亚丁湾-东非裂谷地热带四个。

我国地热资源的分布主要与各种构造体系及地震活动、火山活动密切相关，其中能用于发电的高温地热资源主要分布在西藏、滇西和台湾地区，其他省区均为中低温地热资源。由于中低温地热资源温度不高（小于150℃），适合直接供热。据初步估算，全国主要沉积盆地距地表2000m以内储藏的地热能，相当于2500亿t标准煤的热量，主要分布在松辽盆地、华北盆地、江汉盆地、渭河盆地、太原盆地、临汾盆地、运城盆地等众多的山间盆地以及东南沿海的福建、广东、赣南、湘南等地。从分布情况看，中低温资源由东向西减弱，东部地热田位于经济发展快、人口集中、经济相对发达的地区。

根据地热资源的成因，可将我国地热资源划分为现（近）代火山型、岩浆型、断裂型和断陷-凹陷盆地型四种类型。其中，现（近）代火山型地热资源主要分布在台湾北部大屯火山区和云南西部腾冲火山区，在台湾已探到293℃高温地热流体，并在靖水建有3MW地热试验电站。沿雅鲁藏布江分布的西藏南部的高温地热田，是岩浆型的典型代表，其中西藏羊八井地热田在井深1500~2000m处，探获329.8℃的高温地热流体。断裂型地热带主要分布在板块内侧基岩隆起区或远离板块边界由断裂所形成的断层谷地、山间盆地，如辽宁、山东、山西、福建和广东等地，热储温度以中温为主，单个地热田面积较小、热能潜力不大，但这类资源分布点多、面广，整体储量大。断陷-凹陷盆地型地热资源主要分布在板块内部巨型断陷、凹陷盆地之内，如华北盆地、松辽盆地、江汉盆地等，单个地热田的面积较大，达几十甚至几百平方千米，其地热资源潜力大，有很高的开发利用价值。

根据现有资料，按照地热资源的分布特点、成因和控制等因素，可把我国地热资源的分布划分为如下七个带：

（1）藏滇地热带　主要包括喜马拉雅山脉以北，冈底斯山、念青唐古拉山以南，西起西藏阿里地区，向东至怒江和澜沧江，呈弧形向南至云南腾冲火山地区，特别是雅鲁藏布江流域。这一地带水热活动强烈，是中国大陆上地热资源潜力最大的地区。

（2）台湾地热带　台湾省地热资源主要集中在东、西两条强地震集中发生区。在8个地热区中有6个温度在100℃以上。台湾北部大屯火山区是一个大的地热田，已发现13个气孔和热泉区，热田面积50km^{2}以上，在11口300~1500m深度不等的热井中，最高温度可达294℃，地热蒸汽流量350t/h以上。大屯地热田的发电潜力可达80~200MW。

（3）东南沿海地热带　包括福建、广东、浙江以及江西和湖南的一部分地区，其地下热水的分布和出露受一系列北东向断裂构造的控制。这个地热带主要是中低温热水型的地热资源。

（4）鲁皖鄂断裂地热带　庐江断裂带自山东招远向西南延伸，贯穿皖、鄂边境，直达汉江盆地。这是一条将整个地壳断开的、至今仍在活动的深断裂带，也是一条地震带。这里蕴藏的主要是低温地热资源。

（5）川滇青新地热带　主要分布在从昆明到康定一线的南北狭长地带，经河西走廊延伸入青海和新疆境内。以低温热水型资源为主。

（6）祁吕弧形地热带　包括河北、山西、汾渭谷地、秦岭及祁连山等地，是近代地震活动带。主要是低温热水型地热资源。

（7）松辽地热带　包括整个东北大平原的松辽盆地属于新生代沉积盆地，沉积厚度不大，盆地基地多为燕山期花岗岩，有裂隙地热形成，温度为40~80℃。

地热资源温度的高低是影响其开发利用价值的最重要因素，我国地热资源的等级分类见表6-2。

表6-2　我国地热资源的等级分类

温度等级		温度界限/℃	主要用途
高温		$t \geq 150$	发电、烘干
中温		$90 \leq t < 150$	工业利用、烘干、发电、制冷
低温	热水	$60 \leq t < 90$	采暖、工艺流程
	温热水	$40 \leq t < 60$	医疗、洗浴、温室
	温水	$25 \leq t < 40$	农业灌溉、养殖、土壤加温

6.1.3　国内外地热资源的开发利用现状与前景

地热发电至今已有近百年的历史了，1913年，第一座装机容量0.25MW的地热电站在意大利建成并运行，标志着商业性地热发电的开端。目前世界最大的地热电站是美国的盖瑟尔斯地热电站，其第一台地热发电机组（11MW）于1960年启动，20世纪70年代，共投产9台机组，80年代以后，又相继投产一大批机组，至1985年电站装机容量已达到1361MW。除此之外，许多发展中国家也在积极利用地热发电以补能源的不足。如萨尔瓦多、肯尼亚、尼加拉瓜、哥斯达黎加等国的国家电网，有10%以上的电力来自地热发电。目前，全球拥有地热资源开发利用技术的国家共有78个，24个国家用于电力生产，其总装机容量已经超过10000MW。美国是全球地热发电大国，其地热发电装机容量一直占全球30%以上，其次为菲律宾和印度尼西亚两国，如图6-2所示。以上国家均分布在大陆板块边缘，具有丰富的地热资源。

虽然我国对地热资源开发利用的研究起步较晚，但在受到越来越严重的环境污染问题困扰的背景下，政府十分重视对新能源产业的发展，地热能近几年的发展速度尤为明显。我国的地热资源开发利用主要是地热发电和中低温地热资源直接利用。1970年，我国在广东丰顺建成第一座地热电站，机组功率为0.1MW。随后，河北怀来、西藏羊八井等地也建了地热电站。到目前为止，西藏羊八井地热电站是我国最大、运行最久的地热电站，至今仍在安全、稳定发电。1991年，羊八井地热电站装机容量已达到8台共24.18MW，机组单机容量为3MW等级（第五台为日本产3.18MW机组），2009年和2010年各增加了1MW全流发电

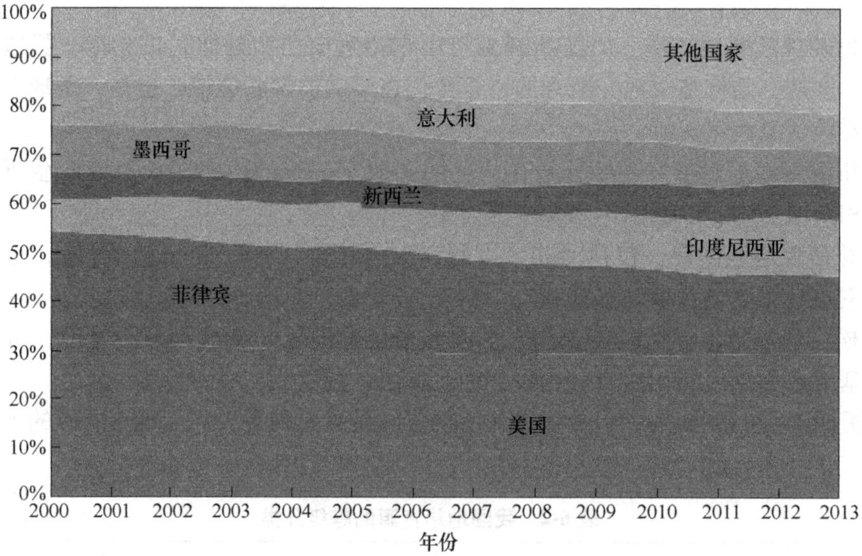

图 6-2 全球地热发电装机容量占比历史

螺杆膨胀机组，现装机容量达 26.18MW。然而，近年来我国地热发电进展缓慢，截至 2014 年年底，我国地热发电总装机容量仅为 27.78MW，居世界第 18 位。目前，羊八井地热电站还具有很大的开发潜力，而在羊八井地热田西南 45km 处的羊易地热田，也是一个亟待开发的高温地热田。另外，云南省地热资源十分丰富，如腾冲地区是中国大陆有名的高温地热区，也是中国大陆独一无二的火山热区，地质普查显示全区有 27 个高温地热田，在此建设万千瓦级地热电站已列入国家计划。

相对于太阳能和风能的不稳定性，地热能是较为可靠的可再生能源。另外，地热能是较为理想的清洁能源，能源蕴藏丰富并且在使用过程中不会产生温室气体，地热能可以作为煤炭、天然气和核能的最佳替代能源。专家指出，倘若给予地热能源相应的关注和支持，在未来几年内，地热能很有可能成为与太阳能、风能等量齐观的新能源。目前已有国内外学者在研究太阳能与地热能联合发电系统，试验结果表明，联合发电系统能够克服单独地热发电与单独太阳能发电的弊端，从而更具优势。

由于现阶段地热能直接利用较地热发电利用率高及项目开发时间短的特点，所以各国更倾向于直接利用地热资源进行供暖和温室保温等，2000~2013 年，全球地热能直接利用累计装机容量从 15GW 增长到 50GW 以上。地热资源的直接利用范围主要取决于地热水的温度高低及其所处的地理位置。我国地热资源以中低温为主，目前，我国北方地区大体向地热供热-旅游疗养-种植养殖-休闲娱乐这一模式发展，而东南沿海则以地热旅游-保健疗养-种植养殖-地源热泵空调为主的方向发展，西部地区云南等地主要着手开发地热旅游事业。中国国土资源部 2009~2011 年的评估数据显示，我国拥有的浅层和沉积盆地地热资源分别相当于 95 亿 t 和 8530 亿 t 标准煤，每年可利用量分别相当于 3.5 亿 t 和 6.4 亿 t 标准煤，因而近年来我国各地纷纷采用地源热泵等方式直接利用地热资源。例如，在北京市南宫村建设新农村的过程中成功地使用了地热能资源，并获得了宝贵的地热能资源开发利用经验。此外，河北雄县也有较长的地热能资源开发利用历史，目前城市地区主要将地热资源用于城市供热。

我国目前年利用地热能水资源约 4.45 亿 m^3，居世界第一位，而且每年以近 10%的速度增长。随着地下水资源保护的不断加强，地热水的直接利用将受到更多的限制，地源热泵将是未来产业化的主要发展方向。

和其他可再生能源起步阶段一样，地热能形成产业的过程中面临的最大问题来自技术和资金。地热产业属于资本密集型行业，从投资到收益的过程较为漫长，一般来说较难吸引到商业投资。可再生能源的发展一般能够得到政府优惠政策的支持，例如税收减免、政府补贴以及获得优先贷款的权力。在相关优惠政策的指引下，投资者们将更有兴趣对地热项目进行投资建设。

6.2 地热发电技术

6.2.1 地热发电的方式

地热发电是以地下热水和蒸汽为动力源的一种新型发电技术，其基本原理和火力发电类似，都是利用蒸汽的热能推动汽轮发电机组发电。地热发电实际上就是把地下的热能转变为机械能，然后再将机械能转变为电能的能量转变过程。与传统火力发电不同，地热发电不需要消耗燃料，没有庞大的锅炉设备，没有灰渣和烟气对环境的污染，是比较清洁的能源。

针对可利用温度不同的地热资源，地热发电可分为地热蒸汽发电、地下热水发电、全流地发电和干热岩发电四种方式。

1. 地热蒸汽发电

地热蒸汽发电主要适用于高温蒸汽地热田，是把蒸汽田中的蒸汽直接引入汽轮发电机组发电，在引入发电机组前需对蒸汽进行净化，去除其中的岩屑和水滴。这种发电方式最为简单，但是高温蒸汽地热资源十分有限，且多存于较深的地层，开采难度较大，故发展受到限制。地热蒸汽发电主要有背压式汽轮机发电和凝汽式汽轮机发电两种。

（1）背压式汽轮机发电　背压式汽轮机发电系统是最简单的地热蒸汽发电方式，如图 6-3 所示。工作原理为：把干蒸汽从蒸汽井中引出，净化后送入汽轮机做功，蒸汽推动汽轮发电机组发电。蒸汽做功后可直接排空，或者送热到户用于工农业生产。这种系统大多用于地热蒸汽中不凝结气体含量很高的场合，或者综合利用排汽于工农业生产和生活用水。

（2）凝汽式汽轮机发电　为了提高地热电站的机组输出功率和发电效率，凝汽式汽轮机发电系统将做功后的蒸汽排入混合式凝汽器，冷却后再排出，如图 6-4 所示。在该系统中，蒸汽在汽轮机中能膨胀到很低的压力，所以能做出更多的功。为了保证凝汽器中具有很

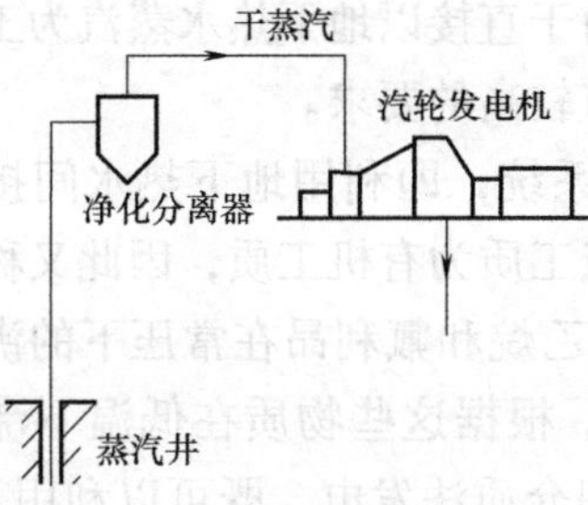

图 6-3　背压式汽轮机发电系统

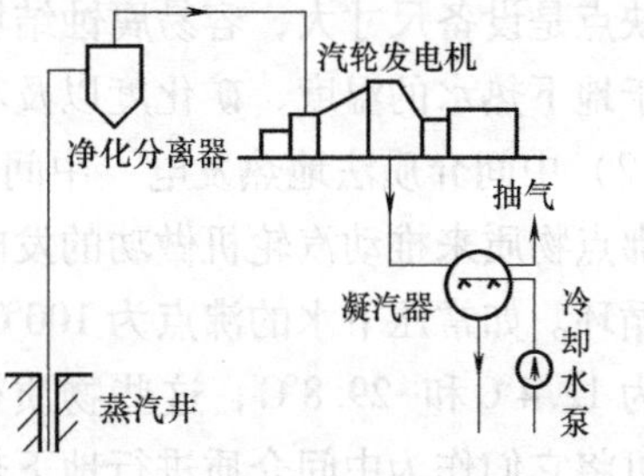

图 6-4　凝汽式汽轮机发电系统

低的冷凝压力（接近真空状态），设有抽气器来抽气，把由地热蒸汽带来的各种不凝结气体和外界漏入系统中的空气从凝汽器中抽走。

2. 地下热水发电

地下热水发电是地热发电的主要方式，目前地下热水发电系统有两种方式：闪蒸地热发电和中间介质法地热发电。

（1）闪蒸地热发电　闪蒸地热发电基于扩容降压的原理从地热水中产生蒸汽。水的汽化温度与压力有关，1 个绝对大气压下水的汽化温度是 100℃，0.3 个绝对大气压下水的汽化温度是 68.7℃。通过降低压力而使热水沸腾变为蒸汽，以推动汽轮发电机转动而发电。由于热水降压蒸发的速度很快，是一种闪急蒸发过程，同时，热水蒸发产生蒸汽时体积要迅速扩大，所以这个容器就叫作闪蒸器或扩容器。用这种方法来产生蒸汽的发电系统，叫作闪蒸地热发电系统或减压扩容法地热发电系统。它又可以分为单级闪蒸发电系统和两级闪蒸发电系统。

单级闪蒸发电系统简单，投资小，但热效率较低，厂用电率较高，适用于中温（90~160℃）的地热田发电。单级闪蒸发电系统如图 6-5 所示。

为了增加每吨地热水的发电量，可以采用两级闪蒸发电系统，即将闪蒸器中降压闪蒸后剩下的水不直接排空，而是引入二级低压闪蒸器中，分离出低压蒸汽引入汽轮机的中部某一级膨胀做功。两级闪蒸发电系统热效率较高，一般可以使每吨地热水的发电量增加 20%左右，但蒸汽量增加的同时冷却水量也有较大的增长，这会抵消部分采用两级扩容后增加的发电量。两级闪蒸发电系统如图 6-6 所示。

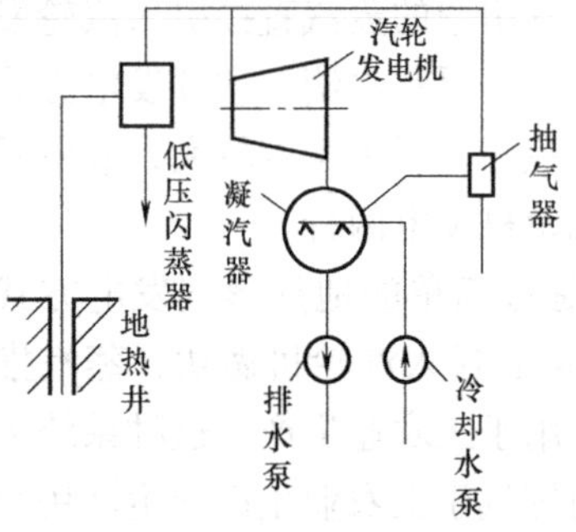

图 6-5　单级闪蒸发电系统

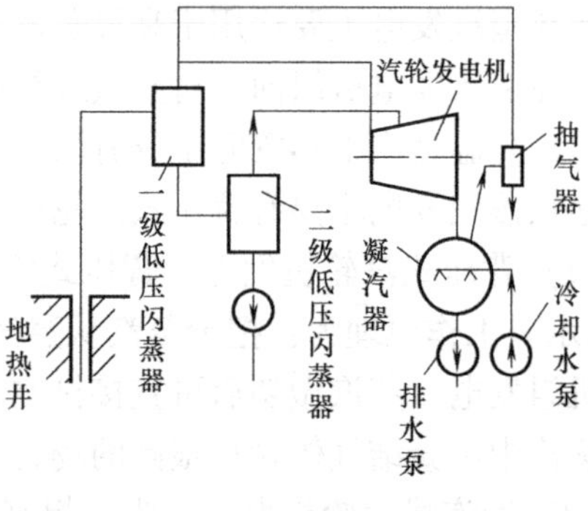

图 6-6　两级闪蒸发电系统

采用闪蒸法的地热电站，若热水温度低于 100℃，全热力系统将处于负压状态。这种电站的缺点是设备尺寸大，容易腐蚀结垢，热效率较低。由于直接以地下热水蒸汽为工质，所以对于地下热水的温度、矿化度以及不凝结气体含量等有较高的要求。

（2）中间介质法地热发电　中间介质法采用双循环系统，即利用地下热水间接加热某些低沸点物质来推动汽轮机做功的发电方式。通常低沸点工质为有机工质，因此又称为有机朗肯循环。如常压下水的沸点为 100℃，而有些物质如氯乙烷和氟利昂在常压下的沸点温度分别为 12.4℃和−29.8℃，这些物质被称为低沸点物质。根据这些物质在低温下沸腾的特性，可将它们作为中间介质进行地下热水发电。利用中间介质法发电，既可以利用 100℃以上的地下热水（汽），也可以利用 100℃以下的地下热水。对于温度较低的地下热水来说，采用降压扩容法效率较低，而且在技术上存在一定困难，而利用中间介质法则较为合适。

中间介质法地热发电系统中采用两种流体：一种是采用地热流体作热源，它在蒸发器中被冷却后排入环境或打入地下；另一种是采用低沸点介质流体作为一种工质（如氟利昂、异戊烷、异丁烷、正丁烷、氯丁烷等），这种工质在蒸发器内由于吸收了地热水放出的热量而汽化，产生的低沸点介质蒸气进入汽轮发电机组发电。做完功后的蒸气，由汽轮机排出，并在凝汽器中冷凝成液体，然后经循环泵打回蒸汽发生器再循环工作。该方式分单级中间介质法发电系统（见图6-7）和双级（或多级）中间介质法发电系统。

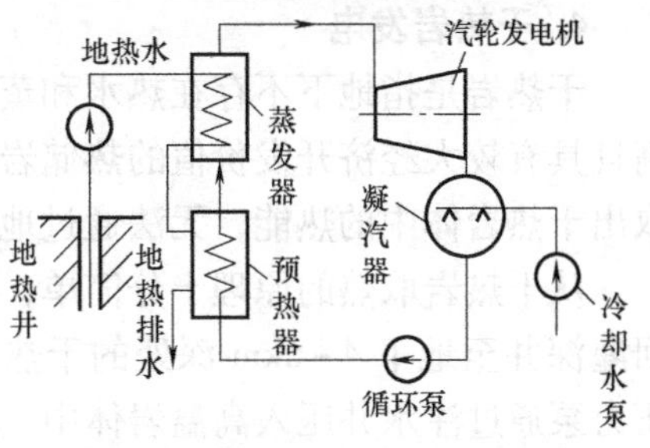

图6-7 单级中间介质法发电系统

单级中间介质法地热发电系统的优点是能够更充分利用低温度地下热水的热量，降低发电的热水消耗率，设备紧凑，汽轮机尺寸小，易于适应化学成分比较复杂的地下热水。缺点是设备较复杂，大部分低沸点介质的传热性都比水差，采用此方式需有相当大的金属换热面积，增加了投资和运行的复杂性；而且有些低沸点介质还有易燃、易爆、有毒、不稳定、对金属有腐蚀等特性，安全性较差，如果发电系统的封闭稍有泄漏，介质逸出后容易引发事故。

单级中间介质法发电系统发电后的热排水还有很高的温度，可达50~60℃，因此可采用两级中间介质法发电方式，以充分利用排水中的热量并再次用于发电。采用两级利用方案时，各级蒸发器中的蒸发压力要综合考虑，选择最佳数值。如果选择合理，那么可使两级中间介质法比单级中间介质法的发电能力提高20%左右。

3. 全流地热发电

全流地热发电系统是把地热井口的全部流体，包括蒸汽、热水、不凝结气体及化学物质等，不经处理直接送进全流动力机械中膨胀做功，而后排放或收集到凝汽器中，这样可以充分利用地热流体的全部能量。该系统由螺杆膨胀器、汽轮发电机和凝汽器等部分组成。它的单位净输出功率可比单级闪蒸和两级闪蒸发电系统的单位净输出功率分别提高60%和30%左右。采用螺杆膨胀器的全流发电机组结构紧凑、维护简单，而且对所利用工质的品质要求不高，工质可以是过热蒸汽、饱和蒸汽、气液混合物或热液；同时，还具有自行除垢的能力，而一些残留在螺杆膨胀器中的污塘可以减小间隙，减少了泄漏损失，从而使机组效率得到提高。然而螺杆膨胀器也有它的局限性，一般要求工质的压力不应过大，过高的压力会导致工质进出口压力差较大，从而会增大螺杆所受的径向力，产生机械变形。原理上，全流地热发电技术可以充分利用地热流体的全部能量，受限于螺杆膨胀器技术，功率一般比较小。全流地热发电系统如图6-8所示。

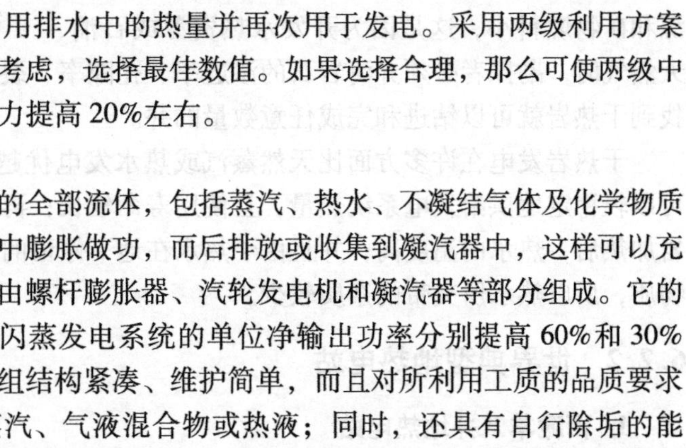

图6-8 全流地热发电系统

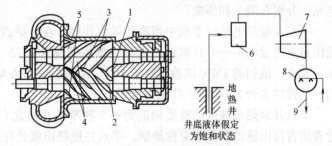

1—高压气室 2、3、4—啮合螺旋转子 5—排出口 6—全流螺杆膨胀器 7—汽轮发电机 8—凝汽器 9—热水排放

4. 干热岩发电

干热岩是指地下不存在热水和蒸汽的热储岩体。干热岩地热资源专指埋藏较浅、温度较高且具有较大经济开发价值的热储岩体，它是比蒸汽热水和地压热资源更为巨大的资源。要取出干热岩体中的热能，无法通过地下自然的热水和蒸汽作为媒介。

从干热岩取热的原理十分简单，首先，钻一口回灌深井至地下 4~6km 深处的干热岩层，将水用压力泵通过注水井压入高温岩体中，此处岩石层的温度大约为 200℃，用水力破碎热岩石；然后，另钻一口生产井，使之与破碎岩石形成的人工热储相交。这样从回灌井压入的水经地下人工热储吸取破碎热岩石中的热量，变成热水或过热水，再从生产井流出至地面。在地面，通过热交换器和汽轮发电机将热能转化成电能，而推动汽轮机工作的热水冷却后再通过回灌井回灌到地下供循环使用。干热岩发电系统如图 6-9 所示。

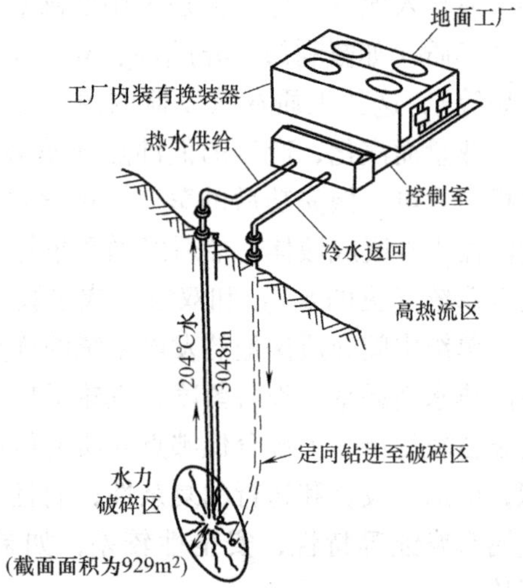

图 6-9 干热岩发电系统

在特定地区内，干热岩资源的开发很大程度上取决于在经济合理的深度内获取岩石高温的方法。寻找高品位干热岩资源的难度和成本比开发水热资源和矿物燃料小，这是因为开发水热资源或石油、天然气时，勘探者必须弄清岩石的渗透率、孔隙率、裂隙和填充物。而勘探干热岩时，只要找到干热岩就可以钻进和完成任意数量的井。

干热岩发电在许多方面比天然蒸汽或热水发电优越。首先，干热岩热能的储量比较大，可以较稳定地供给发电系统热量，且使用寿命较长；再则，从地表注入地下的清洁水被干热岩加热后，热水的温度高；并且由于热水在地下停留的时间短，来不及溶解岩石中大量的矿物质，所以热水所夹带的杂质较少。

6.2.2 世界典型地热电站

1. 西藏羊八井地热电站

我国高温地热电站的代表是西藏羊八井地热电站。除此之外，在西藏还有另外 2 个地热电站，分别在朗久和那曲。

羊八井地热电站位于藏中当雄县羊八井村，在拉萨西北约 90km 处，海拔 4300m。这是我国自主建设的第一个高温地热电站，总装机容量为 25.15MW，是我国目前最大的地热电站。其中，最初的 1MW 试验机组于 1977 年 9 月 30 日发电试验成功，然后在 1981~1991 年间，后续的 8 台 3MW 机组陆续建成投产。

羊八井地热田地区的地质构造为一个狭窄的、呈北东-南西向延伸、分隔了唐山山脉和念青唐古拉山脉的现代不对称地堑。羊八井地热田就处在该峡谷西北侧，其热泉分布范围近 $7km^2$。1975 年开始进行地热田资源的初步评价和浅层热储的试钻研究工作。羊八井地热田是典型的高温湿蒸汽地热田，井口喷出的两相流体经汽水分离后，由蒸汽推动汽轮机发电。羊八井地热电站代表了我国地热发电的目前水平。

羊八井地热电站于 1982 年通过 110kV 线路向拉萨电网送电。此前，拉萨供电严重紧缺，靠一些小水电站和一个重油火电厂满足不了城区居民的照明用电。羊八井地热电站彻底改变了拉萨的供用电，被誉为世界屋脊上的一颗明珠。1997 年，西藏建成了羊卓雍湖向雅鲁藏布江泄水的水电站，进一步改善了拉萨日益增长的供用电。

2. 美国盖瑟斯地热电站

美国盖瑟斯地热电站位于美国加利福尼亚州旧金山市以北约 120km 处，由世界上规模最大的地热发电联合企业太平洋天然气和电力公司经营。盖瑟斯地热田位处东太平洋洋中脊板缘高温地热带上，在地热田深部，蕴藏着丰富的干蒸汽资源，是世界著名的干蒸汽田之一，延伸范围达 21.5km×8.6km。热储层为经热液蚀变且裂隙发育的上侏罗纪硬质砂岩，厚达数千米，被许多北西-南东走向、向北东倾斜的高角度断层所切割，形成局部封闭构造，成为主要蒸汽产地。在热田范围内，广泛发生年轻的火山活动，据勘探结果推断，地表以下 8km 深处存在一个直径约 20km 的岩浆侵入体，为热田及其附近 1500km^2 以内地区的地热异常的形成提供了强大的热源。

盖瑟斯地热电站于 1955 年开始开发，第一台 11MW 的地热发电机组于 1960 年启动。之后的 10 年中，2 号（13MW）、3 号（27MW）和 4 号（27MW）机组相继投入运行。20 世纪 70 年代，共投产 9 台机组。80 年代以后，又有一大批机组相继投产，其中除 13 号机组容量为 135MW 外，其余多为 110MW 机组。从开发起到 1988 年，共打地热生产钻井 130 多口，已安装发电机组 29 台，总装机容量达 2043MW，占美国全国地热发电总量的 75%，成为世界上功率最大的地热电站。盖瑟斯地热电站钻井深度为 1600～3000m，热储温度为 250℃左右，井口压力为 960kPa，闭井压力为 3.4MPa，一口蒸汽井每小时可产蒸汽 34～159t。20 世纪 90 年代以来，由于地热开采量过大，井口压力呈下降趋势。

6.3　地热能利用的制约因素与环境保护

6.3.1　常见的制约因素

目前，有三个重大技术难题阻碍了地热发电的发展，这三个技术难题是地热田的回灌、腐蚀和结垢。

1. 地热田的回灌

地热水中含有大量的有害矿物质，例如我国羊八井的地热水中含有硫、汞、砷、氟等多种元素，若将地热发电后大量的热排水直接排放，不仅会影响环境，而且对合理利用地热资源十分不利。地热回灌是把经过利用的地热流体或其他水源通过地热回灌井重新注回热储层段，回灌可以很好解决地热废水问题，还可以改善或恢复热储的产热能力，保持热储的流体压力，维持地热田的开采条件。同时，回灌又能通过维持热储压力来防止地面沉降。但回灌技术要求复杂、成本高，至今未能大范围推广使用，如果不能有效解决回灌问题，将会影响地热电站的立项和发展，因此地热田的回灌是亟待解决的关键问题之一。

回灌存在的问题与水质和井的渗透率有关，当未被充分加热又含有很多杂质的废水灌入后，水中含有的过饱和矿物质会沉淀在热储的岩石缝隙中，从而阻塞水路，减少流体的产量。此外，回灌也涉及热储的裂隙状况，有时回灌会快速迁移，引起生产井温度下降。因此，在设计回灌系统时，回灌井位的选择要考虑维持热储的压力、回灌井和生产井间的走行路径及流动时间实现最大化，防止生产层水发生快速冷却。由于回灌地下的地热排水不像地表排放可以跟踪观察，其运移效果很难预测。为了选取合适的回灌井址和回灌层位，就必须知道有关热储的水温和渗透率的空间变化。但是，大多数地热田这方面的资料掌握甚少，这给建立热储模型并进行数值模拟带来了困难。

如果地热流体是在开放系统中利用，则废水在回灌之前一般要先在水塘或水箱之中沉降以除去悬浮状固体物质，有时也可采用过滤装置达到这一目的。为了减小腐蚀性，废水可能还需要进行化学法或物理法脱气，最后再通过回灌井注进并形成地热储。因为较凉、密度较大的地热废水具有较高的重力压头，一般回灌仅靠重力即可实现。对于以液态水为主的地热资源，流体可以在闪蒸器（分离器）压力下回灌，或者在一次换热器（双工质系统）地热流体压力下回灌。

热储地质对回灌的适应能力问题必须进行仔细研究。热储地质必须要有一个能够阻止废水向上流动并污染地下水含水层的比较不透水的盖岩层。如果岩层存在破碎带或者断裂，回灌废水就会向上运动并最终导致污染。

影响回灌系统投资费用的因素有：井孔与管道的直径、井孔深度、井孔数目以及回灌区的水文地质情况。在地质构造既定的情况下，回灌井的钻井成本随其深度的延伸而增加。回灌还需要增加管网的投资和土地的征用费，回灌泵及配套回灌设施的投资以及增加的泵送电耗也都会增加费用支出。

2. 地热田的腐蚀

地热流体中普遍含有多种化学物质，这些具有明显腐蚀作用的化学物质包括溶解氧（O_2）、H^+、Cl^-、SO_4^{2-}、H_2S、CO_2和NH_3，在与空气接触后更会加剧对金属的腐蚀，再加上流体的温度、流速、压力等因素的影响，地热流体对各种金属表面都会产生不同程度的影响，使金属设备和管道的使用寿命缩短，维修工作量增加，严重影响地热发电系统正常运行和经济性。

金属在地热发电系统中的腐蚀均属于电化学腐蚀，其腐蚀机理与电极电位和腐蚀原电池有关。电极电位可用来衡量金属溶解变成金属离子转入溶液的趋势。负电性越强的金属，它的离子转入溶液的趋势越大，也就越容易受腐蚀。相反，正电性越强的金属，其离子越不容易转入溶液，它的稳定性也越好。金属与电解质溶液接触一定时间后，可获得一个稳定的电位值，它与溶液的成分、浓度、温度、流速等因素有关。不同金属在同一电解质溶液中或同一金属的不同部位所接触的介质浓度不同，其腐蚀电位值也可能不同，按腐蚀电位由低到高排序，就可以得到各种金属在某种溶液中的腐蚀电位序。由于腐蚀电位序的存在，在地热发电系统中就会产生原电池作用，使金属产生电化学腐蚀。深入研究金属的腐蚀电位序，包括金属表面存在的由电化学不均匀性引起的微观原电池效应，对预测腐蚀、采取防腐措施提供了科学的理论依据。

3. 地热田的结垢

结垢是影响地热发电系统正常运行的重要问题之一。地热水资源中一般都含有比较高的矿物质，随着地热水被抽到地面进行开发利用，温度和压力均会发生很大的变化，影响到各种矿物质的溶解度，这必然导致矿物质从水中析出并产生沉淀结垢。若在地热流体输送管道表面结垢，它会影响地热流体的采量，使管道内的流动阻力加大，进而增加泵的能耗，严重时甚至堵塞管道，造成系统停运。若换热设备传热面结垢，换热器的传热系数就要下降，换热能力削弱，使系统达不到原先设计的热负荷。

地热水结垢的化学组成有多种形式，例如碳酸钙垢、硫酸钙垢、硅酸盐垢和氧化铁垢，一般高温地热田常见的是硅酸盐垢和碳酸钙垢。国内大量存在的中低温地热田，最普遍存在的是碳酸钙结垢。常用的防止或清除结垢的措施如下：

1）用 HCl 和 HF 等溶液溶解结垢，为了防止酸液对管材的腐蚀，必须加入缓蚀剂。

2）采用间接利用地热水的方式，在生产井的出水与机组的循环水之间加一个钛板换热器，可以有效防止做功部件腐蚀和结垢，但造价很高。

3）采用深水泵或潜水泵输送井中地热流体，使其在系统中保持足够的压力，从而使流体的饱和温度高于实际的流体温度，这样，流体在井内始终处于未饱和状态，因而流体在上升过程和输送过程中不会发生汽化现象，防止了碳酸钙的沉积。

4）选择合适的材料涂衬在管壁内，防止管壁的结垢。

此外，还可以采用诸如磁法阻垢、高频电子阻垢、静电除垢等方法。

为了有效地解决地热发电系统的防腐、防垢问题，使设备得以长期使用，现代地热工程都十分重视防腐工作的设计。要求地热工程规划设计前，必须掌握确切的水质分析资料进行必要的调查研究，确定防腐、防垢的必要性，然后正确选材，采取包括回灌在内的各种有效措施，加强地热技术人员与管理人员的培训，以期最大限度地解决由地热发电系统腐蚀和结垢带来的问题。

6.3.2 环境影响

地热流体温度高低不一，成分也不完全相同，有些还含有多种不凝结气体，如 H_2S、CO_2、CH_4、NH_3等，在水蒸气中还往往带有水雾状的有毒元素，如硼、砷、汞和氡等，这些元素都可能在周围土壤和水体中富集，对动植物和人体健康造成危害。地热开发利用涉及的环境因素主要有水污染、热污染、空气污染、土壤污染、地面沉降、诱发地震、噪声污染、地热水可用性、固体废弃物、土地利用、对植物和野生动物的影响、经济和文化因素等。表 6-3 给出了地热直接利用项目潜在的环境影响。

表 6-3 地热直接利用项目潜在的环境影响

影 响	遇到的可能性	结果的严重性	影响的持续性
化学污染或热污染	中	中至高	短期至长期
空气污染	小	中	长期
水污染	小	中	长期
土壤污染	中	低至中	短期至长期
地面沉降和诱发地震	小	低至中	长期
噪声污染	大	中至高	短期
与文化和考古的冲突	小至中	中至高	短期至长期
社会经济问题	小	低	短期
固态废弃物的处理	中	中至高	短期

一般来说，高温地热的开发对环境造成的影响要比中低温地热大。因此建造一座利用高温地热资源的地热电站，首先要对其造成的环境污染或环境影响进行严格的可行性论证。对于中低温地热的开发利用，虽然它所产生的环境问题要比高温地热少一些，但仍然要十分重视，因为能否有效地控制和防止地热开发利用中的环境污染，最终也将成为地热资源能否真正为人类造福、让社会走可持续发展道路的关键。

思考题与习题

6-1 简述地热能的概念和来源。

6-2 地热资源是如何分类的?

6-3 简述我国地热资源的分布情况。

6-4 简述地热发电的类型。

6-5 影响地热能利用的因素有哪些?

第 7 章

可再生能源发电中的功率变换技术

7.1 功率半导体器件与驱动保护电路

在可再生能源发电中，无论是风能、太阳能或是海洋能等，都存在输出电压、频率以及功率不稳定的问题，必须采取适当的技术手段对可再生能源发出的电能进行变换与控制，使其电压、频率以及波形等能够满足用电负荷或并网的需要。因此，电力电子功率变换与控制技术被广泛用于可再生能源发电技术中，可以说可再生能源发电技术离不开功率变换与控制技术。功率半导体器件与驱动电路是功率变换电路的基础，设计者必须掌握功率半导体器件的特性、使用方法，选择合适的驱动电路，再配以合适的控制方法，才能有效完成功率变换装置的控制。本节主要介绍在可再生能源功率变换装置中广泛使用的电力电子器件的工作原理、主要参数、基本特性，以及基本的驱动电路。

7.1.1 功率半导体器件

IEEE（国际电气和电子工程师协会）对电力电子技术（或电力电子学）的表述为：有效地使用电力半导体器件，应用电路和设计理论以及分析开发工具，实现对电能进行高效变换和控制的一门技术，它包括电压、电流、频率和波形等方面的变换。

在功率变换电路中，功率半导体器件通常都工作在高速开通与关断两种状态下，一个理想的半导体功率器件应该具有良好的静态与动态特性，具体表现为：导通时，电流能按规定的方向流动，导通电阻为零，具有无限的耐压与耐流能力；关断时，电阻为无穷大，漏电流为零；能够瞬时导通与关断等。实际的功率半导体器件不可能达到理想器件的特性，总会存开通与关断时间，有一定的电流与电压耐受能力，存在正反向的漏电流等，但总体来讲，功率半导体器件的发展使得其主要参数与性能指标在不断提高。

7.1.2 功率二极管与晶闸管

1. 功率二极管

功率二极管是有一个 PN 结、两个端子（阳极 A，阴极 K）的半导体器件，其图形符号与实际外形如图 7-1 所示。

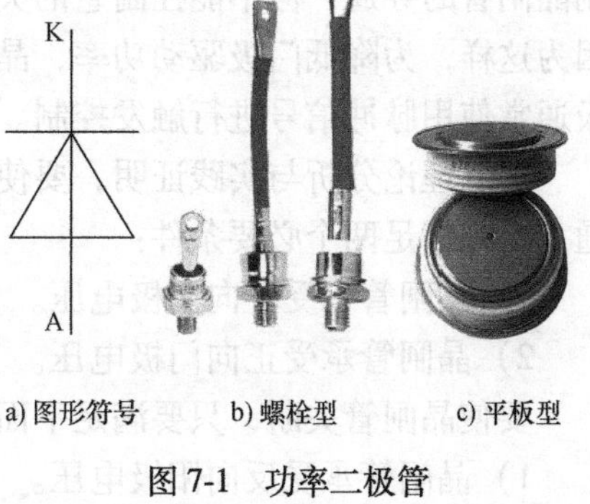

a) 图形符号　　b) 螺栓型　　c) 平板型

图 7-1　功率二极管

从外形结构看，功率二极管可分为两类。通常大额定电流（≥200A）的功率二极管采用平板型，小额定电流（<200A）的功率二极管采用螺栓型。

功率二极管的主要参数可以分成电流参数与电压参数两类，主要有：

（1）额定正向平均电流（额定电流）I_F 定义：在规定环境温度（40℃）和标准散热条件下，器件结温达到额定值且稳定时，允许长时间连续流过工频正弦半波电流的平均值，将这个电流值取整数到小于或等于规定的电流等级，则为该二极管的额定电流。

从定义可以看出，功率二极管的额定电流是一个平均值，并不能有效描述功率二极管在实际使用过程中产生的功率，也即不能有效描述工作过程中的温升情况。因此，在实际中选用功率二极管时，应按功率二极管允许通过的电流有效值来进行选择，有效值相等的原则是选择功率二极管电流的根本原则。按功率二极管额定电流的定义，通过计算不难得出对应于功率二极管额定电流 I_F 的有效值电流为 $1.57I_F$。

（2）额定电压（反向重复峰值电压）U_{RRM} 在额定结温条件下，功率二极管反向伏安特性曲线急剧拐弯处所对应的反向峰值电压称为反向不重复峰值电压 U_{RSM}；取反向不重复峰值电压的80%为反向重复峰值电压 U_{RRM}，将 U_{RRM} 取整数到小于或等于规定的电压等级，即为功率二极管的额定电压。

（3）反向漏电流（反向重复平均电流）I_{RR} 对应于反向重复峰值电压 U_{RRM} 下的平均漏电流称为反向重复平均电流 I_{RR}。

（4）正向平均电压（管压降）U_F 指在规定环境温度（40℃）和标准散热条件下，器件通过工频正弦半波额定正向平均电流时，阳极与阴极间电压的平均值。功率二极管的损耗与 U_F 关系很大，在相同条件下，应该选择管压降小的功率二极管。

功率二极管的主要特性有伏安特性、开通与关断特性等。

2. 晶闸管

晶闸管俗称可控硅，为半控型电流驱动器件，是最早进入实际应用的可控型功率半导体器件，它的额定电压、额定电流在功率半导体器件中都是较大的，价格相对全控型器件要便宜，工作稳定可靠，但开关频率比较低，在大功率变换装置中仍占有主要作用与重要地位。

图7-2所示为晶闸管的国标图形符号与实际外形，与功率二极管类似，也有螺栓型与平板型两种。

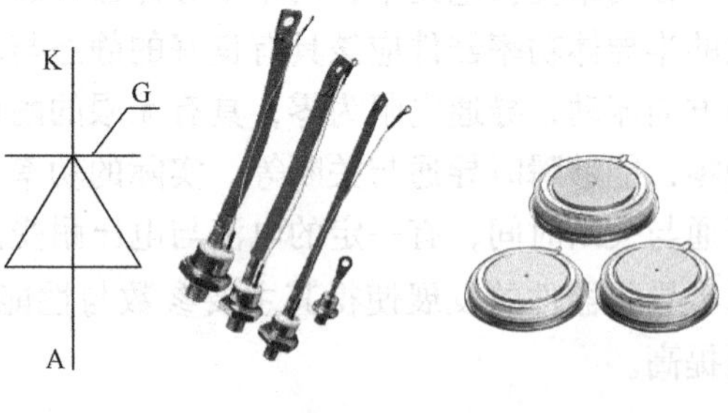

a) 图形符号　b) 螺栓型　c) 平板型

图7-2　晶闸管

晶闸管外部有三个端子（阳级A，阴极K，门极G），阴极K是公共极，门极可以控制晶闸管的导通，但不能控制它的关断，正是因为这样，为降低门极驱动功率，晶闸管的门极通常使用脉冲信号进行触发控制。

通过理论分析与实践证明，要使晶闸管导通，必须满足两个必要条件：

1）晶闸管承受正向阳极电压。

2）晶闸管承受正向门极电压。

要使晶闸管关断，只要满足下面两个充分条件中的一个即可：

1）晶闸管承受反向阳极电压。

2）通过增加晶闸管导电回路中的电阻，或降低阳极电压，使流过晶闸管的阳极电流小于某一数值（根据晶闸管额定电流不同有所差异，通常为几十毫安），这个电流称为晶闸管的维持电流，是晶闸管的一个重要参数。

晶闸管的静态特性有伏安特性与门极伏安特性，动态特性有开通特性与关断特性。

晶闸管的参数很多，可归纳为四类：电流参数、电压参数、动态参数与门极参数。

晶闸管的电流参数有通态平均电流（额定电流）$I_{T(AV)}$、维持电流 I_H 和擎住电流 I_L。

（1）通态平均电流（额定电流）$I_{T(AV)}$　晶闸管的通态平均电流与功率二极管相似，是一个平均电流，它的定义为：在规定的环境温度（40℃）与冷却条件下，晶闸管外接电阻性负载，在单相、工频、正弦半波，导通角不小于170°的电路中，结温稳定在额定值125℃时所允许通过的最大平均电流称为额定通态平均电流 $I_{T(AV)}$。同样，在实际中，通态平均电流不能有效表征晶闸管器件所产生的功率损耗。能表征其损耗的是流过晶闸管的电流有效值，为了解决这一问题，引入波形系数 K_f 的概念。

波形系数 K_f 定义为：通过晶闸管电流有效值与平均值之比。在额定情况下，$K_f = 1.57$。

实际使用中，有效值相等的原则是选择晶闸管电流的基本原则，为保证安全起见，所选用晶闸管的额定电流 $I_{T(AV)}$ 所对应的有效值为实际流过电流有效值的1.5~2倍。

（2）维持电流 I_H　维持电流定义为晶闸管维持导通所必须的最小阳极电流，通常为几十毫安到几百毫安。

（3）擎住电流 I_L　晶闸管刚从阻断状态转变为导通状态并撤除门极触发信号，此时要维持晶闸管导通所需要的最小阳极电流称为擎住电流。擎住电流通常为维持电流的2~4倍，擎住电流限制了晶闸管门极触发脉冲的最小宽度。

晶闸管的电压参数有断态重复峰值电压、断态不重复峰值电压、反向重复峰值电压和反向不重复峰值电压。注意，额定电压为上述四个电压中的最小值，再取整数。

晶闸管的动态参数有断态电压临界上升率 du/dt 和通态电流临界上升率 di/dt。

（1）断态电压临界上升率 du/dt　在额定的环境温度和门极开路的情况下，使晶闸管保持断态所能承受的最大电压上升率。如果该 du/dt 数值过大，即使此时晶闸管阳极电压幅值并未超过断态正向转折电压，晶闸管也可能造成误导通。使用中，实际电压的上升率必须低于此值。

（2）通态电流临界上升率 di/dt　在规定条件下，晶闸管用门极触发信号开通时，晶闸管能够承受的不会导致损坏的通态电流最大上升率。

晶闸管的门极参数有门极触发电压 U_{GT}、门极反向峰值电压 U_{RGM} 和门极触发电流 I_{GT}。

（1）门极触发电压 U_{GT}　在规定的环境温度以及在阳极与阴极间加一定正向电压的条件下，使晶闸管从阻断状态转为导通状态所需的最小门极直流电压，即为门极触发电压（一般小于3V）。

（2）门极反向峰值电压 U_{RGM}　门极所加反向峰值电压一般不得超过10V，以免损坏PN结。

（3）门极触发电流 I_{GT}　在规定的环境温度以及在阳极与阴极间加一定电压的条件下，使晶闸管从阻断状态转为导通状态所需要的最小门极直流电流。

7.1.3 全控型功率器件

晶闸管由于只能控制开通，而不能控制其关断，所以在晶闸管使用之后不久，即出现了既可以控制其开通又可以控制关断的电力电子器件，称为全控型器件，又称自关断器件。这类器件很多，门极可关断晶闸管（Gate-Turn-Off Thyristor，GTO），电力晶体管（Giant Transistor，GTR）、电力场效应晶体管（Power MOSFET）、绝缘栅双极型晶体管（Insulate-Gate Bipolar Transistor，IGBT）均属于此类。

1. 门极可关断晶闸管

GTO是普通晶闸管（SCR）的派生器件，两者的工作原理大同小异，但当GTO的门极加入反向电流且达到某一数值时，使得导通状态的GTO强迫关断。因此，GTO属于全控型器件。图7-3给出了GTO的结构、图形符号和等效电路。

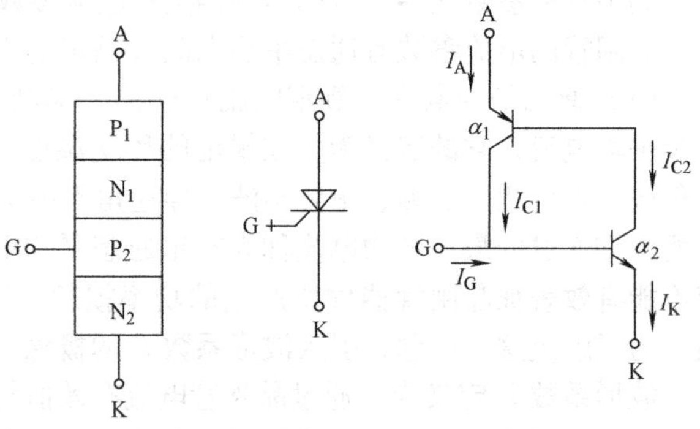

a) 结构　　b) 图形符号　　c) 等效电路

图7-3　GTO的结构、图形符号和等效电路

GTO的主要参数有：

（1）最大可关断阳极电流 I_{ATO}　用以标称GTO额定电流的参数。

（2）电流关断增益 β_{off}　最大可关断阳极电流与门极负脉冲电流最大值 I_{GM} 之比，称为电流关断增益。通常，GTO的 β_{off} 都较小，只有5左右，这是GTO的一个主要特点。一个1000A的GTO，关断时门极负脉冲电流的峰值要达到200A。

2. 功率场效应晶体管

功率场效应晶体管（P-MOSFET）是一种电压型半导体器件，其特点是门极（栅极）静态内阻极高（$10^9\Omega$）、驱动功率小、开关速度快、无二次击穿、安全工作区宽等。开关频率可达500kHz以上，特别适用于高频化的电力电子装置，但由于MOSFET电流容量小、耐压低，一般只适用于小功率的电力电子装置。

功率MOSFET类型很多，按导电沟道可分为P沟道和N沟道，图7-4所示为对应的图形符号。

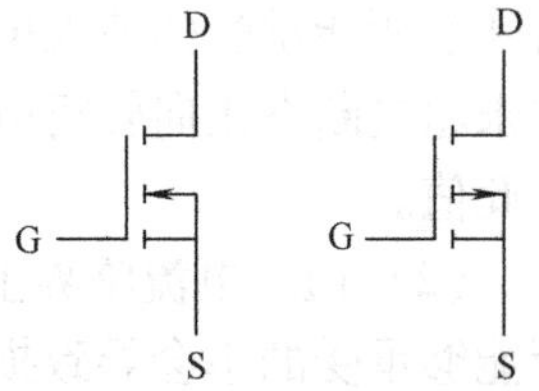

N沟道　　P沟道

图7-4　功率MOSFET的图形符号

功率MOSFET的主要参数有：

（1）开启电压（又称“阈值电压”）U_T　是指增强型绝缘栅场效应晶体管中，使漏源极间刚导通时的栅极电压。

（2）漏极电压 U_{DS}　即功率MOSFET电压定额的参数。

（3）漏极直流电流 I_D　漏极额定连续电流 I_D 和漏极额定峰值电流 I_{DM}（或称脉冲峰值电流），即功率MOSFET电流定额的参数。

（4）栅源电压 U_{GS}　该参数表征了功率MOSFET栅源极间能承受的最高电压，一般栅源电压的极限值 $<\pm 20V$。

（5）极间电容　极间电容包括栅源电容 C_{GS}、栅漏电容 C_{GD} 和漏源电容 C_{DS}。

3. 绝缘栅双极型晶体管

绝缘栅双极型晶体管（IGBT）是一种双（导通）机制的复合器件，它的输入控制部分为MOSFET，输出级为GTR，集中了MOSFET及GTR各自的优点：高输入阻抗，可采用逻辑电平来直接驱动，实现电压控制，开关频率高，饱和电压降低，电阻及损耗小，电流、电压容量大，抗浪涌电流能力强，没有二次击穿现象，安全工作区宽等。

IGBT 的内部结构、等效电路和图形符号如图 7-5 所示，IGBT 与功率 MOSFET 结构十分相似，相当于一个用 MOSFET 驱动的厚基区 PNP 晶体管。仔细观察发现，其内部实际上包含了两个双极型晶体管（P^+NP 及 N^+PN），它们又组合成了一个等效晶闸管。这个等效晶闸管将在 IGBT 器件使用中引起一种“擎住效应”，会影响 IGBT 的安全。

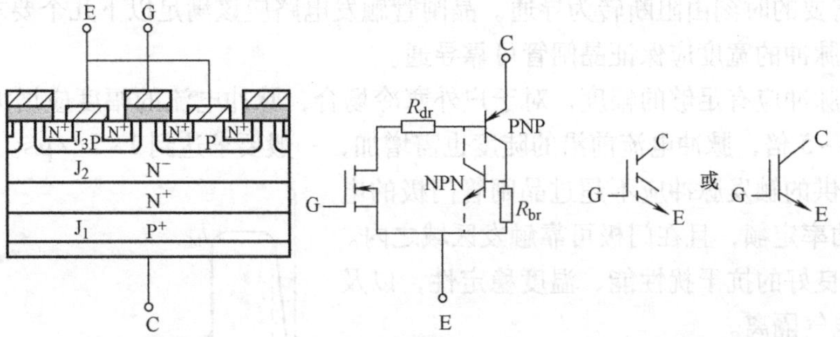

a) 内部结构 b) 等效电路 c) 图形符号

图 7-5 IGBT 的内部结构、等效电路和图形符号

IGBT 主要参数有：

（1）最大集射间电压 U_{CES} 由器件内部的 PNP 晶体管所能承受的击穿电压确定。

（2）最大集电极电流 I_{CM} 包括额定直流电流 I_C 和 1ms 脉宽最大电流 I_{CP}。

（3）最大集电极功耗 P_{CM} 正常工作温度下允许的最大耗消功率。

IGBT 的特性和参数特点可以总结如下：

1）IGBT 开关频率高，开关损耗小。有关资料表明，在电压 1000V 以上时，IGBT 的开关损耗只有 GTR 的 1/10，与功率场效应晶体管相当。

2）在相同电压和电流定额的条件下，IGBT 的安全工作区比 GTR 大，而且具有较强的耐脉冲电流冲击能力。

3）IGBT 的通态电压降比 VDMOSFET 低，特别是电流较大的区域。

4）IGBT 输入阻抗高，其输入特性与功率 MOSFET 类似。

5）与功率 MOSFET 和 GTR 相比，IGBT 的耐压与通流能力还可以进一步提高，同时可保持开关频率高的特点。

7.1.4 功率器件的驱动与保护电路

1. 功率器件的驱动电路

（1）驱动电路的一般要求 功率器件的驱动电路是电力电子主电路与控制电路之间的接口，是电力电子装置的重要环节，对整个装置的性能有重大影响。良好的驱动电路，可使电力电子器件工作在较理想的工作状态。电力电子器件的控制方式可分为电压型和电流型，在这里介绍驱动电路的一般设计原则。

驱动电路的最重要特性是其隔离性，包括强弱电的隔离。有时允许驱动电路与主电路控制电位等同（如驱动电路的一端与功率 MOSFET 的源极相连），许多情况下还是要求相互隔离。

隔离方法有变压器隔离、光电耦合隔离和电容隔离等。

驱动还可分为宽脉冲波与高频调制波，前者易于控制，后者便于隔离。目前，许多电力电子集成控制芯片（如电源芯片、逆变器的PWM控制芯片等）均含有驱动级，只要设计相应的外围电路就可以正常工作。

（2）晶闸管的触发电路　晶闸管触发电路的作用是产生符合要求的门极触发信号，保证晶闸管在需要的时刻由阻断转为导通。晶闸管触发电路应该满足以下几个要求：

1）触发脉冲的宽度应保证晶闸管可靠导通。

2）触发脉冲应有足够的幅度，对于户外寒冷场合，脉冲电流的幅度应增大为器件最大触发电流的3~5倍，脉冲电流前沿的陡度也需增加，一般要求达到1~2A/μs。

3）所提供的触发脉冲应不超过晶闸管门极的电压、电流和功率定额，且在门极可靠触发区域之内。

4）应有良好的抗干扰性能、温度稳定性，以及与主电路的电气隔离。

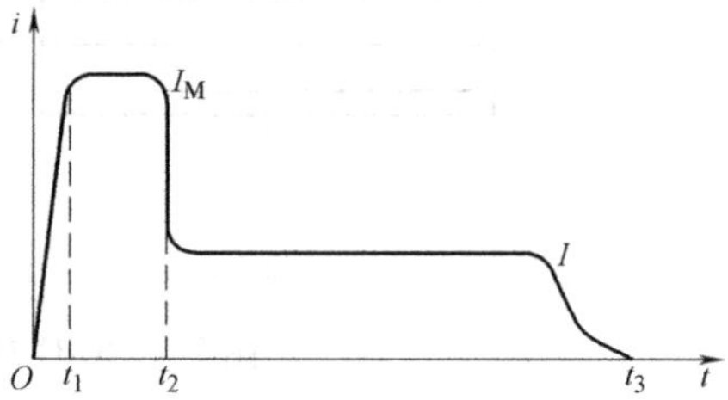

图7-6　理想的晶闸管触发脉冲电流波形

理想的晶闸管触发脉冲电流波形如图7-6所示。理想触发脉冲电流的前沿陡度应不小于0.5A/μs，最好大于1A/μs，强触发宽度对应时间t_2（t_2-t_1更精确，但t_1相比t_2小很多，故习惯上取t_2）应大于50μs，脉冲持续时间t_3应大于550μs。

（3）电流驱动型器件的驱动电路　GTO与GTR是电流驱动型器件。其中，GTO可以用正门极电流开通和负门极电流关断。在工作机理上，开通时与一般晶闸管基本相同，关断时完全不同，因此需要具有特殊的门极关断功能的门极驱动电路。理想的GTO门极驱动电流波形如图7-7所示，驱动波形的上升沿陡度、波形的宽度和幅度及下降沿的陡度等对GTO的特性有很大的影响。GTO门极驱动电路包括门极开通电路、门极关断电路和门极反偏电路。

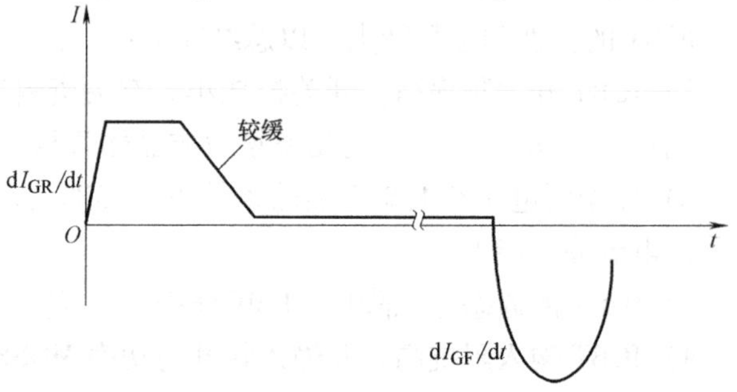

图7-7　理想的GTO门极驱动电流波形

（4）电压驱动型器件的驱动电路　功率MOSFET和IGBT都是电压驱动型器件。功率MOSFET的栅源极之间和IGBT的栅射极之间都有数千皮法的极间电容，为快速建立驱动电压，要求驱动电路具有较小的输出电阻。使功率MOSFET开通的栅源极间驱动电压一般取10~15V，使IGBT开通的栅射极间驱动电压一般取15~20V。同样，关断时施加一定幅值的负驱动电压（一般取-15~-5V），有利于减小关断时间和关断损耗。在栅极串入一只低值（数十欧）电阻可减小寄生振荡，该电阻阻值应随被驱动器件电流额定值的增大而减小。

图7-8所示电路为电源栅极驱动电路，由VT_2产生稳定的集电极电流I_{C2}，通过调节电位器RP可以稳定I_{C2}数值。I_{C2}在R_3上产生稳定的电压降u_{R3}，使IGBT获得稳定的驱动电压。当u_i为高电平时，VT_1、VT_2导通，从而I_{C2}在R_3上有恒压降u_{R3}，使IGBT导通；当u_i为低电平时，VT_1、VT_2均截止，I_{C2}、u_{R3}近似为零，IGBT关断。

2. 功率电力电子器件的保护

在电力电子器件电路中，除了电力电子器件参数选择合适、驱动电路设计良好外，采用合适的过电压、过电流保护及缓冲电路也十分必要。

（1）过电压的产生和保护　电力电子装置中可能发生的过电压分为外因过电压和内因过电压两类。外因过电压主要来自雷击和系统中的操作过程等外部原因。内因过电压主要来自电力电子装置内部器件的开关过程，包括：

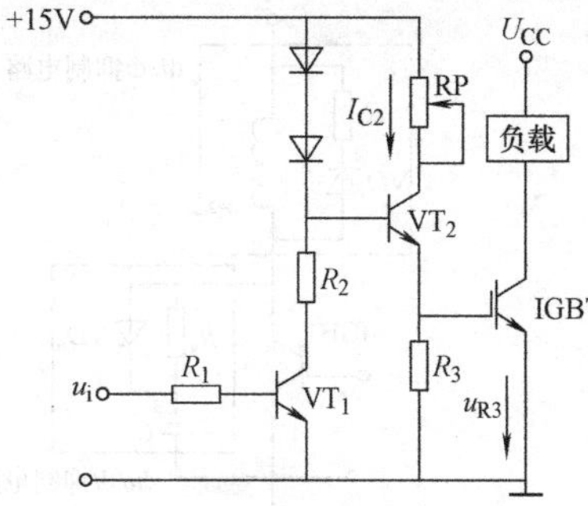

图7-8　电源栅极驱动电路（电压驱动型）

1）换流过电压。在整流装置中，晶闸管导通时，载流子充满各半导体层，关断时，在反向阳极电压的作用下，正向电流下降到零后，晶闸管内仍残存着很多载流子，它们在反向电压的继续作用下将反向运动形成较大的反向电流，这个反向电流将使载流子迅速消失，造成反向电流以极快的速度下降至很小的反向漏电流，导致电流变化率 di/dt 极大，即使与晶闸管串联的线路电感 L_B 很小，但感应电动势 $L_B di/dt$ 仍很大，该电动势与电源电压顺极性串联并反向施加在晶闸管上。

2）关断过电压。全控型器件在较高频率下工作，当器件关断时，因正向电流的迅速降低而由线路电感器件两端感应出的过电压。

（2）过电流的产生和保护　在电力电子器件运行不正常或发生故障时，可能会发生过电流。过电流分过载和短路两种情况。一般电力电子装置均会采用过电流保护措施，以提高保护的可靠性和合理性。对于电力电子功率器件，常用的过电流检测方法有两种：

1）电流传感器检测法。通过在各电路中加入电流传感器，检测电路中的电流，判断功率器件是否过电流。通过此方法可以对电路各状态进行检测和区别，从而根据电流状态采取不同保护策略。

2）饱和电压检测法。功率器件过电流时的饱和电压降比正常工作时高，因此可以通过检测功率器件工作时的电压降，来判断是否过电流。

（3）缓冲电路　缓冲电路又称为保护电路，其作用是抑制电力电子器件的过电压、du/dt 或者过电流和 di/dt，减小器件的开关损耗。缓冲电路可分为关断缓冲电路和开通缓冲电路。关断缓冲电路又称为 du/dt 抑制电路，用于吸收器件的关断过电压和换相过电压，抑制 du/dt，减小关断损耗。开通缓冲电路又称为 di/dt 抑制电路，用于抑制器件开通时的电流过冲和 di/dt，减小器件的开通损耗。可将关断缓冲电路和开通缓冲电路给合在一起，称其为复合缓冲电路。此外，还有另外的分类方法：缓冲电路中储能元件的能量如果消耗在其吸收电阻上，则称其为耗能式缓冲电路；如果缓冲电路能将其储能元件的能量回馈给负载或电源，则称其为馈能式电路或无损吸收电路。

图7-9a 所示为某种复合缓冲电路结构图。图7-9b 所示为开关过程中集电极电压 u_{CE} 和集电极电流 i_C 的波形，其中虚线表示无 du/dt、di/dt 抑制电路的波形。图中，在无缓冲电路的情况下，IGBT 开通时电流迅速上升，di/dt 很大，关断时 du/dt 很大，并出现较高的量值。在有缓冲电路的情况下，IGBT 开通时缓冲电容 C_s 先通过 R_s 向 IGBT 放电，使电流 i_C 先上一个台阶，之后因为有 di/dt 抑制电路的 L_i，i_C 的上升速度减慢。R_i、VD_i 是在 IGBT 关断时为

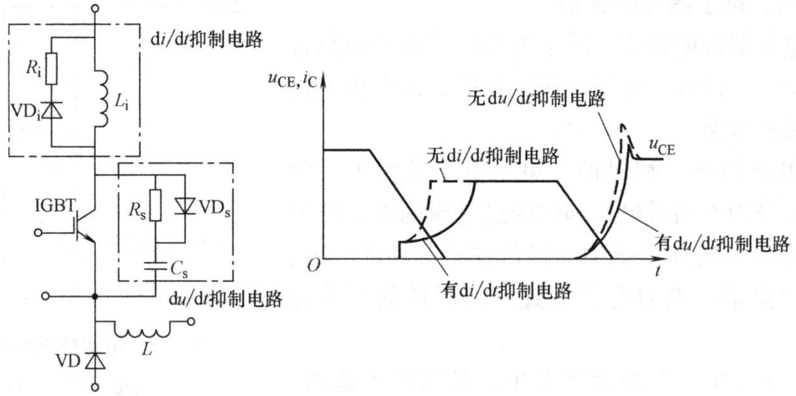

a) 缓冲电路　　b) 电压、电流波形

图 7-9　复合缓冲电路及波形

L_i中的磁场能量提供放电回路而设置的。在 IGBT 关断时，负载电流通过 VD_s向 C_s分流，减轻了 IGBT 的负担，抑制了 du/dt 和过电压。因为关断时电路中（含布线）电感的能量要释放，所以还会出现一定的过电压。

7.2　交流/直流整流电路

交流/直流（AC/DC）变换电路是指能够直接将交流电转换为直流电的电路，称为整流电路（Rectifier）。AC/DC 整流电路是电力电子电路所有电能基本转换形式中出现最早的一种，应用十分广泛，电路形式多种多样。

可从各种角度对基本整流电路进行分类：按组成元器件可分为不可控、半控、全控整流电路三种；按电路结构可分为桥式电路和零式电路；按交流输入的相数可分为单相、三相和多相电路；按控制方式可分为斩控式电路和相控式电路；按工作范围可分为单象限电路和多象限电路。

7.2.1　单相桥式不可控整流电路

近年来，在交-直-交变频器、不间断电源、开关电源等应用场合，大都采用不可控整流电路经电容滤波后提供直流电源，供后级的逆变器、斩波器等使用。目前最常用的是单相桥式和三相桥式两种电路。

单相桥式不可控整流电路如图 7-10a 所示。它是由电源变压器、四只整流二极管 VD_1 ~ VD_4和负载电阻 R 组成，四只整流二极管接成电桥形式，故称为桥式整流。

工作原理：在 u_2正半周内，VD_1、VD_4两个二极管受正向电压导通，VD_2、VD_3截止，电流流向

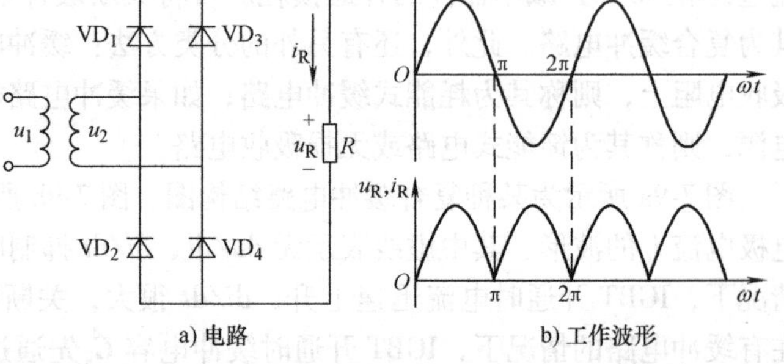

a) 电路　　b) 工作波形

图 7-10　单相桥式不可控整流电路及其工作波形

为变压器→VD_1→R→VD_4→变压器，忽略二极管电压降，负载 R 上的电压 u_R 等于 u_2；在 u_2 负半周内，VD_1、VD_4 截止，VD_2、VD_3 导通，电流流向为变压器→VD_3→R→VD_2→变压器，负载 R 上的电压 u_R 与 u_2 反向。由于负载为电阻元件，流过负载的电流 i_R 与电压 u_R 同波形，如图 7-10b 所示。

这样就在负载 R 上得到了一个周期为 π 的正弦半波。整流电压 u_R 平均值为

$$U_R = \frac{1}{\pi}\int_0^{\pi}\sqrt{2}U_2\sin\omega t\mathrm{d}(\omega t) = \frac{2\sqrt{2}U_2}{\pi} = 0.9U_2 \tag{7-1}$$

向负载输出的直流电流平均值为

$$I_R = \frac{U_R}{R} = \frac{0.9U_R}{R} \tag{7-2}$$

二极管 VD_1、VD_4 和 VD_2、VD_3 轮流导通，流过二极管的电流平均值只有输出直流电流平均值的一半，即 $0.45U_R/R$。

每个二极管承受的反向电压最大值为变压器二次电压最大值，即 $\sqrt{2}U_2$。

7.2.2 单相和三相半波可控整流电路

本节简要讲述单相和三相半波可控整流电路，包括其工作原理、定量计算等，并介绍不同负载对电路工作状态的影响。

1. 单相半波可控整流电路

(1) 带纯电阻负载 图 7-11 所示为单相半波可控整流电路的原理图及带纯电阻负载时的工作波形。其中，变压器 T 起变换电压和隔离的作用，其一次电压和二次电压瞬时值分别用 u_1 和 u_2 表示，有效值分别用 U_1 和 U_2 表示，变压器电压比的大小根据需要的直流输出电压 u_d 的平均值 U_d 确定。

电路基本原理：在晶闸管 VT 处于断态时，电路中无电流，负载电阻两端电压为零，u_2 电压全部加在 VT 两端。如在 u_2 的正半周 VT 承受正向阳极电压期间的 ωt_1 时刻给 VT 门极加一个触发脉冲（见图 7-11c），则 VT 开通。忽略晶闸管通态电压降，则直流输出电压瞬时值 $u_d = u_2$。当 $\omega t = \pi$ 时，u_2 降为零，电路中电流也同时降为零，VT 开始承受反压关断，之后 u_d、i_d 均为零。图 7-11d、e 分别为 u_d 和晶闸管两端电压 u_{VT} 的波形，i_d 的波形相位与 u_d 相同。

改变触发时刻，u_d、i_d 波形也随之改变，整流输出电压 u_d 为极性不变但瞬时值变化的脉动直流，其波形只在 u_2 正半周出现，故称为半波整流。加上电路中采用了可控器件晶闸管，且交流输入为单相，故该电路称为单相半波可控整流电路。整流电压 u_d 波形在一个电源周期中只脉动一次，故该电路为单脉冲整流电路。

从晶闸管开始承受正向阳极电压到施加触发脉冲时的电角度，称为触发延迟角，用 α 表示，俗称触发角或控制角。晶闸管在一个电源周期中处于通态的电角度称为导通角，用 θ 表示，

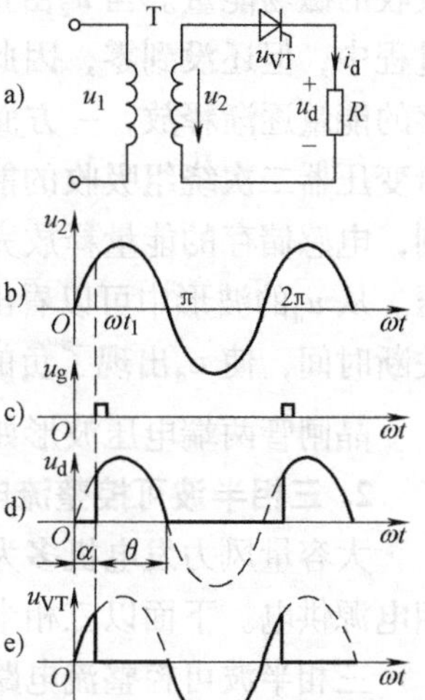

图 7-11 带纯电阻负载的单相半波可控整流电路原理及工作波形

$\theta=\pi-\alpha$。

在一个电源周期内，直流输出电压平均值为

$$U_{\mathrm{d}}=\frac{1}{2\pi}\int_{\alpha}^{\pi}\sqrt{2}U_2\sin\omega t\mathrm{d}(\omega t)=\frac{\sqrt{2}U_2}{2\pi}(1+\cos\alpha)=0.45U_2\frac{1+\cos\alpha}{2} \tag{7-3}$$

当 $\alpha=0°$ 时，整流输出电压平均值为最大，为 $0.45U_2$。随着 α 增大，U_{d} 减小，当 $\alpha=\pi$ 时，$U_{\mathrm{d}}=0$。可以看出，该电路中晶闸管 VT 的触发延迟角 α 的移相范围为 180°。可见，调节 α 即可控制 U_{d} 的大小。这种通过控制触发脉冲的相位来控制直流输出电压大小的方式称为相位控制方式，简称相控方式。

（2）带阻感负载　在生产实践中，更常见的负载是既有电阻又有电感，当负载中感抗 ωL 与电阻 R 相比不可忽略时，即为阻感负载。若电阻 R 与感抗 ωL 相比可忽略不计，负载主要呈现为电感，称为电感负载，例如电机的励磁绕组。

电感对电流变化有抗拒作用。流过电感器件的电流变化时，在其两端会产生感应电动势 $L\frac{\mathrm{d}i}{\mathrm{d}t}$，它的极性是阻止电流变化的，使得流过电感的电流不能发生突变，这是阻感负载的特点。

工作原理：图 7-12 所示为带阻感负载的单相半波可控整流电路及其工作波形。当晶闸管 VT 处于断态时，电路中电流 $i_{\mathrm{d}}=0$，负载电压为零，u_2 全部加在 VT 两端。在 ωt_1 时刻，即触发延迟角 α 处，加脉冲触发 VT 使其导通，u_2 加在负载两端，因电路有电感 L，使 i_{d} 不能突变，i 从 0 开始增加，如图 7-12e 所示。同时，电感 L 的感应电动势阻止 i_{d} 增加。此时，交流电源一方面供给电阻 R 消耗的能量，另一方面供给电感 L 吸收的磁场能量。当 u_2 由正变负过零点时，i_{d} 已经处于减小的过程中，但还没到零，因此 VT 依然处于通态。此后，L 中储存的能量逐渐释放，一方面供给电阻消耗的能量，另一方面供给变压器二次绕组吸收的能量，从而维持 i_{d} 不为零。至 ωt_2 时刻，电感储存的能量释放完毕，$i_{\mathrm{d}}=0$，VT 关断并立即承受反压。从 u_{d} 的波形中可以看出，由于电感的存在，延迟了 VT 的关断时间，使 u_{d} 出现了负的部分，与带纯电阻负载时相比，其电压平均值 U_{d} 减小了。

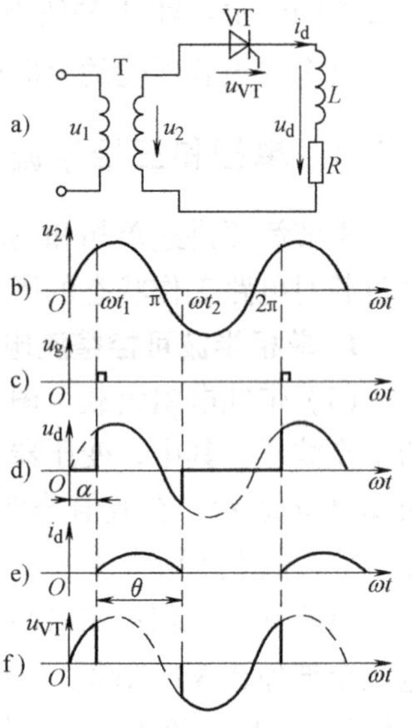

图 7-12　带阻感负载的单相半波可控整流电路原理及其工作波形

晶闸管两端电压波形如图 7-12f 所示，其承受的最大反向电压为 u_2 的峰值 $\sqrt{2}U_2$。

2. 三相半波可控整流电路

大容量风力发电机多为三相或多相发电机，因此需采用三相整流电路，即其交流侧由三相电源供电。下面以三相半波可控整流电路为例进行分析。

三相半波可控整流电路如图 7-13a 所示。为得到零线，变压器二次侧通常接成星形，而一次侧接成三角形，避免三次谐波流入发电机。三个晶闸管分别接入 a、b、c 三相电源，它们的阴极连接在一起，称为共阴极接法。

三相半波可控整流电路晶闸管的触发延迟角 $\alpha=0°$ 时刻为自然换相点，图 7-13b 所示为

$\alpha=0°$的波形图。此时三个晶闸管对应的相电压中哪一个的值最大，则该相所对应的晶闸管导通，并使另外两个晶闸管承受反压关断，输出整流电压即为该相的相电压。

在一个周期中，器件工作情况如下：在$\omega t_1 \sim \omega t_2$期间，a 相电压最高，$VT_1$导通，$u_d=u_a$；同理，在一个周期中，a、b、c 三相哪相电压高，对应的晶闸管导通，u_d的值为该相的相电压，每个晶闸管在一个周期中导通 120°，因为是纯电阻负载，电流相位与电压相位相同（见图 7-13b 中 u_d）。

在相电压的交点ωt_1、ωt_2、ωt_3处，均出现了负载电流由一个晶闸管到另一个晶闸管的转移，称这些交点为自然换相点。对三相半波可控整流电路而言，自然换相点是各相晶闸管能触发导通的最早时刻，将其作为计算各晶闸管触发延迟角 α 的起点，即 $\alpha=0°$。要改变触发延迟角只能在此基础上增加。

图 7-13b 中，VT_1两端的电压波形由三段组成：第 1 段，VT_1导通期间，为 VT_1 管压降，可忽略为零；第 2 段，在 VT_1关断后，VT_2导通期间，$u_{VT1}=u_a-u_b$，为一段线电压；第 3 段，在 VT_3导通期间，$u_{VT1}=u_a-u_c$，为另一段线电压。即晶闸管电压由一段管电压降和两段线电压组成。由图可见，当 $\alpha=0°$时，晶闸管承受的两段线电压均为负值，随着 α 的增大，晶闸管承受的电压中正的部分逐渐增多。

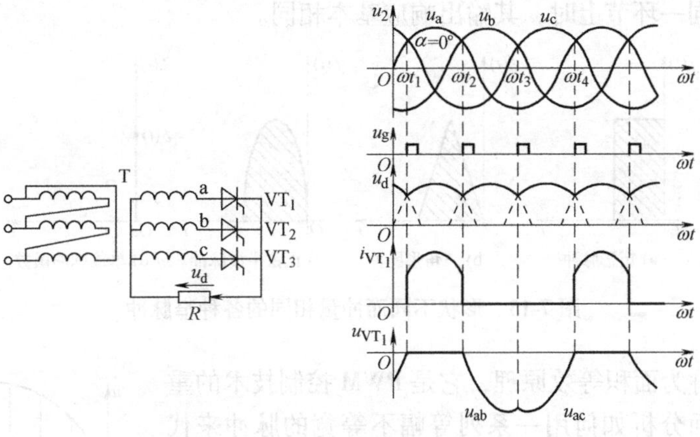

a) 电路　　b) 波形

图 7-13　三相半波可控整流电路共阴极接法电阻负载时的电路及 $\alpha=0°$时的波形

增大 α 值，将脉冲后移，波形将发生改变。

图 7-14 所示为 $\alpha=30°$时的波形，从输出电压、电流波形可以看出，这时负载电流处于连续和断续的临界状态，各相仍导通 120°。

如果 $\alpha>30°$，例如 $\alpha=60°$时，整流电压的波形将会出现断续的状态，当导通一相的相电压过零变负时，下一相晶闸管虽承受正电压，但它的触发脉冲还未到，不会导通，因此输出电压、电流均为零，直到触发脉冲出现为止。

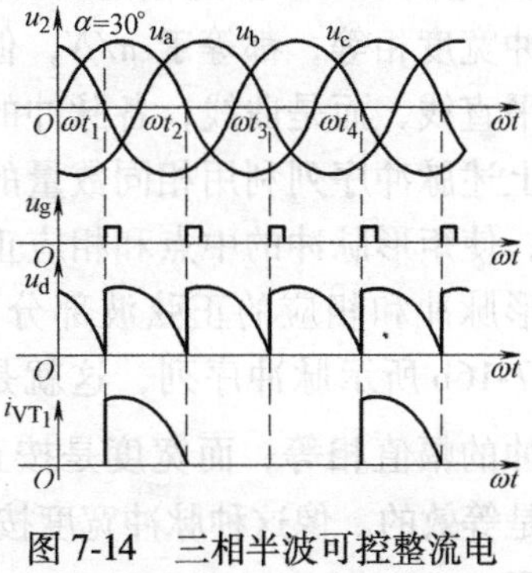

图 7-14　三相半波可控整流电路电阻负载 $\alpha=30°$时的波形

若 α 角继续增大，整流电压将越来越小，$\alpha=150°$时，整流输出电压为零。故电阻负载时 α 角的移相范围为150°。

整流电压平均值的计算有两种情况：

1）当$\alpha \leqslant 30°$时，负载电流连续，有

$$U_d = 1.17U_2\cos\alpha \tag{7-4}$$

2）当$\alpha > 30°$时，负载电流断续，有

$$U_d = 0.675U_2\left[1+\cos\left(\frac{\pi}{6}+\alpha\right)\right] \tag{7-5}$$

晶闸管承受的最大反向电压为变压器二次线电压峰值，即$U_{RM}=\sqrt{6}U_2$。

7.2.3 PWM 整流电路

1. PWM 控制的基本原理

在采样控制理论中，有一个重要的结论：冲量（即窄脉冲的面积）相等而形状不同的窄脉冲加在具有惯性的环节上时，其效果基本相同。这里所说的效果基本相同，是指环节输出响应波形基本相同。例如，图 7-15a~c 所示的三个窄脉冲形状不同（如图 a 为矩形脉冲，b 为三角形脉冲，c 为正弦半波脉冲），但它们的面积（即冲量）都等于 1，那么当它们分别加在具有惯性的同一环节上时，其输出响应基本相同。

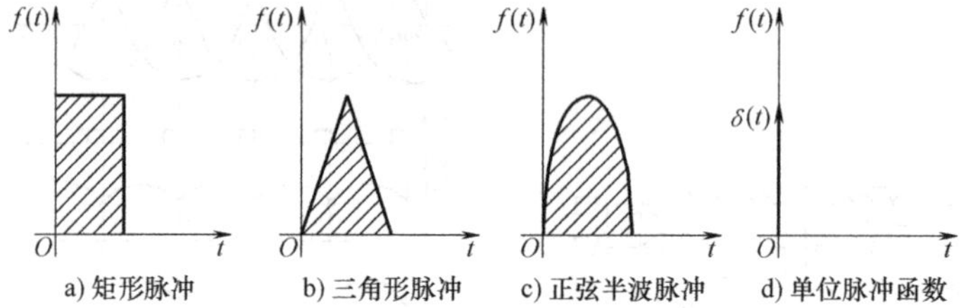

图 7-15 形状不同而冲量相同的各种窄脉冲

上述原理可称为面积等效原理，它是 PWM 控制技术的重要理论基础。下面分析如何用一系列等幅不等宽的脉冲来代替一个正弦半波。

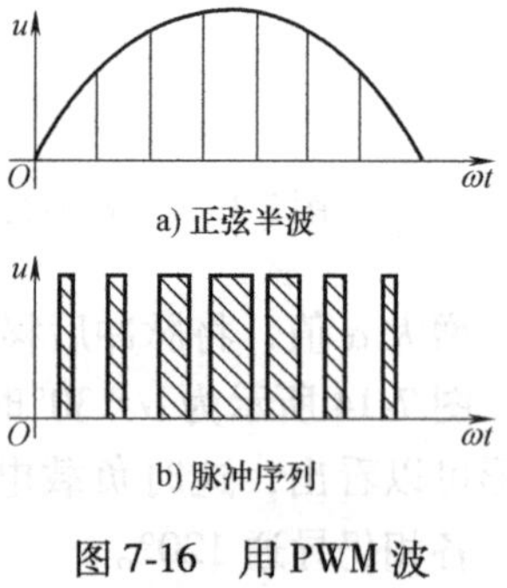

图 7-16 用 PWM 波代替正弦半波

把图 7-16a 所示正弦半波分成 N 等份，就可以把正弦半波看成是由 N 个彼此相连的脉冲序列所组成的波形。这些脉冲宽度相等，都等于 π/N，但幅值不等，且脉冲顶部不是水平直线，而是曲线，各脉冲的幅值按正弦规律变化。如果把上述脉冲序列利用相同数量的等幅而不等宽的矩形脉冲代替，使矩形脉冲的中点和相应正弦波部分的中点重合，且使矩形脉冲和相应的正弦波部分面积（冲量）相等，就得到图 7-16b 所示脉冲序列，这就是 PWM 波形。可以看出，各脉冲的幅值相等，而宽度是按正弦规律变化的。根据面积相等原理，PWM 波形和正弦半波是等效的。像这种脉冲宽度按正弦规律变化而和正弦波等效的 PWM 波形，也称为 SPWM 波形。

要改变等效输出正弦波的幅值时，只要按照同一比例系数改变上述各脉冲的宽度即可。

PWM 波形可分为等幅 PWM 波和不等幅 PWM 波两种。由直流电源产生的 PWM 波通常是等幅 PWM 波；由交流电源产生的 PWM 波通常是不等幅 PWM 波。无论是等幅还是不等幅 PWM 波，都是基于面积等效原理进行控制的，因此其本质是相同的。

2. PWM 整流电路的工作原理

PWM 整流电路可分为电压型和电流型两大类。目前应用较多的是电压型 PWM 整流电路，因此这里主要介绍电压型电路。

（1）单相 PWM 整流电路　图 7-17a、b 分别为单相半桥和全桥 PWM 整流电路。对于半桥电路来说，直流侧电容必须由两个电容串联，其中性点和交流电源连接。对于全桥电路来说，直流侧电容只要一个就可以了。交流侧电感 L_s 包括外接电抗器的电感和交流电源的内电感，是电路正常工作所必需的。电阻 R_s 包括外接电抗器的电阻和交流电源的内阻。

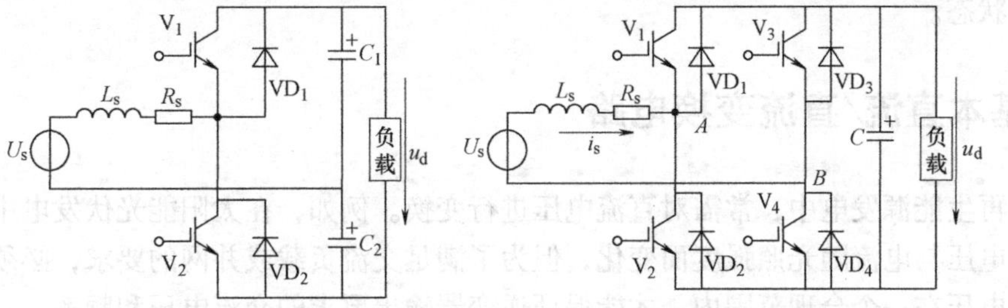

a) 单相半桥PWM整流电路　　b) 单相全桥PWM整流电路

图 7-17　单相 PWM 整流电路

下面以全桥电路为例说明 PWM 整流电路的工作原理。按照正弦波和三角波的比较方法对图 7-17b 中的 $V_1 \sim V_4$ 进行 SPWM 控制，就可以在桥的交流输入端 AB 产生一个 SPWM 波 u_{AB}，u_{AB} 中含有和正弦波信号同频率且幅值成比例的基波分量，以及和三角波有关的频率很高的谐波，而不含低次谐波。由于电感 L_s 的滤波作用，高次谐波电压只会使交流电流 i_s 产生很小的脉动，可以忽略。这样，当正弦波信号的频率和电源频率相同时，i_s 也为与电源频率相同的正弦波。在交流电源电压 u_s 一定的情况下，i_s 的幅值和相位仅由 u_{AB} 中基波分量 u_{ABf} 的幅值及其与 u_s 的相位差来决定。改变 u_{ABf} 的幅值和相位，就可以使 i_s 和 u_s 的相位差为所需要的角度。图 7-18 所示相量图说明了这几种情况，图中 $\dot{U}_s$、$\dot{U}_L$、$\dot{U}_R$、和 $\dot{I}_s$ 分别为交流电源电压 u_s、电感 L_s 上的电压 u_L、电阻 R_s 上的电压 u_R 以及交流电流 i_s 的相量，$\dot{U}_{AB}$ 为 u_{AB} 的相量。图 7-18 中，$\dot{U}_{AB}$ 滞后 $\dot{U}_s$ 的相位为 δ，$\dot{I}_s$ 和 $\dot{U}_s$ 同相位，电路工作在整流状态，且功率因数为 1。

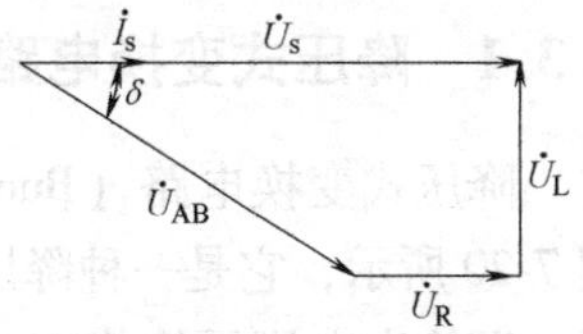

图 7-18　PWM 整流电路运行相量图

在整流运行状态下，当 $u_s>0$ 时，由 V_2、VD_4、VD_1、L_s 和 V_3、VD_1、VD_4、L_s 分别组成了两个升压斩波电路。以包含 V_2 的升压斩波电路为例，当 V_2 导通时，u_s 通过 V_2、VD_4 向 L_s 储能，当 V_2 关断时，L_s 中储存的能量通过 VD_1、VD_4 向直流侧电容 C 充电。当 $u_s<0$ 时，由 V_1、VD_3、VD_2、L_s 和 V_4、VD_2、VD_3、L_s 分别组成两个升压斩波电路，工作原理与 $u_s>0$ 类似。

（2）三相 PWM 整流电路　单相 PWM 整流电路的容量较小，在风力发电背靠背逆变电路或其他背靠背实验电源中，如果功率变换的容量较大，通常使用三相 PWM 整流电路，如图 7-19 所示。

三相 PWM 整流电路的工作原理与单相 PWM 整流电路相同，只是相数不同。对电路进行三相 SPWM 控制，可在整流电路的交流输入端 *A*、*B*、*C* 得到三相 SPWM 输出电压，对各相电压按图 7-18 相量图进行控制，可获得接近单位功率因数的三相正弦电流输入。电路可工作在整流、逆变、无功补偿等状态。

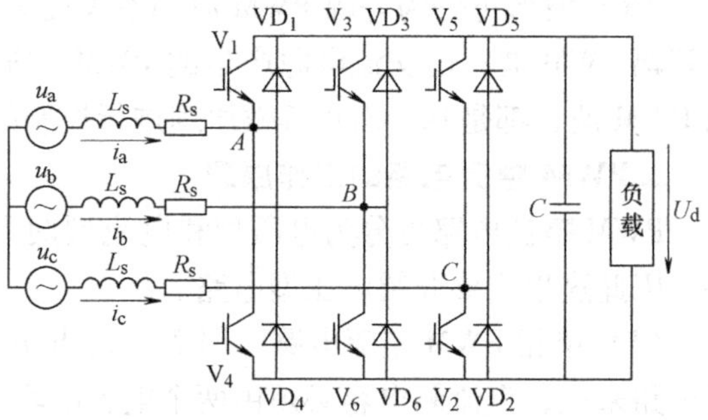

图 7-19 三相 PWM 整流电路

7.3 基本直流/直流变换电路

在可再生能源发电中，常需对直流电压进行变换。例如，在太阳能光伏发电中，太阳电池的输出电压与电流随光照强度而变化，但为了满足交流负载或并网的要求，必须使逆变器输入直流电压在一个合理范围内，才能保证逆变器输出要求的交流电压和频率。

将直流电压从一个数值变换为另一数值的变换称为 DC/DC 变换，或称直流变换。

DC/DC 变换电路可分为无变压器隔离的 DC/DC 变换电路和有变压器隔离的 DC/DC 变换电路，无变压器隔离的 DC/DC 变换电路有降压式变换电路（Buck 电路）、升压式变换电路（Boost 电路）、升降压式变换电路（Boost-Buck 电路）、库克电路（Cuk 电路）、Zeta 电路、Sepic 电路等。其中，前两种是基本的电路，一方面，这两种电路应用广泛，另一方面，理解这两种电路可以为理解其他电路打下基础，因此本节将做重点介绍。

7.3.1 降压式变换电路

降压式变换电路（Buck 变换电路）如图 7-20 所示，它是一种降压型 DC/DC 变换器，即输出电压平均值 U_0 恒小于输入电压 U_E，主要应用于需要直流降压变换的环节。为获得平直的输出直流，输出端面采用了 *LC* 形式的低通滤波电路。根据功率器件 V 工作的开关频率、*L*、*C* 的数值，电感电流 I_L 可能连续或者断续，影响 Buck 电路的输出特性，须分别讨论。

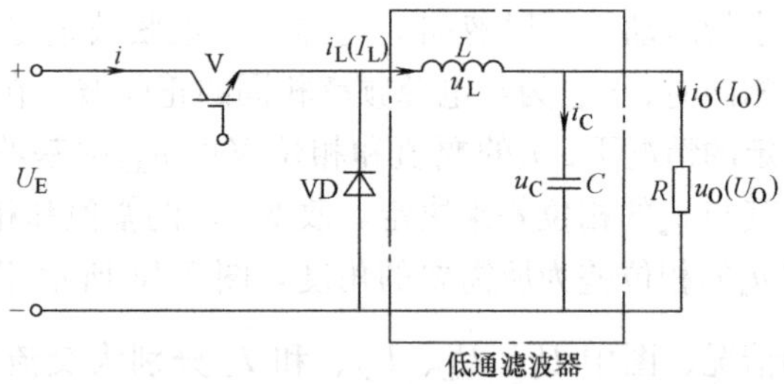

图 7-20 Buck 变换电路

1. 电流连续时

图 7-21 给出了电感电流连续 $i_L(t)>0$ 时的有关波形。该电路使用一个全控型器件，为了给 V 关断时提供电感电流通道，设置了续流二极管 VD。

当在 t_{on} 时间内，V 导通，其等效电路如图 7-21a 所示，此时电源 U_E 通过电感 *L* 向负载供电。在电感电压 $u_L=U_E-U_0$ 作用下，电感电流 i_L 线性增长，使电感储能。在 t_{off} 时间内，V 关断，电感储能通过续流二极管 VD 释放，i_L 线性减小，其等效电路如图 7-21b 所示，此时

$u_L=-U_O$。稳定运行时波形重复，如图 7-21c 所示。电感电压 u_L 一周期内积分平均值为零，即

$$(U_E-U_O)t_{on}+U_O t_{off}=0 \tag{7-6}$$

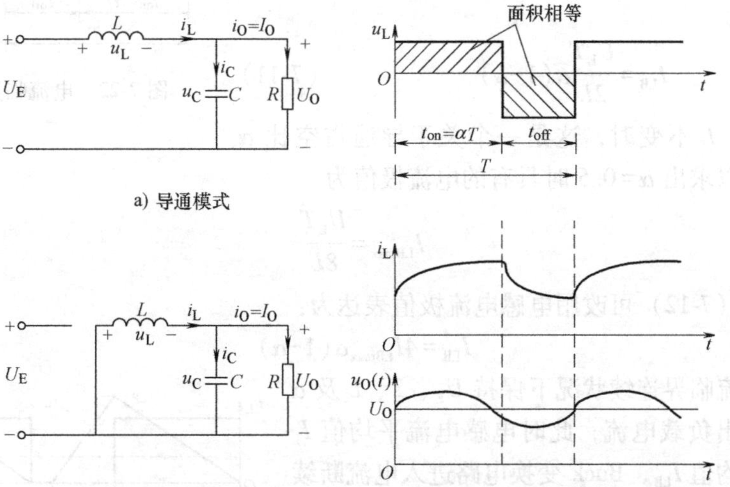

a) 导通模式

b) 关断模式

c) 电感电压、电感电流、输出电压波形

图 7-21　Buck 变换电路的工作模式及电流连续时各点波形

由此求得 Buck 变换电路的输入、输出电压关系为

$$\frac{U_O}{U_E}=\frac{t_{on}}{t_{on}+t_{off}}=\frac{t_{on}}{T}=\alpha \tag{7-7}$$

因 $\alpha\leqslant 1$，$U_O\leqslant U_E$，为降压关系。

由上式可知，若要对输出电压平均值进行调制有三种方法：

1）保持开关周期 T 不变，调节开关导通时间 t_{on} 来改变导通占空比 α，称为脉冲宽度调制（Pulse Width Modulation，PWM）或脉冲调宽型。

2）保持开关导通时间 t_{on} 不变，改变开关周期 T 来改变导通占空比 α，称为频率调制或调频型。

3）t_{on} 和 T 都可调，使占空比发生变化，称为混合型。

其中，第 1 种方法应用最多。

若忽略电路变换损耗，输入、输出功率相等，有

$$U_E I=U_O I_O \tag{7-8}$$

式中，I 为输入电流 i 的平均值；I_O 为输出电流 i_O 平均值。

则可求得变换电路的输入、输出电流关系为

$$\frac{I_O}{I}=\frac{U_E}{U_O}=\frac{1}{\alpha} \tag{7-9}$$

因此，电流连续时 Buck 变换电路相当于一个直流变换器。

2. 电流断续时

电流连续与否的临界状态是 V 关断结束时（或导通开始时）电感电流 $i_L=0$，如图 7-22 所示。根据导通（t_{on}）模式的电感电压方程，可计算临界连续时的电感电流平均值 I_{LB} 为

$$I_{LB}=\frac{1}{2}i_{LP}=\frac{1}{2}\frac{(U_E-U_O)t_{on}}{L}=\frac{1}{2L}(U_E-U_O)\alpha T \tag{7-10}$$

因电流连续，有 $U_O=\alpha U_E$，则式（7-10）可进一步化为

$$I_{LB}=\frac{U_E T}{2L}\alpha(1-\alpha) \tag{7-11}$$

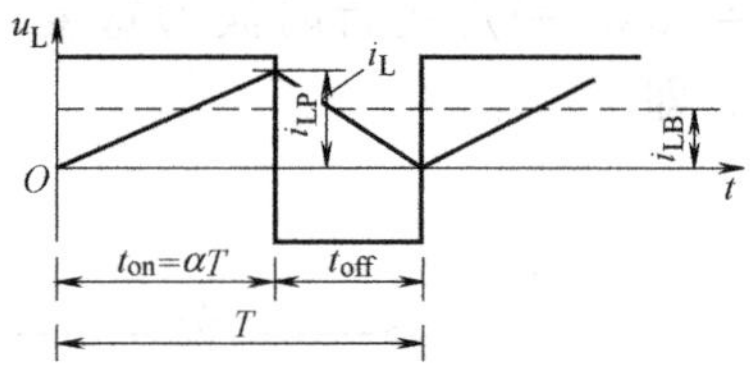

图 7-22 电流临界连续波形

在 U_E、T、L 不变时，这是一个关于导通占空比 α 的凸函数，可以求出 $\alpha=0.5$ 时具有的电流极值为

$$I_{LBmax}=\frac{U_E T}{8L} \tag{7-12}$$

这样，式（7-12）可改用电感电流极值表达为：

$$I_{LB}=4I_{LBmax}\alpha(1-\alpha) \tag{7-13}$$

如果在电流临界连续状况下保持 U_E、T、L 及 α 不变，减小输出负载电流，此时电感电流平均值 I_L 将小于临界平均值 I_{LB}，Buck 变换电路进入电流断续运行状态，波形如图 7-23 所示。其特征是续流二极管 VD 提早在 $\delta_1 T<t_{off}$ 时刻关断，使 $\delta_2 T$ 期间内电感电流断流（$i_L=0$），此时负载电流将由滤波器电容供给，电感电压 $u_L=0$。这样，一个周期内电感电压积分为零的条件可表达为

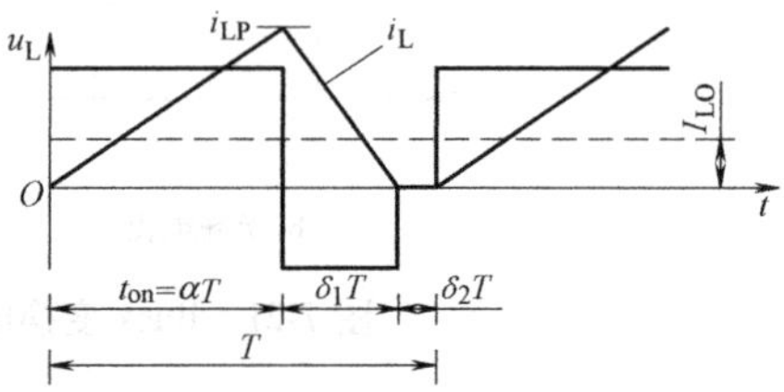

图 7-23 电流断续时的波形

$$(U_E-U_O)\alpha T+(-U_O)\delta_1 T=0 \tag{7-14}$$

或

$$\frac{U_O}{U_E}=\frac{\alpha}{\alpha+\delta_1} \tag{7-15}$$

式中，$\alpha+\delta_1<1$。

式（7-15）原则上就是电流断续时 Buck 变换电路的输入-输出关系，但需要求出 δ_1 的明确表达式。

在 VD 导通的 $\delta_1 T$ 期间，电感电流在 $-U_O$ 作用下线性衰减，则电流断续下电感电流 i_{LP} 可表示为

$$i_{LP}=\frac{U_O}{L}\delta_1 T \tag{7-16}$$

因此，电流断续时电感电流平均值 I_{LO} 可表达为

$$I_{LO}=i_{LP}\frac{\alpha+\delta_1}{2}=\frac{U_O}{2L}(\alpha+\delta_1)\delta_1=\frac{U_E T}{2L}\alpha\delta_1=4I_{LBmax}\alpha\delta_1 \tag{7-17}$$

故有

$$\delta_1=\frac{I_{LO}}{4I_{LBmax}\alpha} \tag{7-18}$$

这样，电流断续时 Buck 变换电路的输入-输出关系为

$$\frac{U_O}{U_E}=\frac{\alpha^2}{\alpha^2+\frac{1}{4}\frac{I_{LO}}{I_{LBmax}}} \tag{7-19}$$

因为 Buck 变换电路结构简单、控制方便、效率高、输入与输出之间共地、成本低，所以很多小功率的太阳能与风能离网控制器多采用这种电路对蓄电池进行充电控制。实际中为了进一步降低成本、降低装置工作温升、提高可靠性，甚至省略图 7-20 中的二极管、电感与电容，只采用一个开关管进行低频率输出的 PWM 控制，用来控制蓄电池的充电。

7.3.2 升压式变换电路

升压式变换电路（Boost 变换电路）原理及其工作波形如图 7-24 所示。

分析 Boost 变换电路的工作原理时，首先假设电路中电感 L 很大，电容 C 也很大。当开关 V 处于通态时，电源 U_E 向电感 L 充电，充电电流基本恒定为 I_1，同时保持输出电压 u_O 为恒值，记为 U_O。设 V 处于通态的时间为 t_{on}，此阶段电感 L 上积蓄的能量为 $U_E I_1 t_{on}$。设 V 处于断态时间为 t_{off}，则在此期间电感 L 释放的能量为 $(U_O-U_E)I_1 t_{off}$。当电路工作于稳态时，一个周期 T 中电感积蓄的能量与释放的能量相等，即

$$(U_O-U_E)I_1 t_{off}=U_E I_1 t_{on} \tag{7-20}$$

化简得

$$U_O=\frac{t_{on}+t_{off}}{t_{off}}U_E=\frac{T}{t_{off}}U_E \tag{7-21}$$

式（7-21）中，$T/t_{off}\geqslant 1$，输出电压高于电源电压，故称该电路为升压斩波电路，也可以称之为 Boost 变换器。

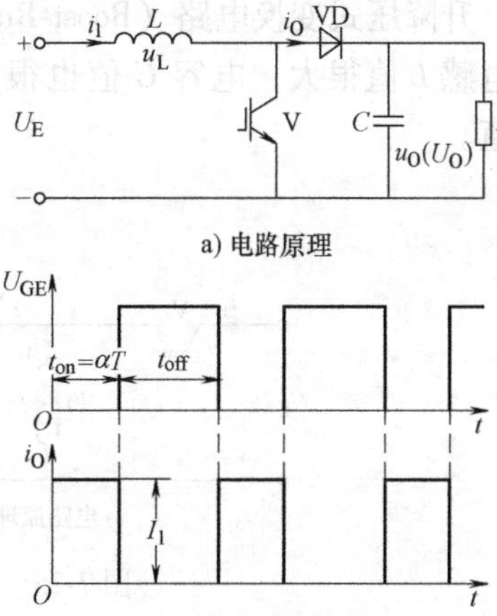

a) 电路原理

b) 工作波形

图 7-24 Boost 变换电路原理及其工作波形

T/t_{off} 表示升压比，调节其大小，即可以改变输出电压 U_O 的大小，调节方法与上节介绍的改变导通占空比 α 的方法类似。将升压比的倒数记为 β，即 $\beta=t_{off}/T$，则 β 与导通占空比 α 有如下关系：

$$\alpha+\beta=1 \tag{7-22}$$

因此，式（7-22）可表示为

$$U_O=\frac{1}{\beta}U_E=\frac{1}{1-\alpha}U_E \tag{7-23}$$

Boost 变换电路之所以能够使输出电压高于电源电压，关键有两个原因：一是 L 储能之后具有使电压泵升的作用；二是电容 C 可将输出电压保持住。在以上的分析中，认为 V 处于通态期间因电容 C 的作用使得输出电压 U_O 不变，但实际上 C 值不可能为无穷大，在此阶段其向负载放电，U_O 必然会有所下降，故实际输出电压会略低于式（7-23）所得结果。不过，在电容 C 值足够大时，误差很小，基本可以忽略。

如果忽略电路中的损耗，则由电源提供的能量仅由负载 R 消耗，即

$$U_E I_1=U_O I_O \tag{7-24}$$

式（7-24）表明，与 Buck 变换电路一样，Boost 变换电路可以看成是直流变换器。

根据电路结构并结合式（7-24）得到输出电流平均值 I_0 为

$$I_0=\frac{U_0}{R}=\frac{1}{\beta}\frac{U_E}{R} \tag{7-25}$$

由式（7-24）即可得出电源电流 I_1 为

$$I_1=\frac{U_0}{U_E}I_0=\frac{1}{\beta^2}\frac{U_E}{R} \tag{7-26}$$

7.3.3 升降压式变换电路与库克电路

1. 升降压变换电路

升降压式变换电路（Boost-Buck 变换电路）原理及其工作波形如图 7-25 所示。设电路中电感 L 值很大，电容 C 值也很大，使电感电流 i_L 和电容电压（即负载电压 u_0）基本为恒值。

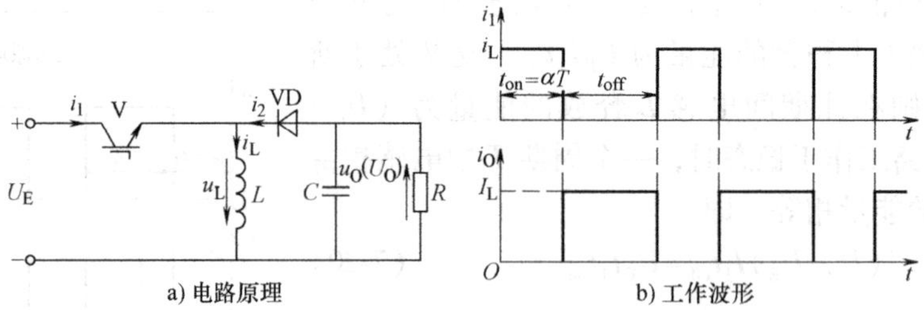

图 7-25 Boost-Buck 变换电路原理及其工作波形

该电路的基本工作原理：当可控开关 V 处于通态时，电源经 V 向电感 L 储存能量，此时电流为 i_1，如图 7-25 所示，同时电容 C 维持输出电压基本恒定并向负载 R 供电。此后，使 V 关断，电感 L 中储存的能量向负载释放，电流为 i_2，如图 7-25 所示。可见，负载电压极性为上负下正，与电源电压极性相反，与前面介绍的 Buck 变换电路和 Boost 变换电路的情况正好相反，因此该电路也称作反极性斩波电路。

稳态时，一个周期 T 内，电感 L 两端 u_L 对时间的积分为零，即

$$\int_0^T u_L \mathrm{d}t = 0 \tag{7-27}$$

当 V 处于通态时，$u_L=U_E$；而当 V 处于断态期间时，$u_L=-u_0$。于是

$$U_E t_{on}=U_0 t_{off} \tag{7-28}$$

所以输出电压为

$$U_0=\frac{t_{on}}{t_{off}}U_E=\frac{t_{on}}{T-t_{on}}U_E=\frac{\alpha}{1-\alpha}U_E \tag{7-29}$$

若改变导通占空比 α，则输出电压既可以比电源电压高，也可以比电源电压低。当 $0<\alpha<1/2$ 时为降压，当 $1/2<\alpha<1$ 时为升压，因此该电路称作升降压变换电路。也可以称之为 Boost-Buck 变换器。

2. 库克电路

图 7-26a 所示为库克电路（Cuk 电路）的原理图。当 V 处于通态时，U_E—L_1—V 回路和

R—L_2—C—V 回路分别流过电流。当 V 关断时，U_E—L_1—C—V 回路和 R—L_2—V 回路分别流过电流。输出电压的极性与电源电压极性相反。该电路的等效电路如图 7-26b 所示，相当于开关 V 在 A、B 之间交替切替。

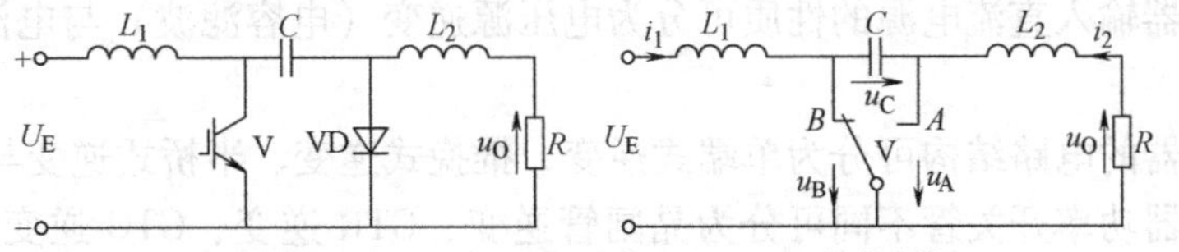

图 7-26 Cuk 电路原理及其等效电路

在该电路中，当电容 C 很大使电容电压 u_C 脉动足够小时，输出电压 U_O 与输入电压 U_E 的关系可用以下方法求出：当开关 V 合到 B 点时，B 点电压 $u_B=0$，A 点电压 $u_A=-u_C$；相反，当开关 V 合到 A 点时，$u_B=u_C$，$u_A=0$。因此，B 点电压平均值 $U_B=\frac{t_{off}}{T}U_C$（U_C 为电容电压 u_C 平均值），又因电感 L_1 的电压平均值为零，所以 $U_E=U_B=\frac{t_{off}}{T}U_C$。另一方面，$A$ 点的电压平均值为 $U_A=-\frac{t_{on}}{T}U_C$，且 L_2 的电压平均值为零，按图 7-26b 中输出电压 U_O 的极性，有 $U_O=\frac{t_{on}}{T}U_C$。于是可得出输出电压 U_O 与电源电压 U_E 的关系为

$$U_O=\frac{t_{on}}{t_{off}}U_E=\frac{t_{on}}{T-t_{on}}U_E=\frac{\alpha}{1-\alpha}U_E \tag{7-30}$$

这一输入输出关系与 Boost-Buck 电路的情况相同。

与 Boost-Buck 电路相比，Cuk 电路有一明显的优点，即输入电源电流和输出负载电流都是连续的，而且脉动较小，有利于对输入、输出进行滤波。

7.4 直流/交流逆变技术

将直流变换成交流的变换称为逆变，它是 AC/DC 的逆过程。根据逆变后交流电能的使用方式，逆变可以分成两类：有源逆变，将直流电逆变成电网同频率的恒频交流电，可控整流电路在满足一定条件下可运行在有源逆变工作状态；无源逆变，将直流电逆变成频率与幅值可变的交流电，并直接供给用电负载。

DC/AC 的应用非常广泛，在各类可再生能源发电中，最后将能量送入电网都要使用逆变技术。逆变电路中，换流问题与输出电能质量问题是 DC/AC 变换中两个特别要关注的问题。

逆变电路有多种类型，控制方式各有异同，主要分类方式有：

1）按逆变器输出交流的频率分为工频（50~60Hz）逆变、中频（400Hz~几十千赫）逆变和高频（几十千赫以上）逆变。

2）按逆变器的功率流动方向可分为单向逆变与双向逆变。

3）按逆变器输出电压的波形可分为正弦波逆变与非正弦波逆变。

4）按逆变器输出电压的电平可分为二电平逆变与多电平逆变。

5）按逆变器输出交流的相数可分为单相逆变、三相逆器与多相逆变。

6）按逆变器输入与输出的电气隔离可分为非隔离型逆变、低频链逆变和高频链逆变。

7）按逆变器输入直流电源的性质可分为电压源逆变（电容滤波）与电流源逆变（电感滤波）。

8）按逆变器的电路结构可分为单端式逆变、推挽式逆变、半桥式逆变与全桥式逆变。

9）按逆变器功率开关管不同可分为晶闸管逆变、GTR 逆变、GTO 逆变、MOSFET 逆变与 IGBT 逆变等。

10）按逆变器中开关管的工作方式可分为硬开关逆变、谐振式逆变和软开关逆变。

11）按逆变器的控制方式可分为方波逆变、SPWM 正弦波逆变、电流滞环逆变和电压空间矢量（SVPWM）逆变等。

输出电能质量问题是 DC/AC 变换中要特别关注的问题，因此本节主要介绍输出谐波小的 SPWM 逆变技术。

正弦波脉宽调制（Sinusoidal Pulse Width Modulation，SPWM）的基本原理是将参考的正弦波与载波（通常选用三角波）进行比较，根据两个波形比较的结果确定逆变桥臂的开关状态，输出一系列等幅不等宽的直流脉冲，脉冲宽度的变化符合正弦波变化的规律，根据前面 PWM 整流中讲述的冲量定理，这些输出的直流脉冲通过低通滤波环节（通常是 *LC* 滤波）后，变换成与参考波形相同的正弦波。

1. 调制方式

根据调制波与正弦波的不同，SPWM 可分为单极性调制与双极性调制。

（1）单极性调制　在单极性调制方式中，半周期内调制波（u_r）与载波（u_c）只有单一极性，输出的 SPWM 波也只有单一极性，如图 7-27 所示。如果输入直流用 U_d表示，在单极性调制中，输出的脉冲波形中有$+U_d$、$-U_d$、0 三种电平，但在半周期内只有$\pm U_d$、0 两种电平。

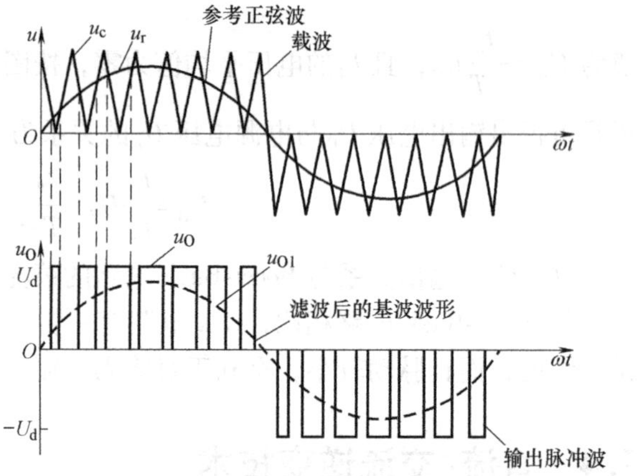

图 7-27　单极性调制

（2）双极性调制　在双极性调制方式中，半周期内三角载波有两种极性，输出的 SPWM 波也有两种极性，如图 7-28 所示。如果输入直流用 U_d表示，在双极性调制中，输出脉冲波形只有$+U_d$、$-U_d$两种电平。

2. 调制度与直流电压利用率

调制度 M 为调制波（参考波）u_r的幅值与载波 u_c的幅值之比。

直流电压利用率是指逆变器输出交流电压基波最大幅值 U_{1m}与输入直流电压 U_d之比，提高直流电压利用率可以提高逆变器的输出能力。

为保证输出谐波最小，通常要求调制度 $M\leqslant 1$。为了提高直流电压利用率，在实际中会出现过调制（$M>1$）情况；也有利用在参考波中注入一定量比的三次谐波或使用梯形波作为参考波来提高直流电压利用率。

3. SPWM 采样法

从图 7-27 与图 7-28 可以看出，参考正弦波（调制波）与载波的交点决定了逆变电路中开关管的关断与导通状态，这样形成的 SPWM 波的方法称为自然采样法。在自然采样法中，要求得准确的交点时刻，必须求解描述调制波与载波相交的超越方程，计算过程复杂，运算量较大，不适合实时数字控制。

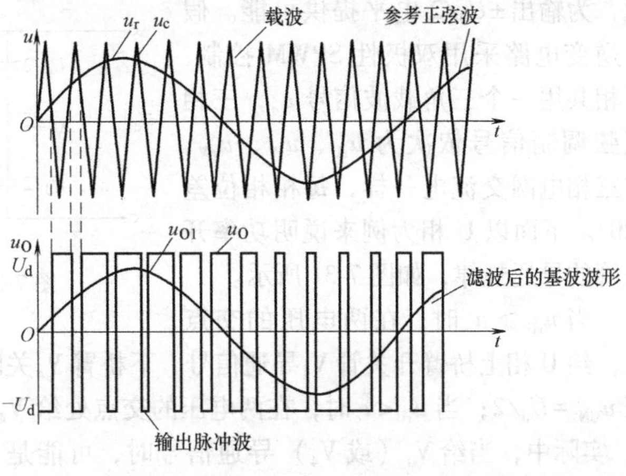

图 7-28 双极性调制

在 DSP 等数字控制中，常采用经过采样处理的正弦调制波（实际是正弦波的等效阶梯波）与三角载波相交的等效方式，由于等效阶梯波可在一个采样周期内维持恒定，这样可以用较小的计算量解决交点的数学计算问题。根据采样点选取的不同，可分为对称规则采样法和不对称规则采样法，实际应用中还有等面积法等多种快速计算方法。下面简要介绍一下对称规则采样法。

如图 7-29 所示，在对称规则采样法中，取载波的峰值时刻 t_A 作为采样点，根据几何相似关系，可以推出如下关系式：

$$\frac{\delta/2}{T_c/2}=\frac{1-M\sin\omega t_A}{2} \tag{7-31}$$

式中，T_c为三角载波周期；δ 为脉冲宽度；ω 为参考正弦信号波角频率；t_A 为采样时刻。

进一步得出

$$\delta=\frac{(1-M\sin\omega t_A)}{2}T_c \tag{7-32}$$

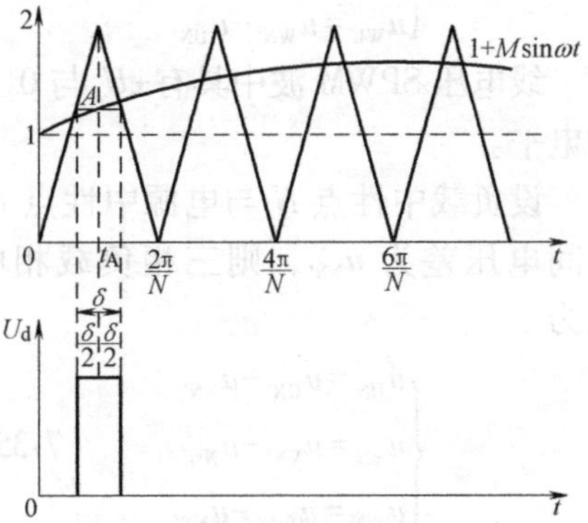

图 7-29 对称规则采样法图解

下面计算 ωt_A，载波比为 N（三角载波频率与调制波频率之比），调制波周期为 2π，则每个载波周期对应的弧度为 $2\pi/N$，有

$$\omega t_A=\left(k+\frac{1}{2}\right)\frac{2\pi}{N} \tag{7-33}$$

式中，k 为采样计数值，$k=0，1，\cdots，N-1$。

这样可以根据式（7-32）与式（7-33）方便求得每一个脉冲宽度 δ，正弦值可以使用查表法快速得到。用这种方式产生的 SPWM 波，计算量小、速度快，输出的谐波只比自然采样法的略大，适合于实时数字控制。

4. 三相电压源 SPWM 逆变器输出分析

三相电压源 SPWM 逆变器电路如图 7-30 所示。图中，$V_1 \sim V_6$为全控型开关器件，$VD_1 \sim VD_6$为反并联的快恢复二极管，为负载感性无功电流提供通路。两个直流滤波电容 C 串联接

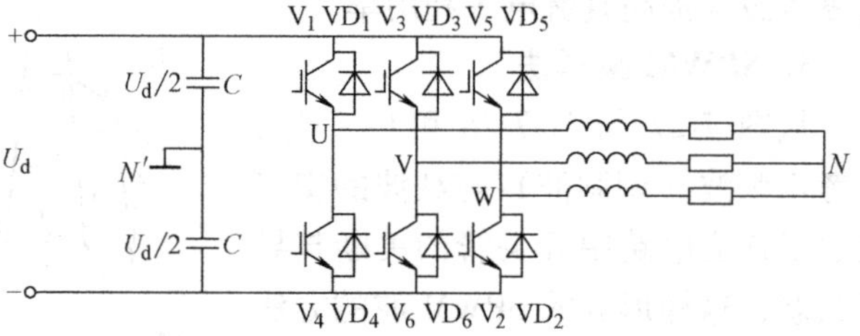

图 7-30 三相电压源 SPWM 逆变器电路

地，为输出±$U_d/2$ 电平提供可能。假定逆变电路采用双极性 SPWM 控制，三相共用一个三角载波信号 u_c，三相正弦调制信号依次为 u_{rU}、u_{rV}、u_{rW}，与三相电网交流电一样，每相相位差 120°。下面以 U 相为例来说明功率开关管的导通规律，如图 7-31 所示。

当 $u_{rU} \geqslant u_c$ 时，在两电压的交点处，给 U 相上桥臂开关管 V_1导通信号、下桥臂 V_4关断信号，则 U 相与电源中性点 N'间的电压 $u_{UN'}=U_d/2$；当 $u_{rU}<u_c$时，在两电压的交点处给 V_4导通信号、V_1关断信号，有 $u_{UN'}=-U_d/2$。实际中，当给 V_1（或 V_4）导通信号时，可能是 V_1（或 V_4）导通，也可能是 VD_1（或 VD_4）导通，主要由感性负载中的电流方向决定。

另外两相 V、W 的 SPWM 波调制方法与 U 相相同，形成了图 7-31 所示的相、线电压波形。从图中可以看出，$u_{UN'}$、$u_{VN'}$、$u_{WN'}$的 SPWM 波中只有±$U_d/2$ 两种电平。线电压波形可由相关相电压波形相减得到

$$\begin{cases} u_{UV}=u_{UN'}-u_{VN'} \\ u_{VW}=u_{VN'}-u_{WN'} \\ u_{WU}=u_{WN'}-u_{UN'} \end{cases} \tag{7-34}$$

线电压 SPWM 波中具有±U_d与 0 三种电平。

设负载中性点 N 与电源中性点 N' 之间电压差为 $u_{NN'}$，则三相负载相电压为

$$\begin{cases} u_{UN}=u_{UN'}-u_{NN'} \\ u_{VN}=u_{VN'}-u_{NN'} \\ u_{WN}=u_{WN'}-u_{NN'} \end{cases} \tag{7-35}$$

将式（7-35）各式相加，可得到

$$u_{NN'}=\frac{1}{3}(u_{UN'}+u_{VN'}+u_{WN'})-\frac{1}{3}(u_{UN}+u_{VN}+u_{WN}) \tag{7-36}$$

对于对称的三相负载，有 $u_{UN}+u_{VN}+u_{WN}=0$，代入式（7-36）得到

$$u_{NN'}=\frac{1}{3}(u_{UN'}+u_{VN'}+u_{WN'}) \tag{7-37}$$

由式（7-37）得到 $u_{NN'}$波形后，再由式（7-35）就可得到负载相电压波形，如图 7-31 中 u_{UN}。

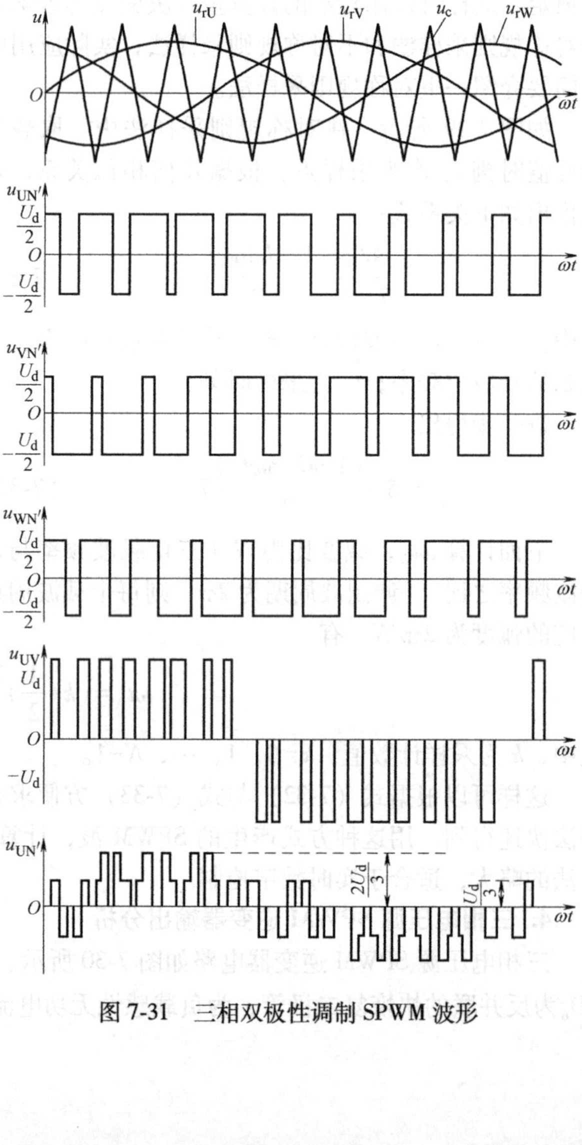

图 7-31 三相双极性调制 SPWM 波形

7.5　大功率变流技术

风能与太阳能等可再生能源目前有两种主要的利用方式，一种是离网方式，一种是并网方式。在并网方式中，风能、太阳能等发出的电通常首先转换成直流电，再通过DC/AC逆变技术将直流电变换成与电网同频率、同相位、相近电压的交流电，本节主要讲述较大功率的DC/AC变换技术。

7.5.1　电力电子器件的串并联

对容量较大或电压、电流较大的电力电子装置，当单个电力电子器件的电压或电流定额不能满足要求时，往往需要将电力电子器件串联或并联起来工作，或者将电力电子装置串联或并联起来工作。先以晶闸管为例简要介绍电力电子器件串并联应用时应该注意的问题和处理措施，然后概要介绍应用较多的电力MOSFET并联及IGBT并联的一些特点。

1. 晶闸管的串联

当晶闸管的额定电压小于实际要求时，可以用两个或两个以上同型号器件相串联。理想的串联希望各器件的电压相等，但实际上因器件之间的差异，一般都会存在电压分配不均匀的问题。

串联的器件流过的漏电流总是相同的，但由于静态伏安特性的分散，各器件承受的电压是不相等的，所以造成各器件在同一漏电流I_R下所承受的电压是不相等的。若外加电压继续升高，则承受电压高的器件将首先达到击穿电压而导通，使另一个器件承担全部电压也导通，两个器件都失去控制作用。同理，反向时，因伏安特性不同而不均压，可能使其中一个器件先反向击穿，另一个随之击穿。这种由于器件静态特性不同而造成的不均压问题称为静态不均压问题。

为了达到静态均压，首先应选用参数和特性尽量一致的器件，此外还可以采用电阻均压，如图7-32中的R_P。R_P的阻值应比任何一个器件阻断时的正、反向电阻小得多，这样才能使每个晶闸管分担的电压决定于均压电阻的分压。

类似地，由于器件动态参数和特性的差异造成的不均压问题称为动态不均压问题。为达到动态均压，同样首先应该选择动态参数和特性尽量一致的器件，另外，还可以用RC并联电路做动态均压，如图7-32所示。对于晶闸管来讲，采用门极强脉冲触发可以显著减小器件开通时间上的差异。

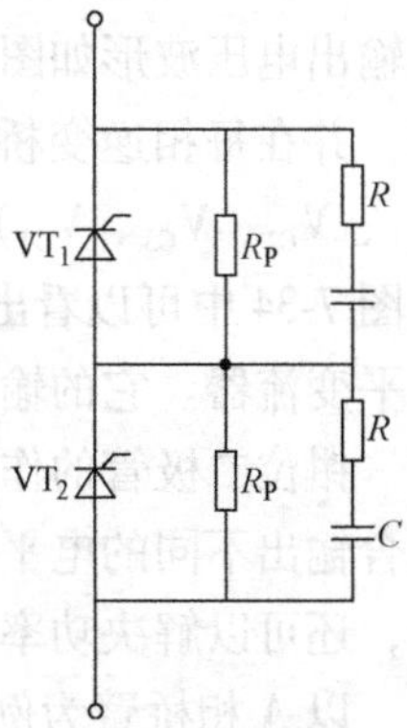

图7-32　晶闸管串联均压措施

2. 晶闸管的并联

在大功率晶闸管装置中，常用多个器件并联来承担较大的电流。当晶闸管并联时就会分别因静态和动态特性参数的差异而存在电流分配不均匀的问题，均流效果不佳，有的器件电流不足，有的过载，有碍提高整个装置的输出，甚至造成器件和装置的损坏。

均流的首要措施是挑选特性参数尽量一致的器件；此外，还可以采用均流电抗器；同时，采用门极强脉冲触发也有助于动态均流。

当需要同时串联和并联晶闸管时，通常采用先串后并的方法连接。

3. 功率 MOSFET 和 IGBT 并联运行

功率 MOSFET 的通态电阻 R_{on} 具有正的温度系数，并联使用时具有电流自动均衡的能力，因而并联使用比较容易，但也要注意：选用通态电阻 R_{on}、开通电压 U_T、跨导 G_{fs} 和输入电容 C_{iss} 尽量相近的器件；电路走线和布局应尽量做到对称；为了更好地动态均流，有时可以在源极电路中串入小电感，起到均流的作用。

IGBT 的通态压降在 1/2 或者 1/3 额定电流以下的区段具有负的温度系数，在 1/2 或 1/3 以上的区段则具有正的温度系数，因而 IGBT 在并联使用时在一定电流范围内也具有电流的自动均衡能力，与功率 MOSFET 类似，易于并联使用。当然，实际并联时，在器件参数选择、电路布局和走线方面也应尽量一致。

7.5.2 多电平变流器

为了满足可再生能源发电对高电压、大功率和高品质变流器的需要，多电平变流技术得到了关注。多电平变流器具有功率开关管的电压应力低、输出电压中的谐波含量低、du/dt 引起的电磁干扰小和不需要变压器就可以实现高电压输入、高电压输出的大功率变换等特点，所以非常适用于大功率场合。

多电平变流器主要有四种拓扑结构：

1）二极管钳位式变流器。

2）电容钳位式变流器。

3）具有独立直流电源的级联式变流器。

4）模块化多电平变流器。

1. 二极管钳位式变流器

（1）二极管钳位式三相三电平变流器　二极管钳位式三相三电平变流器如图 7-33 所示，其输出电压波形如图 7-34 所示。图 7-33 中，C_1、C_2 是并联在输入直流电源侧的两只分压电容，并在每相逆变桥臂上有四个功率开关管（V_{A1}、V_{A2}、V_{A3}、V_{A4}、V_{B1}、V_{B2}、V_{B3}、V_{B4}、V_{C1}、V_{C2}、V_{C3}、V_{C4}）和两个中点钳位二极管（VD_{A1}、VD_{A2}、VD_{B1}、VD_{B2}、VD_{C1}、VD_{C2}）。从图 7-34 中可以看出，相电压 U_{AO} 的波形为三电平（$U_{CC}/2$、0、$-U_{CC}/2$），故该变流器为三电平变流器。它的输出电压谐波含量要比二电平变流器低得多。

钳位二极管的作用是将与其相对应的功率开关钳位在某一特定电压上，利用不同的开关组合输出不同的电平，构成几个电平台阶，得到近似于正弦波的输出电压。利用二极管钳位，还可以解决功率器件串联的均压问题。

以 A 相桥臂为例，分析二极管钳位式三相三电平变流器的工作状态，B 相桥臂与 C 相桥臂的工作状态和 A 相桥臂相同。

1）若 V_{A1}、V_{A2} 关断，V_{A3}、V_{A4} 导通，A 点电位与电源负极相同，又以 C_1、C_2 的连接点为参考点，因此，相电压 $U_{AO}=-U_{CC}/2$。

2）若 V_{A1}、V_{A4} 关断，V_{A2}、V_{A3} 导通，则 A 点电位与 O 相同，因此，相电压 $U_{AO}=0$。

3）若 V_{A3}、V_{A4} 关断，V_{A1}、V_{A2} 导通，则 A 点电位与电源正极相同，相电压 $U_{AO}=U_{CC}/2$。

如果用开关量 S_A、S_B、S_C 来表示输出相电压 U_{AO}、U_{BO}、U_{CO}，则有

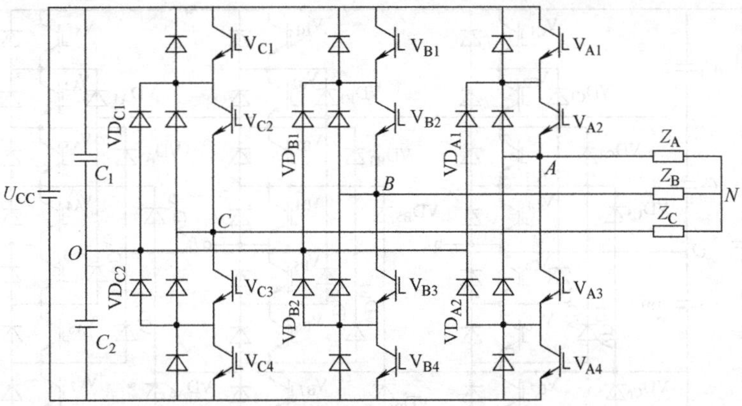

图 7-33　二极管钳位式三相三电平变流器

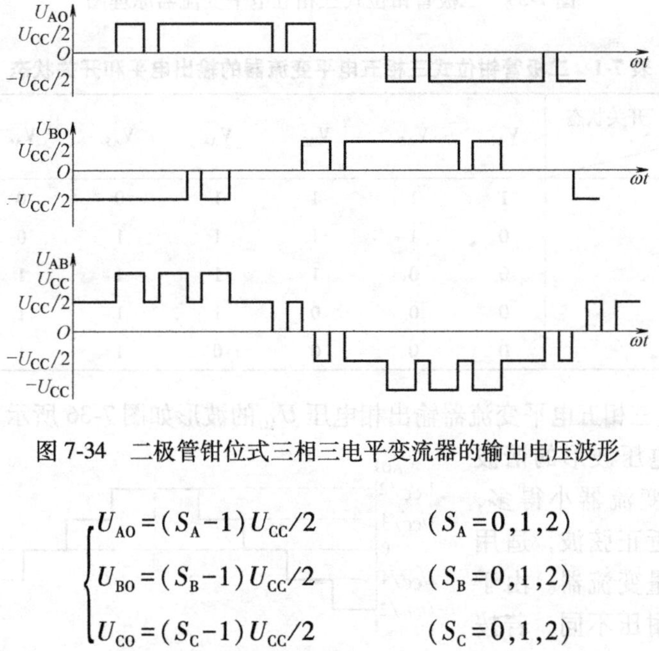

图 7-34　二极管钳位式三相三电平变流器的输出电压波形

$$\begin{cases} U_{AO}=(S_A-1)U_{CC}/2 & (S_A=0,1,2) \\ U_{BO}=(S_B-1)U_{CC}/2 & (S_B=0,1,2) \\ U_{CO}=(S_C-1)U_{CC}/2 & (S_C=0,1,2) \end{cases} \tag{7-38}$$

输出线电压为

$$\begin{cases} U_{AB}=U_{AO}-U_{BO}=(S_A-S_B)U_{CC}/2 \\ U_{BC}=U_{BO}-U_{CO}=(S_B-S_C)U_{CC}/2 \\ U_{CA}=U_{CO}-U_{AO}=(S_C-S_A)U_{CC}/2 \end{cases} \tag{7-39}$$

（2）二极管钳位式三相多电平变流器　对于多电平变流器来说，若电平数为 M，那么输入直流电源侧需要 $M-1$ 个分压电容器，输出相电压的电平台阶数为 M，而输出线电压的电平台阶数为 $2M-1$。图 7-35 所示为二极管钳位式三相五电平变流器的原理图。

二极管钳位式三相五电平变流器的输出相电压为五电平，分别为 $U_{CC}/2$、$U_{CC}/4$、0、$-U_{CC}/4$、$-U_{CC}/2$。以 A 相输出相电压 U_{AO} 为例，其输出电平和开关状态见表 7-1。

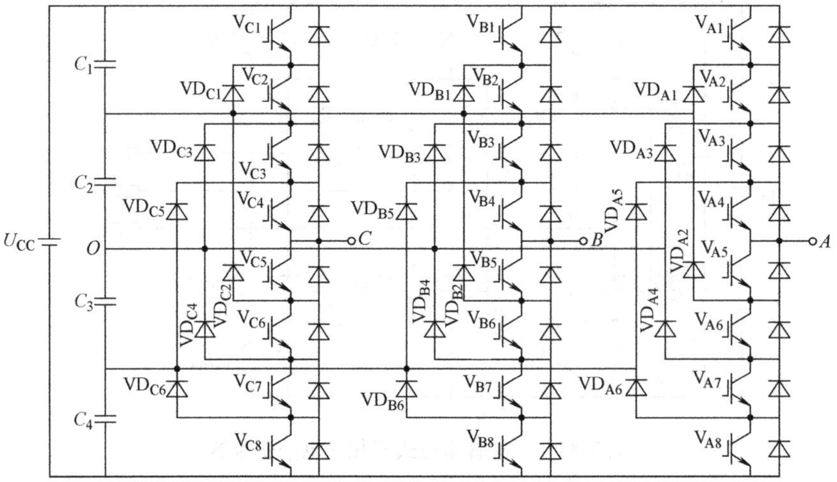

图 7-35 二极管钳位式三相五电平变流器原理图

表 7-1 二极管钳位式三相五电平变流器的输出电平和开关状态

开关状态 / 相电压 U_{AO} 电平	V_{A1}	V_{A2}	V_{A3}	V_{A4}	V_{A5}	V_{A6}	V_{A7}	V_{A8}
$U_{CC}/2$	1	1	1	1	0	0	0	0
$U_{CC}/4$	0	1	1	1	1	0	0	0
0	0	0	1	1	1	1	0	0
$-U_{CC}/4$	0	0	0	1	1	1	1	0
$-U_{CC}/2$	0	0	0	0	1	1	1	1

二极管钳位式三相五电平变流器输出相电压 U_{AO} 的波形如图 7-36 所示，从图中可见，五电平变流器输出电压波形的谐波分量要比三电平变流器小得多，输出电压也更接近正弦波，适用于中高压的大容量变流器。由于电路中二极管的耐压不同，若按最大耐压值来选择钳位二极管，会造成器件浪费；若采用多个二极管串联的方法提高耐压，有可能会产生均压问题。因此，提出了二极管自钳位多电平逆变器，较好解决了这一问题。

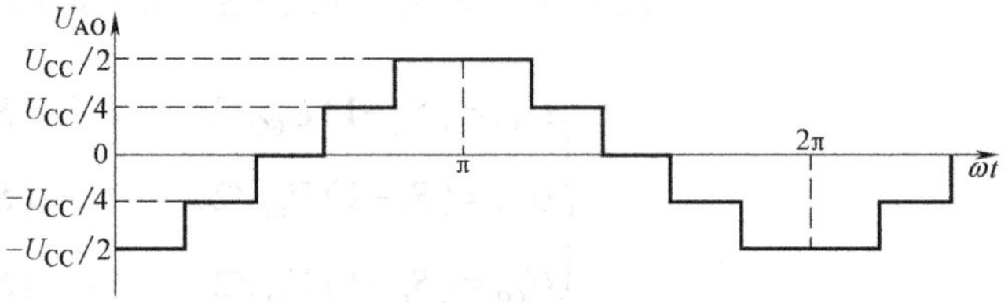

图 7-36 二极管钳位式三相五电平变流器输出相电压 U_{AO} 的波形图

2. 电容钳位式变流器

（1）电容钳位式三电平变流器 电容钳位式三电平变流器如图 7-37 所示，该电路中用钳位电容 C_A 取代钳位二极管，而直流侧的分压电容器不变，工作原理与二极管钳位式变流器相似。

（2）电容钳位式多电平变流器 电容钳位式五电平变流器如图 7-38 所示，$C_1 \sim C_4$ 为直流侧的分压电容器，$C_{A1} \sim C_{A6}$ 为钳位电容器。若每个钳位电容器上具有相同的电压，那么各钳位电容器串联支路中电容器的数目，表明两个钳位点之间的电平。

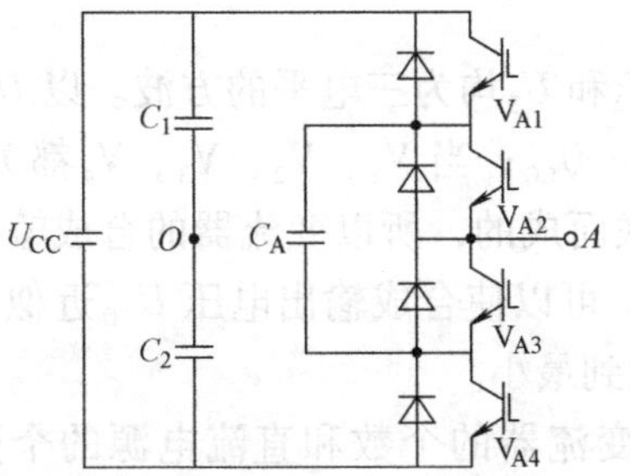

图 7-37 电容钳位式三电平变流器

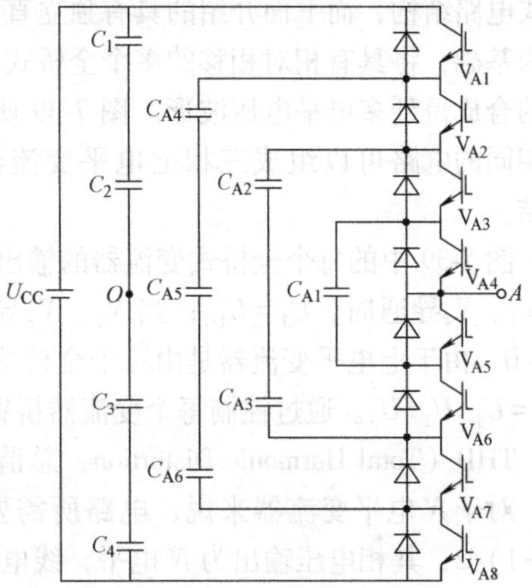

图 7-38 电容钳位式五电平变流器

五电平变流器的五个电平台阶为 $U_{CC}/2$、$U_{CC}/4$、0、$-U_{CC}/4$、$-U_{CC}/2$。除 $U_{CC}/2$ 为 V_{A1} ~ V_{A4} 导通，V_{A5} ~ V_{A8} 关断得到，$-U_{CC}/2$ 为 V_{A5} ~ V_{A8} 导通，V_{A1} ~ V_{A4} 关断得到以外，其他电平的获得可以采取多种合成方法。所以，此类变流器的输出电压合成非常灵活。表 7-2 给出了五电平变流器的输出电平和某种开关组合。

表 7-2 五电平变流器的输出电平和某种开关组合

开关状态 / 相电压 U_{A0} 电平	V_{A1}	V_{A2}	V_{A3}	V_{A4}	V_{A5}	V_{A6}	V_{A7}	V_{A8}
$U_{CC/2}$	1	1	1	1	0	0	0	0
$U_{CC}/4$	0	1	1	1	0	0	0	1
0	0	0	1	1	0	0	1	1
$-U_{CC}/4$	0	0	0	1	0	1	1	1
$-U_{CC}/2$	0	0	0	0	1	1	1	1

从表 7-2 可以看出，在一个输出周期内，每个功率开关管仅需变换一次，但它们的导通时间和电流应力是不相同的。

电容钳位式多电平变流器的电平合成的自由度和灵活度高于二极管钳位式多电平变流器。电容钳位式多电平变流器的优点是开关方法灵活，保护能力较强；既能控制有功功率，又能控制无功功率，适于高压直流输电系统等。其主要特点如下：

1）需要大量的存储电容。如果所有电容器的电压等级都与主功率器件的电压等级相同，那么一个 N 电平的电容钳位式多电平变流器每相桥臂需要（$N-1$）×（$N-2$）/2 个辅助电容，而直流侧还需要（$N-1$）个电容。电平数较高时，这种变流器不仅安装难度大，而且造价也很高。

2）为了使电容的充放电保持平衡，对于中间值电平需要采用不同的开关组合。这就增加了系统控制的复杂性，器件的开关频率和开关损耗大。

3. 具有独立直流电源的级联式多电平变流器

（1）多电平级联变流器 上面介绍的二极管钳位式变流器和电容钳位式变流器都是半

桥式电路结构，而下面介绍的具有独立直流电源的级联式多电平变流器则是以全桥式电路结构为基础，将具有相对相移的多个全桥式变流器的输出端面串联起来而构成的，通过输出电压的合成得到多电平电压波形。图 7-39 所示为七电平变流器的电路和输出电压的波形。三组相同的电路可以组成三相七电平变流器电路，其输出可以采用丫联结，也可以采用△联结。

图 7-39 中的每个全桥式变流器的输出电压 U_1、U_2和 U_3均为三电平的方波。以 U_1为例，当 V_1、V_4导通时，$U_1=U_{CC}$；当 V_2、V_3导通时，$U_1=-U_{CC}$；当 V_1、V_2、V_3、V_4都关断时，$U_1=0$。由于七电平变流器是由三个全桥式变流器串联而成的，所以变流器的合成输出电压 $U_{AO}=U_1+U_2+U_3$。通过控制每个变流器桥臂的导通角，可以使合成输出电压 U_{AO}近似于正弦波，THD（Total Harmonic Distortion，总谐波失真）达到最小。

对于 N 电平变流器来说，电路所需要的全桥式变流器的个数和直流电源的个数均为 $(N-1)/2$，其相电压输出为 N 电平，线电压输出为 $2N-1$ 电平。如七电平变流器，全桥式变流器的个数和直流电源个数都为 $(7-1)/2=3$ 个，相电压输出为七电平，线电压输出为 $2\times7-1=13$ 电平。

该电路具有以下优点：

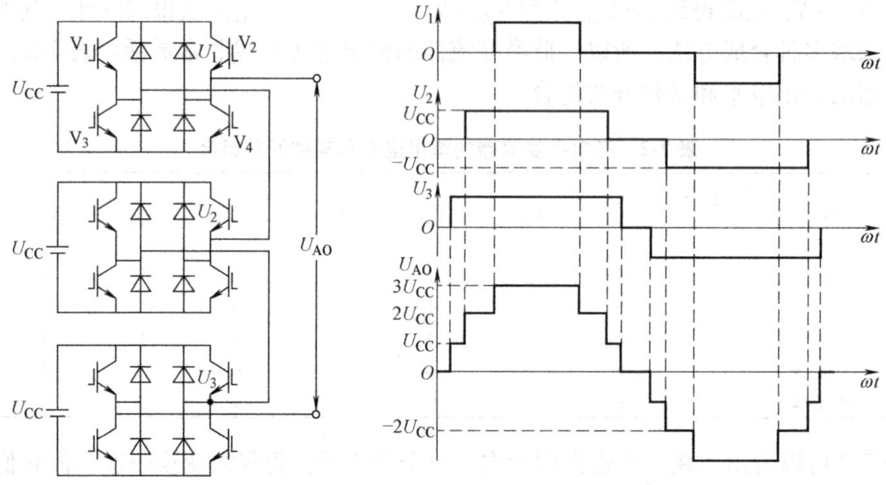

a) 电路　　b) 输出电压波形

图 7-39　具有独立直流电源的级联式七电平变流器的电路和输出电压波形

1）由于每个全桥式变流器具有独立的直流电源，所以不存在电压不均衡的问题。

2）在输出电压电平数相同的情况下，多电平串联变流器与其他多电平变流器相比较，其所需的元器件数最少。

3）结构和控制方法相对简单，易于实现功率开关管的软开关。

4）易于实现模块化，为电路设计、组装和调试提供了方便。

该电路的缺点也是显而易见的：随着电平数的增加，需要的直流电源数也将增加，因此级联式变流器多用于低压输入的逆变场合。

（2）混合式级联变流器　为了用较少的功率级单元得到更多输出电平，可采用混合式级联变流器，如图 7-40 所示。图中，上方功率级单元由 IGBT 构成，其输入直流电源电压为

U_{CC}；下方的功率单元由MCT构成，其输入直流电源电压为$2U_{CC}$。即该电路的输入电源电压比为1∶2，也可以采取其他的比值，如1∶3等。在控制方式上，用基波频率控制MCT的变换，用PWM的方式控制IGBT的变换。由于两个功率级单元的直流输入电源电压不同，所以两个单元可以自行控制各自的功率器件，并相互协调，从而得到单相七电平输出。

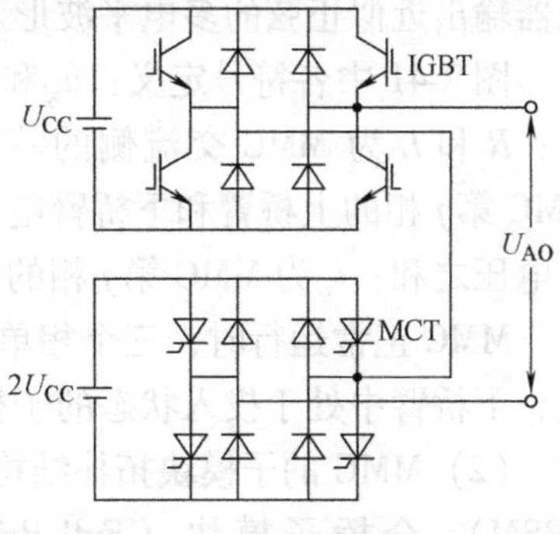

图7-40 混合式级联变流器

4. 模块化多电平变流器

模块化多电平变流器（Modular Multilevel Converter，MMC）是德国学者提出的一种应用于柔性直流输电领域的新型拓扑结构，它具有级联H桥“模块化”结构的特点，能够有效增加变流器输出电平数。与传统的VSC拓扑结构相比，MMC采用模块化串联设计，避免了功率开关器件的直接串联，输出电压波形接近正弦波，可以省去大容量滤波装置。目前在大功率风电变流器、柔性输电等场合得到广泛应用。

典型的三相MMC拓扑结构如图7-41所示，它由6个桥臂组成，每个桥臂由若干个相互连接且结构相同的子模块（Sub-Module，SM）与一个电感串联而成。与传统的VSC拓扑结构不同，MMC在直线母线处没有储能电容。

（1）MMC的拓扑结构 图7-41中，MMC共有6个桥臂，每个桥臂由n个级联子模块和一个电感L_s串联组成，每相上、下两个桥臂称为一个相单元（Phase Unit），正负母线对称，O为接地点。MMC采用模块化设计，通过控制上、下桥臂导通子模块个数可以使得变

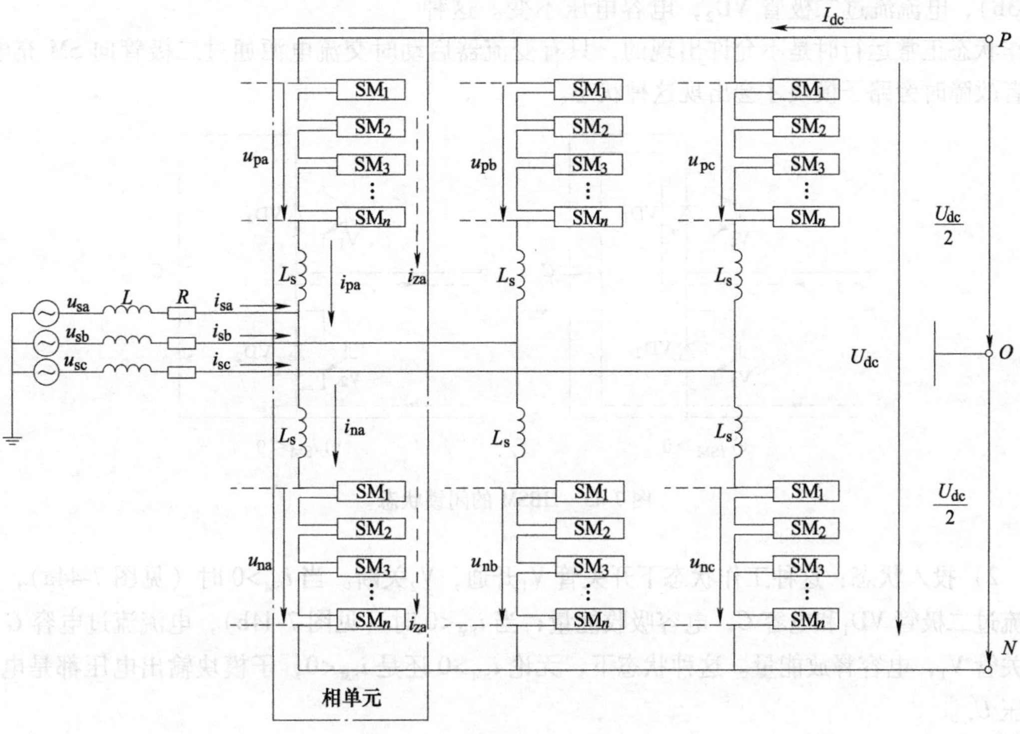

图7-41 三相MMC拓扑结构

流器输出近似正弦的多电平波形。

图7-41中各符号定义：u_{sj}和i_{sj}（$j=a$，b，c，下同）为MMC交流侧第j相的电压和电流；R和L为MMC交流侧的等效电阻和等效电感；L_s为MMC桥臂串联电感；i_{pj}和i_{nj}为MMC第j相的上桥臂和下桥臂电流；u_{pj}和u_{nj}为MMC第j相上桥臂和下桥臂的级联子模块输出电压之和；i_{zj}为MMC第j相的内部环流；U_{dc}和I_{dc}为MMC直流侧电压和电流。

MMC正常运行时，三个相单元中处于投入状态的子模块数要相等，通过对三个相单元上、下桥臂中处于投入状态的子模块数进行分配，而实现对变流器输出电压的调节。

（2）MMC的子模块拓扑结构　MMC常见的子模块拓扑有半桥子模块（Half-Bridge SM，HBSM）、全桥子模块（Full-Bridge SM，FBSM）和双钳位子模块（Clamp-Double SM，CDSM），下面主要对常见的HBSM拓扑进行介绍。

HBSM拓扑结构如图7-42所示，每个子模块包含两个IGBT（V_1，V_2）、两个反并联二极管（VD_1，VD_2）以及一个电容器（C）。其中，u_{SM}为子模块的输出电压，i_{SM}为子模块的流入电流，U_C为子模块的电容电压。

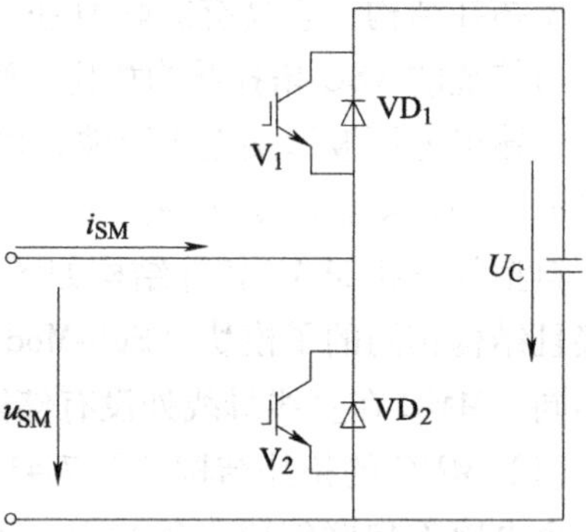

图7-42　HBSM拓扑结构

根据两个IGBT的开通关断情况可以将HBSM的工作状态分为三种：

1）闭锁状态：这种工作状态下开关管V_1和V_2都关断。当$i_{SM}>0$时（见图7-43a），电流流过二极管VD_1和电容C，此时电容吸收能量；当$i_{SM}<0$时（见图7-43b），电流流过二极管VD_2，电容电压不变。这种工作状态正常运行时是不允许出现的，只有变流器启动时交流电源通过二极管向SM充电，或者故障时旁路子模块才会出现这种状态。

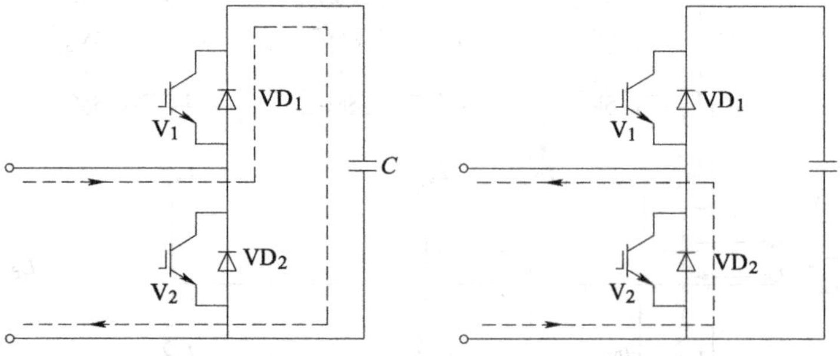

a) $i_{SM}>0$　　b) $i_{SM}<0$

图7-43　HBSM的闭锁状态

2）投入状态：这种工作状态下开关管V_1开通，V_2关断。当$i_{SM}>0$时（见图7-44a），电流流过二极管VD_1和电容C，电容吸收能量；当$i_{SM}<0$时（见图7-44b），电流流过电容C和开关管V_1，电容释放能量。这种状态下，无论$i_{SM}>0$还是$i_{SM}<0$，子模块输出电压都是电容电压U_C。

3）切除状态：这种工作状态下开关管V_1关断，V_2开通。当$i_{SM}>0$时（见图7-45a），电

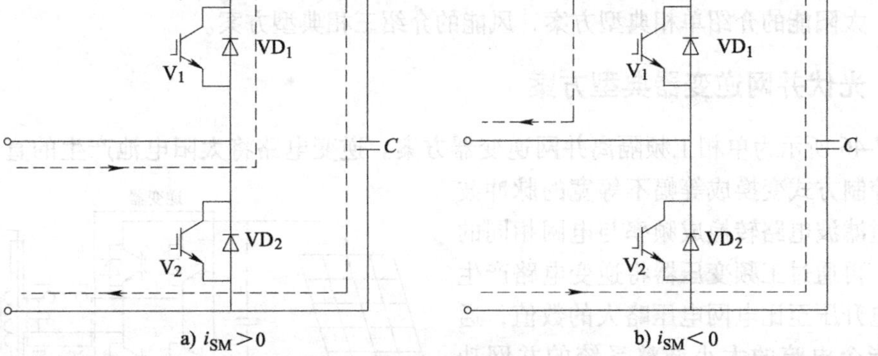

图 7-44　HBSM 的投入状态

流流过开关管 V_2；当 i_{SM}<0 时（见图 7-45b），电流流过二极管 VD_2。这种状态下，无论 i_{SM}>0 还是 i_{SM}<0，子模块输出电压都是 0。

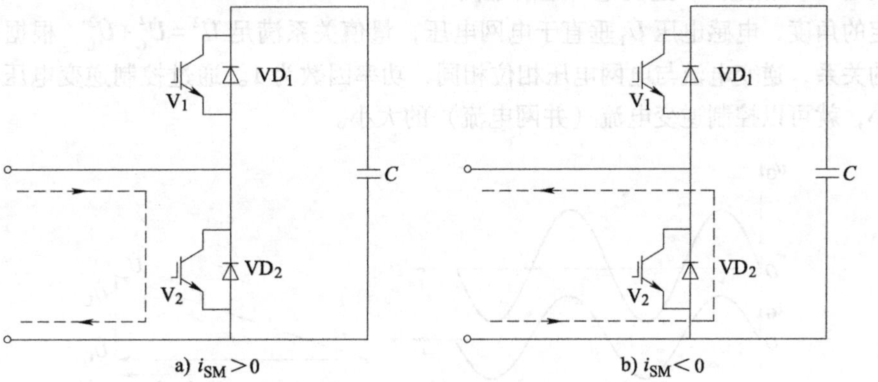

图 7-45　HBSM 的切除状态

HBSM 的工作状态可以通过控制开关器件的开通与关断来控制，HBSM 的工作状态见表 7-3，其中定义电流从子模块正端口流入为电流的正方向。

表 7-3　HBSM 的工作状态

工作状态	V_1	V_2	i_{SM}	u_{SM}
闭锁	关断	关断	+	U_C
闭锁	关断	关断	−	0
投入	开通	关断	+	U_C
投入	开通	关断	−	U_C
切除	关断	开通	+	0
切除	关断	开通	−	0

7.6　典型方案实例

在可再生能源并网逆变器中，根据容量的大小，可分为单相与三相，通常单相的功率小于10kW，超过10kW时多使用三相结构。本节主要介绍太阳能与风能几种常见的并网逆变器方案，太阳能的介绍单相典型方案，风能的介绍三相典型方案。

7.6.1 光伏并网逆变器典型方案

图7-46所示为单相工频隔离并网逆变器方案。逆变电路将太阳电池产生的直流电通过SPWM控制方式变换成等幅不等宽的脉冲波形，通过滤波电路转换成频率与电网相同的交流电，再通过工频变压器将逆变电路产生的交流电升压至比电网电压略大的数值，通过改变指令电流的大小调整系统的并网功率，同时实现MPPT功能。

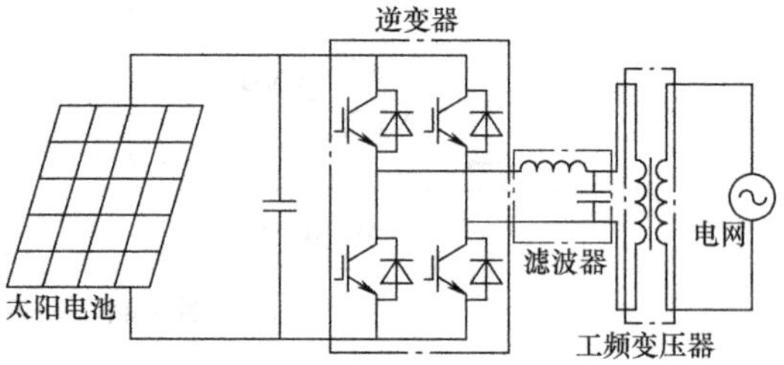

图7-46 单相工频隔离并网逆变器方案

图7-47所示为单相工频逆变电路在功率因数为1情况下的电网电压 $\dot{U}_G$ 与并网电流及逆变电压 $\dot{U}$ 相量图，逆变电压超前电网电压一定的角度，电感电压 $\dot{U}_L$ 垂直于电网电压，量值关系满足 $\dot{U}^2=\dot{U}_G^2+\dot{U}_L^2$，根据电感电压与电流的关系，逆变电流与电网电压相位相同，功率因数为1。通过控制逆变电压与电感电压的大小，就可以控制逆变电流（并网电流）的大小。

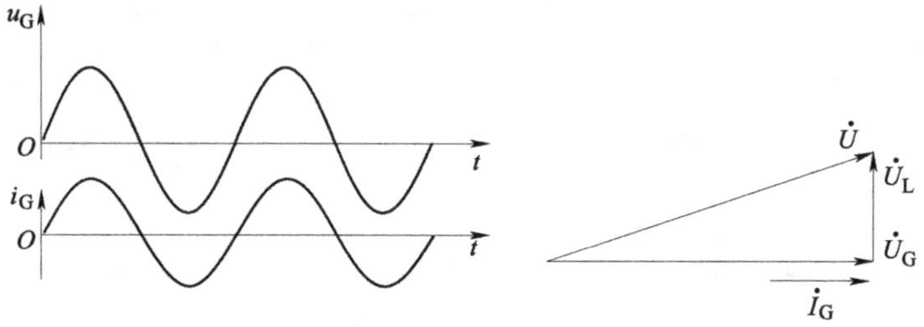

a) 电网电压(上)与并网电流(下)波形　　b) 相量图

图7-47 功率因数为1情况下逆变电路电压电流波形图与相量图

这种并网逆变电路的特点如下：

1）采用SPWM控制方式，并网电流谐波小，在额定功率下，可以小于3%。

2）采用工频变压器，太阳电池与电网完全隔离，安全可靠。

3）工频变压器完全隔离直流分量，不存在向电网输入直流分量问题。

4）受工频变压器效率影响，整体效率偏低。

5）采用工频变压器，装置体积大、重量重、价格高。

为进一步降低并网逆变器的生产成本与体积，一种无变压器的高频并网逆变器结构应运而生，如图7-48所示。这种逆变器中，升压工频变压器被Boost DC/DC升压电路替代，升压电路将太阳电池电压升到400V左右（通常不超过450V），在一定的范围内保持恒定，逆变电路用SPWM方式将直流转换成等幅不等宽的脉冲波形，通过滤波电路转换成与电网同频率的交流电，其工作相量图与图7-47相似。

这种并网逆变电路的优点如下：

1）采用SPWM控制方式，并网电流谐波小。

2）没有工频变压器的隔离，存在向电网输入直流分量问题，对控制要求较高。

3）整体效率高，最高效率可达到98%或以上。

4）由于省去了工频变压器，装置体积小、重量轻、价格便宜。

光伏发电系统的功率密度低，太阳电池占地面积大，与地之间有寄生电容，由于非隔离型逆变器没有变压器，导致光伏发电系统与电网之间没有电气隔离，为共模漏电流提供了流通回路，易造成并网电流畸变、电磁干扰，甚至对人身安全构成威胁。共模漏电流问题是非隔离光伏发电系统并网的一个重要问题，我国国家标准 NB/T 32004—2018《光伏并网逆变器技术规范》对正常安全工作情况下的漏电流大小有严格的限定。

单相无变压器型光伏并网系统一般由太阳电池阵列、升压直流变换电路和逆变器构成（以单相全桥拓扑为例进行分析），如图7-48所示。

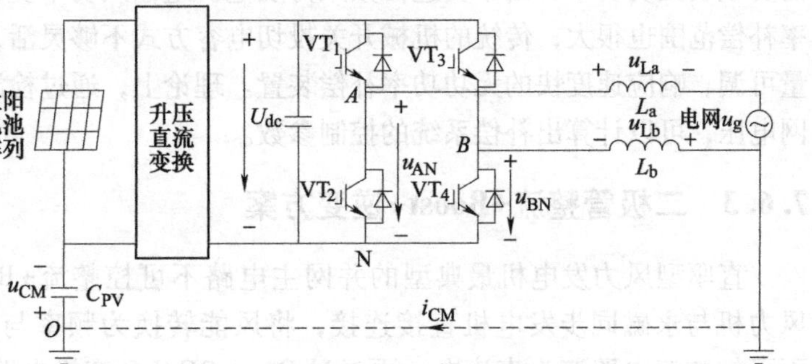

图7-48　单相无变压器型光伏并网系统

u_{La}和u_{Lb}为共模电感L_a和L_b上的电压，u_{CM}为共模电压，C_{PV}为光伏寄生电容。由基尔霍夫电压定律可得

$$-u_{AN}+u_{La}+u_g+u_{CM}=0 \tag{7-40}$$

$$-u_{BN}-u_{Lb}+u_{CM}=0 \tag{7-41}$$

式中，u_{AN}为逆变输出A点对N点的电压；u_{BN}为逆变输出B点对N点的电压。

鉴于共模电流在共模电感上产生的电压降较小，可忽略不计，由式（7-40）和式（7-41）可得

$$2u_{CM}=u_{AN}+u_{BN}-u_g \tag{7-42}$$

共模漏电流i_{CM}的大小与共模电压u_{CM}的变化率呈正比例关系：

$$i_{CM}=C_{PV}\frac{du_{CM}}{dt}=\frac{1}{2}C_{PV}\left(\frac{du_{AN}}{dt}+\frac{du_{BN}}{dt}-\frac{du_g}{dt}\right) \tag{7-43}$$

由于电网频率为50Hz，电网电压微分项引起的共模漏电流i_{CM}相对较小，可忽略，得到共模漏电流的大小为

$$i_{CM}=C_{PV}\frac{du_{CM}}{dt}=\frac{1}{2}C_{PV}\left(\frac{du_{AN}}{dt}+\frac{du_{BN}}{dt}\right) \tag{7-44}$$

因此，引起共模漏电流的共模电压u_{CM}可近似表示为

$$u_{CM}\approx\frac{1}{2}(u_{AN}+u_{BN}) \tag{7-45}$$

由式（7-44）可知，共模漏电流的大小主要由逆变器输出中性点对地电压之和的变化率决定。因此，要抑制共模漏电流，应尽量控制共模电压为一恒定值。

7.6.2　不可控整流+晶闸管逆变方案

与全控型器件相比，晶闸管技术成熟，成本低，可靠性高，单管容量大，因此早期风力

发电机并网基本采用晶闸管变流技术方案，结构如图7-49所示。

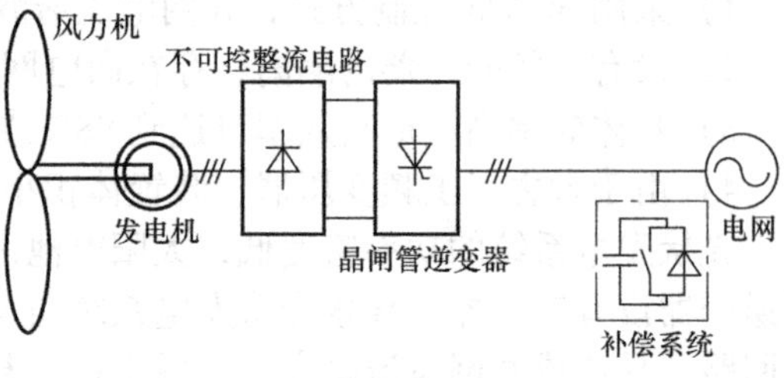

图7-49 不可控整流+晶闸管逆变+无功补偿方案

晶闸管逆变器成本低、技术成熟，有价格优势，但也存在缺点，主要表现为：

1）输入电网的谐波含量高。为了消除输入电网的谐波，可以采用多重化方案，使用多脉波晶闸管方法，但这使系统成本增加。

2）功率因数低。晶管闸逆变器工作时，需要吸收无功功率，由于变速恒频风力发电机组输入功率变化范围很大，所以要求的无功功率补偿范围也很大，传统的机械开关投切电容方式不够灵活，响应速度也慢，系统要求电容量可调、响应速度快的无功功率补偿装置。理论上，通过检测逆变器输入端电压、电流与电网电压，可以计算出补偿系统的控制参数。

7.6.3 二极管整流+Boost+逆变方案

直驱型风力发电机最典型的并网主电路不可控整流+Boost+逆变方案如图7-50所示。风力机与永磁同步发电机直接连接，将风能转换为频率与幅值大小变化的交流电，经过不可控整流电路变为直流电，再经过Boost DC/DC变换电路将电压提升到一定的量值，最后通过三相DC/AC逆变电路变换为与电网同频、同幅值的交流电，将风力机产生的电能送入电网，通过直流变换环节与逆变环节对系统的有功功率与无功功率进行控制，实现最大功率点跟踪。

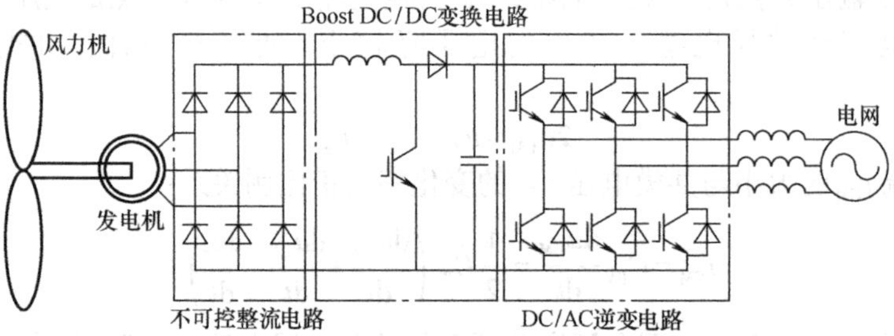

图7-50 不可控整流+Boost+逆变方案

图7-50中，Boost DC/DC变换电路输入侧有储能电感，对不可控整流电路呈现电流源负载特性，可以减小输入电流纹波，防止电网对主电路的高频瞬态冲击；Boost DC/DC变换电路输出侧有滤波电容，对负载呈现电压源特性，可以减小输出电压的纹波。Boost DC/DC变换电路除了升压功能以外，还可以实现以下功能：

1）控制电感电流。使其输入电流接近正弦波，其基波相位跟随输入电压相位，功率因数接近1。

2）稳压功能。在风速变化的情况下，发电机产生频率与幅值变化的交流电，经过不可控整流电路得到的直流电压也随风速变化，通过Boost DC/DC变换电路的调节，可以保持其输出直流侧电压稳定，减轻逆变电路的负担。

7.6.4　PWM 整流+逆变（背靠背双 PWM）方案

背靠背双 PWM 变流器结构是目前双馈型和直驱型风力发电系统中较为常见的一种拓扑，国内外研究都比较多。这种拓扑结构的通用性强，两个背靠背的 PWM 变流器主电路相同，控制电路与控制算法也非常相近。通常，两个 PWM 变流器都使用 DSP 作为数字控制芯片，采用矢量控制，控制方法灵活，具有四象限运行功能，能对发电机调速与输入电网的电能进行优良的控制。

图 7-51 所示为 PWM 整流+逆变（背靠背双 PWM）方案，图中，发电机定子通过背靠背变流器和电网连接。实际控制中，机侧 PWM 变流器通过调节定子侧的 d 轴和 q 轴电流，控制发电机的电磁转矩和定子的无功功率（通常无功功率值设定为 0），使发电机运行在变速恒频状态，额定风速以下具有最大风能捕获功能；网侧 PWM 变流器通过调节网侧的 d 轴和 q 轴电流，保持直流侧电压稳定，实现有功功率和无功功率的解耦控制，控制流向电网的无功功率，多数情况下运行在功率因数为 1 的状态。

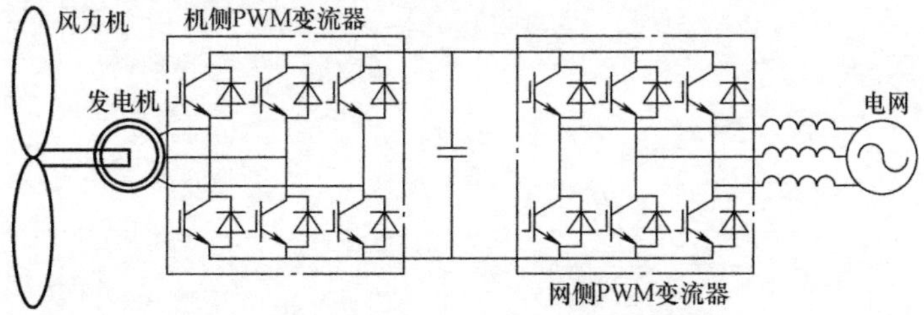

图 7-51　PWM 整流+逆变（背靠背双 PWM）方案

思考题与习题

7-1　电力电子器件的发展经历了哪几个时期？目前中低功率变换电路中的主流器件有哪几种？各有什么特点？

7-2　晶闸管导通的必要条件与关断的充分条件是什么？

7-3　为什么说“电流有效值相等的原则”是选择晶闸管器件电流的根本原则？

7-4　为什么要定义晶闸管器件的 du/dt 与 di/dt？

7-5　为什么功率器件的驱动电路通常要求隔离？有哪几种隔离方式？

7-6　缓冲电路的主要作用是什么？简述复合缓冲电路的工作原理。

7-7　简述单相桥式 PWM 整流电路的工作过程。

7-8　太阳电池的伏安特性曲线如图 7-52 所示。图中，U_{OC}为其开路电压，I_{SC}为其短路电流，U_m与 I_m分别为其最大输出功率点对应的电压与电流。设有一种太阳电池板，其开路电压为 21V，U_m为 17.1V，其短路电流为 8A，I_m为 6A。现利用一块太阳电池板给额定电压为 12V 的铅酸蓄电池充电，蓄电池电压的波动范围控制在(12±2.4)V 之内，假定一天之中中午时分太阳电池最大输出电流为 6A，黄昏与清晨输出最小电流为 0.2A，试为太阳电池板与蓄电池设计一个充电控制电路，并给出电路中的具体计算参数。

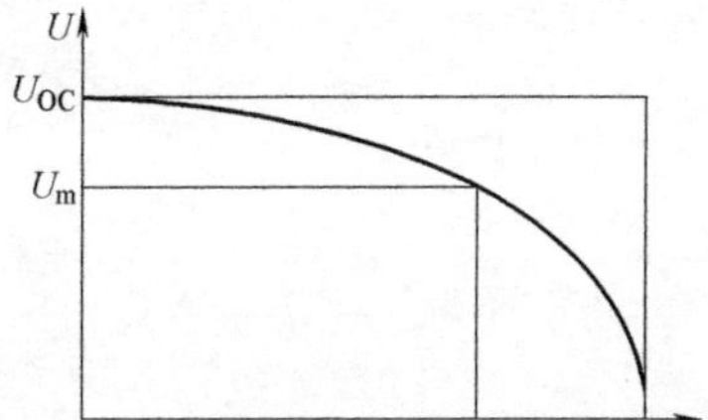

图 7-52　习题 7-8 图

7-9 一种简易实用的太阳能充电控制器主电路结构如图7-53所示，假定图中的太阳电池板参数与蓄电池参数与上题相同，采用控制周期为500ms、调节占空比的控制方式，试分析其工作原理。

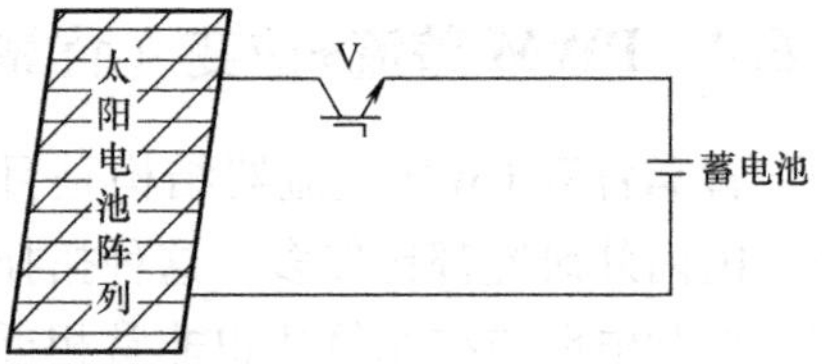

图7-53 习题7-9图

7-10 单相桥式全控整流电路带纯电阻负载，要求 U_d = 12~30V 连续可调，在此范围内输出电流均要达到20A，电路的最小触发延迟角为20°，要求：(1) 对晶闸管选型（安全裕量为1)；(2) 变压器二次侧的电压、电流与容量。

7-11 一个理想的Buck变换电路，欲通过导通占空比 α 控制保持输出电压恒定为5V，并希望输出功率不小于5W，斩波频率设定为50kHz，试计算电源电压 U_E 在10~40V范围内，为保持变换器工作在电流连续导通模式下所需的最小电感 L。

7-12 光伏并网系统中共模漏电流产生的根本原因是什么？

7-13 影响光伏并网系统共模漏电流大小的因素有哪些？

7-14 MMC常见的子模块拓扑有几种？试分析全桥子模块在闭锁、正向投入、反向投入、切除状态下的电路工作图。

第 8 章

可再生能源发电中的电力储能技术

随着风能、太阳能等可再生能源发电的发展，现代电力系统中将拥有越来越多的间歇性和不稳定电源，导致对储能技术的需求越来越强烈，储能技术在电力系统中不再只是锦上添花的作用，而逐渐成为一种必需。因此，近年来储能技术受到了人们越来越多的关注。事实上，储能技术在电力系统中早有应用，抽水蓄能是主要的解决方案，是成熟的储能技术之一。由于在可再生能源发电大规模出现之前，我国电源侧的电力输出基本是平稳的、可调控的，而负荷在白天和夜间变化比较大，所以抽水蓄能电站被设置于负荷中心附近，起到承担削峰填谷的作用。除此之外，还有铅酸蓄电池等作为备用电源应用。可再生能源发电受自然条件影响波动性强，需要动态响应特性好、动态循环寿命长、能有效平抑功率波动的储能技术。抽水蓄能在水资源缺乏地区和地势平坦的平原地形难以应用，且难以应对瞬时波动，因此需要大力发展其他电力储能技术，以提高电网经济性、安全性和供电可靠性，支持新能源发展。

8.1 电力储能系统的作用与类型

随着可再生能源的普遍应用，以及电网调峰、提高电网可靠性和改善电能质量的迫切需求，电力储能系统的重要性日益凸显。可再生能源发电中，储能系统的主要作用如下：

1）平抑风电、光伏发电等可再生能源发电的功率波动，改善电能质量，缓解电网调峰压力，从而降低电力系统的运行成本和碳排放。

2）降低配套输电线路容量需求，提高现有发输配用电设备的利用率。储能系统可在电力系统的负荷低谷期充电，在负荷高峰期放电，可减少相应的电源和电网建设费用，改变电力建设的增长模式，促进其从外延扩张型向内涵增效型转变。

3）增强电力系统稳定性。储能装置输出的有功功率和无功功率的迅速变化，可有效地对电力系统中的功率和频率振荡起到阻尼的作用。

4）减少旋转备用。具有电力电子接口的储能装置可迅速地增加其电能输出，可作为电力系统中的旋转动能，减少常规电力系统对旋转备用的需要。

5）降低发电煤耗、供电线损，减少用户的用电费用。对于发电厂而言，低谷负荷情况下可以启动储能装置进行储能，发电机组可以运行在比较经济的出力区间，从而获得较高的经济效益。

6）提高供电可靠性，减少停电损失。实现分布式储能后，在电网发生故障和检修的部分情况下，用户可以通过储能系统保证供电，用户用电的安全可靠性大大提高，停电次数

（或时间）和停电损失大幅减少，经济效益和社会效益明显。

电力储能技术是将电能转换成其他形式的能量加以存储，并在需要的时候以电的形式释放。各种储能技术在能量、功率密度、转化效率及成本方面存在差异，对应的应用领域也有较大区别。按照电能转换存储形式，可以划分为机械储能、电磁储能和电化学储能三大类。

1. 机械储能

机械储能是指将电能转换为机械能存储，在需要使用时再重新转换为电能，主要包括：抽水蓄能、压缩空气储能和飞轮储能。

（1）抽水蓄能　在电力系统中，用抽水储能电站（Pumped Hydroelectric Storage，PHS）来大规模解决负荷峰谷差。其在技术上成熟可靠，容量仅受到水库容量的限制。抽水蓄能必须配备上游、下游两个水库，负荷低谷时段利用电力系统中多余的电能，把下游水库的水抽到上游水库内，以势能的方式蓄能。抽水蓄能具有循环效率高、额定功率大、容量大、寿命长、维护费用低等优点，但其建设费用较高，建设周期较长，对蓄能电站的选址也有较高要求。抽水储能的释放时间可以从几个小时到几天不等，目前抽水储能电站的能量转换效率已经提高到了75%以上。抽水储能是目前电力系统中应用最为广泛的一种储能技术，全球范围内的抽水蓄能电站总装机容量超过120GW，一般工业国家抽水蓄能装机占比在5%~10%的水平。但随着可再生能源发电的发展，预计其占比会有略微下降。

（2）压缩空气储能　压缩空气储能电站（Compressed Air Energy Storage，CAES）是一种调峰用压缩空气燃气轮机发电厂，主要利用电网负荷低谷时的剩余电力驱动空气压缩机组，将高压空气压入密封的储气室中，如报废矿井、山洞、过期油气井等，在电网负荷高峰期释放压缩空气推动燃气轮机发电。其燃料消耗可减少到原燃气轮机组的1/3，能量转化效率一般在75%左右，建设投资和发电成本低于抽水蓄能电站，安全系数高、容量大、寿命长。缺点是能量密度低，并受岩层等地形条件的限制。压缩空气储能发电已有较为成熟的运行经验，如1978年德国亨托夫投运的290MW的压缩空气储能电站，2001年美国开始建设世界上容量最大的2700MW（9×300MW）压缩空气储能电站，2009年该技术还被列为美国未来十大技术。2015年，我国建立了世界上首套超临界压缩空气储能系统。但总体而言，电力系统的压缩空气储能尚处于产业化初期，技术及经济性有待观察。

（3）飞轮储能　飞轮储能（Flywheel Energy Storage，FES）利用电动机带动飞轮高速旋转，将电能转化成机械能储存起来，在需要时飞轮带动发电机发电。主要由飞轮、电动机/发电机以及电力电子变换装置三部分组成。其优点是效率可达90%以上，循环使用寿命长，无噪声，无污染，维护简单，可连续工作；飞轮储能的缺点是能量密度比较低，保证系统安全性方面的费用很高，在小型场合还无法体现其优势。目前机械式飞轮系统已形成系列产品，如ActivePower公司CleanSource系列、Pentadyne公司AvSS系列、Beacon Power公司的25MW系列。随着新材料的应用和能量密度的进一步提高，其下游应用将会逐渐成长。目前，飞轮储能处于产业化初期。

2. 电磁储能

电磁储能包括超导磁体储能和超级电容器储能。

（1）超导磁体储能　超导磁体储能（Superconducting Magnetic Energy Storage，SMES）系统是利用超导体制成的线圈，将电网供电励磁产生的磁场能量储存起来，在需要的时候再将储存的电能释放回电网，功率输送时无需能源形式的转换。具有响应速度快、转换效率高、比容量大等特点。超导磁体储能主要受运行环境的影响，即使是高温超导体也需要运行在液氮的温度下，目前技术还有待突破。SMES 可以充分满足输配电网电压支撑、功率补偿、频率调节、提高系统稳定性和功率输送能力的要求，可以实现与电力系统的实时大容量能量交换和功率补偿。SMES 在美国、日本、欧洲一些国家的电力系统中已得到初步应用，在维持电网稳定、提高输电能力和用户电能质量等方面开始发挥作用。

（2）超级电容器储能　超级电容器（Super Capacitor）又叫双电层电容器（Electrical Double Layer Capacitor）、法拉电容，通过极化电解质来储能。超级电容器根据电化学双电层理论研制而成，储能的过程不发生化学反应，因此这种储能过程是可逆的，超级电容器可以反复充放电数十万次，性能稳定。充电时处于理想极化状态的电极表面将吸引周围电解质溶液中的异性离子，使其附于电极表面，形成双电荷层，构成双电层电容。超级电容器紧密的电荷层间距比普通电容器电荷层距离要小得多，因而具有比普通电容器更大的容量。超级电容器储能系统的容量范围宽（从几十千瓦到几百兆瓦），放电时间跨度大（从毫秒级到小时级），但也存在能量密度低、端电压波动大等缺点。

3. 电化学储能

电化学储能主要是蓄电池储能（Battery Energy System Storage，BESS）。蓄电池有着漫长的历史，目前已经发展出包括铅酸电池、镍系电池、锂系电池以及液流电池、钠硫电池、锌空电池、铅炭电池、液态金属电池等类型。成熟的电化学储能技术如铅酸、镍系、锂系已经大量应用，具有广阔的发展前景。

铅酸电池是最早出现也是最成熟的电化学储能电池，可组成电池组来提高容量，优点是成本低，缺点是电池寿命比较短。铅酸电池在电力系统中也已经得到大量应用，如变电站备用电源等。锂离子电池是一种新兴的高能量二次电池，与铅酸电池相比具有电压高、体积小、效率高、能量密度高等优点。尽管其成本高于铅酸电池，但在未来其会逐步成为应用最广泛的电池。电池性能和成本是影响产业发展的关键因素，如果核心技术能够突破，则可以解决可再生能源并网、电动汽车发展等众多现实难题。目前，有两个最新发展趋势值得关注。

（1）新型电化学储能技术有望成为大型储能电站的优选技术，迅速迈入产业化阶段　钠硫电池（Sodium Flow Cell）是美国福特（Ford）公司于 1967 年首先发明公布的，是以钠和硫分别用作阳极和阴极，Beta-氧化铝陶瓷起隔膜和电解质的双重作用。钠硫电池具有比能量高、可大电流、高功率放电的特性。理论能量密度高达 760W · h/kg，实际可达 150W · h/kg，且没有自放电现象。放电效率几乎可达 100%；用于储能的单体电池最大容量达到 650A · h，功率为 120W 以上，可组合形成模块直接用于储能；其使用寿命可以达到 10~15 年。钠硫电池在国外已是发展相对成熟的储能电池，日本 2002 年开始进入商品化实施阶段，2007 年日本年产钠硫电池量已超过 100MW，开始向海外输出。中国国家电网同中科院上海硅酸盐研究所合作，电池模块于 2008 年研制完毕，2010 年实现世博会示范应用，目前已基本进入大规模产业化阶段。

液流电池（Electrochemical Flow Cell）是一种新型的大型电化学储能装置，是利用正负极电解液分开，各自循环的一种高性能蓄电池，主要组成部分为储液罐、泵、电池及管道。液流电池的能量储存于电解液中，正负极电解液分开储存于两个储液罐中，电极只是发生化学反应的场所而不参与反应。按照正负极使用的电解液不同，分为全钒、钒溴、多硫化钠/溴等多个体系。液流电池具有电化学极化小、能够100%深度放电、储存寿命长、额定功率和容量相互独立的特性，可以通过增加电解液的量或提高电解质的浓度达到增加电池容量的目的，并可根据设置场所的情况自由设计储藏形式及随意选择形状。20世纪90年代初开始，英国Innogy公司即成功开发出系列多硫化钠/溴液流储能电池组，并建造了储能电站，用于电站调峰和UPS。2001年，250kW/520kW·h全钒液流电池在日本投入商业运营。近十多年来，与风力发电/光伏发电相配套的全钒液流电池储能系统正逐步应用于电站调峰。我国于2012年建立了全球最大规模的5MW/10MW·h的全钒液流储能系统，在国内外率先实现了该技术的示范性应用。以全钒液流电池为代表的液流电池在国内外已经进入产业化初期。现阶段液流电池发展的主要方向有：发展高性能电解液，优化隔膜和极板材料以降低成本，提高性能、更好地推动其产业化发展。

（2）V2G将汽车动力电池组纳入智能电网　插电式混合动力汽车和纯电动汽车已经成为汽车业发展的方向，随之而来的“车辆到电网”（Vehicle to Grid，V2G）的概念也在迅速升温，即把汽车动力电池视作智能电网的分布式储能单元，实现电流在智能电网和电动汽车间的双向互动。理想中的V2G平台是在非高峰时段自动充电，在高峰时段放电，V2G成为实施电网需求侧管理、调峰的重要手段，电动汽车所需动力电池组技术也成为智能电网密不可分的组成部分。随着电动汽车规划的出台，国家电网通过技术和峰谷电价差等制度安排将电动汽车动力电池组充放电纳入电网体系考虑应该是可期的。

可再生能源发电中应用的各种储能技术的综合分析比较见表8-1。机械储能在大规模应用上存在地理、工期和动态响应的局限性，电磁储能存在造价高和容量限制，电化学储能方式在现代电力系统中脱颖而出。其中，钠硫电池、液流电池、锂电池技术已经能够做到瞬时功率较大、持续时间长，且具有动态响应快、建设周期短、应用灵活、不受地理资源等外部条件限制等优点，适合批量化生产和大规模应用。在智能电网的背景下，前景向好。

表8-1　各种储能技术的综合分析比较

储能技术	优　点	缺　点	功率应用	能量应用
抽水蓄能	大容量、低成本	场地要求特殊	不可行	完全胜任
压缩空气储能	大容量、低成本	场地要求特殊、需要燃气	不可行	完全胜任
飞轮储能	大容量	低能量密度	完全胜任	不大经济
超导储能	大容量	高成本，低能量密度	完全胜任	不经济
超级电容器	长寿命，高效率	低能量密度	完全胜任	合适
铅酸电池	低投资	寿命低	完全胜任	不大实际
镍镉电池	大容量、高效率	低能量密度	完全胜任	合适
锂电池	大容量、高能量密度、高效率	高成本，需要特殊充电回路	完全胜任	不大经济
钠硫电池	大容量、高能量密度、高效率	高成本，安全顾虑	完全胜任	完全胜任
液流电池	大容量	低能量密度	合适	完全胜任

注：资料来源：美国电力储能协会（ESA）。

从大容量储能系统的实际应用情况看，日本、美国等国家是目前世界上储能系统应用最多的国家。从储能系统成套生产和产业化水平来看，我国尚处于起步状态，与国外先进水平相比存在不小的差距。

8.2 蓄电池储能

8.2.1 常用蓄电池的类型

目前常用的蓄电池类型有五种，分别为铅酸电池（Pb-acid）、镍镉电池（NiCd）、镍氢电池（NiMH）、锂离子电池（Li-ion）和锂聚合物电池（Li-polymer）。蓄电池放电时的平均电压取决于各类蓄电池的电化学反应，上述五种蓄电池放电时的平均电压见表8-2。

表8-2 蓄电池放电时的平均电压

蓄电池类型	蓄电池电压/V	说 明
铅酸电池	2.0	最经济实用
镍镉电池	1.2	具有记忆效应
镍氢电池	1.2	无镉，寿命长
锂离子电池	3.6	安全，没有锂金属
锂聚合物电池	3.6	无液态电解液

1. 铅酸电池

铅酸电池电极主要由铅及其氧化物制成，以浓度为27%～37%的硫酸溶液作为电解液。荷电状态下，正极主要成分为二氧化铅，负极主要成分为铅；铅酸电池在放电时，形成水和硫酸铅，水起到稀释硫酸电解液的作用，随着放电强度的减弱，电解液的密度将减小。由于铅酸电池具有运行温度适中、放电电流大、可以根据电解液密度的变化检查电池的荷电状态、储存性能好及成本较低等优点，目前在蓄电池生产和使用中仍保持着领先地位。

常用铅酸电池分为开口铅酸电池和阀控式密封铅酸电池（Valve-Regulated Lead Acid Battery，VRLA电池）两种。普通开口铅酸电池充电达到一定电压时发生水的电解，在电池的正极上产生氧气，在负极上产生氢气，为防止电解液中水分减少，必须经常进行补加水等日常维护。VRLA电池在结构、材料上与开口铅酸电池有所不同，它的正负极为铅-锑-钙合金隔板，隔板采用先进的多微孔超细玻璃纤维（AGM）制成。VRLA电池结构上采用紧装配、贫液设计工艺技术，整体采用ABS树脂注塑成型，充放电化学反应密封在电池壳体内进行。VRLA电池一部分数量的电解液被吸附在极片和隔板孔隙中，正极产生的氧气与负极的海绵状铅反应，使负极的一部分处于未充满状态，以此抑制负极氢气的产生，防止电解液损耗，使电池能够实现密封。VRLA电池由于自身结构上的优势，电解液的消耗量非常少，在使用寿命内不需要补充蒸馏水，所以也被称作免维护铅酸电池。它还具有耐振、耐高温、体积小、自放电小的特点，使用寿命一般为普通铅酸电池的2倍。图8-1所示为VRLA电池的充放电原理。

为了防止在特殊情况下电池内部由于气体的聚积而增大内部压力引起电池爆炸，在设计时，又特意在电池的上盖中设置了一个安全阀，当电池内部压力达到一定值时，安全阀会自动开启，释放一定量气体降低内压后，安全阀又会自动关闭。

GEL胶体电池属于VRLA电池的一种发展分类，主要采用PVC-SiO_2隔板，在硫酸电解液中添加胶凝剂，使硫酸电解液变为胶态。GEL胶体电池放电曲线平直、拐点高、能量密度特别是功率密度要比常规铅酸电池大20%以上，寿命一般是常规铅酸电池的2倍左右，高温及低温特性好。

2. 镍镉电池

镍镉电池是一种非常成熟的蓄电池，电池的正极为镉，负极为氢氧化镍，两个电极由尼龙分隔开来，其电解液为氢氧化钾。镍镉电池可重复500次以上的充放电，经济耐用。其内阻很小，可快速充电，又可为负载提供大电流，而且放电时电压变化很小，是一种非常理想的直流供电电池。与其他类型的电池比较，镍镉电池可耐过充电或过放电。但是镍镉电池在充放电过程中如果处理不当，会出现严重的记忆效应，使电池容量降低。此外，镉是有毒的，不利于生态环境的保护，现正被镍氢电池和锂电池所取代。

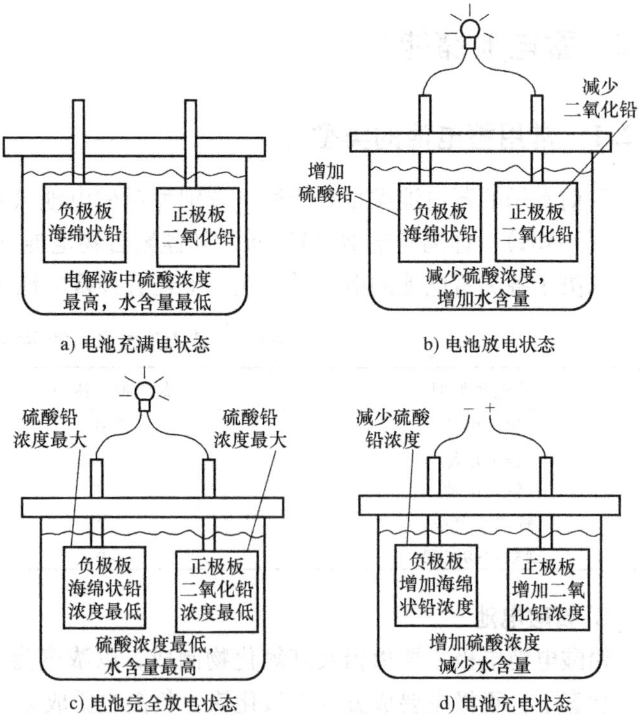

图8-1 VRLA电池的充放电原理

3. 镍氢电池

镍氢电池是在镍镉电池的基础上发展出来的，镍氢电池与镍镉电池在结构上的主要差别是其阳极采用了金属氢化物，不需要采用对环境影响大的镉。其电能储量比镍镉电池多30%，比镍镉电池更轻，使用寿命也更长。镍氢电池的记忆效应也要比镍镉电池小。镍氢电池的缺点是输出峰值功率的能力较差，并具有很高的自放电率，当过度充电时容易损坏，其价格要比镍镉电池高，性能要比锂电池差。

4. 锂离子电池

锂离子电池以碳素材料为负极，以含锂的化合物作正极，电池中没有金属锂，只存在锂离子。锂离子电池的充放电过程，就是锂离子的嵌入和脱嵌过程。在充放电过程中，锂离子在正极、负极之间往返嵌入/脱嵌和插入/脱插，被形象地称为“摇椅电池”。锂离子电池可分为液态锂离子电池和锂聚合物电池两种，习惯上把液态锂离子电池简称为锂离子电池，为防止混淆，后面采用锂离子电池的称谓表示液态锂离子电池概念。

锂离子电池的正极活性物质一般为锰酸锂或者钴酸锂，现在又出现了镍钴锰酸锂材料，电动汽车用动力电池则采用磷酸铁锂，使用电解铝箔为导体；负极活性物质为石墨，或近似石墨结构的碳，使用电解铜箔为导体。电池的隔膜为一种特殊的复合膜，可以让锂离子通过，但却不能让电子通过，电解液为溶有六氟磷酸锂的碳酸酯类溶剂。

锂离子电池能量密度大，平均输出电压高，自放电小，没有记忆效应，使用寿命长，不含有毒有害物质，被称为绿色电池。运行中，锂离子电化学反应容易受到过度充电的破坏，因此充电过程中需要提供精心设计的充电电流，并具有防止过度充电的保护设备。

5. 锂聚合物电池

锂聚合物电池是在液态锂离子电池基础上发展而来的，以固态或凝胶态有机聚合物为电解液，并采用铝塑膜为外包装的最新一代充电锂电池。由于性能更加稳定，因此它也被视为液态锂离子电池的更新换代产品，目前很多企业都在开发这种新型电池。

锂聚合物电池具有能量密度高、更小型化、超薄化、轻量化，以及高安全性和低成本等多种明显优势。在形状上，可以配合各种产品的需要，制作成任何形状与容量的电池。

相对于锂离子电池，锂聚合物电池的特点如下：

1）无电池漏液问题，其电池内部不含液态电解液，而使用固态或凝胶态的有机聚合物。

2）可制成薄型电池，以3.6V/400mA·h的电池为例，其厚度可薄至0.5mm。

3）电池可设计成多种形状。

4）电池可弯曲变形，高分子电池最大可弯曲90°。

5）可制成单颗高电压，液态锂离子电池仅能以数颗电池串联得到高电压，而锂聚合物电池由于使用固态或凝胶态电解液，可在单颗内做成多层组合来达到高电压。

6）容量将比同样大小的锂离子电池高一倍。

自2005年以来，新式锂离子电池技术出现了快速发展。目前世界各国仍在开发更为先进的电池，尤其是使用固态电解质的钠硫电池和使用熔盐电解质的锂硫电池。电池技术的日益发展为未来电力系统的大规模储能提供了便利，在电动汽车中使用的先进电池还可以显著提升汽车性能，并促成电动汽车和混合动力汽车在未来的大规模普及。

8.2.2 蓄电池的等效电路

计算蓄电池的稳态电气性能时，常采用图8-2所示等效电路。蓄电池可以看作一个内阻很小的电压源，其开路电压E_i随着放电量Q_d的增加而线性减小，内阻R_i随着放电量Q_d的增加而线性增加，开路电压和内阻与放电量的关系如下：

$$\begin{cases} E_i = E_{io} - K_1 Q_d \\ R_i = R_o + K_2 Q_d \end{cases} \tag{8-1}$$

式中，E_{io}和R_o分别为蓄电池充满电时的开路电压和内阻；K_1和K_2为常数。

蓄电池的工作点位于负载线和蓄电池端电压特性曲线的交点P，如图8-3所示。蓄电池的负载电阻R_L与电源内阻R_i相等时将获得最大的功率输出，此时最大输出功率为

$$P_{max} = \frac{E_i^2}{4R_i} \tag{8-2}$$

由于开路电压和内阻随着蓄电池放电量的变化而变化，所以蓄电池的最大输出功率P_{max}也相应改变。

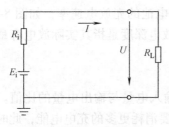

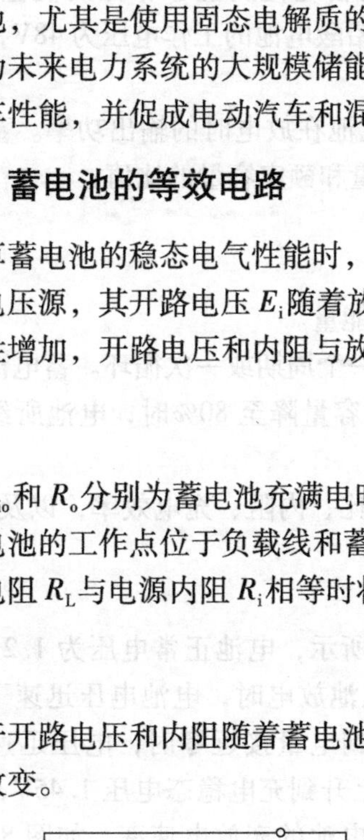

图8-2 蓄电池等效电路

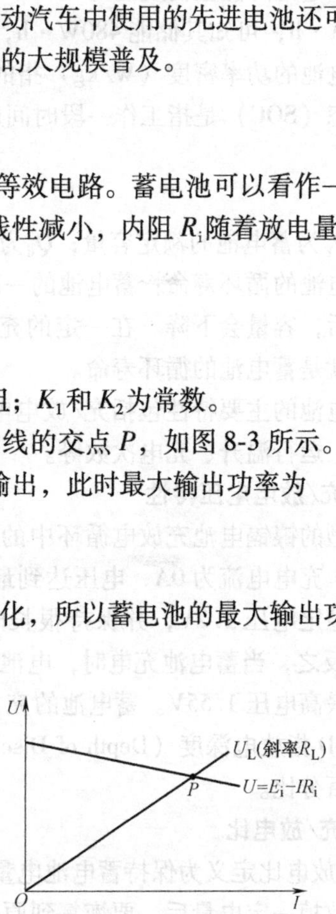

图8-3 蓄电池工作点

8.2.3 蓄电池的主要特性

蓄电池的主要特性指标包括额定容量、充放电倍率、能量密度、功率密度和循环寿命。蓄电池的额定容量可表示为

$$C=I_d t_d \tag{8-3}$$

式中，C 为以单位 A · h 来标称的蓄电池额定容量。

例如，额定容量为 20A · h 的蓄电池，表示可以 20A 电流放电 1h，或以 20/nA 电流放电 n 小时。

蓄电池的放电倍率是指在规定时间内放出其额定容量 C 时所需要的电流值，它在数值上等于电池额定容量的倍数：

$$\text{放电倍率}=\frac{\text{额定容量}\,C(\text{A}\cdot\text{h})}{\text{放电时间}(\text{h})}$$

例如，额定容量为 20A · h 的蓄电池，以 4A 放电，需要放电时间为 5h，放电倍率为 0.2C。

蓄电池的能量密度（W · h/kg）指的是单位重量的蓄电池所能够存储的能量。例如，普通铅酸电池的能量密度约为 40W · h/kg，若某种普通铅酸电池的工作电压为 48V，额定容量为 10A · h，可知其储能 480W · h，重量在 12kg 以上。

蓄电池的功率密度（W/kg）指的是单位重量的蓄电池在放电时的输出功率。蓄电池的荷电状态（SOC）是指工作一段时间后蓄电池的剩余容量和额定容量的比值：

$$\text{SOC}=\frac{Q_E-Q_d}{Q_E}$$

式中，Q_E为蓄电池的额定容量；Q_d为蓄电池已经释放的能量。

蓄电池的循环寿命：蓄电池的一次充电和放电称为一个周期或一次循环。蓄电池在反复充放电后，容量会下降。在一定的充放电条件下，电池容量降至 80%时，电池所经受的循环次数就是蓄电池的循环寿命。

蓄电池的主要特性包括充/放电电压特性、充/放电比、内阻、充电效率，以及充/放电总效率、运行温升、充电次数等。

1. 充/放电电压特性

典型的镍镉电池充放电循环中的电压变化如图 8-4 所示，电池正常电压为 1.2V，当充满电时，充电电流为 0A，电压达到最大值 1.55V。当电池放电时，电池电压迅速下降，达到放电稳定电压 1.2V，并保持很长时间。当电池放电到电量接近零时，电压迅速下降到 1.0V。反之，当蓄电池充电时，电池电压从 1.0V 迅速上升到充电稳态电压 1.45V，充满电时达到最高电压 1.55V。蓄电池的充放电特性也取决于电池的充放电速率，如图 8-5 所示，其中 DOD 指放电深度（Depth of Discharge）。蓄电池的放电深度是指其实际放电容量与额定容量的百分比。

2. 充/放电比

充/放电比定义为保持蓄电池电量不变的前提下，输入电量与输出电量的比值。一般当蓄电池放掉一定电量后，要恢复到原先的充满状态，需要消耗更多的充电电能，此时充/放

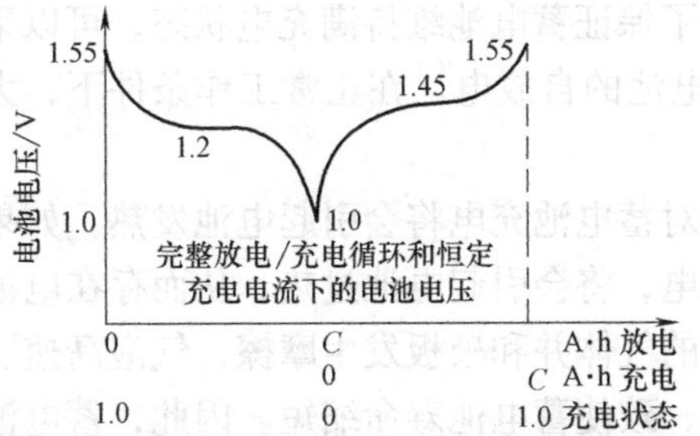

图 8-4 镍镉电池充放电循环中的电压变化

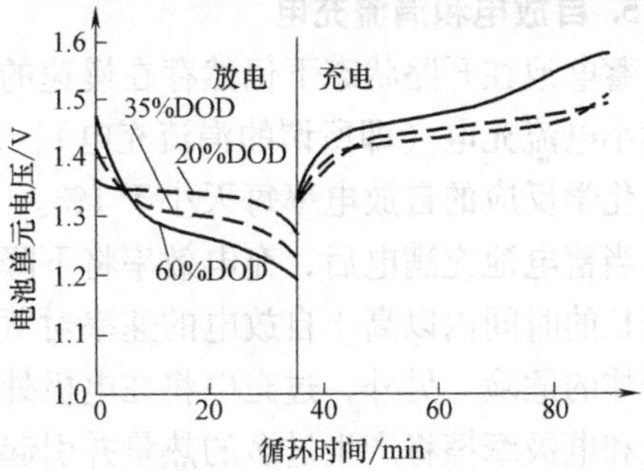

图 8-5 不同充放电速率下电池电压的变化

电比将大于 1。充/放电比不仅取决于充电和放电速率，还取决于蓄电池的运行温度，如图 8-6 所示。在 20℃时，充/放电比为 1.1，即若要将蓄电池的电量恢复到放电前的满充状态，需要的电量比放电电量多 10%。

3. 内阻

蓄电池具有内阻 R_i 并在电池放电过程中消耗一部分电能，使得蓄电池的效率降低。内阻的大小和电池容量、运行温度和蓄电池充电状态有关。蓄电池容量越大，其电极越大，内阻越小。内阻与蓄电池充电状态的关系见式（8-1），图 8-7 给出了温度对镍镉电池内阻的影响。

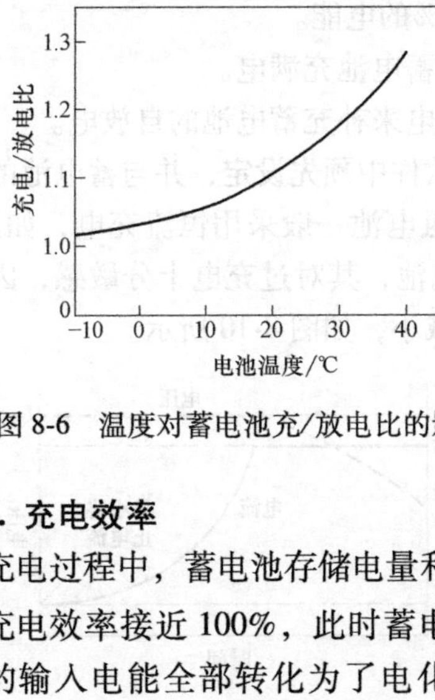

图 8-6 温度对蓄电池充/放电比的影响

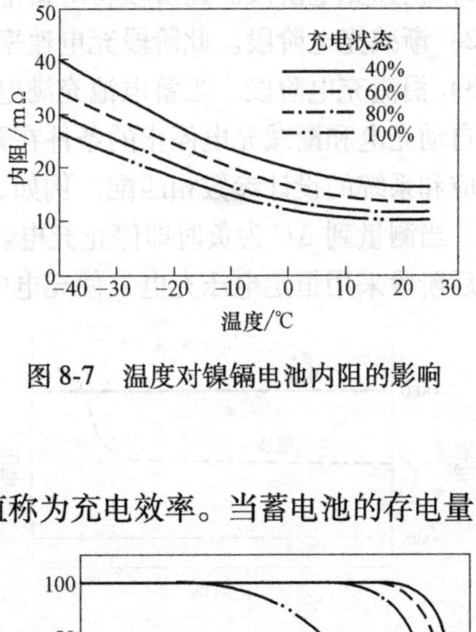

图 8-7 温度对镍镉电池内阻的影响

4. 充电效率

充电过程中，蓄电池存储电量和输入电量的比值称为充电效率。当蓄电池的存电量为零时，充电效率接近 100%，此时蓄电池基本上将所有的输入电能全部转化为了电化学能，当蓄电池的充电状态近乎满充的时候，充电效率下降为零。充电效率曲线上的拐点与充电速率有关，如图 8-8 所示。由图可见，充电速率是 $C/3$ 时，蓄电池充电到 80% 时充电效率还接近 100%，而当采用快速充电，如充电速率是 $6C$ 时，蓄电池充电到 75% 时，充电效率已经降低到不到 50%。

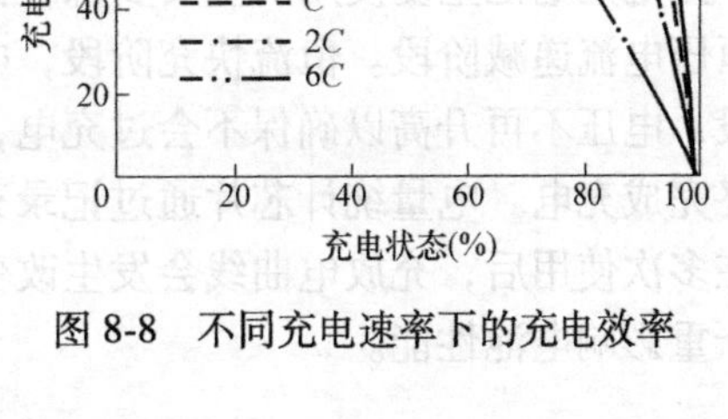

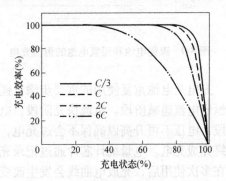

图 8-8 不同充电速率下的充电效率

5. 自放电和涓流充电

蓄电池在开路状态下仍然存在慢速的放电，为了保证蓄电池维持满充电状态，可以采用连续小电流充电（即所谓的涓流充电），来补偿蓄电池的自放电。在正常工作条件下，大多数电化学反应的自放电率每天小于1%。

当蓄电池充满电后，充电效率将下降为零，再对蓄电池充电将会引起电池发热，如果在相当长的时间内以高于自放电的速率对蓄电池过充电，将会引起电池过热，从而存在电池发生爆炸的危险。另外，过充电将在电极处产生过量的气体并和极板发生摩擦，气泡高速、连续地和电极摩擦将产生过多的热量并引起电极损坏，致使蓄电池寿命缩短。因此，蓄电池的充电装置应该具有一个调节器，在蓄电池充电完成后将正常充电切换到涓流充电工作状态，以备放电时使用。

8.2.4 蓄电池的充放电控制

蓄电池充电时，能量管理系统主要监视电池的充电状态、综合健康度和安全中止标准。主要监测的参数有电压、电流和温度等，并对蓄电池的SOC进行估算，控制当前蓄电池充电的电压和电流。当对蓄电池的所有初始状态检查完成后，蓄电池的充电定时器开始启动。如果检测到蓄电池超过临界安全值，则充电暂停，如果故障持续超过一定时间，则停止对蓄电池的充电。

正常的充电过程包含下述三个阶段：

1）快速充电阶段。此阶段将对蓄电池充入80%~90%的电能。

2）渐减充电阶段。此阶段充电速率逐渐减小，直到蓄电池充满电。

3）涓流充电阶段。当蓄电池充满电后，采用涓流充电来补充蓄电池的自放电。

自动充电和渐减充电停止的条件在蓄电池充电管理软件中预先设定，并与蓄电池的电化学反应和系统的设计参数相匹配。例如，镍镉电池和镍氢电池一般采用恒流充电，如图8-9所示。当测量到ΔU为负时即停止充电。而对于锂离子电池，其对过充电十分敏感，因此充电的后阶段采用恒定电压充电，使充电电流按需要逐渐减小，如图8-10所示。

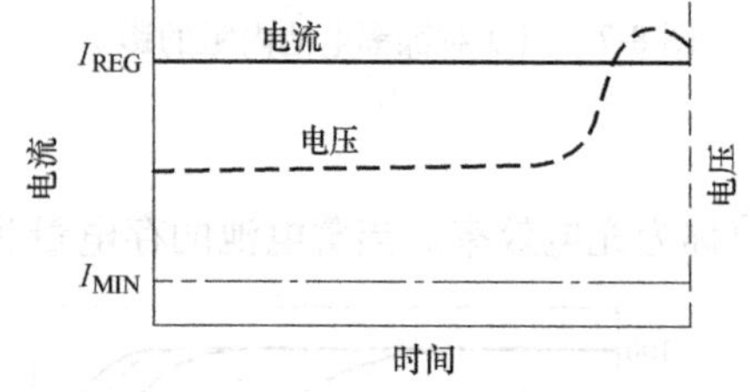

图8-9 镍镉电池和镍氢电池的恒流充电

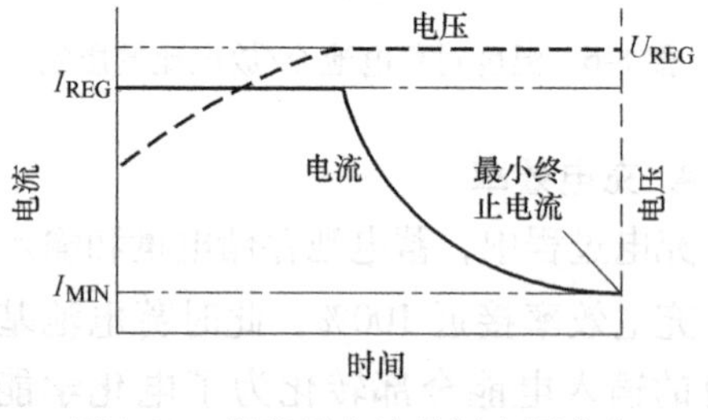

图8-10 锂离子电池的恒电压充电

充电是电池重复使用的重要步骤，锂离子电池的充电过程分为两个阶段：恒流快充阶段和恒压电流递减阶段。恒流快充阶段，电池电压逐步升高到电池的标准电压，随后转入恒压阶段，电压不再升高以确保不会过充电，电流则随着电池电量的增加而逐步减弱到设定值，最终完成充电。电量统计芯片通过记录充放电曲线，可以抽样计算出电池的电量。锂离子电池在多次使用后，充放电曲线会发生改变，锂离子电池虽然不存在记忆效应，但充放电不当会严重影响电池性能。

充放电不当对锂离子电池的影响：锂离子电池过度充放电，会对正负极造成永久性损坏。过度放电导致负极碳片层结构出现塌陷，而塌陷会造成充电过程中锂离子无法插入；过度充电使过多的锂离子嵌入负极碳结构，而造成其中部分锂离子再也无法释放出来。电池充电速度过快和终止电压控制点不当，都会造成电池容量不足，实际是电池的部分电极活性物质没有得到充分反应就停止充电，这种充电不足的现象随着循环次数的增加而加剧。

第一次充放电，如果时间较长（一般 3~4h 足够），那么可以使电极尽可能多地达到最高氧化态（充足电），放电（或使用）时则强制放到规定的电压或直至自动关机，如此能激活电池使用容量。但在锂离子电池的平常使用中，不需要如此操作，可以随时根据需要充电，充电时既不必一定充满电为止，也不需要先放空电。像首次充放电那样的操作，只需要每隔 3~4 个月进行连续的 1~2 次即可。

为了实现蓄电池的高充电效率和高安全性，针对不同类型的蓄电池通常需要采用不同的充电方法。这就需要蓄电池的能量管理系统对不同的蓄电池进行相应的充放电管理和控制。

8.2.5　蓄电池储能系统及其管理

1. 储能单元装配

用于储能系统的蓄电池单元电压通常都很低，而蓄电池电流又受到电压和电池内阻的限制，为了组装出大容量的储能系统，就需要对多个电池进行串并联，构成蓄电池模块。如果已知储能系统额定容量 P_s 和额定电压 U_s，则蓄电池模块中并联电池单元的数量 n_p 以及模块中串联电池单元的数量 n_s 可以分别表示为

$$n_s=\frac{U_s}{U_c} \tag{8-4}$$

$$n_p=\frac{I_s}{I_c}=\frac{P_sR_i}{U_sU_c} \tag{8-5}$$

式中，I_s 和 I_c 分别为储能系统额定电流和电池单元额定电流；U_c 为电池单元的额定电压。考虑到减小电池单元故障对储能系统的影响，可以在每个模块中加入一定数量的冗余电池单元，安装有冗余电池单元的储能系统，寿命期内预期维修操作次数可大大减少。

蓄电池储能系统的简化电气原理图如图 8-11 所示。每个电池单元都安装有外部熔断器，可在短路情况下保护储能系统不受电池单元故障影响。此外，外接线端安装的熔断器可以在外接线发生短路故障的情况下为电池单元提供短路电流保护，主电路上安装的接触器和断路器可以在待机或维护期间切断储能系统与直流母线的连接。

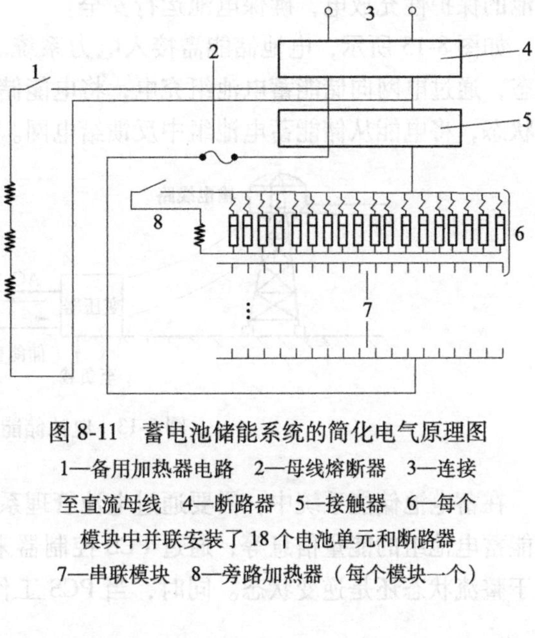

图 8-11　蓄电池储能系统的简化电气原理图

1—备用加热器电路　2—母线熔断器　3—连接至直流母线　4—断路器　5—接触器　6—每个模块中并联安装了 18 个电池单元和断路器　7—串联模块　8—旁路加热器（每个模块一个）

2. 热管理

铅酸电池无需特殊的温度管理，但是如果涉及更高级的电池，例如钠硫电池或锂硫电池，则热管理将变得非常重要。图8-12所示为蓄电池储能系统的电池横截面图，包括电加热器、通风管道和风机等。由于电池存在内电阻，电池充放电期间会释放大量废热，通过倾斜层间隔板和外壳顶板的方式促进了电池模块内部的自然对流，有效的内部散热可增加电池的使用寿命。

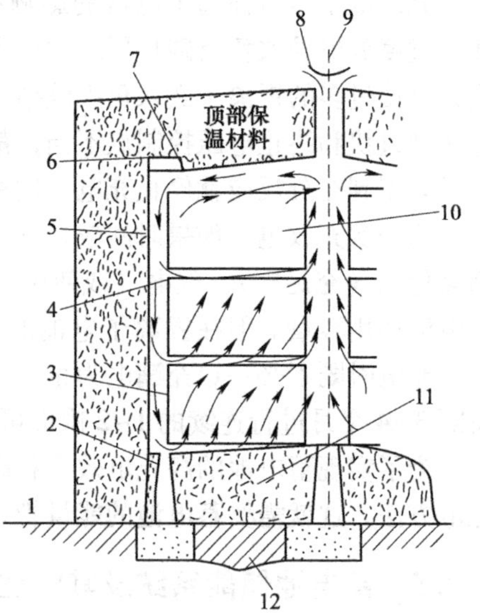

图8-12 电池横截面图

1—地面 2—支柱 3—侧挡板 4—层间隔板（带加热器） 5—外壁保温材料 6—冷却通风管 7—已冷却顶板 8—冷却通风口 9—电池中腔 10—模块层 11—底板保温材料 12—基础

充电期间，废热产生速率将超过热扩散速率，在加热器未运行的情况下，电池温度也将上升。通常，充电后储能系统将进入保持状态，在保持状态时间段内，热管理系统控制加热器或散热风机来调节电池的温度。例如，当温度<10℃时启动加热，当温度>30℃时停止加热等，当温度>40℃时起动风机，当温度小于35℃时停止风机。

3. 能量管理

蓄电池和电池模块均使用直流电，如要接入电力系统，则需要采用储能变流器（Power Conversion System，PCS）将直流电转化为交流电。储能变流器可控制蓄电池的充电和放电过程，进行AC/DC变换，在无电网情况下可以直接为交流负荷供电。PCS由DC/AC双向变流器、控制单元等构成。PCS控制器通过通信接收后台控制指令，根据功率指令的符号及大小控制PCS对电池进行充电或放电，实现对电网有功功率及无功功率的调节。PCS控制器通过通信接口与电池管理系统（Battery Management System，BMS）通信，获取电池组状态信息，可实现对电池的保护性充放电，确保电池运行安全。

如图8-13所示，电池储能需接入电力系统。当电网电力比较充足时，PCS工作在整流状态，通过电网向储能蓄电池组充电，将电能储存起来。当电网电力缺乏时，PCS工作在逆变状态，将电能从储能蓄电池组中反馈给电网。

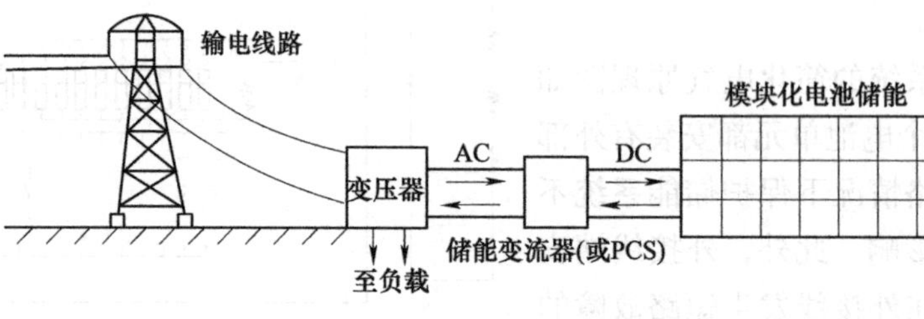

图8-13 电池储能接入电力系统

在蓄电池储能系统中，需要通过电池管理系统接收电网的调度信息、无功补偿信息以及储能蓄电池组的能量信息等，通过PCS控制器来对PCS的工作模式进行控制，以决定其是处于整流状态还是逆变状态。同时，当PCS工作在整流状态时，要根据储能蓄电池当前需要的充电方式，提供恒流充电、恒压充电或恒功率充电等方式。PCS 工作在逆变方式时，要根据电网的需求，从储能蓄电池回馈一定电压幅值、频率、相位的三相电给电网，进行有功功率和无功功率的控制。电池管理系统示意图如图 8-14 所示。

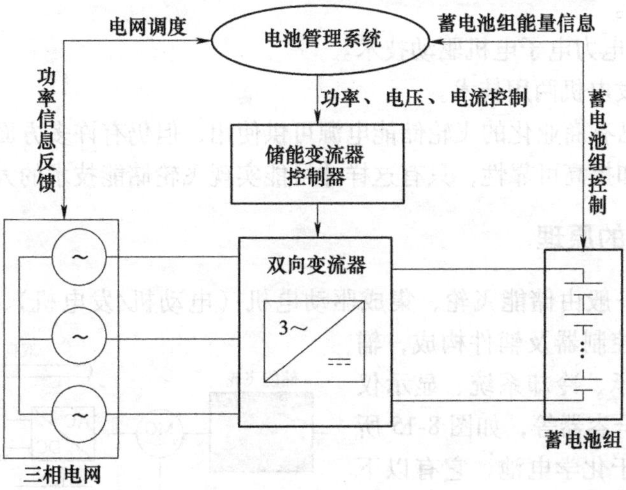

图 8-14　电池管理系统示意图

8.3　飞轮储能

8.3.1　概述

风轮储能系统作为一种储能技术已经应用到包括航空航天、电动汽车、通信、电力等领域。早在 20 世纪 70 年代，美国能源部和美国航空航天局就开始资助飞轮储能系统的应用研究。此后，英国、法国、德国、日本等工业化国家也相继投入大量的人力、物力进行飞轮储能技术的研究。在美国，风险投资的大量介入，使飞轮储能技术获得了快速发展并成功应用，2000 年左右现代飞轮储能电源商业化产品已开始推广。而国内对飞轮储能技术的研究起步较晚，20 世纪 90 年代中期开始，一些高校和研究院所相继对飞轮储能进行了研究，相对欧美等西方发达国家来说，我国对飞轮储能技术核心部分的研究要落后很多。

在各种新型的储能技术中，飞轮储能具有诸多优点：储能密度大、效率高、成本低、寿命长、瞬时功率大、响应速度快、安全性能好、维护费用低、环境污染小、不受地理环境限制等，是目前最有发展前途的储能技术之一。飞轮储能作为一个被普遍看好的大规模储能手段，主要源于三个技术点的突破：一是磁悬浮技术的发展，使磁悬浮轴承成为可能，这样可以让摩擦阻力减到很小，能很好地实现储能供能；二是高强度材料的出现，使飞轮能以更高的速度旋转，储存更多的能量；三是电力电子技术的进步，使能量转换、频率控制能满足电力系统稳定安全运行的要求。

现代飞轮储能使用复合材料飞轮和主动、被动组合磁悬浮支承系统，已实现飞轮转子转速 60000r/min 以上，放电深度达 75% 以上，可用能量密度大于 44W · h/kg，最高可达 944W · h/kg。而镍氢电池的能量密度仅为 11~12W · h/kg，放电深度最大不能超过 40%。

飞轮储能技术主要涉及以下几个方面的技术：

1）复合材料的成型与制造技术。

2）高矫顽力稀土永磁材料技术。

3）磁悬浮技术。

4）变压变频的电力电子电机驱动技术。

5）高速电动/发电机两用技术。

尽管目前国外已有商业化的飞轮储能电源可供使用，但仍有许多方面需要改善，特别是需要大幅降低成本和提高可靠性，只有这样才可能实现飞轮储能技术的大范围推广应用。

8.3.2 飞轮储能的原理

飞轮储能系统一般由储能飞轮、集成驱动电机（电动机/发电机）、磁悬浮支承系统、双向功率变换器、控制器及辅件构成，辅件主要包括辅助轴承、冷却系统、显示仪表、真空设备和安全容器等，如图8-15所示。飞轮储能类似于化学电池，它有以下两种工作模式。

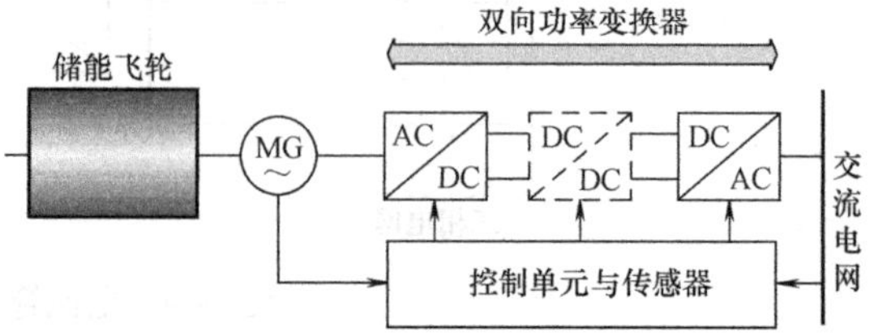

图8-15 飞轮储能系统

1. 充电模式

飞轮储能系统接入外部电源，闭合充电开关，则电动机开始运转，吸收电能，使飞轮转子速度升高，直至达到额定转速时，由电机控制器切断与外界电源的连接。在整个充电过程中，电机作电动机运行。飞轮所储存的动能与转速的二次方和转动惯量成正比，即

$$E=\frac{1}{2}J\omega^2 \tag{8-6}$$

式中，E为飞轮储存的动能；J为飞轮转子转动惯量；ω为飞轮转子旋转角速度。

由式（8-6）可见，提高飞轮的储能量有两个途径：一是增加飞轮转子质量，二是提高飞轮转速。

2. 放电模式

当飞轮储能系统需要给负载供电时，高速旋转的飞轮作为原动机拖动电机发电，经功率变换器输出适用于负载的电流与电压，飞轮转速下降，直至下降到最低转速时由电机控制器停止放电。在放电过程中，电机作发电机运行。飞轮释能期间，并非所有储存的能量都可以转化为电能。每单位质量的可用能量计算公式为

$$\frac{E}{m}=\frac{(1-s^2)k_s\sigma}{\rho} \tag{8-7}$$

式中，s为最小与最大运行速度之比，该值通常为0.2。

为了降低飞轮转子在蓄能高转速状态下的损耗，采用磁悬浮技术，提供高速或超高速旋转机械的无接触支承，另外，将高速转子密封于密闭的真空容器中，将飞轮蓄能期间因空气摩擦造成的风损降至最低。飞轮转子在旋转时由磁力轴承实现转子的无接触支承，而保护轴承用于转子静止或者存在较大的外部扰动时的辅助支承，避免飞轮转子与定子直接相触而引发灾难性破坏。真空设备用来保持壳体内始终处于真空状态，减少转子高速运转而产生的风

摩损耗。冷却系统主要负责电机和磁悬浮轴承的冷却，安全容器用于避免一旦转子产生爆裂或定子与转子相碰时发生意外。显示仪表则用来显示剩余电量和工作状态。

8.3.3　飞轮储能的结构

图 8-16 所示为一种飞轮储能结构示意图。

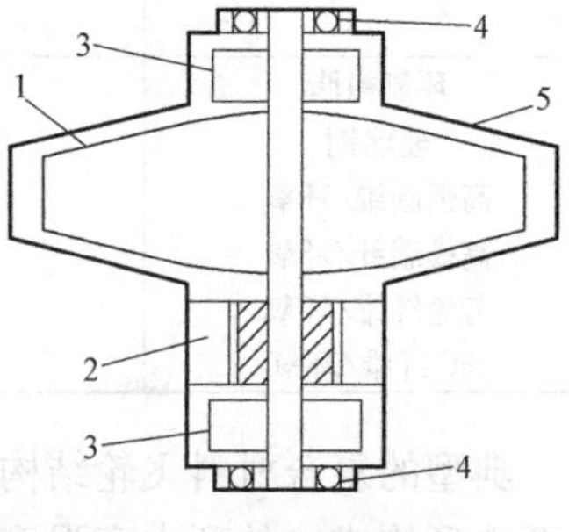

图 8-16　飞轮储能结构示意图

1—飞轮　2—电机（电动机/发电机）　3—磁悬浮轴承　4—辅助轴承　5—真空壳体

由式（8-6）可见，飞轮储存的能量与其旋转速度的二次方成正比，与其转动惯量成正比。因此，提高飞轮的转速比提高飞轮的质量（或转动惯量）对增加飞轮的储能具有更加明显的效果。但是，飞轮转速的提高要受飞轮材料的强度，特别是材料的拉伸强度的制约。储能密度（单位质量存储的能量）是表征储能装置性能的一个重要指标，对于结构、几何尺寸一定的飞轮储能系统而言，其储能密度 e 为

$$e=\frac{E}{m}=\frac{1}{2}\frac{J}{m}\omega^2=k_s\frac{\sigma}{\rho} \tag{8-8}$$

式中，m 为飞轮的质量；k_s为飞轮形状系数；ω 为角速度；ρ 为材料的密度；σ 为材料的允许拉伸强度。

单一材料制成的飞轮，储能密度表达式中 J/m 仅与飞轮结构形状有关，因此飞轮储能密度 e 和角速度二次方成正比，而角速度受飞轮材料比强度（σ/ρ）所限制。从式（8-8）来看，要想获得最大的能量存储，必须选用高比强度的材料。

飞轮的材料和结构直接影响飞轮的储能效果和安全。目前，高速飞轮基本上都采用复合材料。在纤维增强复合材料中，承受载荷的是高强度的纤维，基体的作用是保护纤维不与外界直接接触、固定纤维的位置，并将载荷传递和分散给纤维。纤维的强度远远高于复合材料基体的强度，纤维增强复合材料的性能主要取决于纤维的强度、纤维的方向和纤维含量。表 8-3 给出了常用纤维增强复合材料与金属性能对比，不难看出，纤维增强复合材料的强度要远高于金属材料。使用复合材料制成的飞轮允许在很高的转速下安全运转，因此可极大地提高储能密度。而且一旦飞轮因强度不足产生破坏，其破坏形式不会产生像金属材料那样的块状破坏，一般呈棉絮状或颗粒状，因而复合材料飞轮的破坏力远比金属材料小。

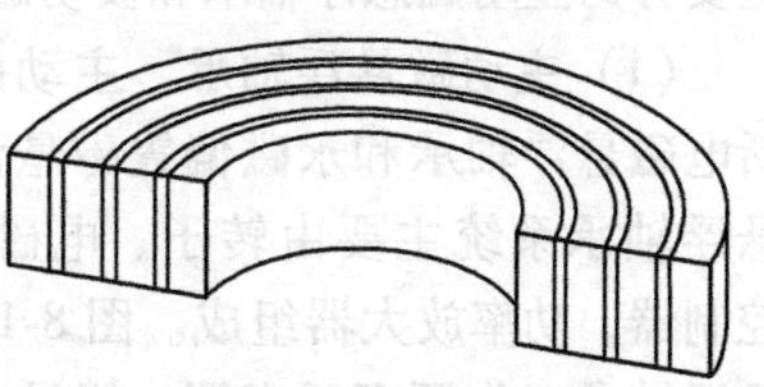

图 8-17　飞轮转子的等厚多层圆环结构

飞轮在高速旋转时的切向应力大于径向应力，为了发挥复合材料纤维方向强度高的特点，避开其径向强度低的弱点，同时考虑复合材料缠绕加工工艺较复杂，不易制作形状复杂的飞轮，故飞轮转子较多地采用等厚多层圆环结构，如图 8-17 所示。

表 8-3　常用纤维增强复合材料与金属性能对比

材　料	密度 ρ /(g/cm^3)	拉伸强度 σ /GPa	比强度 σ/ρ /($10^6 N \cdot m/kg$)
钢	7.8	1.0	0.13
铝合金	2.7	0.5	0.19
钛合金	4.5	1.0	0.23

（续）

材　料	密度 ρ /(g/cm^3)	拉伸强度 σ /GPa	比强度 σ/ρ /(10^6N·m/kg)
环氧树脂	1.25	0.06	0.048
玻璃钢	2.0	1.1	0.55
高强碳维/环氧	1.45	1.5	1.06
高模碳纤/环氧	1.6	1.1	0.69
芳纶纤维/环氧	1.4	1.4	1.02
SiC 纤维/环氧	2.4	1.1	0.46

典型的复合材料飞轮结构如图 8-18 所示，复合材料轮缘由内外两个环构成，外环由高强度的石墨环氧树脂制成，内环由便宜的玻璃纤维环氧树脂制成，轮毂为整块的铝合金。因为只在需要高强度的外环才采用较贵的复合材料，这样设计的复合材料飞轮具有很高的性价比。

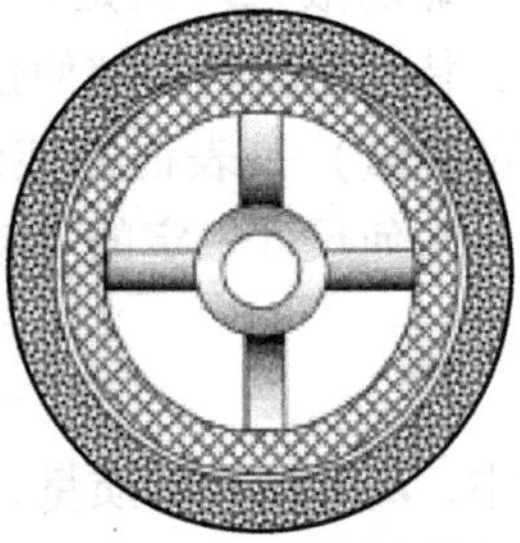

图 8-18　典型的复合材料飞轮结构

飞轮储能是依靠飞轮的高速旋转来储存能量的，要使飞轮在较长的待机时间内保持高速旋转，消除轴承的摩擦损耗是一个关键因素。飞轮储能研究获得进展，在很大程度上也是得益于轴承技术的不断改进。传统机械轴承的摩擦系数较大，不适宜在高速、重载的飞轮储能装置中作飞轮转子承重用，一般仅用作紧急状态时的备用轴承。磁悬浮轴承因具有高转速、无磨损、无需润滑、寿命长、动态特性可调等突出优点，特别适合应用在飞轮储能系统中。

飞轮转子的 6 个刚体自由度中，除了绕转轴旋转的一个自由度以外，其他 5 个自由度必须由磁悬浮轴承所控制。磁悬浮轴承是运用磁悬浮技术，凭借磁力来支撑转动体（如飞轮），使其与固定部件脱离接触而实现自由悬浮的一种高性能轴承。根据磁场性质的不同，主要分为主动磁悬浮轴承和被动磁悬浮轴承两种。

（1）主动磁悬浮轴承　主动磁悬浮轴承包括电磁悬浮轴承和永磁偏置磁悬浮轴承。电磁悬浮轴承系统主要由转子、电磁铁、传感器、控制器、功率放大器组成。图 8-19 所示为电磁悬浮轴承工作原理示意图，假设在参考位置上转子受到一个扰动并偏离其参考位置，转子位移变化的信号由传感器测出，传到控制器中，控制器计算后，输出控制信号，经过功率放大器将这一控制信号转换成控制电流，输入到电磁铁，产生电磁力，驱动转子返回原来的平衡位置，从而保证转子的稳定悬浮。

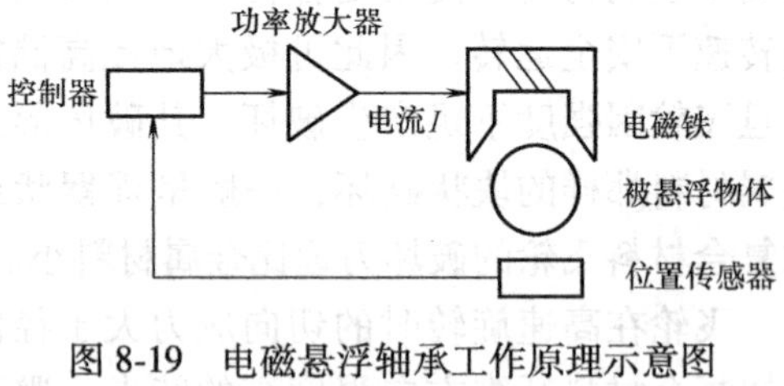

图 8-19　电磁悬浮轴承工作原理示意图

永磁偏置磁悬浮轴承是另一种主动磁悬浮轴承，它用永磁体产生的静态偏置磁场取代电磁悬浮轴承中电磁铁产生的静态偏置磁场，因此可以显著降低功率放大器的功耗，减少安匝数，缩小磁轴承的体积。

主动磁悬浮轴承的主要缺点是结构复杂，运行不可靠，并且需要连续的能量供给，效率不够高。

（2）被动磁悬浮轴承　目前代表性的被动磁悬浮轴承是高温超导磁悬浮轴承和永磁悬

浮轴承。由高温超导体和永磁体构成的高温超导磁悬浮轴承，利用高温超导体的磁通钉扎性和抗磁性提供一个稳定的无源磁悬浮。与主动磁悬浮轴承相比，它无需供电，也不需要复杂的位置控制系统，效率更高，并且可使轴承系统结构紧凑和小型化。高温超导磁悬浮轴承技术目前尚不成熟，且需要复杂的制冷装置，不利于装置的小型化。

近年来，稀土永磁技术发展较快，出现了许多高性能的永磁材料，如钕铁硼永磁、钐钴永磁等，采用永磁体可以制成刚度大、对称性好的永磁悬浮轴承。

与主动磁悬浮轴承相比，被动磁悬浮轴承系统设计简单，且在无控制环节的情况下即可稳定，但是它不能产生阻尼，也缺少像机械阻尼或主动磁轴承那样的附加手段，因此这个系统的稳定域很小，外界干扰的小变化也会使它趋于不稳定。在实际应用中，一般采用与其他类型的轴承（如永磁偏置磁悬浮轴承、电磁悬浮轴承等）相结合的方式来构成一个稳定的轴。

8.4　超导磁体储能

超导磁体储能（Superconducting Magnetic Energy Storage，SMES）是利用超导线圈通过整流逆变器将电网过剩的能量以电磁能形式储存起来，需要时再通过整流逆变器将电磁能馈送给电网或作其他用途。通电线圈存储的电磁能可用下式来表示：

$$E=\frac{1}{2}\frac{B^2}{\mu}=\frac{1}{2}I^2L \tag{8-9}$$

式中，I 为线圈中流过的电流；B 为线圈产生的磁感应强度；μ 为空气的磁导率；L 为线圈的电感。

为了要在线圈中产生一定的电流，必须要在线圈两端施加电压，线圈上电压与电流满足关系式

$$U=RI+L\frac{\mathrm{d}i}{\mathrm{d}t} \tag{8-10}$$

式中，R 为线圈的电阻。

若线圈的储能处于稳定状态，则式（8-10）中第二项为零。因此，线圈两端的电压可简化为 $U=RI$。

线圈的电阻与温度有关，对于大多数导体，温度越高电阻越大，如果线圈的温度降低，电阻也将下降，如图 8-20 所示。某些材料当温度降低到某一临界值时，其电阻急剧下降为零。图 8-20 中，这一临界温度用 T_c 表示。当温度低于此临界温度时，线圈电阻为零，线圈两端不需要施加电压也可维持线圈的电流，此时将线圈两端短接，电流将继续在短路线圈内维持流通，相应的电磁能被无限期地储存在线圈之中。

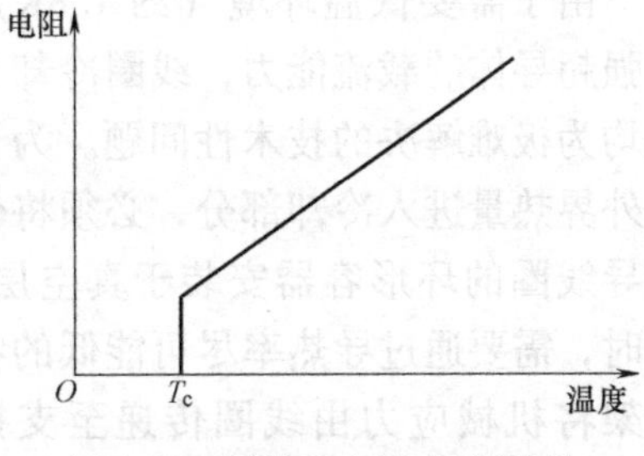

图 8-20　导体的电阻-温度特性

由于超导线圈在超导状态下无焦耳热损耗，同时其电流密度比一般常规线圈高 1~2 个数量级，所以它不仅能长时间无损耗地储存能量，而且能达到很高的储能密度。由于 SMES 存储的是电磁能，在应用时无需能量形式的转换，所以系统的响应速度极快，这是其他储能形式所无法比拟的。同时，它的功率密度极高，这就保证了超导储能系统能够非常迅速地以大功率形式与电力系统进行能量交换。正因为如此，SMES 不仅

可用于调节电力系统的峰谷，而且可用于降低甚至消除电网的低频功率振荡，从而改善电网的电压和频率特性；此外，它还可用于无功和功率因数的调节以改善系统的稳定性。

超导线圈是决定SMES系统储能性能的关键因素。低温超导现象早在1911年就被发现了，但直到1969年才由法国Ferrier提出用超导储能装置来平衡电力负荷的设想。在20世纪七八十年代，美国、日本、苏联等国开始研究超导磁体储能技术。SMES一般由超导线圈、低温系统、电力电子变流器、控制器几个主要部分组成，如图8-21所示。超导线圈由变流器充电，将电能转换为磁能，当线圈充满电后，变流器继续向线圈提供一个小电压以补偿线路中室温部分元件的能量损耗，从而在超导线圈中保持固定大小的直流电流流通。当超导线圈在储能状态时，电流通过一个常闭开关循环。电力系统超导磁体储能项目均建议采用具有高磁场的超导线圈，它不可避免地带来了应力破坏的问题。例如，磁场为5T即相当于100个大气压，因此大型超导线圈的设计将主要受到巨大电磁力的影响，这种力可能导致线圈爆炸或沿轴向压碎螺线管。束缚此类电磁力的自支承式结构将使超导储能装置的成本激增，因此，所有大型超导储能系统均建议将线圈布置在基岩切割出来的环形隧道中。如果安装深度足够深，岩石中的压缩力足以补偿超导磁体储能系统的电磁力。而且，由于线圈及其真空外壳和冷却剂（液氦）外壳很薄，仅需挖掘少量岩石即可满足要求。

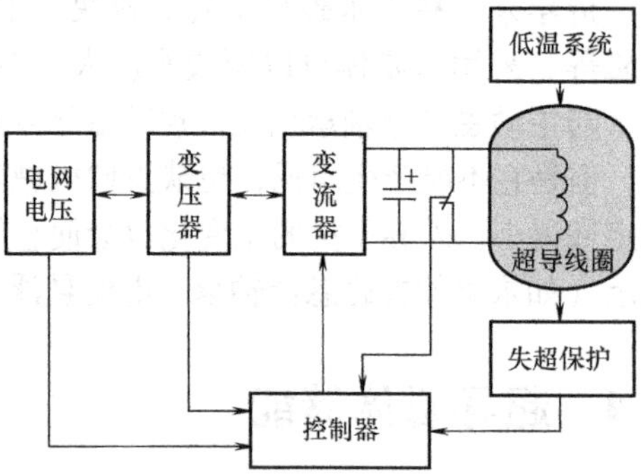

图8-21 SEMS系统结构框图

控制器主要用于控制电力电子开关器件、监视负载电压和电流、控制直流功率流入流出超导线圈和系统保护等。如果控制器检测到线电压下降，这表明电力需求超出了电力供应，常闭开关可在1ms之内迅速打开，电流从超导线圈流入电容器，直至电容器两端电压升到额定值常闭开关才恢复闭合。逆变器将电容器储存的电能转换为50Hz交流电送入电网，随着电容器释放电能，其母线电压不断下降，常闭开关再次打开，使储存在超导线圈内的磁能源源不断地转换为负荷所需的电能。

由于需要低温环境（约1.8K）来增强超导体的载流能力，线圈冷却与隔热均为极难解决的技术性问题。为了防止外界热量进入冷却部分，必须将包含超导线圈的环形容器安装于真空层中。同时，需要通过导热率尽可能低的特殊支架将机械应力由线圈传递至支撑岩石。导体和容器壁采用波纹排列，这样可以降低导体张力并允许因磁压和热收缩作用而导致的导体运动，如图8-22所示。

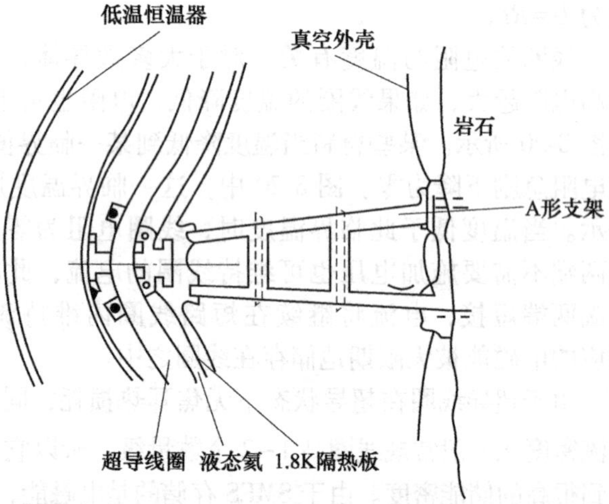

图8-22 线圈支架横截面图

SMES系统中，主要的能量消耗是用于将线圈冷却到临界超导温度之下的低温系统。目前超导材料主要采用铌钛合金，其临界温度大约为 9K，因此需要采用液态氦（4K 左右）作为冷却剂。随着 1986 年高温超导材料的发现并逐步走向实用化，使采用液态氮（77K）作为冷却剂的超导磁体成为可能，所需的冷却系统功率大为降低，从而加速了超导磁体储能系统的应用。目前适用于高温超导磁体储能（HTS-SMES）的高温超导材料共有五类：镧系、钇系、铋系、铊系和汞系，其中最有实用前途的是钇系和铋系。钇系高温超导体的磁场特性优于铋系，但是其线材制作技术还不成熟。这主要是钇系难以采用包套管法（Powder in Tube，PIT），目前，采用 PIT 制备、长 1.0~2.0km 的银（或银合金）基铋系多芯复合超导带的技术已比较成熟。工程电流密度达到 $100A/mm^2$（77K、自场）、长度为 100~1000m 的铋系多芯复合导线已商品化。因此，目前的高温超导磁体的设计和制造多选用铋系材料。最近几年来，钇系（YBCO）涂层导体（也称第 2 代带材）已成为高温超导带材发展的重要方向。由于 YBCO 带材在 77K 和外磁场下具有比铋系超导带材更为良好的载流性能，YBCO 带材的实用化将使工作于液氮温区的高温超导电力设备成为现实。根据美国“加速涂层导体发展规划（ACCI）”的规划，美国超导公司计划将高温超导带材的价格降低到 10~25 美元/(kA · m)，届时 HTS-SMES 应用将完全具备实用化推广的可能。我国在第 1 代高温超导带材的研究开发方面已取得了很大的进步，临界电流水平达到世界最高水平的 80%以上。在第 2 代带材研究开发方面，我国总体上还处于起步阶段，与国际水平差距极为悬殊。由于当前的高温超导材料载流能力过低，暂时还无法应用于超导磁体储能装置中。

HTS-SMES 的超导线圈通常采用环形和螺线管形两种结构。小型及数十 MW · h 的中型储能磁体比较适合采用漏磁场小的环形线圈，螺线管形的漏磁场较大，但其结构简单，适用于大型的 SMES 系统及需要现场绕制的 SMES 系统。

螺线管超导线圈的外部杂散磁场减弱程度大致与到线圈中心距离的三次方成正比，要使磁场减弱至几 mT（地球磁场约为 0.05mT），与超导磁体的距离必须长达 1km 以上。对于外部磁场必须减弱至何种程度才能避免对人体、飞机和鸟类导航、附近的黑色金属等产生负面影响这一问题，目前尚缺乏有效研究，但看似该问题与高压输电线路的相关问题差别不大。由于很可能仅靠增大距离和深度的情况无法获得足够的杂散磁场减弱，在大型超导磁体储能系统中可以安装与超导线圈的磁力矩相等、方向相反的保护线圈。若使用半径更大的保护线圈，则不仅可以降低所需保护线圈的安匝数，而且 SMES 系统容量仅有略微降低（几个百分点）。

与其他能量存储系统相比，SMES 系统具有以下几个优点：

1）充放电循环效率高达 95%，比任何其他系统都高。

2）使用寿命长，可达 30 年以上。

3）充放电时间非常短，可在很短的时间内提供大量的电能。

4）除了低温系统外，没有运动部件。

8.5 超级电容器储能

常规电容器将电能以静电的形式存储于电介质隔离的两个极板之间，其电容值为

$$C=\varepsilon \frac{A}{d} \tag{8-11}$$

式中，ε 为介电常数；A 为极板有效面积；d 为电介质厚度。

除非体积很大，普通电容器的电容量不大，因此普通电容器的电能存储密度很低。为提高电容器单位体积的电容值，超级电容器通常为电化学电容器，即它不仅具有电容器的性质，还具有蓄电池的性质。电容器充电时，和蓄电池一样，电荷以离子的形式存储，因此单个电容器的耐压低于普通电容器。目前单个超级电容器的耐压多为2.5V、2.7V，最新技术可以达到3V。虽然其耐压低于普通电容器，但电容量却远远大于普通电容器，可以达到几十法拉到几千法拉。近年来，超级电容器展示出在应用方面的强大生命力，其发展也不断推陈出新，技术水平不断提高。

8.5.1 超级电容器的工作原理及类型

普通电容器以电荷分离的形式储存静电能，而电化学超级电容器是采用高比表面积的多孔电极，通过电解液界面的充电将电荷分离来储存于界面双电层中。它与普通电容器相比，具有较高的能量密度。对于一定尺寸的超级电容器，其电容值约为同尺寸普通电容器电容值的 10^4 倍，并由此得名。但它与电池相比，其能量密度只有电池能量密度的1/4~1/3。

图8-23所示为不同能量存储系统的能量/功率谱。图中表明，超级电容器的功率密度远大于电池的功率密度，但其能量密度小于电池的能量密度，而大于普通电容器的能量密度。

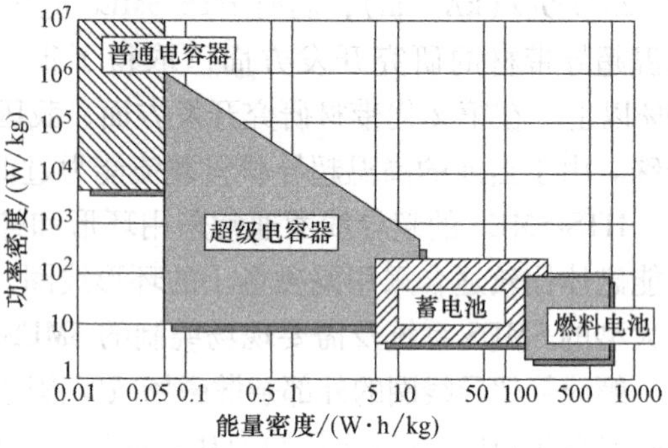

图8-23 不同能量存储系统的能量/功率谱

超级电容器的充放电曲线与电池有明显的差别。前者在充放电时，因单位电极表面上电荷的增加或减少，其端电压随之增大或减小。而电池充放电时，除锂离子电池在充放电过程中，由于锂离子的嵌入和脱嵌，电池端电压变化较明显外，大多数可充电电池（铅酸电池、镉镍电池、镍氢电池等）在充放电时，除了起始或者终止时端电压变化较明显外，在充放电过程中端电压的变化是不明显的。电池充放电过程产生的热效应比超级电容器充放电过程产生的热效应要大得多。也就是说，对同一输出能量，超级电容器产生的热量远小于电池产生的热量，因此超级电容器充放电的能量利用率比电池要高得多。

由于超级电容器的充放电过程无化学反应，具有高度的可逆性，电极材料也比较稳定。同时，它具有电池无可比拟的高倍率充放电特性，可快速充电，几秒到几十秒即可充满。而电池在充放电过程中，因电极上发生电化学反应，电极活性物质的化学组成与结构发生变化，不仅高倍率充放电受到限制，而且其充放电循环寿命最多只有数千次，电池的循环寿命还依赖于充放电率、温度等因素。而电化学双电层电容器或氧化还原准电容器在适当的条件下，充放电循环寿命可高达数十万次乃至一百万次。超级电容器工作的温度范围也较宽，可达-40~85℃，特殊类型可以得到更宽使用温度。超级电容器同时还具有存储和使用寿命长、安全系数高、充放电线路简单、原材料容易获取、生产成本低、节能环保等优点。因此，正吸引着越来越多的关注，应用也日益广泛。

超级电容器由大面积的电极、电解质和可渗透离子的隔离层组成，如图8-24所示。电极和电解质可采用多种不同的材料和形式，根据不同的储能原理、电极和电解质材料，可将超级电容分成不同类型。

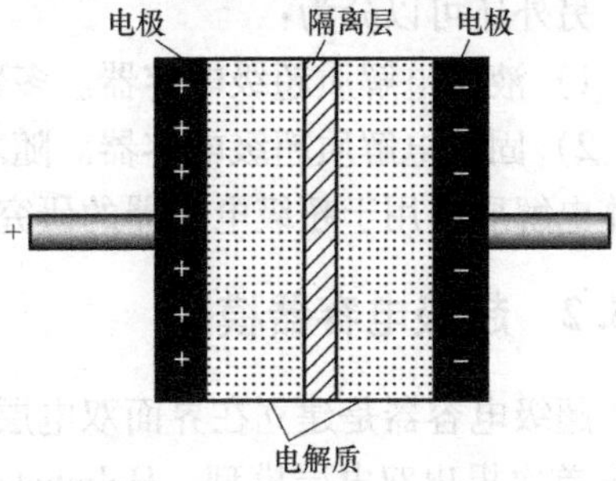

图 8-24　超级电容器结构

按储能原理可分为双电层型超级电容器和准电容型超级电容器（也称伪电容型、赝电容型超级电容器）。前者主要是因为电极表面及电解液离子之间的相互吸附作用，进而形成了界面双电层电容用于储存能量；后者是在电极表面或电极内部，利用电极活性物质引发电化学反应，进而产生同电极充电电位相关的电容进行能量存储。

双电层型超级电容器的电极材料有：

1）活性炭电极材料，采用高比表面积的活性炭材料经过成型制备电极。

2）碳纤维电极材料，采用布、毡等活性炭纤维成形材料，经金属喷涂或熔融浸渍增强其导电性制备电极。

3）碳气凝胶电极材料，采用各种含碳前驱材料制备凝胶，经过炭化活化得到电极材料。

4）碳纳米管电极材料，碳纳米管具有极好的中孔性能和导电性，采用高比表面积的碳纳米管材料，可以制得非常优良的超级电容器电极。

准电容型超级电容器的电极材料有：

1）金属氧化物电极材料，包括 NiO_x、MnO_2、V_2O_5 等，由金属氧化物作为正极材料，活性炭作为负极材料，可制备成准电容型超级电容器。

2）导电聚合物材料，包括 PPY、PTH、PAni、PAS、PFPT 等，经 P 型或 N 型或 P/N 型掺杂制取电极，可将聚合物电极材料作为双极或单极制备而成准电容型超级电容器。

准电容型超级电容器具有非常高的能量密度，特别是聚合物作为双极的超级电容器。但是目前除 NiO_x 型外，其他类型多处于研究阶段，还没有实现产业化。

按电极材料类型可以分为平板型超级电容器和绕卷型超级电容器。

1）平板型超级电容器，在扣式体系中，多采用平板状和圆片状的电极，由多对电极隔离叠合而成，多用于制作小容量、低功率型超级电容器，另外也有多层叠片串联组合而成的高压大功率超级电容器产品，可以达到 300V 以上的工作电压。

2）绕卷型超级电容器，采用活性电极材料涂覆在集流体上，经过绕制得到，这类电容器通常具有更大的电容量和更高的功率密度。

按电解质类型可以分为水性电解质超级电容器和有机电解质超级电容器。

水性电解质包括以下几类：

1）酸性电解质。多采用 36% 的 H_2SO_4 水溶液作为电解质。

2）碱性电解质。通常采用 KOH、NaOH 等强碱作为电解质，水作为溶剂。

3）中性电解质。通常采用 KCl、NaCl 等盐作为电解质，水作为溶剂，多用于氧化物电极材料的电解液。

有机电解质通常采用以 $LiClO_4$ 为典型代表的锂盐、$TEABF_4$ 作为典型代表的季胺盐作为电解质，采用 PC、ACN、GBL、THL 等作为有机溶剂。采用该类电解质可以获得两倍于水性电解质的工作电压，可以得到更高的能量密度。

另外还可以分为：

1）液体电解质超级电容器。多数超级电容器电解质均为液态。

2）固体电解质超级电容器。随着锂离子电池固态电解质的发展，凝胶电解质和 PEO 等固体电解质应用于超级电容器的研究也随之出现。

8.5.2 超级电容器模型

超级电容器是建立在界面双电层理论基础上的一种全新的电容器。德国物理学家 Helmholtz 首次提出双电层模型，Helmhotz 模型认为电极表面的静电荷从溶液中吸附离子，它们在电极/溶液界面的溶液一侧离电极一定距离排成一排，形成一个电荷数量与电极表面剩余电荷数量相等而符号相反的界面层。由于界面上存在位垒，两层电荷都不能越过边界彼此中和，因而形成了双电层电容。为形成稳定的双电层，必须采用不和电解液发生反应且导电性能良好的电极材料，还应施加直流电压，促使电极和电解液界面发生极化。假设在电极的表面形成了单个原子层，如图 8-25a 所示，其电容值为

$$C_{\mathrm{H}}=\frac{A\varepsilon}{4\pi\delta} \tag{8-12}$$

式中，δ 为单离子层中心与电极表面之间的距离；A 为电极面积。

根据 Helmholtz 模型得到的电容值是一个定值，实际上双电层中溶液侧的离子并不会如图 8-25a 所示那样保持静止状态，而是形成紧密排列，其行为服从于由 Boltzmann 定律所描述的热振动效应，此效应的大小取决于离子和充电金属表面电荷相互作用的静电能。溶液中的离子在静电和热运动作用下分布在临近界面的液层中，即形成“扩散层”。

Gouy-Chapman 模型考虑了扩散层电荷，如图 8-25b 所示，其电容值为

$$C_{\mathrm{G}}=\frac{K}{T^{0.5}}\cosh\frac{K_1\Psi_{\mathrm{S}}}{T} \tag{8-13}$$

式中，K、K_1为常数；T 为热力学温度；Ψ_{S}为电势差。

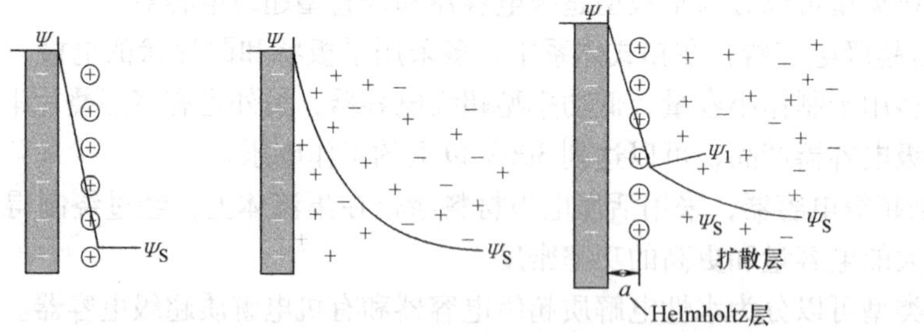

a) Helmholtz模型　　b) Gouy-Chapman模型　　c) Helmholtz 与Gouy-Chapman模型相结合的具有热分布的有限离子尺寸的Stern模型

图 8-25 双电层电容模型

由于将溶液中的离子当成了没有体积的点电荷，Gouy-Chapman 模型中电极表面附近电势分布和局部电场不符合实际情况，由此计算出的电容值过大。1924 年，Stern 对双电层理论做了进一步发展并克服了这一问题，图 8-25c 所示 Stern 模型中包含有一个电极表面离子吸附的紧密区域，离子中心与质点表面距离不能小于离子半径，类似于 Helmholtz 模型的紧

密双电层，其电容值记为 C_H，而在这个致密离子排列区外剩余的离子电荷密度则称为双电层的扩散区，其电容值记为 C_G。整个双电层电容值可按下式计算：

$$\frac{1}{C}=\frac{1}{C_H}+\frac{1}{C_G} \tag{8-14}$$

式（8-14）表明，整个双电层电容值是 C_H 和 C_G 之间的串联关系，其值将小于组成部分 C_H 和 C_G 之间较小的那个。这对于决定双电层的性质及将其电容值表示为电极电势和溶液离子浓度的函数关系显得相当重要。

离子吸附或氧化还原反应等可逆法拉第反应产生伪电容现象，在吸附过程中电极活性物质发生了包括电子传递的法拉第反应，但是它的充放电行为却不像电池而更像电容。具体的现象包括储能系统的电压随充入或放出电荷量的多少而线性变化，当对电极加一个随时间线性变化的外电压时，可以观察到一个近乎常量的充放电电流。为区别于电双层电容器，这种电化学现象命名为准电容（Pseudocapacitance）。在电化学过程中会出现两种类型的准电容：一种为吸附型准电容，以氢离子于铂电极表面的吸附反应最为典型，但由于氢离子吸附反应电位范围很窄（0.3~0.4V），该种准电容实用价值不大；另一种为氧化还原型准电容，在 RuO_2 电极/H_2SO_4 界面上发生的法拉第反应所产生的准电容就是该种类型。准电容的存在提供了一种提高电化学电容器比电容的渠道，金属氧化物、氮化物和聚合物作为电化学电容电极活性物质正成为研究的新热点。

超级电容器的等效电路模型（见图 8-26）对超级电容器储能系统的分析和设计非常重要，工程用等效电路模型应该能够尽可能多地反映其内部物理结构特点，具有足够的准确度，而且模型中的参数应该容易测量。超级电容器实际上是一种复杂的阻容网络，每一支路都具有各自的电阻、电容以及相应特性的时间常数。这就导致超级电容器的存储容量与荷电状态、电压等级、放置时间、放电电流都有关。基于超级电容器复杂的物理特性，采用分布式参数描述超级电容器的数学模型比较适宜，如图 8-26a 所示。但是，这个模型 RC 支路太多，模型参数辨识复杂，而且这个模型没有考虑漏电流对超级电容器的长期影响。

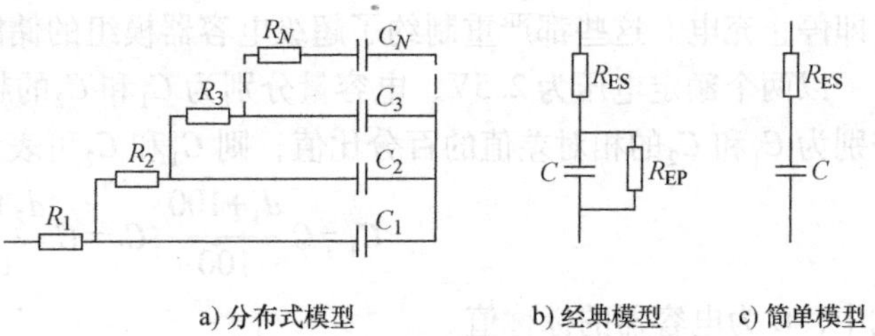

图 8-26　超级电容器的等效电路模型

在模拟、分析和设计中，集总参数电路模型简单方便，因此在有些要求不十分精确的工程应用中，超级电容器可采用图 8-26b 所示简化等效电路模型，在超级电容器储能应用中，也称此模型为经典模型，主要用于原理性分析。该模型将超级电容器等效为一个理想电容器 C 与一个阻值较小的电阻（等效串联阻抗 R_{ES}）相串联，同时与一个阻值较大的电阻（等效并联阻抗 R_{EP}）相并联的结构。由于 R_{ES} 的存在，充放电过程中能效不再为 1。充放电时电流流经 R_{ES} 会产生能耗并引起超级电容器发热。在放电过程中，由于电阻 R_{ES} 的分压作用，减小了超级电容器放电电压范围，尤其在大电流放电过程中，R_{ES} 会消耗较大的功率与能量，降低超级电容器实际可用的有效储能率。等效并联电阻 R_{EP} 在超级电容器长时间处于静态储能状态时，以漏电流的形式产生静态损耗。

图 8-26c 所示串联 RC 电路是超级电容器模型中最简单的一种等效电路模型，R_{ES} 是等效

串联电阻，C是理想电容。在超级电容器的充放电过程中，R_{ES}是一个非常重要的参数，它不仅表征了超级电容器内部的发热损耗，而且在向负载放电时将随着电流的变化而引起不同的电压降，对超级电容器的最大放电电流有所约束。但是这个模型只考虑了超级电容器的瞬时动态响应，不能完全符合超级电容器的电气特性，因此不适合在复杂的应用系统中采用。

8.5.3 超级电容器的应用

由于超级电容器单体工作电压较小，能量存储系统的实际电压要比单个超级电容器的电压高得多，所以实际工作中一般是由多个超级电容器以串联组合的方式工作，作为一个模组对系统进行充放电。根据前面介绍的超级电容器等效模型可知，影响超级电容器使用的参数有电容量C、等效串联电阻R_{ES}和等效并联电阻R_{EP}。由于制造误差等原因，不同的超级电容器单体参数之间不可避免地会有一些误差，另外，这些参数还受使用温度分布等影响。以Maxwell公司生产的功率型超级电容器为例，其标称电容量从650F到3000F不等，但是其实际电容值的容差在（-5%，+20%）之间，另外，尽管其工作的温度范围较宽，但是参数受温度的影响也比较大，其容量会随温度的降低而衰减。

串联电容器中电容和电阻的分散性将使串联电容中电压的分布不均，出现电容串中某些单体出现过电压，而某些单体仍然欠电压。超级电容器过电压将导致电解液分解，加速超级电容器的衰减，甚至局部电压有可能高于电解质的击穿电压而导致电容器的损坏，因此必须立即停止充电。这些都严重制约了超级电容器模组的储能效率和循环寿命。

以两个额定电压为2.5V、电容量分别为C_1和C_2的超级电容器串联使用为例，设d_1和d_2分别为C_1和C_2的相对差值的百分比值，则C_1和C_2可表示为

$$C_1=C\frac{d_1+100}{100},C_2=C\frac{d_2+100}{100} \tag{8-15}$$

式中，C为电容器的标称值。

因单个电容器的电压为2.5V，则当电容器充满电后，串联电容器的总电压为5V，如果初始电压为零，则有

$$U_{C1}=\frac{d_2+100}{d_1+d_2+200}U,U_{C2}=\frac{d_1+100}{d_1+d_2+200}U \tag{8-16}$$

式中，U_{C1}和U_{C2}分别为电容器C_1和C_2充满电后的电压；U为总的电压。

表8-4 电压平衡和存储能量

电压和能量	$d_1=d_2=0$	$d_1=-5\%$ $d_2=+20\%$	$d_1=d_2=-5\%$
U/V	5	4.48	5
U_{C1}/V	2.5	2.5	2.5
U_{C2}/V	2.5	1.98	2.5
E/J	6250	5321	5937.5

设电容器标称值C为1000F，根据式（8-15）和式（8-16）可考虑几种极端情况：第一种情况为C_1和C_2均为参考值，即$d_1=d_2=0$；第二种情况为$d_1=-5\%$，$d_2=+20\%$，即$C_1=950F$，$C_2=1200F$；第三种情况为$d_1=d_2=-5\%$，即$C_1=C_2=950F$。该系统的电压平衡和存储能量见表8-4。当$d_1=d_2=0$时，系统所存储的能量为6.25kJ。当$d_1=-5\%$、$d_2=+20\%$时，

电压在串联电容器上的分布不相等，为了避免充电时某个电容器过电压，当串联回路中某个电容器达到其最大值时，应立刻停止充电，在这种情况下，电容器 C_1上的电压为 2.5V，而电容器 C_2上的电压只有 1.98V，而总电压为 4.48V，此时尽管电容器 C_2存在正偏差，但系统所存储的能量比理想情况低 15%。第三种情况为串联电路中全部由相等负偏差容量超级电容器构成，即 $d_1=d_2=-5\%$，此时由于每个电容器上的电压都可以达到额定值，即使由于电容量负偏差导致系统所存储的能量比 6.25kJ 低，但比第二种情况高 11%。因此，超级电容器中需要采用电压均衡电路迫使串联回路中每个电容器上的电压都达到额定值，让每个电容器上所存储的能量达到最大可能的数值。

基于串联电池的均压电路，可以衍生出串联超级电容器组的电压均衡电路，但是与电池均压电路不同的是：

1）超级电容器单体电压小，仅为 1~3V，比锂电池电压还低，因此在高压应用场合，超级电容器串联的个数比蓄电池串联的个数要多得多，因而均衡电路的复杂程度也比较高。

2）蓄电池的充放电速率比较低，串联电池的均衡速度较慢，所需均衡功率小。而超级电容器的充放电速率高，因此均衡速度要求很快，而且均衡功率大。

根据超级电容器本身所具备的不同于电池的性能特点，许多应用于超级电容器串联的电压均衡电路被提出，具体可以分为两大类：能量消耗型电压均衡电路和能量转移型电压均衡电路。

常用的能量消耗型电压均衡电路有并联电阻法、稳压二极管法、开关电阻法等，能量转移型电压均衡电路有飞渡电容法、DC/DC 变换器法、多输出变压器法等。

并联电阻（电阻分压）法是利用与电容器并联的电阻来分压，其基本原理如图 8-27a 所示，通过在每只超级电容器两端并联一只电阻来补偿并联内阻的差别，减小漏电流的差异，进而减小电压偏差。但并联电阻法存在能量损耗大的缺点，降低了整个系统的能量利用率。这种方法适用于小电流充电的场合，长期均压的效果较好。

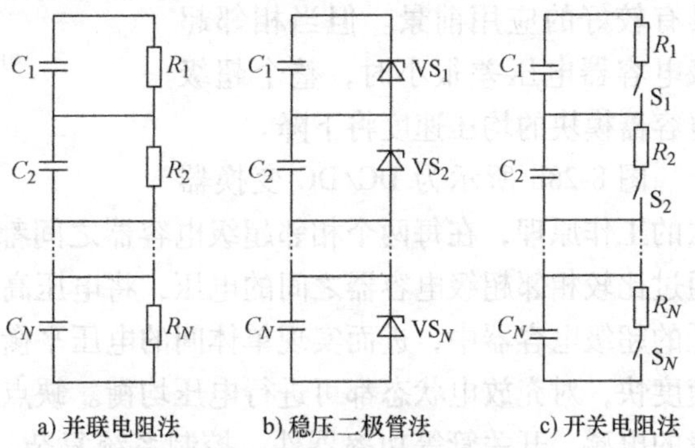

图 8-27　能量消耗型电压均衡电路

稳压二极管法是为减小电压均衡电路的能量损耗，在每个串联的超级电容器上并联一个稳压二极管，如图 8-27b 所示。稳压二极管的击穿电压为电容器的额定电压，因此充电时只要每个电容器上的电压不超过稳压二极管的击穿电压，就没有能量损耗，但当许多电容器的电压超过稳压二极管的击穿电压时，能量损耗也非常大。这种方法具有电路结构简单、成本低、无需控制单元、维护方便等优点。缺点是稳压二极管击穿时充电能量消耗在稳压二极管上，造成稳压二极管发热严重，储能系统的效率降低，能量利用率很低；而且稳压二极管的击穿电压精度低、分散性差，会造成均压电路的工作可靠性不高。这种方法适用于充电功率非常小的场合。

开关电阻法的基本原理如图 8-27c 所示，其与并联电阻法的区别在于各个单体旁路除并联电阻外还并联一个开关，当电容器两端的电压超过预设参考值时，比较器触发开关 S 闭合，电流就经过旁路电阻和开关S流过，减缓或阻止了电容电压的继续上升。根据电容容量的分散性和充电电流的大小来确定一个最优的预设电压值，通过采用合适的旁路电阻值，使电容的储存能量和效率都达到极大值。这种方法简单实用，在实际工程上应用最多，EPCOS、Maxwell、Nesscap等公司的超级电容器模块都安装了这种均压装置。这种方法比稳压二极管法控制灵活，可根据充电电流的大小设定旁路电阻，同时还具有电压监控精度高、均衡效果好、可靠性高等优点。缺点是耗费能量，电阻发热量大。这种方法也适用于充电功率小的场合。

并联电阻法、稳压二极管法和开关电阻法都属于能量消耗型均压方法，虽然这些方法结构简单、成本低廉，但是造成能量浪费，发热严重，降低了能量使用效率和系统的稳定性。而能量转移型电压均衡电路通过储能元件电感、电容或反激式变压器将能量从端电压较高的超级电容器单元转移至端电压较低的超级电容器单元，以实现均压，如飞渡电容法、DC/DC变换器法、多输出变压器等。该方法均压速度快、在电压均衡过程中只消耗少量的能量。

飞渡电容法的工作原理如图8-28a所示，利用多个容量很小的普通电容器作为中间储能单元，将电压高的超级电容器中的一部分能量转移到电压低的超级电容器中。这种方法均压速度快，提高了模块电压的一致性，在小功率应用场合具有较好的应用前景。但当相邻超级电容器电压差很小时，整个超级电容器模块的均压速度将下降。

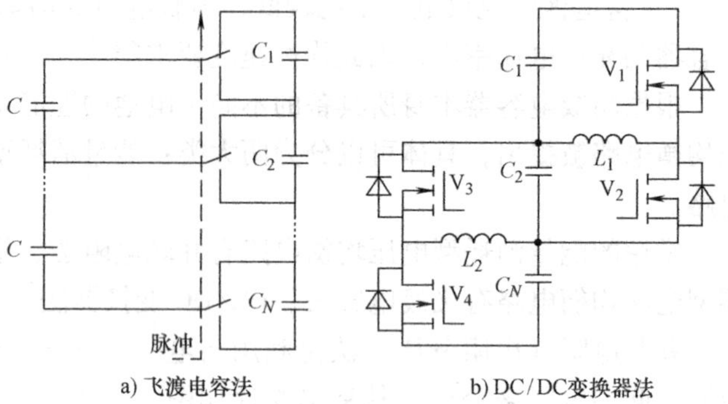

图8-28 能量转移型电压均衡电路

图8-28b所示为DC/DC变换器法的工作原理，在每两个相邻超级电容器之间都连接一个Boost-Buck型DC/DC变换器，它通过比较相邻超级电容器之间的电压，将电压高的超级电容器的能量通过变换器转移到电压低的超级电容器中，进而实现单体间的电压平衡。这种方法的优点是能量损耗低，电压均衡速度快，对充放电状态都可进行电压均衡。缺点是当串联的单体电容器数目较多时，需要大量的电感、开关管等功率器件，控制系统复杂、成本高。这种方法适用于充放电功率高的场合。

能量转移型电压均衡电路需实时检测每个超级电容器的端电压，通过判断各超级电容器端电压的高低来控制开关管的导通和关断。当超级电容器组的串联个数较多时，电压检测和控制电路变得庞大而复杂，成本也随之增加，可靠性降低。

超级电容器作为产品已趋于成熟，其应用范围也在不断拓展，在家用电器、工业仪器设备、电动汽车、轨道交通、新能源电网系统、航天发射、军事装备等领域都具有较好的应用前景。从小容量到较大规模的电力储能，从单独储能到与蓄电池或燃料电池组成的混合储能，超级电容器都展示出特有的优越性。美国、日本、俄罗斯等国对超级电容器的应用进行了卓有成效的研究。目前，超级电容器的一些储能应用已经实现了商业化，也出现了一批研发和生产超级电容器的大公司，例如Maxwell、NESS、EPCOS等；另一些应用正处于研究或试用阶段。目前，超级电容器主要有两个研究方向以提高超级电容器所在应用中的使用性能：一是通过电极和电解液材料的研发，提高超级电容器的能量密度和工作电压；二是利用电路的设计，提高超级电容器模组的能量利用率。相信随着研究的不断深入，关键技术不断突破，其应用前景会更为广阔。

思考题与习题

8-1　简述电力储能系统的主要作用。

8-2　电力储能技术如何分类？各自具有什么优缺点？

8-3　简述蓄电池的分类。

8-4　蓄电池充电过程包含几个阶段？蓄电池充电需要注意哪些事项。

8-5　简述飞轮储能所涉及的技术。飞轮储能的实际应用源于哪些方面的技术突破？

8-6　何为超导储能？超导储能的特点是什么？

8-7　简述超级电容器的原理和分类。

8-8　串联使用的超级电容器模组为何要使用电压均衡电路？这些电压均衡电路各自有哪些特点？

附　　录

附录 A　常用单位

表 A-1　用于十进倍数和分数单位字头

代号	字头	幂	名称	代号	字头	幂	名称
E	exa	10^{18}	艾［可萨］	d	deci	10^{-1}	分
P	peta	10^{15}	拍［它］	c	centi	10^{-2}	厘
T	tera	10^{12}	太［拉］	m	milli	10^{-3}	毫
G	giga	10^{9}	吉［咖］	μ	micro	10^{-6}	微
M	mega	10^{6}	兆	n	nano	10^{-9}	纳［诺］
k	kilo	10^{3}	千	p	pico	10^{-12}	皮［可］
h	hecto	10^{2}	百	f	femto	10^{-15}	飞［母托］
da	deca	10	十	a	atto	10^{-18}	阿［托］

举例：gigawatt（GW）—吉瓦（百万千瓦）；megahertz（MHz）—兆赫；kilometer（km）—千米；millihenry（mH）—毫亨；microgram（μg）—微克；nanometer（nm）—纳米；picofarad（pF）—皮法；femtometer（fm）—飞米。

表 A-2　能量单位换算表

单　位	焦耳（J）	千瓦时（kW·h）	千卡（kcal）	千克标准煤（kgce）	千克标准油（kgoe）
1J	1	2.7778×10^{-7}	2.3885×10^{-4}	3.4121×10^{-8}	2.3883×10^{-8}
1kW·h	3.6×10^{6}	1	8.5985×10^{2}	1.2284×10^{-1}	8.598×10^{-2}
1kcal	4.1868×10^{3}	1.1630×10^{-3}	1	1.42857×10^{-4}	1×10^{-4}
1kgce	2.9308×10^{7}	8.1414	7000	1	0.7
1kgoe	4.187×10^{7}	11.6306	10000	1.4286	1

注：kgce（kilogram of standard coal equivalent）= 千克标准煤；kgoe（kilogram of standard oil equivalent）= 千克标准油。

表 A-3　能源折算标准煤参考系数

能源名称	平均低位发热量	折算标准煤系数
原煤	20934kJ/kg	0.7143kgce/kg
洗精煤	26344kJ/kg	0.9000kgce/kg
洗中煤	8363kJ/kg	0.2857kgce/kg
焦炭	28470kJ/kg	0.9714kgce/kg

（续）

能源名称	平均低位发热量	折算标准煤系数
原油	41868kJ/kg	1.4286kgce/kg
汽油	43124kJ/kg	1.4714kgce/kg
煤油	43124kJ/kg	1.4714kgce/kg
柴油	42705kJ/kg	1.4571kgce/kg
重油	41868kJ/kg	1.4286kgce/kg
天然气	38979kJ/m^3	1.3300kgce/m^3
焦炉煤气	17981kJ/m^3	0.6143kgce/m^3
炼厂干气	46055kJ/m^3	1.5714kgce/m^3
液化石油气	50160kJ/m^3	1.7143kgce/m^3
电力（当量值）	3600kJ/（kW·h）	0.1229kgce/kW·h
热气	按热焓计算	0.03412kgce/MJ
煤泥	8374~1260kJ/kg	0.22857~0.4286kgce/kg
泥炭	6280~10467kJ/kg	0.2143~0.3571kgce/kg
煤焦油	33453kJ/kg	1.1429kgce/kg
粗苯	41816kJ/kg	1.4286kgce/kg

附录 B　主要符号表

符　号	意　　义	符　号	意　　义
A	面积	h	高度，普朗克常数
B	磁感应强度	hf	光子能量
C	电容，电池容量	H	潮差
C_D	风力机阻力系数	i	电流瞬时值
C_L	风力机升力系数	I	电流有效值
C_P	风能利用系数	I_0	二极管反向饱和电流
d	厚度	I_d	电池放电电流
D	直径	I_D	暗电流
e	能量密度	I_{ph}	光生电流
E	电动势，能量	I_{SC}	短路电流
E_g	半导体材料的禁带宽度	J	转动惯量
E_i	电池开路电压	k	玻耳兹曼常数，系数
f	频率	L	电感
F	力	n	转速，二极管理想因数
g	重力加速度	n_1	同步转速
G	太阳辐照度（W/m^2）	N	载波比，系数

（续）

符 号	意 义	符 号	意 义
m	电机相数，质量	w	合成风速
M	调制度，电平数，系数	Z	槽数
p	极对数	α	角度,叶片攻角,太阳电池短路电流温度系数
P	功率	α_h	太阳高度角
q	每极每相槽数，电子电量	β	桨距角，太阳电池开路电压温度系数
Q	流量	δ	赤纬角，角度，距离
R	半径，电阻	ε	介电常数
s	转差率	γ	太阳电池功率温度系数
t	时间，温度	η	效率
t_d	电池放电时间	φ	地表纬度
T	转矩，周期，温度	λ	叶尖速比，波长
T_c	太阳电池温度	λ_g	截止波长
u	电压，旋转线速度	μ	磁导率
U	电压	θ	角度，晶闸管导通延迟角
U_d	直流电压平均值	ρ	密度
U_{OC}	开路电压	σ	材料拉伸强度
U_g	带能	τ	极距
V	容积	ω	角频率，角速度，太阳时角
v	风速	Ω	机械角速度

参考文献

[1] 王革华. 新能源概论 [M]. 北京：化学工业出版社，2006.
[2] 左然，施明恒，王希麟. 可再生能源概论 [M]. 北京：机械工业出版社，2007.
[3] 李全林. 新能源与可再生能源 [M]. 南京：东南大学出版社，2008.
[4] 崔民选. 能源蓝皮书：中国能源发展报告 2009 [M]. 北京：中国社会科学文献出版社，2009.
[5] 中华人民共和国环境保护部. 2008 环境统计年报 [R]. 北京：环境保护部，2009.
[6] 孙元章，李裕能. 走进电世界：电气工程与自动化（专业）概论 [M]. 北京：中国电力出版社，2009.
[7] World Wind Energy Report 2010 [R]. [S. l.]：Word Wind Energy Association，2011.
[8] 王长贵，崔容强，周篁. 新能源发电技术 [M]. 北京：中国电力出版社，2003.
[9] VAUGHN N. Wind Energy：Renewable Energy and Environment [M]. New York：CRC Press，2009.
[10] BURTON T，SHARPE D，JENKINS N，et al. Wind Energy Handbook [M]. Chichester：John Wiley & Sons Ltd.，2001.
[11] MUKUND R P. Wind and Solar Power Systems [M]. 2nd ed. New York：CRC Press，2005.
[12] 李俊峰，王斯成，等. 中国光伏发展报告 2007 [M]. 北京：中国环境科学出版社，2007.
[13] 李俊峰，等. 风光无限：中国风电发展报告 2011 [M]. 北京：中国环境科学出版社，2011.
[14] 中国气象局风能太阳能资源评估中心. 中国风能资源评估：2009 [M]. 北京：气象出版社，2010.
[15] JEAN-CLAUDE S. Renewable Energy Technologies [M]. London：ISRE Ltd.，2009.
[16] NEBOJŠA N，ARNULF G，MCDONALD A. Global Energy：Perspectives [M]. Cambridge：Cambridge University Press，1998.
[17] 全国能源基础与管理标准化技术委员会. 综合能耗计算通则：GB/T 2589—2008 [S]. 北京：中国标准出版社，2008.
[18] 马晓爽，高日，陈慧. 风力发电发展简史及各类型风力机比较概述 [J]. 应用能源技术，2007 (9)：24-27.
[19] 王承煦，张源. 风力发电 [M]. 北京：中国电力出版社，2002.
[20] 姚兴佳，宋俊. 风力发电机组原理与应用 [M]. 北京：机械工业出版社，2009.
[21] 宋海辉. 风力发电技术及工程 [M]. 北京：中国水利水电出版社，2009.
[22] 曲学基，曲敬铠，于明扬. 逆变技术基础与应用 [M]. 北京：电子工业出版社，2007.
[23] FOX B，et al. Wind Power Integration：Connection and System Operational Aspects [M]. London：The Institution of Engineering and Technology，2007.
[24] JHA A R. Wind Turbine Technology [M]. Boca Raton：CRC Press，2011.
[25] FERNANDO D B，HERNÁN DE B，RICARDO J M. Wind Turbine Control Systems：Principles，Modeling and Gain Scheduling Design [M]. London：Springer，2007.
[26] 王凤翔，张凤阁. 磁场调制式无刷双馈交流电机 [M]. 长春：吉林大学出版社，2004.
[27] STÉPHANE B，DARIUS V，PASCAL B. Design and Optimization of a nine-phase axial-flux PM Synchronous Generator with Concentrated Winding for Direct-Drive Wind Turbine [J]. IEEE Transactions on Industry Applications，2008，44 (3)：707-715.
[28] WALKER J，JENKINS N. Wind Energy Technology [M]. Chichester：John Wiley & Sons，1997.
[29] 叶杭冶. 风力发电机组的控制技术 [M]. 2 版. 北京：机械工业出版社，2006.
[30] 张卓然，严仰光，周竞捷，等. 新型十二相梯形波永磁无刷直流发电机 [J]. 中国电机工程学报，

2009, 29 (21): 74-79.
[31] 国家能源局. 大型风电场并网设计技术规范: NB/T 31003—2011 [S]. 北京: 原子能出版社, 2011.
[32] 张兴, 张龙云, 杨淑英, 等. 风力发电低电压穿越技术综述 [J]. 电力系统及其自动化学报, 2008, 20 (2): 1-8.
[33] 杨耕, 郑重. 双馈型风力发电系统低电压穿越技术综述 [J]. 电力电子技术, 2011, 45 (8): 32-36, 59.
[34] 王仲颖, 任东明, 高虎, 等. 中国可再生能源产业发展报告 2009 [M]. 北京: 化学工业出版社, 2010.
[35] 程明, 张运乾, 张建忠. 风力发电机发展现状及研究进展 [J]. 电力科学与技术学报, 2009, 24 (3): 2-9.
[36] 熊绍珍, 朱美芳. 太阳能电池基础与应用 [M]. 北京: 科学出版社, 2010.
[37] 太阳光发电协会. 太阳能光伏发电系统的设计与施工 [M]. 刘树民, 宏伟, 译. 北京: 科学出版社, 2006.
[38] 车孝轩. 太阳能光伏系统概论 [M]. 武汉: 武汉大学出版社, 2007.
[39] KRAUTER S. 太阳能发电: 光伏能源系统 [M]. 王宾, 董新洲, 译. 北京: 机械工业出版社, 2008.
[40] 日本太阳能学会. 太阳能利用新技术 [M]. 宋永臣, 宁亚东, 刘瑜, 译. 北京: 科学出版社, 2009.
[41] 吕芳, 江燕兴, 刘莉敏, 等. 太阳能发电 [M]. 北京: 化学工业出版社, 2009.
[42] 吴财福, 张健轩, 陈裕恺. 太阳能光伏并网发电及照明系统 [M]. 北京: 科学出版社, 2009.
[43] 李钟实. 太阳能光伏发电系统设计施工与维护 [M]. 北京: 人民邮电出版社, 2010.
[44] 帕格利亚诺, 等. 柔性太阳能电池 [M]. 高扬, 译. 上海: 上海交通大学出版社, 2010.
[45] 中华人民共和国住房和城乡建设部. 建筑光伏系统应用技术标准: GB/T 51368—2019 [S]. 北京: 中国建筑工业出版社, 2010.
[46] 张耀明, 王军, 等. 太阳能热发电系列文章 [J]. 太阳能, 2006.
[47] 何梓年. 太阳能热利用 [M]. 合肥: 中国科学技术大学出版社, 2009.
[48] 赵雪华. 浙江的潮汐发电实践 [J]. 水力发电学报, 1996 (1): 25-36.
[49] 戴军, 单忠德, 王西峰, 等. 潮流发电技术的发展现状及趋势 [J]. 能源技术, 2010, 31 (1): 37-41.
[50] 戴庆忠. 潮汐发电的发展和潮汐电站用水轮发电机组 [J]. 东方电气评论, 2007, 21 (4): 14-24.
[51] 蔡承懋. 潮汐发电的开发及技术问题 [J]. 动力工程, 1983 (4): 67-70.
[52] 纪娟, 胡以怀, 贾靖. 海水盐差发电技术的研究进展 [J]. 能源技术, 2007, 28 (6): 336-342.
[53] 姚向君, 田宜水. 生物质能资源清洁转化利用技术 [M]. 北京: 化学工业出版社, 2005.
[54] 瓦雷斯. 生物质燃料用户手册 [M]. 王革华, 原鲲, 译. 北京: 化学工业出版社, 2007.
[55] 张建安, 刘德华. 生物质能源利用技术 [M]. 北京: 化学工业出版社, 2009.
[56] PETRUS L, NOORDERMEER M A. Biomass to Biofuels, a Chemical Perspective [J]. Green Chemistry, 2006 (8): 861-867.
[57] 康峰, 伍艳辉, 李佟茗. 生物燃料电池研究进展 [J]. 电源技术, 2004, 28 (11): 723-727.
[58] 李景明, 薛梅. 中国生物质能利用现状与发展前景 [J]. 农业科技管理, 2010, 29 (2): 1-4, 11.
[59] 陆智, 李双江, 郑威. 生物质发电技术发展探讨 [J]. 能源与环境, 2009 (6): 59-61.
[60] 董玉平, 邓波, 景元琢, 等. 中国生物质气化技术的研究和发展现状 [J]. 山东大学学报 (工学版), 2007, 37 (2): 1-7.
[61] 蔡义汉. 地热直接利用 [M]. 天津: 天津大学出版社, 2004.
[62] 朱家玲. 地热能开发与应用技术 [M]. 北京: 化学工业出版社, 2006.
[63] 周大吉. 地热发电简述 [J]. 电力勘测设计, 2003 (3): 1-6.

[64] 李志茂，朱彤. 世界地热发电现状 [J]. 太阳能，2007 (8)：10-14.
[65] KESTIN J. 地热和地热发电技术指南 [M]. 西藏地热工程处，译. 北京：水利电力出版社. 1988.
[66] 张宇，俞国勤，施明融，等. 电力储能技术应用前景 [J]. 华东电力，2008，36 (4)：91-93.
[67] 张文亮，丘明，来小康. 储能技术在电力系统中的应用 [J]. 电网技术，2008，32 (7)：1-9.
[68] 汤双清. 飞轮储能技术及应用 [M]. 武汉：华中科技大学出版社，2007.
[69] 殷桂梁，杨丽君，王珺. 分布式发电技术 [M]. 北京：机械工业出版社，2008.
[70] GU W B, WANG C Y, LI S M, et al. Modeling Discharge and Charge Characteristics of Nickel-metal Hydride Batteries [J]. Electrochimica Acta, 1999 (44): 4525-4541.
[71] CHAN C C, CHAU K T. Modern Electric Vehicle Technology [M]. London: Oxford University Press, 2001.
[72] 康维，陈艾. 电化学超级电容器：科学原理及技术应用 [M]. 陈艾，吴孟强，张绪礼，等译. 北京：化学工业出版社，2005.
[73] 祁新春，李海东，齐智平. 双电层电容器电压均衡技术综述 [J]. 高电压技术，2008，34 (2)：293-297.
[74] 韩晓男. 超级电容串联均压研究 [J]. 东北电力大学学报，2010，30 (4)：68-72.
[75] 李建林，许洪华，等. 风力发电中的电力电子变流技术 [M]. 北京：机械工业出版社，2008.
[76] 贺益康，潘再平. 电力电子技术 [M]. 2 版. 北京：科学出版社，2010.
[77] 王兆安，刘进军. 电力电子技术 [M]. 5 版. 北京：机械工业出版社，2009.
[78] 陈坚. 电力电子学：电力电子变换和控制技术 [M]. 2 版. 北京：高等教育出版社，2004.
[79] 徐德鸿，马皓，汪槱生. 电力电子技术 [M]. 北京：科学出版社，2006.